普通高等教育"十二五"系列教材（高职高专教育）

YONGDIAN GUANLI

用电管理

（第二版）

主编　李珞新　周　梅
编写　向保林　赵晶晶　彭娟娟
主审　徐明荣

中国电力出版社
CHINA ELECTRIC POWER PRESS

内 容 提 要

本书为普通高等教育"十二五"系列教材（高职高专教育）。

本书全面概括了供电、用电工作中方方面面的管理工作，涉及面广，内容全面，重点突出。本书共分七大部分，共 22 章，主要介绍了供用电常识、用电负荷管理、业务扩充、电能计量管理、安全用电管理、电价与电费和日常营业等内容。

本书既可作为高职高专院校用电管理、电力市场营销、供用电技术等专业的教材，又可作为电力管理与营销人员、工矿企业进网电工和农村电工的参考书。

图书在版编目（CIP）数据

用电管理/李珞新，周梅主编；向保林，赵晶晶，彭娟娟编写. —2 版. —北京：中国电力出版社，2013.6（2024.11重印）

普通高等教育"十二五"规划教材. 高职高专教育

ISBN 978 - 7 - 5123 - 4329 - 0

Ⅰ.①用… Ⅱ.①李…②周…③向…④赵…⑤彭… Ⅲ.①用电管理－高等职业教育－教材 Ⅳ.①TM92

中国版本图书馆 CIP 数据核字（2013）第 077240 号

中国电力出版社出版、发行

（北京市东城区北京站西街 19 号 100005 http://www.cepp.sgcc.com.cn）

北京九州迅驰传媒文化有限公司印刷

各地新华书店经售

*

2007 年 2 月第一版

2013 年 6 月第二版 2024 年 11 月北京第二十一次印刷

787 毫米×1092 毫米 16 开本 21.75 印张 528 千字

定价 39.00 元

前　言

　　"用电管理"是高职高专用电管理专业、电力市场营销专业和供用电技术专业一门主要的专业课程，是普通高等教育"十二五"系列教材（高职高专教育），是教育部面向21世纪职业教育课程改革和教材规划项目的组成部分之一。

　　根据"教育部面向21世纪职业教育课程改革和教材规划"的基本原则和基本思路，《用电管理（第二版）》既可作为电力高职高专用电管理专业和电力市场营销专业的教材，又可作为电力管理与营销人员的日常工作必备参考读本，也可作为工矿企业进网电工、农村电工的参考书籍。

　　《用电管理（第二版）》共有七大部分内容，第一部分供用电常识，包括第一章供电质量及影响供电质量的因素、第二章电力平衡、第三章用电负荷；第二部分用电负荷管理，包括第四章功率因数管理、第五章供电损耗及降损措施、第六章用电设备的节约用电、第七章企业电能平衡管理及产品定额管理、第八章电力需求侧管理；第三部分业务扩充，包括第九章业务扩充基本概念及用电受理、第十章变更用电、第十一章供电方案的制定、第十二章签订供用电合同、第十三章工程检查与装表接电；第四部分电能计量管理，包括第十四章电能计量装置、第十五章电能表的错误接线及退补电量的计算、第十六章电能计量管理；第五部分安全用电管理，包括第十七章电气安全用具、第十八章人身触电及防护、第十九章电气防火防爆；第六部分电价与电费，包括第二十章电价、第二十一章电费管理；第七部分日常营业，包括第二十二章日常营业及营业质量管理。

　　《用电管理（第二版）》的编写分工如下：第一部分由赵晶晶（第一、二章）和彭娟娟（第三章）编写，第二部分由赵晶晶（第四章）、向保林（第五、六章）、彭娟娟（第七、八章）编写，第三部分由李珞新（第九～十二章）和彭娟娟（第十三章）编写，第四部分由周梅（第十四～十六章）编写，第五部分由向保林（第十七～十九章）编写，第六部分由赵晶晶（第二十章）和周梅（第二十一章）编写，第七部分由赵晶晶（第二十二章）编写。全书由李珞新统稿。

　　在本书的编写过程中，得到了许多单位领导和同事给予的热情支持和帮助，使该书得以顺利出版，在此一并表示感谢。

　　由于编者水平有限，恳求广大读者能对书中的遗漏和错误不吝指正，我们深表感谢！需要说明的是，书中谈到的一些政策、规定不会是一成不变的，也可能具有一定的局限性，我们将根据国家颁布的新规定，结合工作实践，不断加以补充、修正和完善。

编者

2013 年 2 月

第一版前言

为贯彻落实教育部《关于进一步加强高等学校本科教学工作的若干意见》和《教育部关于以就业为导向深化高等职业教育改革的若干意见》的精神，加强教材建设，确保教材质量，中国电力教育协会组织制订了普通高等教育"十一五"教材规划。该规划强调适应不同层次、不同类型院校，满足学科发展和人才培养的需求，坚持专业基础课教材与教学急需的专业教材并重、新编与修订相结合。本书为新编教材。

《用电管理》是电力高职高专用电管理专业、电力市场营销专业和供用电技术专业的一门主要的专业课程，是电力高职高专用电管理专业和电力市场营销专业"十一五"规划教材，是教育部面向 21 世纪职业教育课程改革和教材规划项目的组成部分之一。

本书力求体现素质教育的思想，内容全面，重点突出。主要介绍了用电负荷的特性及计算、电力平衡与电能质量、需求侧管理、功率因数管理、供电损耗及降损措施、用电设备的节约用电、安全用电管理、业务扩充、电能计量管理、电价与电费管理、日常营业工作、供电优质服务等内容。本书既可作为高职高专电力技术类专业的教材，又可作为电力管理与营销人员、工矿企业进网电工、农村电工的参考书。

本书共有 12 章内容，其中绪论、第 3 章、第 8 章、第 11 章、第 12 章由李珞新编写；第 1 章、第 2 章、第 4 章由李珈英编写；第 5 章、第 6 章、第 7 章由向保林编写；第 9 章、第 10 章由周梅编写。全书由李珞新统稿。华北电力大学的徐明荣老师作为本书的主审，提出了许多宝贵的意见。

在编写本书过程中，许多单位领导和同事给予的热情支持和帮助，使该书得以顺利出版，在此一并致谢。

由于水平有限，恳请阅读本教材的读者能对书中的遗漏和错误不吝指正，我们深表感谢！需要说明的是，书中谈到的一些政策、规定不会是一成不变的，也可能具有一定的局限性，我们将根据国家颁布的新规定，结合工作实践，不断加以补充、修正和完善。

编者

2006 年 8 月

目　　录

第四部分　电能计量管理

第五部分　安全用电管理

第六部分　电价与电费

第七部分　日　常　营　业

第一部分　供 用 电 常 识

第一章　供电质量及影响供电质量的因素

知识目标

- ◎

（1）清楚供电质量指标及标准。

（2）清楚供电质量指标与电力平衡之间的关系。

（3）了解影响供电质量的因素。

能力目标

- ◎

（1）会判断供电质量是否正常。

（2）会利用电力法规对供电质量问题进行处理。

供电质量是指电能质量与供电可靠性。电能质量包括电压、频率和波形的质量。电能质量的主要指标包括电压质量（电压偏差、电压波动和闪变以及电压不对称度）和频率质量（频率偏差、谐波）。本章只介绍电压质量（电压偏差、电压波动和闪变）和频率质量（偏差）。供电可靠性是以供电企业对用户停电的时间及次数来衡量的。

模块一　供 电 频 率 质 量

📖　**【模块描述】**本模块描述了《供电营业规则》中对供电频率额定值、在正常情况下和非正常情况下供电频率允许偏差的法律规定以及影响供电频率质量的因素。

一、供电频率质量的法律要求

1. 供电频率额定值

电网中发电机发出的正弦交流电压每秒钟交变的次数，称为频率，或叫供电频率。

根据《供电营业规则》的规定，供电公司供电时的额定频率为50Hz。

2. 供电频率的允许偏差

《供电营业规则》中规定的供电企业变电所母线到用户受电端的频率允许偏差如下：

（1）在电力系统正常状况下，供电频率的允许偏差分为三种情况。

1）电网装机容量在300万kW及以上的，为± 0.2Hz。

2）电网装机容量在300万kW以下的，为± 0.5Hz。

3）用户冲击负荷引起系统频率变动一般不得超过± 0.2Hz。

（2）在电力系统非正常状况下，供电频率允许偏差不应超过± 1.0Hz。

二、影响频率偏差的主要因素

影响供电频率偏差的因素主要有以下几个：

（1）电网的装机容量与调峰能力。

（2）电网实行计划用电情况和超用电幅度的大小。

(3) 调整负荷措施的实施情况。

(4) 冲击性负荷的影响。

【思考与练习】

(1) 供电质量指什么?

(2) 供电频率的允许偏差是如何规定的?

模块二　供电电压质量

【模块描述】本模块描述了《供电营业规则》中对我国电网的供电电压等级的规定及供电电压的允许偏差,阐述了影响电压质量的主要因素。

一、供电电压质量的法律规定

1. 供电电压的额定值

我国电网的供电电压大体上可分为低压、中压、高压、超高压和特高压五个等级。1kV以下称作低压;1~10kV 称作中压;10~330kV 称作高压;330~1000kV 称作超高压;1000kV 及以上称作特高压。

《供电营业规则》规定供电公司供电时的额定电压:低压供电电压为单相 220V,三相380V;高压供电电压为10、35 (6)、110kV 和 220kV。该条例还规定,除发电厂直配电压可以采用 3、6kV 以外,其他等级的电压逐步过渡到上述规定的电压。

2. 供电电压的允许偏差

电压偏差是指实际电压偏移额定值的大小,一般用相对值表示,即

$$\Delta U(\%) = (U_Z - U_N)/U_N \times 100\%$$

式中　ΔU——电压实际偏移额定电压的百分数;

　　　U_N——额定电压值;

　　　U_Z——实际工作电压值。

《供电营业规则》中规定,供电企业变电所母线到用户受电端的电压允许偏差为:

(1) 35kV 及以上电压供电的,电压偏差绝对值之和不超过额定电压值的 10%。

(2) 10kV 及以下三相供电电压允许偏差为额定电压的 ±7%。

(3) 低压 220V 单相供电电压允许偏差为额定电压的 +7%、-10%。

【例 1-1】　某用户申请用电 1000kVA,电源电压为 10kV,用电点距供电线路最近处约为 6km,采用 50mm 的钢芯铝绞线,试计算供电电压是否合格。(线路参数:$R_o=$0.211Ω/km,$X_o=0.42$Ω/km)

　　解　已知 $U=10$ kV,$S_e=1000$kVA,$L=6$km,$R_o=0.211$Ω/km,$X_o=0.42$Ω/km,则

$$Z = \sqrt{R^2 + X^2} = \sqrt{(0.211 \times 6)^2 + (0.42 \times 6)^2} = 2.71\Omega$$

额定电流　$I_e = S_e/\sqrt{3}U = 1000/\sqrt{3} \times 10 = 57.74$A

电压降　$\Delta U = I_e Z = 57.74 \times 2.71 = 156.48$V

电压降占 10kV 的比例为　$\Delta U\% = 156.48/10\ 000 \times 100\% = 1.56\%$

《供电营业规则》规定 10kV 电压降合格标准为 ±7%,所以供电电压合格。

二、影响电压偏差的主要因素

供电电压超过合理允许偏差的原因主要有：

（1）供电距离超过合理的供电半径。

（2）供电导线截面选择不当，电压损失过大。

（3）线路过负荷运行。

（4）用电功率因数过低，无功电流大，加大了电压损失。

（5）冲击性负荷、非对称性负荷的影响。

（6）调压措施缺乏或使用不当，如变压器分接头摆放位置不当等。

（7）用电单位装用的电容器补偿功率因数采用了"死补"，即 24h 内不论本单位需用无功量多少，都固定供给一定量的无功，造成高峰负荷时间向电网吸收无功，而低谷负荷（尤其是后夜）时间大量向系统反送无功，引起电压变动幅度的增大。总之，无功电能的余、缺状况是影响供电电压偏差的重要因素。

三、电压波动和闪变

1. 电压波动

在某一时段内，电压急剧变化而偏离额定值的现象，称为电压波动。电压波动主要是由于大型设备负荷快速变化引起的冲击性负荷造成的，如大型电动机直接启停及加载、轧钢机轧钢、起重机提升启动、电弧炉熔化期发生工作短路、电气机车启动或爬坡等都有冲击负荷产生。

电压波动的程度是以在电压急剧变化过程中出现的最大值和最小值之差与额定电压的百分比来表示的，即

$$\delta_U = [(U_{max} - U_{min}) / U_N] \times 100\%$$

式中　U_{max}、U_{min}——某一时段内电压急剧变化过程中出现的最大值和最小值；

U_N——额定电压。

《电能质量　电压波动和闪变》（GB/T 12326—2008）中规定，电压波动允许值：10kV 及以下为 2.5%，35～110kV 为 2%，220kV 及以上为 1.6%。

2. 电压闪变

周期性电压急剧变化引起电光源的光通量急剧波动，造成人眼视觉不适的现象称为电压闪变。电压波动是否会引起闪变取决于电压波动的频率、波动量和电光源的类型以及工作场所对照明质量的要求。闪变电压用"等效闪变值"ΔU_{10} 来表示。

$$\Delta U_{10} = \sqrt{\sum (a_f \Delta U_{f1})^2}$$

式中　ΔU_{f1}——电压调幅波中频率为 f 的正弦波分量 1min 均方根值，以额定电压的百分数表示；

a_f——闪变视感系数，即人眼对不同频率 f 的电压波动而引起灯闪的敏感程度。

《电能质量　电压波动和闪变》（GB/T 12326—2008）中规定电压闪变允许值为：对于照明要求较高的白炽灯负荷允许值为 0.4%，对于一般照明负荷允许值为 0.9%。

🔲 **【思考与练习】**

什么叫电压波动？什么叫电压闪变？

模块三 供电可靠性

🎓 【模块描述】本模块描述了供电可靠性概念和要求及国家电网公司在供电可靠性方面的十项承诺。

供电可靠性是指供电企业每年对用户停电的时间和次数。供电企业应不断改善供电可靠性，减少设备检修次数和由于电力系统事故引起的用户停电次数及每次停电持续的时间。供用电设备计划检修应做到统一安排。《供电营业规则》中规定供电设备计划检修时：对 35kV 及以上电压供电用户的停电次数，每年不应超过 1 次；对 10kV 供电的用户，每年不应超过 3 次。

电网供电可靠性用年平均供电可用率指标进行量化，即

$$R = (1 - \sum n_1 t_1 / 8760N) \times 100\%$$

式中　R——年平均供电可用率，%；

　　　N——统计用户总数；

　　　n_1——一年中每次停电影响用户数；

　　　t_1——一年中每次停电持续时间，h。

影响 n_1 及 t_1 的因素有：

（1）线路太长，所带负荷户数太多，使 n_1 增大。

（2）及时抢修故障及恢复供电运行工作水平，可直接减少 t_1 值。

（3）统一检修安排和带电作业等，可以减少 n_1 和 t_1 值。

（4）供电设备故障率及检修周期要求等。

国家电网公司十项承诺中规定：城市地区供电可靠率不低于 99.90%，居民用户端电压合格率不低于 96%；农村地区供电可靠率和居民用户端电压合格率，经国家电网公司核定后，由各省（自治区、直辖市）电力公司公布承诺指标。

❓ 【思考与练习】

（1）什么叫供电可靠性？

（2）《供电营业规则》对供电设备计划检修时停电次数有如何的规定？

模块四 电力法规对供电质量的有关规定

🎓 【模块描述】本模块描述了电力法规对供电频率质量、供电电压质量和供电可靠性质量的有关规定。

一、电力法规对供电频率质量的有关规定

电力法规对供电频率的额定值及允许偏差在本章模块一中已介绍过，另外《中华人民共和国电力法》还规定"供电频率超出允许偏差，给用户造成损失的，供电企业应按用户每月在频率不合格的累计时间内所用的电量，乘以当月用电的平均电价的 20% 给予赔偿"。

二、电力法规对供电电压质量的有关规定

电力法规对供电电压的额定值及允许偏差在本章模块二中已介绍过，另外《中华人民共

和国电力法》还规定"用户用电功率因数达到规定标准，而供电电压超出本规则规定的变动幅度，给用户造成损失的，供电企业应按用户每月在电压不合格的累计时间内所用的电量，乘以用户当月用电的平均电价的 20% 给予赔偿"。

三、电力法规对供电可靠性质量的有关规定

1. 电力法规对电力运行事故造成用户停电的规定

《中华人民共和国电力法》中规定："由于供电企业电力运行事故造成用户停电时，供电企业应按用户在停电时间内可能用电量的电度电费的 5 倍（单一制电价为 4 倍）给予赔偿。用户在停电时间内可能用电量，按照停电前用户正常用电月份或正常用电一定天数内的每小时平均用电量乘以停电小时求得"。

【例 1 - 2】　某工业用户为单一制电价用户，并与供电企业在供用电合同中签订有电力运行事故责任条款，7 月份由于供电企业运行事故造成该用户停电 30h，已知该用户 6 月正常用电量为 30 000kWh，电价为 0.40 元/kWh。问供电企业应赔偿该用户多少元？

解　根据《供电营业规则》规定，对单一制电价用户停电企业应按用户在停电时间内可能用电量电费的 4 倍进行赔偿，即

$$赔偿金额 = 可能用电时间 \times 每小时平均用电量 \times 电价 \times 4$$
$$= 30 \times (30\ 000 \div 30 \div 24) \times 0.40 \times 4$$
$$= 2000\ 元$$

答：供电企业应赔偿该用户 2000 元。

2. 电力法规对电力运行事故造成居民家电损坏赔偿的规定及赔偿的计算

有关法律规定：

(1) 在供电企业负责运行维护的 220/380V 供电线路上因供电企业的责任发生的下列事故引起居民家用电器损坏应承担赔偿责任。

1) 在 220/380V 供电线路上，发生相线与中性线接错或三相相序接反。

2) 在 220/380V 供电线路上，发生中性线断线。

3) 在 220/380V 供电线路上，发生相线与中性线互碰。

4) 同杆架设或交叉跨越时，供电企业的高压线路导线落到 220/380V 线路上或供电企业高压线路对 220/380V 线路放电。

(2) 对不可修复的家用电器，其购买时间在 6 个月及以内的，按原购货发票价，供电企业全额予以赔偿；购置时间在 6 个月以上的，按原购货发票价，并按《中华人民共和国电力法》第十二条规定的使用寿命折旧后余额，予以赔偿。使用年限已超过《中华人民共和国电力法》第十二条规定仍使用的，或者折旧后的差额低于原价 10% 的，按原价的 10% 予以赔偿。使用时间以发货票开具的日期为准开始计算。

对无法提供购货发票的，应由受害居民用户负责举证，经供电企业核查无误后，以证明出具的购置日期时的国家定价为准，按前款规定清偿。

以外币购置的家用电器，按购置时国家外汇牌价折合人民币计算其购置价，按前款规定清偿。

清偿后，损坏的家用电器归属供电企业所有。

(3) 各类家用电器的平均使用年限为：

1) 电子类：如电视机、音响、录像机、充电器等，使用寿命为 10 年。

2）电机类：如电冰箱、空调器、洗衣机、电风扇、吸尘器等，使用寿命为 12 年。

3）电阻电热类：如电饭煲、电热水器、电茶壶、电炒锅等，使用寿命为 5 年。

4）电光源类：白炽灯、气体放电灯、调光灯等，使用寿命为两年。

（4）从家用电器损坏之日起 7 日内，受害居民用户未向供电企业投诉并提出索赔要求的，即视为受害者已自动放弃索赔权。超过 7 日的，供电企业不再负责其赔偿。

【例 1-3】   由供电企业负责运行维护的 220/380V 供电线路发生相线与中性线互碰事故，致使赵、李、王三家家用电器损坏。通过调查得知：赵家损坏电冰箱、电热水器各一台，购买时间为三个月，电冰箱购价为 2500 元，电热水器购价为 2000 元；李家损坏电视机、电冰箱各一台，购买时间为 4 年，电视机 3000 元，电冰箱 2800 元；王家损坏电视机、电热水器各一台，购买时间已长达 10 年，电视机 3000 元，电热水器 2800 元，计算出来的折旧差额低于原价的 10%。问供电企业对这三家各应赔偿多少元？

解   对赵家应全额赔偿，即

$$赔偿金额 = 2500 + 2000 = 4500 元$$

对李家应按折旧后的余额赔偿，电视机的平均使用寿命为 10 年，电冰箱的平均使用寿命为 12 年，则

$$电视机折旧后余额 = 3000 \times (1 - 4/10) = 1800 元$$
$$电冰箱折旧后的余额 = 2800 \times (1 - 4/12) = 1876 元$$
$$李家获赔金额 = 1800 + 1876 = 3676 元$$

对王家，电热水器的使用寿命为 5 年，该家按原价的 10% 进行赔偿，即

$$王家获赔金额 = (3000 + 2800) \times 10\% = 580 元$$

【思考与练习】

（1）供电频率超出允许偏差，给用户造成损失的，供电企业应按用户每月在频率不合格的累计时间内所用的电量，乘以当月用电的平均电价的百分之多少给予赔偿？

（2）由于供电企业电力运行事故造成用户停电时，供电企业应按用户在停电时间内可能用电量的电度电费的多少倍给予赔偿？

（3）在供电企业负责运行维护的 220/380V 供电线路上因供电企业的责任发生中性线断线，供电企业是否应承担赔偿责任？

（4）电子类家用电器的平均使用年限为多少？

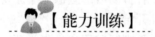

【能力训练】

一、选择题

1. 在电力系统正常状况下，220V 单相供电的用户受电端的供电电压允许偏差为额定值的（   ）。

　　（A）+7%，−10%　　（B）−7%，+10%　　（C）±7%　　（D）±10%

2. 在电力系统正常状况下，10 kV 及以下三相供电的用户受电端的供电电压允许偏差为额定值的（   ）。

(A) ±5％　　　　(B) ±6％　　　　(C) ±7％　　(D) ±8％

3. 在电力系统正常状况下，35kV 及以上电压供电的用户受电端的供电电压，正负电压允许偏差为绝对值之和不超过额定值的（　　　）。

(A) 7％　　　　(B) 10％　　　　(C) 5％　　　(D) 6％

4. 由供电企业以 220/380V 电压供电的居民用户，家用电器因电力运行事故损坏后，（　　　）日内不向供电企业投诉索赔的，供电企业不再负赔偿责任。

(A) 5 天　　　　(B) 6 天　　　　(C) 7 天　　　(D) 10 天

5. 2001 年 10 月 5 日，因供电方责任的电力运行事故使居民户家用电视机损坏后，已不可修复。其出示的购货发票日期为 1991 年 10 月 1 日，金额为人民币 4000 元。供电企业应赔偿该居民人民币（　　　）元。

(A) 400　　　　(B) 4000　　　　(C) 2000　　　(D) 0

6. 下列哪些家用电器属于电阻类的家用电器（　　　）。

(A) 电冰箱　　　　(B) 电风扇　　　　(C) 电饭煲　　(D) 电炒锅

7. 《居民用户家用电器损坏处理办法》规定，因电力运行事故损坏后不可修复的家用电器，其购买时间在（　　　）个月以内的，若损害责任属于供电企业的，则应由供电企业按原购货发票全额赔偿。

(A) 3　　　　(B) 5　　　　(C) 6　　　(D) 12

8. 电机类家用电器平均使用寿命为（　　　）年。

(A) 12　　　　(B) 10　　　　(C) 5　　　(D) 8

二、判断题（正确的在括号里打√，错误的打×）

1. 电网电压的质量取决于电力系统中无功功率的平衡，无功功率不足电网电压偏低。
（　　　）

2. 在电力系统正常状况下，电网装机容量在 300 万 kW 及以上的，供电频率的允许偏差为±0.2Hz。
（　　　）

3. 在电力系统非正常状况下，用户受电端的电压最大允许偏差不应超过额定值的±20％。
（　　　）

4. 供电质量是指电压、频率和波形的质量。（　　　）

5. 在电力系统正常状况下，供电频率的允许偏差为：①装机容量在 300 万 kW 及以上的为±0.5Hz；②装机容量在 300 万 kW 以下的为±0.1Hz。
（　　　）

三、问答题

1. 什么叫供电频率？供电频率的允许偏差是多少？

2. 什么叫电压偏差？其允许偏差是多少？

3. 电压波动与什么因素有关？电压闪变与什么因素有关？

四、计算题

1. 某三相四线制低压供电的用户，经测量，用户受电端电压为 409.4V，请问该用户的供电电压是否达到电能质量标准？

2. 某装机容量为 300 万 kW 的机组，经测量，供电频率为 49.5Hz，请问该机组的供电频率是否达到电能质量标准？

3. 由供电企业负责运行维护的 220/380V 供电线路发生相线与中性线互碰事故，致使赵、李、王三家家用电器损坏。通过调查得知：赵家损坏电冰箱、电热水器各一台，购买时间为三个月，电冰箱购价为 2500 元，电热水器购价为 2000 元；李家损坏电视机、电冰箱各一台，购买时间为 4 年，电视机 3000 元，电冰箱 2800 元；王家损坏电视机、电热水器各一台，购买时间已长达 10 年，电视机 3000 元，电热水器 2800 元，计算出来的折旧差额低于原价的 10%。赵、李两家在家用电器损坏第二天到供电企业要求索赔，供电企业对这三家应如何进行赔偿？

第二章　电　力　平　衡

知识目标

(1) 清楚电力平衡的定义。

(2) 清楚电力平衡与供电质量之间的关系。

(3) 清楚解决电力平衡的方法。

(4) 清楚调整负荷的内容、原则、方法、意义。

能力目标

(1) 能正确运用调整负荷方法。

(2) 能正确分析电能质量不合格的原因。

模块一　电力平衡的概念

【模块描述】 本模块主要描述电力平衡的定义，电力平衡与供电质量之间的关系以及供电频率、供电电压超出波动范围的危害。

一、电力平衡的定义

电力平衡是指：电力系统所有的有功电源发出的有功功率总和与电网所有用电设备（包括输电线路）所取用的有功功率总和相等；电力系统所有的无功电源发出的无功功率总和与所有用电设备（包括输电线路）所取用的无功功率总和相等。所以电力平衡的内容就是电网的有功功率的平衡和无功功率的平衡。

电力系统的有功负荷及无功负荷是经常发生变化的，因此，平衡经常被打破，要再努力使之达到平衡，所以说电力平衡是动态的，是在不平衡中求得暂时的平衡，也是在一定程度上缓和电力供需矛盾的重要措施。

电力平衡是实现电网发电、供电、用电三个方面的电力平衡，它关系到电网的电能质量，关系到电力系统的安全、稳定、可靠、经济运行，也关系到诸多工矿企业的供电和利益，关系到工农业生产和人民生活用电。所以搞好电力平衡是电力系统和广大用户共同的任务。

二、电力平衡与供电质量之间的关系

1. 有功功率的平衡与电能质量的关系

当电力系统的电源与负荷失去平衡时，频率和电压便会发生变化。由于频率的变化，整个系统和各个发电机组功率又会发生相应的变化，用电设备取用的功率也会随之而变化。其变化特性表现在发电机发出或用电设备取用的有功功率对频率的关系上。

(1) 有功负荷的频率静态特性。在系统电压保持恒定的情况下，上述关系就称为有功负荷的功率与频率静态特性，一般用 $P=\psi(f)$ 函数表示，并分为以下几类：

1) 零次方类 $P_0=\psi(f^0)$。此类用电设备的有功负荷与频率的变化无关，如照明、电阻

电炉、电弧电炉、整流器和由整流器供电的负荷等。

2) 一次方类 $P_1 = \psi(f^1)$。此类用电设备的有功负荷与频率的一次方成正比变化，如金属切削机床、球磨机、螺旋输送机、磨煤机、空气压缩机、卷扬机、往复式水泵、纺织机、回转窑等，它们都是用交流电动机拖动的。同步电动机的转速与频率成正比，感应电动机取用的功率与阻力矩和转速的乘积成正比，如果轴上所带机械的转矩恒定，其转速也可看作近似地与频率成正比。因此，当电网频率降低时，交流电动机的转速成正比下降，用电负荷和生产效率也将成比例地下降。

3) 二次方类 $P_2 = \psi(f^2)$。此类用电设备的有功负荷与频率的二次方成正比变化，电网的有功损耗属于这类负荷。在电力系统总负荷的功率因数等于 $0.8 \sim 0.85$ 时，电力系统的有功功率损耗近似地与频率的平方成正比，即

$$\Delta P_2 = \Delta P_{N2} \times f^2 / f_N^2$$

式中　ΔP_2——频率为 f 时电力系统的有功损耗；

　　　ΔP_{N2}——额定频率为 f_N 时电力系统的有功损耗。

电力系统的有功损耗由下列三部分组成：①与电流的平方成比例的铜损耗，约占总损耗的 85%；②与频率的 $1.2 \sim 1.3$ 次方成正比，并与电压有关的铁损耗，如变压器中的涡流损耗和磁滞损耗，约占变压器损耗的 15%；③输电线路的电晕损耗等。

4) 三次方类 $P_3 = \psi(f^3)$。此类用电设备的有功负荷与频率的三次方成正比，如煤矿、自来水厂、发电厂采用的鼓风机、二次通风机、引风机及循环水泵等。当电网频率降低时，发电厂的鼓风机、二次风机、引风机等的出力也同时降低，破坏了锅炉的正常运行，使发电设备出力下降。

5) 高次方类 $P_n = \psi(f^n)$。此类用电设备的有功负荷与频率的高次方成正比变化。静阻力压头很大的水泵，如发电厂的给水泵，就属于此类设备。当其静阻力压头为 90% 时，给水泵取用的有功功率与频率的 $6 \sim 7$ 次方成正比。由此可见，电动给水泵在频率降低时，给水量急剧减少，当频率低至临界频率时则完全停止给水，使锅炉及整个系统的安全运行受到严重威胁。

综上所述，诸多用电设备取用的有功功率都受频率的影响，所以保证电网频率质量有着重要意义。

(2) 频率超差的危害。当电网电源与负荷的有功功率失去平衡时，会引起电网频率的大幅度变化。

电网频率大幅度变化，是指频率变化幅度超出了国家对频率规定的允许偏差。当电力系统的有功电源小于有功负荷，即供小于求时，则电网频率下降；反之，当电力系统的有功电源大于有功负荷，即供大于求时，则电网频率上升。频率下降称低频运行，也称低周运行；频率上升称高频运行，也称高周运行。不论是低频运行，还是高频运行，都有很大的危害。

电网低频运行的危害体现在以下几方面：

1) 损坏设备。电网在正常频率运行时，火力发电厂汽轮机叶片的振动应力小于 $2kgf/mm^2$，叶片不会发生共振。当电网低频运行时，汽轮机叶片振动加大，叶片应力也逐渐加大，当电网频率低至 $45 \sim 46.5Hz$ 时，汽轮机的低压叶片可能发生共振，这时叶片的振动应力就会达到 $20kgf/mm^2$ 左右，致使叶片很快产生裂纹，甚至发生叶片断落事故。此外，

还会导致用户大量电动机的烧毁和其他设备的损坏。

2）影响产量。电网频率超过允许偏差值时，会对动力设备产生影响。一般情况下，每降低1Hz，产量将下降2%～6%。

3）降低产品质量。当频率下降到48Hz时，电动机转速下降4%，废品率上升，如纸张厚薄不匀、棉纱粗细不匀、平板玻璃厚薄不匀，等等。

4）原材料、能源消耗增加。低频率运行时，各行各业产量下降，废品率上升，必然造成原材料、一次能源和电力的消耗增加。火力发电厂耗汽量增加，煤耗和厂用电量也随之上升。

5）自动化设备误动作。对频率要求严格的自动化设备，在电网频率降低时往往会出现误动作。当频率下降0.3Hz时，会使纸币印刷和其他精美印刷品的颜色深浅不均；当频率下降0.5Hz时，计算机将出现误计算和误打印现象。在国外，曾因频率低使铁路信号发出"危险"的误指示，影响铁路交通的正常运行。

6）影响通信、广播、电视的准确性。在低频率运行时，电唱机、录音机转速变慢，声调失真；当频率降到49Hz时，电钟一昼夜将慢29min。

7）发电厂出力下降。电网低频率运行，使火电厂的风机、水泵等出力下降，供应的风量、水量减少，影响锅炉的产汽量。发电机的冷却风量减少，为了维持正常电压，就必须增加励磁电流，因而使发电机定子和转子的温升增加。为了不超越温升限额，就不得不降低发电机的功率。变压器也因频率低而使励磁电流和铁芯损耗增加，为了不超越温升限额，不得不降低负荷，或者被迫拉闸限电。一般情况下，每降低1Hz发电厂的有功功率将降低3%左右，当频率降至48Hz以下时电动给水泵有可能停止运行。

8）容易造成电网瓦解事故。低频率运行的电网很不稳定，当频率以很快速度下降时，发电机励磁机转速也以同样速度下降，因而励磁机不能保证有足够的端电压，发电机自动调节励磁装置的调节能力有限，出现失调，系统电压降低至无可挽回的地步，系统稳定受到破坏，最后有可能造成电网瓦解崩溃的重大事故，这是最严重的后果。

当电力系统的发电出力大于用电负荷（包括厂用电负荷及线路损失负荷）时，电网就会发生高频率运行。高频率运行对电力系统及用户同样会产生重大危害，特别是在安全方面更为严重。当电网高频率运行时，发电机、电动机和所有旋转设备转速均增加，功率增加，设备往往会因超过原设计的机械应力而遭到损坏。高频率运行也会使自动化设备误动作，影响通信、电视、广播的工作质量。当频率超过额定值很大时，汽轮机可能会由于危及保安器动作而使机组突然甩负荷运行。

2. 无功功率的平衡与电能质量的关系

电力系统无功功率不平衡，即电力系统的无功电源总和与系统的无功负荷总和不相等，会引起系统电压的变化。

（1）系统无功功率不足的危害。系统的无功功率不足会引起系统或地区电压的下降，其可能的后果是系统有功功率不能充分利用，影响用户的用电，损坏用户设备，使用户产品质量下降，严重时甚至能导致电网电压崩溃和大面积停电事故。

（2）系统无功功率过剩的危害。系统无功功率过剩会引起电压的过分升高，影响系统和广大用户用电设备的运行安全，同时增加电能的损耗。

综上所述，为了保证电能质量，进而保证电网安全、稳定、可靠、经济地运行，供电企业和用户应当遵守国家有关规定，采取有效措施，做好计划用电工作。各用户单位一定要树立全局观点，按计划分配的电力、电量指标在规定的时间内使用，以保证系统的电力平衡。

【思考与练习】

（1）什么叫电力平衡？

（2）有功功率平衡与电能质量的什么指标有关？

（3）无功功率平衡与电能质量的什么指标有关？

模块二　解决电力平衡的方法

【模块描述】本模块描述了调整负荷的内容、原则、方法及意义。

由于用户的用电性质不同，各类用户最大负荷出现的时间也不同，当用电负荷增加或减少时，将会破坏电网中有功平衡或无功平衡。当这种失衡超过允许的偏差时，将会给电力系统和用户带来很大的危害。电力企业解决电力不平衡的方法有：利用调整负荷的方法解决有功不平衡的情况；利用无功补偿的方法解决无功不平衡（无功不足）的情况。

本模块只介绍调整负荷的方法，至于无功补偿的方法在后面另有章节介绍。

一、调整负荷的内容

调整负荷包括调峰和调荷两方面的内容。

调峰是调整电力系统各发电厂在不同时间的发电功率，以适应用户在不同时间的用电需要。

调荷是调整用户的用电功率和用电时间，使电力系统在不同时间的用电需要能和发电功率相适应。

对发电厂的调峰和对用电单位负荷的调整是一个问题的两个方面。其中调荷的重点是工矿企业，在保证企业生产的前提下，实行地区及工矿企业内部的负荷调整，提高地区及工矿企业的用电负荷率。各行业负荷率见表 2 - 1。

表 2 - 1　　　　　　　　　各行业负荷率

行业名称	日负荷率		行业名称	日负荷率	
	冬	夏		冬	夏
煤炭工业	0.84	0.80	纺织工业	0.81	0.83
石油工业	0.95	0.94	食品工业	0.63	0.65
黑色金属工业	0.86	0.86	其他工业	0.61	0.60
铁合金工业	0.95	0.97	交通运输	0.39	0.36
有色金属采选	0.78	0.80	电气化铁道	0.70	0.70
有色金属冶炼	0.95	0.94	城市生活用电	0.38	0.32
电解铝工业	0.99	0.99	上下水道	0.77	0.80
机械制造工业	0.66	0.68	农业排灌	0.11	0.93
化学工业	0.94	0.96	农村照明	0.25	0.23
建材工业	0.86	0.85	原子能工业	0.97	0.98
造纸工业	0.88	0.90			

二、调整负荷的原则

调整负荷是一项细致而复杂的工作，政策性强，涉及面广，不仅关系到电网的运行、工矿企业的生产，而且也关系到人民群众的生活和习惯。调整负荷主要应掌握以下原则：

（1）统筹兼顾。统筹兼顾就是在调整负荷时，要考虑到各种因素，照顾到各方面的利益。既要服从电网的需要，又要考虑用户的可能条件，不能一刀切搞平均主义。要根据电力供应的实际能力，结合各个用户的用电特点，合理调度，统筹安排。

（2）保证重点。调整负荷时要以国家利益为重，优先保证各级重点企业和一级负荷的企业用电。

（3）视具体情况采用不同方法。根据不同的电力系统、不同的电源结构，拟订不同的调整负荷方案，采用不同的调整负荷方法。

（4）适当照顾职工生活习惯。在日负荷中的晚高峰时段，要尽力照顾居民的生活照明；而设在居民区的、用电量较少、人均配备动力少且有噪声的工矿企业，应尽量安排此类企业上正常班。总之，应尽量减少对居民生活的影响。

（5）明确调整负荷与限电的关系。调整负荷是用电时间的改变（调整），而不是限制用电量，两者不能混淆。

三、调整负荷的方法

调整负荷的方法有很多，对工矿企业来讲，主要是根据用电特性和负荷大小，做到削峰填谷，均衡负荷，提高负荷率。一般方法有日负荷、周负荷、年负荷调整。

（1）日负荷调整。常见的日负荷调整方法有以下四类：

1）调整生产班次。三班制生产企业将用电负荷最大或较大的班或工序安排到深夜工作；二班制企业可巧妙安排轮流倒班，将 1/3 的负荷移到深夜去用；一班制企业可实行上午九点半上班。

2）错开上下班时间。可以缓和同时上下班造成的用电负荷骤增骤减的状况，使高峰负荷达到削减的目的。

3）增加深夜生产班次。

4）错开中午休息和就餐时间。

（2）周负荷调整。周负荷调整就是把一个供电区域或一个城市的工业用电负荷分成基本相等的七份，让工厂轮流休息，使一周内每天的用电负荷基本均衡。

（3）年负荷调整。根据年负荷曲线特征，在用电缓和季节多开放一些用电；在每年的高峰负荷期间组织已完成国家计划的工厂进行设备大修；对一部分原材料比较充足、设备能力多余的工业用户，可按年度生产任务及地区负荷峰谷特点适当组织季节性生产。

（4）发电厂厂用电负荷调整。发电厂厂用电是指发电厂辅助机械的用电。火力发电厂厂用电的消耗量是很大的，约占发电量的 6%～8%，随着发电厂自动化水平的不断提高，还将有所增加。因此，厂用电量是电力系统，特别是火电比重大的系统中的用电大户，在高峰时间调整火电厂厂用电负荷，对电力系统的安全经济运行以及缓和缺电矛盾都起着一定的作用。所以，调荷对象也包括发电厂本身。调整的方法就是使非连续性生产设备尽量避峰用电。

此外，定点负荷率考核法和峰谷、丰枯电价等都是调整负荷的措施。

四、调整负荷的意义

(1) 对电力系统有利。

1) 节约国家对电力工业的基建投资。

2) 提高发电设备的热效率，降低燃料消耗，降低发电成本。

3) 充分利用水利资源，使之不发生弃水状况。

4) 增加电力系统运行的安全稳定性和提高供电质量。

5) 有利于电气设备的检修工作。

(2) 对广大用户有利。

1) 可节省国家对用户设备的投资。

2) 由于削峰填谷，将高峰时段用电改在低谷时段用电，减少了电费支出，从而也降低了生产成本。

(3) 对市政生活有利。由于采取调整负荷措施，各工厂企业职工轮休，并错开上下班时间，从而使地方交通运输、供水供煤气等服务性行业、文化娱乐场所等的负荷都能实现均匀化。

【思考与练习】

(1) 如何解决电力不平衡？

(2) 调整负荷的内容有哪些？

(3) 调整负荷的原则是什么？

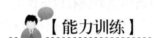 【能力训练】

一、选择题

1. 电网频率的质量取决于电力系统中（　　）的平衡。

　　(A) 视在功率　　　　(B) 无功功率　　　　(C) 有功功率　　　　(D) 频率

2. 供电企业供电的额定频率为交流（　　）。

　　(A) 40Hz　　　　　(B) 45Hz　　　　　(C) 50Hz　　　　　(D) 60Hz

3. 在电力系统正常状况下，220V单相供电的用户受电端的供电电压允许偏差为额定值的（　　）。

　　(A) +7%，-10%　(B) -7%，+10%　(C) ±7%　　　　(D) ±10%

4. 在电力系统正常状况下，10kV及以下三相供电的，供电电压允许偏差为额定值的（　　）。

　　(A) ±5%　　　　　(B) ±6%　　　　　(C) ±7%　　　　　(D) ±8%

5. 在电力系统正常状况下，35kV及以上电压供电的用户受电端的供电电压，正负电压允许偏差为绝对值之和不超过额定值的（　　）。

　　(A) 7%　　　　　(B) 10%　　　　　(C) 5%　　　　　(D) 6%

6. 当电网低频率运行降至（　　）以下时，电动给水泵将有可能停止运行。

　　(A) 49Hz　　　　　(B) 48Hz　　　　　(C) 46Hz　　　　　(D) 47Hz

7. 电网低频率运行时，一般每降低1Hz，发电厂的有功功率将降低（　　）左右。

（A）2% 　　　　（B）3% 　　　　（C）4% 　　　　（D）5%

8. 电能质量是指（　　）。

（A）频率质量 　　　（B）电流质量 　　　（C）电压质量 　　　（D）波形质量

二、判断题（在括号里正确的打√，错误的打×）

1. 电力平衡是指电力系统所有的有功、无功电源发出的有功、无功功率总和与所有用电设备所取用的有功、无功功率总和相等，所以说电力平衡是静态的。　　　　　　　　　（　　）

2. 电网电压的质量取决于电力系统中无功功率的平衡，无功功率不足电网电压偏低。

（　　）

3. 在电力系统正常状况下，电网装机容量在 300 万 kW 及以上的，供电频率的允许偏差为±0.2Hz。　　　　　　　　　　　　　　　　　　　　　　　　　　　　（　　）

4. 在电力系统正常状况下，供电频率的允许偏差为：①装机容量在 300 万 kW 及以上的为±0.5Hz；②装机容量在 300 万 kW 以下的为±1.0Hz。　　　　　　　　　（　　）

三、问答题

1. 系统无功功率不足的危害有哪些？

2. 什么叫调峰？什么叫调荷？

3. 调整负荷的方法有哪些？

第三章　用　电　负　荷

知识目标

(1) 掌握用电负荷的定义、分类。
(2) 清楚各类用电负荷特性。
(3) 掌握用电负荷的计算方法。

能力目标

(1) 对给定的用电负荷能准确地判断其类型及特性。
(2) 能正确地进行用电负荷计算。

模块一　用电负荷的定义及分类

【模块描述】 本模块主要介绍了电力负荷的定义及分类以及根据不同分类原则下的各种用电负荷。

一、用电负荷的定义

在电力系统中，电气设备所需用的电功率，称为负荷或电力。电力负荷是指电力系统在某一时刻所承担的某一范围耗电设备所消耗电功率的总和，单位用 kW 表示。

电力负荷包括发电负荷、厂用电负荷、供电负荷、线路损失负荷和用电负荷五大类负荷。

电能用户的用电设备在某一时刻向电网取用电功率的总和，称为用电负荷。用电负荷是电力负荷中的主要部分。

电能在从发电厂到用户的输配电过程中，不可避免地发生一定量的损失，即线路损失，这种损失所对应的电功率，称为线路损失负荷。

用电负荷加上同一时刻的线路损失负荷，是发电厂对电网供电时所承担的全部负荷，称为供电负荷。

发电厂在发电过程中自身要有许多厂用电设备运行，对应于这些用电设备所消耗的电功率，称为厂用电负荷。

发电厂对电网担负的供电负荷，加上同一时刻发电厂的厂用电负荷，构成电网的全部电能生产负荷，称为发电负荷。

二、用电负荷的分类

电能用户遍及国民经济各行各业以及千家万户，因此，用电负荷是一个庞大的用电群体，根据对不同行业、用户在国民经济中所在部门、国民经济不同时期的政策及季节要求、负荷发生的时间、负荷对电网运行和供电质量的影响以及用户对供电可靠性的不同要求等，对用电负荷的分类有不同的方法。

1. 根据国际上用电负荷的通用分类原则分类

根据国际上用电负荷的通用分类原则分类，用电负荷可分为：

（1）农、林、牧、渔、水利业负荷，包括农村排灌、农副业、农业、林业、畜牧、渔业、水利业等各种用电负荷。

（2）工业负荷，包括各种采掘业和制造业用电负荷等。

（3）地质普查和勘探业负荷。

（4）建筑业负荷。

（5）交通运输、邮电通信业负荷，包括公路、铁路车站用电负荷，码头、机场用电负荷，管道运输、电气化铁路用电负荷及邮电通信用电负荷等。

（6）商业、公共饮食业、物资供应和仓储业负荷，包括各种商店、饮食业、物资供应单位及仓库用电负荷等。

（7）其他事业单位负荷，包括市内公共交通用电负荷，路灯照明用电负荷，文艺、体育单位、国家党政机关、各种社会团体、福利事业、科研等单位用电负荷。

（8）城乡居民生活用电。包括城市和乡村居民生活用电。

2. 根据用户在国民经济中所在部门分类

根据用户在国民经济中所在部门分类，用电负荷可分为：

（1）工业用电负荷。

（2）农业用电负荷。

（3）交通运输用电负荷。

（4）照明及市政生活用电负荷。

3. 根据国民经济各个时期的政策和不同季节的要求分类

根据国民经济各个时期的政策和不同季节的要求分类，用电负荷可分为：

（1）优先保证供电的重点负荷（如农业排灌、粮食加工、交通运输等负荷）。

（2）一般性供电的非重点负荷（如一般机械工业等负荷）。

（3）可以暂时限电或停电的负荷（如能耗大、效益低、质量差的工厂等负荷）。

4. 根据负荷发生的时间不同分类

根据负荷发生的时间不同分类，用电负荷可分为：

（1）最大负荷，是指用户在一天时间内发生的用电量最大的 1h 负荷值。

（2）最小负荷，是指用户在一天时间内发生的用电量最小的 1h 负荷值。

（3）平均负荷，是指用户在某一段确定时间阶段的平均小时负荷值。

5. 根据负荷对电网运行和供电质量的影响分类

根据负荷对电网运行和供电质量的影响分类，用电负荷可分为：

（1）冲击负荷。负荷量快速变化，能造成电压波动和照明闪变影响的负荷，如电弧炉、轧钢机等负荷。

（2）不平衡负荷。三相负荷不对称或不平衡，会使电压、电流产生负序分量，影响旋转电机振动和发热、继电保护误动等。

（3）非线性负荷。负荷阻抗非线性变化，会向电网注入谐波电流，使电压、电流波形发生畸变，如整流器、变频器、电机车等负荷。

6. 根据对供电可靠性的要求及中断供电在政治上、经济上所造成的损失或影响程度分类

根据对供电可靠性的要求及中断供电在政治上、经济上所造成的损失或影响程度分类，用电负荷可分为：

（1）一级负荷。

1）中断供电将造成人身伤亡者（如二级及以上医院等负荷）。

2）中断供电将造成重大政治影响者（如重要交通枢纽、重要通信枢纽、电视台演播厅等负荷）。

3）中断供电将造成重大经济损失者（如火箭发射基地、大型钢厂、一类高层建筑的消防用电等负荷）。

4）中断供电将造成公共场所秩序严重混乱者（如经常用于国际活动的大量人员集中的公共场所等）。

在一级负荷中，当中断供电将发生中毒、爆炸和火灾等情况的负荷以及特别重要场所的不允许中断供电的负荷，称为特别重要负荷。如在工农业生产中正常电源中断供电时处理安全停产所必需的应急照明、通信系统，保证安全停产的自动控制装置；民用建筑中大型金融中心的关键电子计算机系统和防盗报警系统；大型国际比赛场馆的记分系统以及监控系统；国家气象台气象业务用计算机系统电源等。

（2）二级负荷。

1）中断供电将造成较大政治影响者（如交通枢纽、通信枢纽、广播电视、城市主要水源等负荷）。

2）中断供电将造成较大经济损失者（如主要设备损坏、大量产品报废、重点企业减产等）。

3）中断供电将造成公共场所秩序混乱者（如大型商场的自动扶梯、甲等影剧院等负荷）。

二级负荷和一级负荷均属于重要负荷，但与一级负荷相比，中断供电造成的后果没有那么严重。

（3）三级负荷。不在一、二级负荷范围内的负荷，都属于三级负荷。对这级负荷中断供电仅引起不便，所造成的损失不大或不会造成直接损失，如某些工厂的辅助车间负荷等。

【思考与练习】

（1）什么叫电力负荷？电力负荷如何分类？

（2）根据对供电可靠性的要求及中断供电在政治上、经济上所造成的损失或影响程度分类，什么是二级负荷？

模块二　用 电 负 荷 特 性

【模块描述】本模块描述了用电负荷特性的表征方法，分析总结了工业用电负荷、农业用电负荷、商业用电负荷以及居民用电负荷的特性。

一、用电负荷特性表征方法及企业电能利用率

1. 用电负荷特性的表征

用电负荷特性可以用负荷曲线和负荷率来表征。

（1）负荷曲线。负荷曲线是反映负荷随时间变化规律的曲线。它以横坐标表示时间，以纵坐标表示负荷的绝对值。电力负荷曲线表示出用电户在某一段时间内，电力、电量的使用情况。曲线所包含的面积代表一段时间内用户的用电量。常见的电力负荷曲线有

以下几种。

1）日负荷曲线：以全日小时数为横坐标，以负荷值为纵坐标绘制而成的曲线。

2）日平均负荷曲线：以考核的天数为横坐标，以每天的平均负荷为纵坐标而绘制的负荷曲线。它可以分一周的、一月的、一季的日平均负荷曲线，但常用的是电力系统的日平均负荷曲线和分类用户的日平均负荷曲线。

3）负荷持续曲线：表示某一时间段内，负荷大小和持续时间的关系，按负荷的大小顺序排列而绘制的曲线。它分为日、月、年三类负荷持续曲线，主要作用是掌握某负荷值的持续小时数。

4）年负荷曲线：以全年的时间（有的以日为单位，有的以月为单位）为横坐标，以考核时间段的负荷为纵坐标绘制的曲线。

图 3-1、图 3-2 分别表示日用电负荷曲线和年用电负荷曲线。

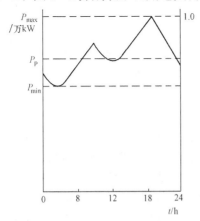
图 3-1　日用电负荷曲线

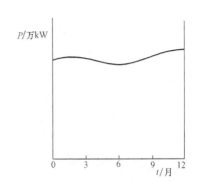
图 3-2　年用电负荷曲线

（2）负荷率。为了衡量在规定时间内负荷变动的情况，以及考核电气设备利用的程度，通常用负荷率表示。负荷率是指在规定时间（日、月、年）内的平均负荷与最大负荷之比的百分数。

对日负荷曲线来说，日负荷率计算式可表示为

$$K_f = \frac{P_{av}}{P_{max}} \times 100\%$$

式中　　K_f——日负荷率；

P_{av}——日平均负荷，kW；

P_{max}——日最大负荷，kW。

根据国家规定，企业日负荷率的最低指标值见表 3-1。

表 3-1　　　　　　　　　　　　　企业日负荷率最低指标值

企业类型	连续生产企业	三班生产企业	二班生产企业	一班生产企业
日负荷率最低指标值	0.95	0.85	0.60	0.30

2. 企业电能利用率

在电能做功的过程中，并不是全部的电能都去做有用功，而是有一部分电能由于多种原

因被无谓的损耗掉了。因此，电能的有效利用不是百分之百，而存在利用的效率问题，这就是电能利用率。

企业电能利用率 η_L 是指企业用电体系的有效利用电能与企业总输入电能（总耗电能）之比的百分数，其公式为

$$\eta_L = \frac{\sum W_{ef}}{W_{ti}} \times 100\%$$

式中　　η_L——电能利用率，%；

$\sum W_{ef}$——全部有效电能量，kWh；

W_{ti}——电能总输入量，kWh。

企业生产中全部利用的有效电能（或有功功率）是指用电过程中，为达到特定的生产工艺要求在理论上必须消耗的电能（相当于产品的理论电耗）。对单一产品的企业来说，电能利用率就是产品理论电耗和实际电耗之比。

二、工业用电负荷特性

工业用电负荷在不同行业之间，由于工作方式（包括工厂设备利用情况、每一设备负荷情况、企业工作班制、工作日小时数、上下班时间、午休时间和交班间隔时间等）不同，其变化情况差别很大，因此，研究、分析和掌握工业用电负荷特性是很重要的。它主要有以下几个特征。

（1）年负荷变化。除部分建材、榨糖等季节性生产的工业用电负荷及节假日（如"五一"劳动节、"十一"国庆节、春节等）外，一般是比较稳定的。但不同地区、不同行业也有一些显著差别。例如：北方由于冬季采暖、照明负荷的影响使年负荷曲线略呈两头高中间低的马鞍形；而南方则由于通风降温负荷的影响使夏季负荷高于冬季负荷；连续生产的化工行业因夏季单位产品耗电较多、冶金行业因夏季劳动条件较差而都集中在夏季停产检修，这就使局部地区夏季工业用电负荷反而较低；另外，年末又往往为完成全年生产任务使工业用电负荷持续上升。

（2）季负荷变化。一般是季初较低，季末较高。

（3）月负荷变化。一般是上旬较低，中旬较高。在生产任务饱满的工矿企业，往往是下旬负荷高于中旬。而生产任务不足的企业，有时中旬用电较多，月底下降。

（4）日负荷变化。日负荷变化起伏最大。一般一天内会出现早高峰、午高峰和晚高峰三个高峰，中午和午夜后两个低谷。由于晚高峰期间照明负荷和生产负荷相重叠，因此，晚高峰比其他两个高峰尤为突出。日负荷变化与企业的工作班制、工作日小时数、上下班时间以及季节、气候等因素都有关系。

一班制生产企业每天作业 8h，随着其上班、休息和下班的交替，用电负荷骤增骤降，其负荷曲线明显地显示出高峰与低谷。一般上班 0.5h 后出现早高峰，午休时为低谷，午休后又有一个高峰，其负荷曲线如图 3-3 所示。

二班制生产企业每天作业 16h，其高峰和低谷出现的时间随作业班安排时间的不同而不同，峰谷差较一班制生产企业小，其负荷曲线如图 3-4 所示。

三班制生产企业具有连续性生产特点，负荷曲线变化幅度较小，其负荷曲线如图 3-5 所示。

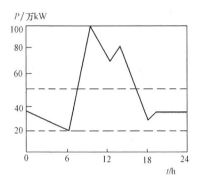

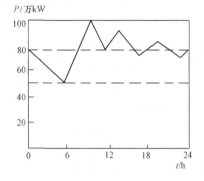

图 3-3　一班制企业日用电负荷曲线　　图 3-4　二班制企业日用电负荷曲线

天气变化的影响作用也不容忽视，如阴天日照差，会引起工业照明用电的增加。雨天虽然会引起照明的增加，但也可能由于室外作业停止而使用电负荷下降。

三、农业用电负荷特性

农业用电包括农、林、牧、渔和水利业用电，因为农电一般是综合性用电，农电负荷既有农业负荷，也有乡镇工业及商业服务业负荷。

农电总用电量包括农村用电量和县城用电量，即县及县以下所有行业的全部用电量。

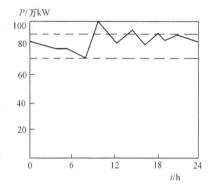

图 3-5　三班制企业日负荷曲线图

1. 电力排灌用电

我国北方电力排灌以提水灌溉为主，由于地下水位下降，又建立了大量深井提水站。南方水田多，排涝与灌溉用电兼有。

排灌负荷是季节性的，如华北地区排灌最大需量出现在 4～7 月份；江南一般出现在 7～8 月份。设备利用小时数一般为 1000h 左右，干旱地区也有达 3000h 以上的。每亩耗电量有较大差异，甘肃为 190kWh/亩，四川为 40kWh/亩，云南为 95kWh/亩。由于电力排灌可节省劳动力，降低农业生产成本，提高农作物产量，因此排灌负荷仍将有大的发展。

2. 农业生产用电

农业生产用电包括田间作业、场上作业、运输储藏、种子处理、工厂化温室育苗等用电。7.5kW 的脱粒机每小时可脱麦 1100kg，1kW 动力设备能代替 7.5 个劳动力和 1 个畜力。目前农业生产用电一项所占比重不大，仅占全部农业用电量的 6%。

3. 农副产品加工用电

农副产品加工用电主要是指碾米、磨面、榨油、轧花、饲料加工、果品加工、食品加工、家禽养殖等用电。主要设备是小型异步电动机，还有少量电热和照明设备。主要电耗指标有磨小麦粉 57～70kWh/t，碾米 21～40kWh/t，干草切割 4～8kWh/t，榨豆油 350kWh/t，榨菜籽油 135～250kWh/t，榨芝麻油 90kWh/t。

4. 乡镇企业用电

乡镇企业用电主要是指制造土化肥、修造农机具、烧砖瓦、编织草袋和草席、纺织及小手工业加工等用电。由于农村经济体制改革和农村产业结构的变化，乡镇企业得到飞速发展，范围也不断扩大，乡镇企业包括了农业、工业、建筑业、运输业、商业等各部门。1986

年乡镇企业用电已达 239 亿 kWh，占农村当年用电量的 35.3%。

5. 农村居民生活用电

农村居民生活用电以照明为主。改革开放以来，农村生活水平普遍提高，各类家用电器大量进入农户，特别是沿海开放地区，甚至连电炊和空调等高耗能电器也在普遍使用。因此，农村居民生活用电量增长很快，今后还会有进一步增长。

6. 县办工业用电

县办工业项目与乡镇企业大体相同，1988 年其用电量已达 718.38 亿 kWh，占全部农村用电量的 51%。

7. 县城居民生活用电和其他用电

县城居民生活用电和其他用电主要有生活照明、街道照明、家用电器、给排水、学校、医院、影剧院、商店等用电，其负荷增长速度一般为 9%～10%。

农业用电负荷特性归纳起来，有如下几点：

（1）受季节影响较大。在春季和夏季，排灌用电和水利业用电较多。在秋季，以上两种用电会有所减少，但农业用电（主要是场上作业）和农副业用电剧增。在冬季这些用电会相对减少。

（2）受气候影响较大。在风调雨顺的年份，排灌用电和水利业用电较少，而遇大旱或大涝年份用电负荷就会剧增。

（3）用电负荷不稳定。天气大旱，排灌用电负荷很大。一场大雨过后，旱情排除，排灌用电负荷就会迅速降下来。

（4）农副加工用电季节性影响同样明显。

（5）设备最大负荷利用小时较低，通常不超过 2000h。

（6）负荷密度小，分布不均匀。据调查，我国平原地区的负荷密度为 $20kW/km^2$，丘陵地区为 $10～20kW/km^2$，山区为 $1～3kW/km^2$。

（7）功率因数低。农电主要用电设备是异步电动机，且补偿设备装设得少，因此农电负荷功率因数一般为 0.6～0.7，个别地区低到 0.4～0.5，这就使农网网损增大。

（8）全国农电发展不平衡，用电负荷构成变化大，农电负荷增长快。

四、商业用电负荷特性

商业负荷，主要是指商业部门里的照明、空调、动力等用电负荷。商业用电负荷主要具有以下特性：

（1）商业负荷覆盖面积大，且用电增长的速度比较平稳。

（2）商业负荷具有季节性变动的特性，这种变化主要是由于商业部门越来越广泛地采用空调、电风扇、制冷设备之类的敏感于气候的电器所致，并且这种趋势正在增长。

（3）商业负荷的不确定性大。商业负荷类型繁多，即使同一类型的商业负荷，不同文化氛围下的商业负荷变化大。

（4）商业负荷对电力系统综合负荷曲线的影响不容忽视。虽然商业负荷在电力负荷中所占比重不及工业负荷和居民负荷，但商业负荷中的照明类负荷占尖峰时段内负荷的比重较大。

（5）商业负荷受节假日的影响。商业部门由于商业行为，在节假日会增加营业时间，从而成为节假日中影响电力负荷的重要因素。

五、居民用电负荷特性

城乡居民生活用电主要有照明和家用电器两大类。城乡居民生活用电水平的高低，也反映一个国家、一个地区、一个城市的电气化、现代化水平和科技发达程度，也是人民生活水平高低的标志。随着人民生活水平的不断提高，人民生活用电迅猛增长，特别是在晚高峰期间集中使用的特点，对日负荷曲线有极大的影响。其主要特点如下：

（1）在一日内变化大。人民生活用电在一昼夜内极不均衡。在白天和深夜用电负荷很小，而在每天 18～23 时达到高峰。其用电量虽然比较小，但其负荷在系统晚高峰期间所占比重却比较大，因此，对日负荷曲线有很大影响。另外，家用电器的应用，尤其是在城市居民生活中的广泛应用，也造成居民生活用电负荷的大幅增长。

（2）季节变化对居民用电负荷的影响大。在南方夏季酷暑季节，通风降温用电，如电扇、空调大量使用，使生活用电负荷大幅度增加；在北方地区冬季及南方部分地区，采暖用电也使生活用电负荷增加。另外，居民生活照明用电负荷在冬夏两季的负荷曲线差别也很大，冬季照明负荷通常有早、晚两个高峰，而夏季只有一个晚高峰，且比冬季的晚高峰小得多，发生的时间也迟，其照明日用电负荷曲线如图 3-6 所示。市政生活日用电负荷曲线如图 3-7 所示。

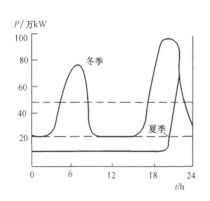
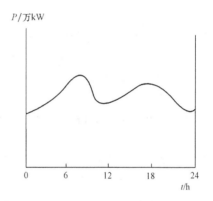

图 3-6　照明日用电负荷曲线　　　图 3-7　市政生活日用电负荷曲线

据统计，家用电器中年耗电量最大的是空调器，其次是电冰箱，用电较多的还有彩色电视机、电饭锅等。表 3-2 是国家统计局对各种家用电器用电的统计表。

表 3-2　　　　　　　　　　　　　家用电器用电统计表

名称	平均输入功率/W	年利用小时/h	台年耗电量/kWh	名称	平均输入功率/W	年利用小时/h	台年耗电量/kWh
照明	30	1460	43.3	电风扇	40	600	24
收音机	1	450	0.45	电熨斗	500	26	13
收录机	10	450	4.5	电冰箱	120	2260	270
黑白电视	30	1050	31.5	电热毯	40	120	4.8
彩色电视	60	1050	63.0	电饭锅	650	150	96.5
录像机	30	156	4.68	电水壶	1200	150	180
洗衣机	250	100	25	电炒锅	1200	150	180
吸尘器	450	150	67.5	空调	3000	720	2160

【思考与练习】

什么是负荷曲线？如何制作日负荷曲线？

模块三　用 电 负 荷 计 算

【模块描述】本模块描述了用电设备的分类及设备容量的确定，并分别介绍了需用系数法和二项式系数法求计算负荷。

为了计算一个工厂的总用电量，为了正确合理地选择工厂变、配电所的电气设备和导线、电缆，首先必须确定工厂总的计算负荷。

计算负荷确定得是否合理，直接关系到供电系统中各组成元件的选择是否合理。若计算负荷确定过大，将造成投资和有色金属的浪费；而确定过小，又将使供电设备和导线在运行中发生过热问题，引起绝缘过早老化，甚至发生烧毁事故，给国家造成更大损失。因此，计算负荷的确定是一项重要而又严谨的工作。

一、用电设备分类及设备容量的确定

1. 用电设备分类

用电设备按其工作性质分为以下三类。

第一类为长时工作制用电设备，是指使用时间较长或连续工作的用电设备，如多种泵类、通风机、压缩机、输送带、机床、电弧炉、电阻炉、电解设备和某些照明装置等。

第二类为短时工作制用电设备，是指工作时间甚短而停歇时间相当长的用电设备，如金属切削机床辅助机械（横梁升降、刀架快速移动装置等）的驱动电动机、启闭水闸的电动机等。

第三类为反复短时工作制用电设备，是指时而工作、时而停歇，如此反复运行的用电设备，如吊车用电动机、电焊用变压器等。

对于第三类反复短时工作制用电设备，为表征其反复短时的特点，通常用暂载率来描述，其计算公式为

$$\varepsilon = \frac{\text{工作时间}}{\text{工作周期}} = \frac{t_g}{t_g + t_t} \times 100\% \qquad (3-1)$$

式中　ε——暂载率；

　　　t_g——每周期的工作时间，min；

　　　t_t——每周期的停歇时间，min。

2. 设备容量确定

设备容量一般是指用电设备的额定输出功率，用 P_N 或 S_N 表示。对一般电动机来说，P_N 是指铭牌容量 P_N'，其确定方法如下。

（1）一般用电设备容量。一般用电设备包括长时、短时工作制用电设备及照明设备。其设备容量是指该设备上标明的额定输出功率。

（2）反复短时工作制用电设备容量。反复短时工作制用电设备包括反复短时工作制电动机和电焊变压器两种。反复短时工作制用电设备的工作周期是以 10min 为计算依据。吊车电动机标准暂载率分为 15%、25%、40%、60%四种；电焊设备标准暂载率分为 20%、40%、50%、100%四种。这类设备在确定计算负荷时，首先要进行换算。

1) 反复短时工作制电动机容量的确定。其设备容量 P_N 是指暂载率 $\varepsilon=25\%$ 时的额定容量。如 ε 值不为 25%，可使其变为 25% 时的额定容量，其计算公式为

$$P_N = \sqrt{\frac{\varepsilon_N}{\varepsilon_{25}}} P'_N = 2\sqrt{\varepsilon_N} P'_N \tag{3-2}$$

式中　ε_N——给定的设备暂载率（换算前的）；

$\quad\quad \varepsilon_{25}$——暂载率为 25%；

$\quad\quad P'_N$——暂载率 $\varepsilon=\varepsilon_N$ 时的额定设备容量，kW。

【例 3-1】　有一台 10t 桥式吊车，额定功率为 40kW（暂载率 $\varepsilon_N=40\%$），试求该设备的设备容量 P_N。

解　因为桥式吊车属于反复短时工作制电动机，其设备容量 P_N 是指暂载率 $\varepsilon_{25}=25\%$ 时的额定容量，则

设备容量　$\quad\quad P_N = \sqrt{\frac{\varepsilon_N}{\varepsilon_{25}}} P'_N = 2\sqrt{\varepsilon_N} P'_N = 2 \times \sqrt{0.4} \times 40 = 50\text{kW}$

答：该设备的设备容量为 50kW。

2) 电焊变压器容量的确定。其设备容量是指 $\varepsilon=100\%$ 时的额定容量。当 $\varepsilon \neq 100\%$ 时应进行换算，换算公式为

$$S_N = \sqrt{\frac{\varepsilon_N}{\varepsilon_{100}}} S'_N = \sqrt{\varepsilon_N} S'_N \text{ 或 } P_N = \sqrt{\frac{\varepsilon_N}{\varepsilon_{100}}} S'_N \cos\varphi = \sqrt{\varepsilon_N} S'_N \cos\varphi \tag{3-3}$$

式中　S'_N——换算前的铭牌额定容量；

$\quad\quad \cos\varphi$——与 S'_N 相对应的功率因数。

【例 3-2】　有一台电焊变压器的 $S'_N=42\text{kVA}$，$\varepsilon_N=60\%$，$\cos\varphi=0.66$，求该设备容量 P_N。

解　因为电焊变压器的容量是指暂载率 $\varepsilon=100\%$ 时的额定容量，则

设备容量　$\quad\quad P_N = \sqrt{\varepsilon_N} S'_N \cos\varphi = \sqrt{0.6} \times 42 \times 0.66 = 21.47\text{kW}$

答：该设备的设备容量为 21.47kW。

二、需用系数法求计算负荷

通常按发热条件选择供电系统元件时需要计算的负荷功率或负荷电流，称为计算负荷。计算负荷包括四个物理量，即有功计算负荷 P_{js}、无功计算负荷 Q_{js}、视在计算负荷 S_{js} 和计算电流 I_{js}，其计算步骤应从计算用电设备开始，然后进行车间变电所（变压器）、高压供电线路及总降压变电所（或配电所）等的负荷计算。

在确定计算负荷时，可以不考虑短时间出现的尖峰负荷，如电动机的启动电流等。但对于持续时间超过 0.5h 的最大负荷必须考虑在内。

按需用系数法确定计算负荷比较简单，是目前确定用户车间变电所和全厂变电所负荷的主要方法。

在需要确定的计算负荷中，四个物理量之间的关系为

$$Q_{js} = P_{js} \tan\varphi \tag{3-4}$$

$$S_{js} = \sqrt{P_{js}^2 + Q_{js}^2} \tag{3-5}$$

或

$$S_{js} = \frac{P_{js}}{\cos\varphi} \qquad\qquad (3-6)$$

$$I_{js} = \frac{S_{js}}{\sqrt{3}U_N} \qquad\qquad (3-7)$$

或

$$I_{js} = \frac{S_{js}}{\sqrt{3}U_N\cos\varphi} \qquad\qquad (3-8)$$

式中　$\cos\varphi$——功率因数；

　　　　$\tan\varphi$——功率因数角的正切值；

　　　　P_{js}——有功计算负荷，kW；

　　　　Q_{js}——无功计算负荷，kvar；

　　　　S_{js}——视在计算负荷，kVA；

　　　　I_{js}——计算电流，A；

　　　　U_N——三相用电设备的额定电压，V。

1. 单个用电设备的计算负荷

对一般单台电动机来说，铭牌额定功率即为计算负荷。对单个白炽灯、电热器、电炉等，设备标称容量即为计算负荷。对单台反复短时工作制的用电设备，若吊车电动机的暂载率不是 25%，电焊变压器的暂载率不是 100%，则都应进行换算，换算后得到的设备容量（也称额定持续功率），即为计算负荷。

2. 成组用电设备的计算负荷

工作性质相同的一组用电设备有很多台，其中有的设备满载运行，有的设备轻载或空载运行，还有的设备处于备用或检修状态，该组用电设备的计算负荷 P_{js} 总是比其额定容量的总和 $P_{N\Sigma}$ 要小得多，因此，在确定计算负荷时，需要将该组设备总容量（或称总功率）进行换算，其计算公式为

$$P_{js} = \frac{K_0 K_f}{\eta_N \eta_x} \times P_{N\Sigma} \qquad\qquad (3-9)$$

式中　K_0——同时系数，表示在最大负荷时某组工作着的用电设备容量与接于线路中该组全部用电设备总容量的比值；

　　　　K_f——负荷系数，表示在最大负荷时某组工作着的用电设备实际所需的功率与其设备总容量的比值；

　　　　η_N——用电设备效率；

　　　　η_x——线路效率；

　　　　$P_{N\Sigma}$——接于线路中一组用电设备的总容量（总功率），kW。

式 (3-9) 考虑了影响计算负荷的主要因素，但并不是全部因素。有些因素如工人操作的熟练程度、材料的供应情况、工具质量等均未考虑在内，事实上也无法考虑。就是所谓的主要因素事实上也是很难确定的。所以通常只是通过实测，将所有影响计算负荷的许多因素归并成一个系数，称之为需用系数，所以前述的需用系数 K_x 实际上是综合了多种影响计算负荷因素的系数。于是计算负荷的计算公式可简化为

$$P_{js} = K_x P_{N\Sigma} \qquad\qquad (3-10)$$

式中 P_{js}——该组用电设备的有功计算负荷，kW；

　　　K_x——该组用电设备的需用系数；

　　　$P_{N\Sigma}$——该组用电设备的总容量，kW。

　　一般由经验资料确定需用系数。在求得需用系数（查表3-3～表3-5）和所有装置的设备容量后，即可按公式求得计算负荷。

表3-3　　　　　　　　　　　一般工厂（全厂）需用系数及功率因数

工厂类别	需用系数 K_x		功率因数 $\cos\varphi$	
	变动范围	建议采用	变动范围	建议采用
汽轮机制造厂	0.38～0.49	0.38	—	0.88
锅炉制造厂	0.26～0.33	0.27	0.73～0.75	0.75
柴油机制造厂	0.32～0.34	0.32	0.74～0.84	0.74
重型机械制造厂	0.25～0.47	0.35	—	0.79
机床制造厂	0.13～0.30	0.20	—	0.65
重型机床制造厂	0.32	0.32	—	0.71
工具制造厂	0.34～0.35	0.34	—	0.65
仪器仪表制造厂	0.31～0.42	0.37	0.80～0.82	0.81
滚珠轴承制造厂	0.24～0.34	0.28	—	0.70
量具刃具制造厂	0.26～0.35	0.26	—	0.60
石油机械制造厂	0.45～0.50	0.45	—	0.78
电器开关制造厂	0.30～0.60	0.35	—	0.75
阀门制造厂	0.38	0.38	—	—
铸管厂	—	0.50	—	0.78
通用机器厂	0.34～0.43	0.40	—	—
小型造船厂	0.32～0.50	0.33	0.60～0.80	0.70
中型造船厂	0.35～0.45	有电炉时取高值	0.78～0.80	有电炉时取高值
大型造船厂	0.35～0.40	有电炉时取高值	0.70～0.80	有电炉时取高值
有色冶金企业	0.60～0.70	0.65	—	—

表3-4　　　　　　　　　　　各种车间（全车间）需用系数及功率因数

车间名称	需用系数 K_x	功率因数 $\cos\varphi$	车间名称	需用系数 K_x	功率因数 $\cos\varphi$
	变动范围	变动范围		变动范围	变动范围
铸钢车间（不包括电炉）	0.30～0.40	0.65	废钢铁处理车间	0.45	0.68
铸铁车间	0.35～0.40	0.70	电镀车间	0.40～0.62	0.85
锻压车间（不包括高压水泵）	0.20～0.30	0.55～0.65	中央实验室	0.40～0.60	0.60～0.80

续表

车间名称	需用系数 K_x	功率因数 $\cos\varphi$	车间名称	需用系数 K_x	功率因数 $\cos\varphi$
	变动范围	变动范围		变动范围	变动范围
热处理车间	0.40~0.60	0.65~0.70	充电站	0.60~0.70	0.80
焊接车间	0.25~0.30	0.45~0.50	煤气站	0.50~0.70	0.65
金工车间	0.20~0.30	0.55~0.65	氧气站	0.75~0.85	0.80
木工车间	0.28~0.35	0.60	冷冻站	0.70	0.75
工具车间	0.30	0.65	水泵站	0.50~0.65	0.80
修理车间	0.20~0.25	0.65	锅炉房	0.65~0.75	0.80
落锤车间	0.20	0.65	压缩空气站	0.70~0.85	0.75

表 3-5 用电设备组需用系数及功率因数

用电设备组名称		需用系数 K_x	功率因数 $\cos\varphi$	$\tan\varphi$
单独传动的金属 加工机床	(1) 冷加工车间	0.14~0.16	0.50	1.73
	(2) 热加工车间	0.20~0.25	0.55~0.60	1.52~1.23
压床、锻锤、剪床及其他锻工机械		0.25	0.60	1.33
连续运输机械	(1) 连锁的	0.65	0.75	0.88
	(2) 非连锁的	0.60	0.75	0.88
轧钢车间反复短时工作制的机械		0.30~0.40	0.50~0.60	1.73~1.33
通风机	(1) 生产用	0.75~0.85	0.80~0.85	0.75~0.62
	(2) 卫生用	0.65~0.70	0.80	0.75
泵、活塞式压缩机、鼓风机、电动发电机、排风机		0.75~0.85	0.80	0.75
透平压缩机和透平鼓风机		0.85	0.85	0.75
破碎机、筛选机、碾砂机		0.75~0.80	0.80	0.75
磨碎机		0.80~0.85	0.80~0.85	0.75~0.62
铸铁车间选型机		0.70	0.75	0.88
凝结器、分级器、搅拌器		0.75	0.75	0.89
水银整流机组 (在变压器一次侧)	(1) 电解车间用	0.90~0.95	0.82~0.90	0.70~0.48
	(2) 起重机负荷	0.30~0.50	0.87~0.90	0.57~0.48
	(3) 电气牵引用	0.40~0.50	0.92~0.90	0.43~0.36
感应电炉（不带功率 因数补偿装置）	(1) 高频	0.80	0.10	10.05
	(2) 低频	0.80	0.35	2.67
电阻炉	(1) 自动装料	0.70~0.80	0.98	0.20
	(2) 非自动装料	0.60~0.70	0.98	0.20
小容量试验设备 和试验台	(1) 带电动发电机组	0.15~0.40	0.70	1.02
	(2) 带试验变压器	0.10~0.25	0.20	4.91

续表

用电设备组名称		需用系数 K_x	功率因数 $\cos\varphi$	$\tan\varphi$
起重机	(1) 锅炉房、修理、金工装配	0.05～0.15	0.50	1.73
	(2) 铸铁车间、平炉车间	0.15～0.30	0.50	1.73
	(3) 轧钢车间脱锭工段	0.25～0.35	0.50	1.73
电焊机	(1) 点焊与缝焊用	0.35	0.60	1.33
	(2) 对焊用	0.35	0.70	1.02
电焊变压器	(1) 自动焊接用	0.50	0.40	2.29
	(2) 单头手动焊接用	0.35	0.35	2.68
	(3) 多头手动焊接用	0.40	0.35	2.68
焊接用电动发电机组	(1) 单头焊接用	0.35	0.60	1.33
	(2) 多头焊接用	0.70	0.75	0.80
电弧炼钢炉变压器		0.90	0.87	0.57
煤气电气滤清机组		0.80	0.78	0.80
照明	(1) 生产厂房	0.80～1.0	1.0	
	(2) 办公室	0.70～0.80	1.0	
	(3) 生活区	0.60～0.80	1.0	
	(4) 仓库	0.50～0.70	1.0	
	(5) 户外照明	1.0	1.0	
	(6) 事故照明	1.0	1.0	
	(7) 照明分支线	1.0	1.0	

【例 3-3】　已知小批量生产的冷加工机床组，拥有电压为 380V 的三相交流电动机 7kW 的 3 台、4.5kW 的 8 台、2.8kW 的 17 台和 1.7kW 的 10 台。试求该机床组计算负荷。

解　此机床组电动机的总容量为

$$P_{N\Sigma} = 7\times3 + 4.5\times8 + 2.8\times17 + 1.7\times10 = 121.6\text{kW}$$

查表 3-4，得

$$K_x = 0.14\sim0.16(\text{取}0.15), \cos\varphi = 0.5, \tan\varphi = 1.73$$

有功计算负荷为

$$P_C = K_x P_{N\Sigma} = 0.15\times121.6 = 18.24\text{kW}$$

无功计算负荷为

$$Q_C = P_C \tan\varphi = 18.24\times1.73 = 31.56\text{kvar}$$

视在计算负荷为

$$S_C = \sqrt{P_C^2 + Q_C^2} = \sqrt{18.24^2 + 31.56^2} = 36.56\text{kVA}$$

计算电流为

$$I_C = \frac{S_C}{\sqrt{3}U_N\cos\varphi} = \frac{36.56}{\sqrt{3}\times0.38\times0.5} = 55.48\text{A}$$

3. 车间（多组）用电设备的计算负荷

对于多组用电设备（如 m 组），由于各组需用系数不尽相同，各组最大负荷出现的时间也不相同，因此，在确定多组用电设备的计算负荷时，除了将各组计算负荷累加之外，还必须乘以一个需用系数的"同时使用系数" K_{op}、K_{oq}，即其计算公式为

$$P_{js} = K_{op} \sum_{i=1}^{m} (P_{is})_i = K_{op} \sum_{i=1}^{m} (K_x P_{N\Sigma})_i \tag{3-11}$$

$$Q_{js} = K_{oq} \sum_{i=1}^{m} (P_{is} \tan\varphi)_i = K_{oq} \sum_{i=1}^{m} (K_x P_{N\Sigma} \tan\varphi)_i \tag{3-12}$$

式中　K_{op}——有功计算负荷的同时使用系数，见表3-6；
　　　　K_{oq}——无功计算负荷的同时使用系数，见表3-6。

表3-6　　　　　　　　　　　需用系数的同时使用系数

应用范围		K_{op}、K_{oq}	应用范围		K_{op}、K_{oq}
确定车间变电所低压母线的最大负荷时，所采用的有功负荷同时使用系数（无功负荷与此同）	冷加工车间	0.7~0.8	确定配电所母线的最大负荷时，所采用的同时系数	计算负荷小于5000kW	0.9~1.0
	热加工车间	0.7~0.9		计算负荷为5000~10 000kW	0.85
	动力站	0.8~1.0		计算负荷超过10 000kW	0.8

【例3-4】　某厂机修车间低压配电装置对机床、长时间工作制的水泵和通风机组以及卷扬机组等三组负荷供电，如图3-8所示。已知机床组有5kW电动机4台，10kW电动机3台；水泵和通风机组有10kW电动机5台；卷扬运输机组有7kW电动机4台。试用需要系数法确定机修车间的计算负荷。

解　（1）先分别求各组计算负荷。

1）机床组。根据表3-5可查，取 $K_{x1}=0.2$，$\cos\varphi_1=0.6$，$\tan\varphi_1=1.33$，则

$$P_{N1} = 5\times4 + 10\times3 = 50kW$$
$$P_{js1} = K_{x1}P_{N1} = 0.2\times50 = 10kW$$
$$Q_{js1} = P_{js1}\tan\varphi_1 = 10\times1.33 = 13.3kvar$$

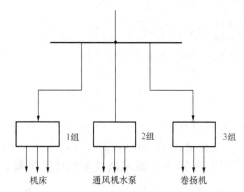

图3-8　对用电设备组供电的低压配电装置

2）水泵和通风机组。根据表3-5可查，取 $K_{x2}=0.75$，$\cos\varphi_2=0.8$，$\tan\varphi_2=0.75$，则

$$P_{N2} = 10\times5 = 50kW$$
$$P_{js2} = K_{x2}P_{N2} = 0.75\times50 = 37.5kW$$
$$Q_{js2} = P_{js2}\tan\varphi_2 = 37.5\times0.75 = 28.13kvar$$

3）卷扬运输机组。根据表3-5可查，取 $K_{x3}=0.6$，$\cos\varphi_3=0.75$，$\tan\varphi_3=0.88$，则

$$P_{N3} = 7\times4 = 28kW$$
$$P_{js3} = K_{x3}P_{N3} = 0.6\times28 = 16.8kW$$
$$Q_{js3} = P_{js3}\tan\varphi_3 = 16.8\times0.88 = 14.8kvar$$

（2）确定机修车间计算负荷。根据表3-6可查，取 $K_{op}=K_{oq}=0.9$，求得有功计算负荷为

$$P_{js} = K_{op} \sum_{i=1}^{3} (P_{is})_i = 0.9\times(10+37.5+16.8) = 57.87kW$$

无功计算负荷为

$$Q_{js} = K_{op} \sum_{i=1}^{3} (P_{is} \tan\varphi)_i = 0.9 \times (13.3 + 28.13 + 14.8) = 50.61 \text{kvar}$$

视在计算负荷为

$$S_{js} = \sqrt{P_{js}^2 + Q_{js}^2} = \sqrt{57.87^2 + 50.61^2} = 76.88 \text{kVA}$$

计算电流为

$$I_{js} = \frac{S_{js}}{\sqrt{3} U_N} = \frac{76.88}{\sqrt{3} \times 0.38} = 116.95 \text{A}$$

对于 K_{op}、K_{oq} 的确定，当用电设备组数越多时，取值越小；当组数越少时，取值越接近 1。

需用系数法适用于确定设备台数多，而单台设备容量差别不大的用电设备组的计算负荷。如用电设备中设备台数不多，且单台设备容量差别又很大时，则应采用二项式系数法确定计算负荷。

表 3-5 中所列的各用电设备组的需用系数都是根据设备台数较多时给定的，若设备台数较少，一般均取给定范围值的上限值。

三、二项式系数法求计算负荷

在确定连接设备台数不太多的车间干线或支干线的计算负荷时，由于其中 n 台大功率设备对电力负荷变化影响很大，为了反映这种变化，可采用二项式系数法。用两个系数表征负荷变化的规律，见表 3-7。二项式系数法的基本计算公式为

$$P_{js} = bP_N + cP'_N \tag{3-13}$$

式中　c、b——二项式系数，其值见表 3-7；

$\quad\quad P_N$——该组所有用电设备的总额定功率，kW；

$\quad\quad bP_N$——表示用电设备组的平均负荷；

$\quad\quad P'_N$——该组中 n 台功率最大的用电设备的总额定功率，kW；

$\quad\quad cP'_N$——表示用电设备组中 n 台容量最大的设备运行时的附加负荷，kW。

不同工业制的不同类用电设备，取用大功率设备的数量 n 应有所不同。一般规定：金属切割机床采用 $n=5$；反复短时工作制采用 $n=3$；加热炉采用 $n=2$；电焊设备采用 $n=1$。

当用电设备组只有一两台设备时，可认为 $P_{js} = P_N$（即取 $b=1$，$c=0$），相应地 $\cos\varphi$ 也应适当取大一些。

二项式系数法适用于确定设备台数较少而各台之间容量大小相差悬殊的低压分支线和干线的计算负荷。

表 3-7　　　　　　　　　　二项式系数

用电设备类别	n	二项式系数		$\cos\varphi$	$\tan\varphi$
		c	b		
大批生产和流水作业的热加工车间的机床电动机	5	0.5	0.26	0.65	1.17
大批生产的金属冷加工车间机床电动机	5	0.5	0.14	0.50	1.73
大批生产的金属冷加工车间机床电动机但为小批和单件生产	5	0.4	0.14	0.50	1.73
通风机、水泵、空压机及电动发电机组	5	0.25	0.65	0.80	0.75
连续运输和翻砂车间内造砂用机械非联动的	5	0.4	0.4	0.75	0.88

用电设备类别	n	二项式系数		$\cos\varphi$	$\tan\varphi$
		c	b		
锅炉房、修理车间、装配车间和机房内的吊车（ε＝25%）	3	0.2	0.06	0.5	1.73
翻砂铸造车间的吊车（ε＝25%）	3	0.3	0.09	0.5	1.73
自动连续装料的电阻炉设备	2	0.3	0.7	0.95	0.33
非自动连续装料的电阻炉设备	1	0.5	0.5	0.95	0.33

1. 用电设备组的计算负荷

【例 3 - 5】 已知某矿井有电压为 380V 的通风机：20kW 的 3 台，15kW 的 4 台，7kW 的 8 台。试用二项式系数法求该通风机组的计算负荷。

解 根据表 3 - 7 可查，取 $b=0.65$，$c=0.25$，$n=5$，$\cos\varphi=0.80$，$\tan\varphi=0.75$，则

该通风机组中 $n=5$ 台功率最大的用电设备的总额定功率 $P'_N=20\times3+15\times2=90\text{kW}$

该通风机组中所有用电设备的总额定功率 $P_N=20\times3+15\times4+7\times8=176\text{kW}$

由二项式系数法的基本计算公式 $P_{js}=bP_N+cP'_N$，可得

该通风机组的有功计算负荷为 $P_{js}=bP_N+cP'_N=0.65\times176+0.25\times90=136.9\text{kW}$

计算电流为

$$I_{js}=\frac{P_{js}}{\sqrt{3}U_N\cos\varphi}=\frac{136.9}{\sqrt{3}\times0.38\times0.8}=260\text{A}$$

2. 多组用电设备的计算负荷

对于干线或低压母线上拥有不同类的多组用电设备（如 m 组）的计算负荷的确定，同样应考虑各组用电设备最大负荷不同时出现的因素。因此在确定干线上总计算负荷时，只能在各组用电设备中取其中一组最大的附加负荷 cP'_N，再加上所有设备的平均负荷 bP_N，得出总的有功和无功计算负荷。其计算公式为

$$P_{js}=\sum_{i=1}^{m}(bP_N)_i+(cP'_N)_{max} \tag{3 - 14}$$

$$Q_{js}=\sum_{i=1}^{m}(bP_N\tan\varphi)_i+(cP'_N\tan\varphi)_{max} \tag{3 - 15}$$

式中　$\sum(bP_N)_i$ 和 $\sum(bP_N\tan\varphi)_i$——所有各组的有功和无功平均负荷的总和；

$(cP'_N)_{max}$ 和 $(cP'_N\tan\varphi)_{max}$——各组有功和无功附加负荷中的最大值。

【例 3 - 6】 某机修车间 380V 线路中，接有冷加工机床电动机 20 台，共 50kW（其中最大功率电动机 7kW 的一台，4.5kW 的 2 台，2.8kW 的 7 台）；通风机 2 台，共 5.6kW，电阻炉 1 台，为 2kW。试用二项式系数法确定线路上的计算负荷。

解 （1）先求各组的 cP'_N 和 bP_N。

1）冷加工机组。查表 3 - 7，取 $b_1=0.14$，$c_1=0.4$，$n_1=5$，$\cos\varphi_1=0.50$，$\tan\varphi_1=0.73$，则

$$c_1P'_{N1}=0.4\times(7\times1+4.5\times2+2.8\times2)=8.64\text{kW}$$

$$b_1P_{N1}=0.14\times50=7\text{kW}$$

2）通风机组。查表 3 - 7，取 $b_2=0.65$，$c_2=0.25$，$n_2=5$，$\cos\varphi_2=0.8$，$\tan\varphi_2=0.75$，则

$$c_2P'_{N2}=0.25\times5.6=1.4\text{kW}$$

$$b_2 P_{N2} = 0.65 \times 5.6 = 3.64\text{kW}$$

3）电阻炉。查表 3-7，取 $b_3 = 0.65$，$c_3 = 0$，$\cos\varphi_3 = 1$，$\tan\varphi_3 = 0$，则

$$c_3 P'_{N3} = 0$$

$$b_3 P_{N3} = 0.7 \times 2 = 1.4\text{kW}$$

（2）再确定线路上的计算负荷。有功计算负荷

$$P_{js} = \sum_{i=1}^{3} (bP_N)_i + (cP'_N)_{max} = 7 + 3.64 + 1.4 + 8.64 = 20.68\text{kW}$$

无功计算负荷为

$$Q_{js} = \sum_{i=1}^{3} (bP_N\tan\varphi)_i + (cP'_N\tan\varphi)_{max}$$

$$= 7 \times 1.73 + 3.64 \times 0.75 + 1.4 \times 0 + 8.64 \times 1.73 = 29.79\text{kvar}$$

视在计算负荷和计算电流为

$$S_{js} = \sqrt{P_{js}^2 + Q_{js}^2} = \sqrt{20.68^2 + 29.79^2} = 36.26\text{kVA}$$

$$I_{js} = \frac{S_{js}}{\sqrt{3}U_N} = \frac{36.62}{1.73 \times 0.38} = 56.16\text{A}$$

3. 工厂企业总计算负荷确定

为了确定全厂的需用电力和电量，或者合理选择工厂变、配电所的变压器容量和电气设备，以及导线、电缆的规格型号，都必须先确定工厂总计算负荷。

确定工厂计算负荷的方法很多，这里介绍常用的三种计算方法，即需用系数法、逐级相加计算法和单耗估算法。

（1）需用系数法计算。将全厂用电设备的总设备容量 $\sum P_N$（不计备用设备容量）乘以一个全厂需用系数 K_x，就得出全厂的计算负荷，即

$$P_{js} = K_x \sum P_N \qquad (3-16)$$

各类工厂的需用系数可由有关设计单位根据调查统计的资料，或参考有关设计手册来确定。工厂需用系数的高低，不仅与用电设备的工作性质、设备台数、设备效率和线路损耗等因素有关，而且与工厂的生产性质、工艺特点、生产班制等因素有关，所以此法计算比较粗略。

（2）逐级相加计算法计算。如图 3-9 所示，采用从用电端开始，逐级向电源推移计算方法。计算步骤如下：

1）先确定各用电设备的计算负荷，然后计算车间干线和车间变电所低压母线 1 处的计算负荷，包括电力照明（注意从表 3-6 中选择 K_{op}、K_{oq}）。

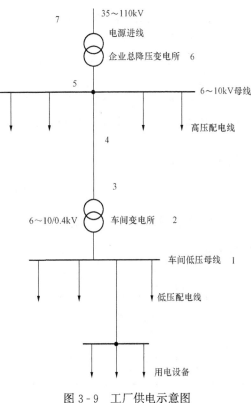

图 3-9　工厂供电示意图

2）车间变电所低压侧总计算负荷，加上车间变电所变压器 2 处的损耗功率，得到车间变电所高压侧 3 处的计算负荷。

3）所有车间变电所高压侧的计算负荷，加上厂区高压配电线 4 的损耗功率，就得到工厂总降压变电所低压侧 5 处的计算负荷（注意从表 3-6 中选择 K_{op}、K_{oq}）。

4）工厂总降压变电所低压侧的计算负荷，加上主变压器 6 的损耗功率，便得到总降压变电所高压侧 7 处的计算负荷，即为全厂进线处的总计算负荷。

还应当注意，当供电系统中某个环节装设有无功功率补偿设备（如移相电容器）时，应在确定此装设地点前的计算负荷时，将无功补偿考虑在内。

（3）单耗估算法计算。用单耗计算工厂的计算负荷有两种方法，一种是用单位产品耗电量来确定计算负荷，另一种是用单位产值耗电量来确定计算负荷。对于有固定产品的工厂可采用第一种方法，对于无固定产品的工厂（如修理厂等）可采用第二种方法。

1）单位产品电耗法确定工厂计算负荷。将工厂全年的生产产量 m，以产品单位计，乘以单位产品耗电量 q（kWh），就得到工厂全年耗电量 A（kWh），即

$$A = qm \qquad (3-17)$$

各类工厂的单位产品耗电量，可根据实测统计资料确定，也可查有关单耗手册来确定。

求出工厂全年耗电量后，除以工厂的年最大负荷利用小时数 T_{max}（见表 3-8），就可求得工厂的计算负荷为

$$P_{js} = \frac{A}{T_{max}} \qquad (3-18)$$

式中　P_{js}——工厂总计算负荷，kW；

　　　A——工厂全年耗电量，kWh；

　　T_{max}——工厂年最大负荷利用小时数，h。

其他各项计算负荷 Q_{js}、S_{js}、I_{js} 的计算与需用系数法相同。

2）单位产值电耗法确定工厂计算负荷。与上述单位产品电耗法相似，如年产值为 M（万元），单位产值耗电量为 b（kWh/万元），则工厂全年耗电量为

$$A = Mb \qquad (3-19)$$

工厂的计算负荷为

$$P_{js} = \frac{A}{T_{max}} \qquad (3-20)$$

其他各项计算负荷 Q_{js}、S_{js} 的计算与需用系数法相同。

表 3-8　　　　　　　　　　　工厂年最大负荷利用小时数

工厂类别	年最大负荷利用小时数 T_{max}/h		工厂类别	年最大负荷利用小时数 T_{max}/h	
	有功负荷年利用小时数	无功负荷年利用小时数		有功负荷年利用小时数	无功负荷年利用小时数
化工厂	6200	7000	苯胺颜料工厂	7100	
石油提炼工厂	7100		氮肥厂	7000～8000	

续表

工厂类别	年最大负荷利用小时数 T_{max}/h		工厂类别	年最大负荷利用小时数 T_{max}/h	
	有功负荷年利用小时数	无功负荷年利用小时数		有功负荷年利用小时数	无功负荷年利用小时数
重型机械制造厂	3770	4840	农业机械制造厂	5330	4220
机床厂	4345	4750	仪器制造厂	3080	3180
工具厂	4140	4960	电器工厂	4280	6420
滚珠轴承厂	5300	6130	汽车修理厂	4370	3200
起重运输设备厂	3300	3880	车轮修理厂	3560	3660
汽车拖拉机厂	4960	5240	金属加工厂	4355	5880

【思考与练习】

（1）用电设备按工作制可分为哪几类？

（2）什么是计算负荷？什么是暂载率？

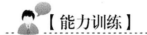

【能力训练】

一、选择题

1. 用电负荷是指用户电气设备所需用的（　　　）。

　　（A）电流　　　　　　　　　（B）电功率

　　（C）视在功率　　　　　　　（D）电能

2. 下列不属于按用户在国民经济中所在部门分类的用电负荷是（　　　）。

　　（A）工业　　　　　　　　　（B）农业

　　（C）商业　　　　　　　　　（D）市政生活

3. 下列不属于根据负荷对电网运行和供电质量的影响分类的用电负荷是（　　　）。

　　（A）冲击负荷　　　　　　　（B）阻抗性负荷

　　（C）不平衡负荷　　　　　　（D）非线性负荷

二、问答题

1. 根据对供电可靠性的要求及中断供电在政治上、经济上所造成的损失或影响程度分类，什么是一级负荷？

2. 工业用电负荷的主要特性有哪些？

3. 农业用电负荷的主要特性有哪些？

三、计算题

1. 某机修车间金属切削机床组，共有电压为 380V 电动机 20 台，其中 7.5kW 的 2 台，4.5kW 的 3 台，3kW 的 5 台，2.2kW 的 10 台。试用需用系数法求该用电设备组的计算负荷。

2. 某用电客户冬季代表日用电负荷见表 3 - 9，请画出该用户的负荷曲线，并计算日平均负荷、负荷率、峰谷差。

表 3 - 9　　　　　　　　　　某用电客户冬季代表日用电负荷

时间/h	1	2	3	4	5	6	7	8	9	10	11	12
负荷/kW	64	53	56	55	65	75	85	120	180	250	230	210
时间/h	13	14	15	16	17	18	19	20	21	22	23	24
负荷/kW	200	200	240	255	250	300	315	340	330	300	250	195

第二部分　用 电 负 荷 管 理

第四章　功 率 因 数 管 理

知识目标

(1) 清楚功率因数的定义、种类。
(2) 清楚影响功率因数的因素和提高功率因数的方法、效益。
(3) 清楚并联电容器补偿无功原理和方式。
(4) 了解功率因数的考核办法。

能力目标

(1) 会选择并联电容器无功补偿方式。
(2) 会进行并联电容器无功补偿容量。
(3) 会进行电容器无功补偿容量的计算。
(4) 会进行功率因数的计算。

模块一　功率因数的基本概念

　　【模块描述】本模块主要描述功率因数的定义和种类，影响功率因数的因素以及用户考核功率因数的标准、方法及适用范围。

一、功率因数的定义

　　有功功率是视在功率的一部分，有功功率在视在功率中所占的比重，称为功率因数。

　　有功功率、无功功率、视在功率和功率因数之间的关系可用功率三角形来表示，如图 4-1 所示。从功率三角形可知

$$S = \sqrt{P^2 + Q^2} \qquad (4-1)$$

$$\cos\varphi = \frac{P}{S} = \frac{1}{\sqrt{1 + \left(\frac{Q^2}{P^2}\right)}} \qquad (4-2)$$

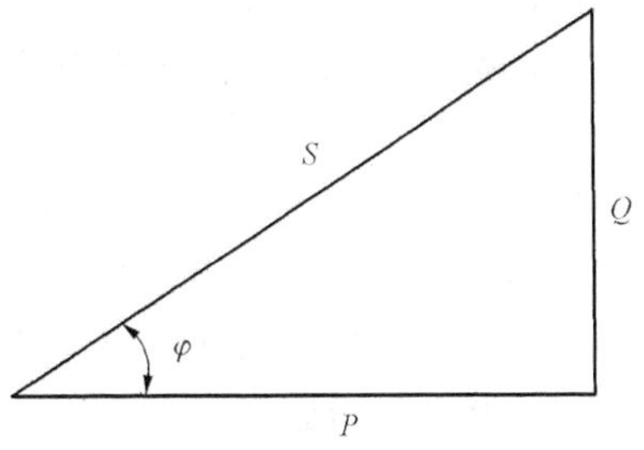

图 4-1　功率三角形

式中　　S——视在功率，kVA；

　　　　P——有功功率，kW；

　　　　Q——无功功率，kvar；

　　$\cos\varphi$——功率因数；

　　　　φ——功率因数角。

　　由功率三角形可以看出，在一定的有功功率下，功率因数的高低与无功功率的大小有

关，当用电企业需要的无功功率越大，其视在功率也越大，功率因数越低。所以企业功率因数的高低，反映了用电设备的合理使用状况、电能的利用程度和用电的管理水平。企业开展节约用电，必须改善企业的功率因数和加强功率因数的管理。

二、功率因数的种类

功率因数分为自然功率因数、瞬时功率因数和平均功率因数。

1. 自然功率因数

自然功率因数是指用电设备没有安装无功补偿设备时的功率因数，或者说用电设备本身所具有的功率因数。

自然功率因数的高低主要取决于用电设备负荷的性质，如电阻性负荷用电设备（白炽灯、电阻炉等）的功率因数就比较高，而电感性负荷用电设备（荧光灯、异步电动机等）的功率因数就比较低。

部分用电设备的自然功率因数范围见表 4-1。

表 4-1　　　　部分用电设备的自然功率因数范围

用电设备名称	功率因数	用电设备名称	功率因数
异步电动机	0.7～0.8	铸造车间用电设备、球磨机	0.75
电弧炉炼钢、溶解期间	0.8～0.85	间歇式机械吊车	0.5
冶炼有色金属、电弧炉	0.9	机床	0.4～0.8
电解槽用整流设备	0.8～0.9	荧光灯	0.5～0.6
水泵、通风机、空压机等	0.8	电焊机	0.1～0.3
中频或高频感应炉	0.7～0.8		

2. 瞬时功率因数

瞬时功率因数是指在某一瞬间由功率因数表读出的功率因数值。也可根据电压表、电流表和有功功率表在同一瞬间的读数经计算而确定。

瞬时功率因数是随着企业用电设备的类型、负荷的大小和电压的高低而时刻变化的。瞬时功率因数可以用来判断工矿企业所需要的无功功率数量是否稳定，以便在运行中采取相应的措施。

3. 平均功率因数

平均功率因数是指企业在一定时间段（一个工作班、一周或一个月等）内功率因数的平均值。对企业功率因数的考核通常是以一个月的平均功率因数进行的，是通过企业一个月内消耗的实用有功电量和无功电量计算而得。其计算公式为

$$\cos\varphi = \frac{1}{\sqrt{1+\dfrac{W_Q{}^2}{W_P{}^2}}} \qquad (4-3)$$

式中　W_P——月实用有功电量，kWh；

　　　W_Q——月实用无功电量，kvarh。

【例 4-1】　某企业用户 10kV 供电，受电设备容量 2000kVA，本月有功电量 768 000kWh，无功电量 153 600kvarh，求企业用户的实际月功率因数。

解　功率因数

$$\cos\varphi = \frac{1}{\sqrt{1 + \dfrac{W_Q{}^2}{W_P{}^2}}}$$

代入数据得

$$\cos\varphi = \frac{1}{\sqrt{1 + \left(\dfrac{153\,600}{768\,000}\right)^2}} = 0.98$$

供电部门每月定时来企业考核月平均功率因数的大小，再与国家规定的平均功率因数值比较，从而决定对企业所交纳电费是奖励还是惩罚，并决定应采取的措施，以利于节约用电。

三、影响功率因数的因素

功率因数的高低与无功功率的大小有关。影响企业功率因数的主要因素有：

（1）电感性用电设备配套不合适和使用不合理，造成用电设备长期轻载或空载运行，致使无功功率的消耗量增大。异步电动机空载时消耗的无功功率约占电动机总无功消耗的60%～70%。当电动机长期处于轻载或空载时，其消耗的无功功率占电动机总无功消耗的比重更大。

（2）大量采用电感性用电设备（如异步电动机、交流电焊机、感应电炉等）。在工矿企业消耗的全部无功功率中，异步电动机的无功消耗占60%～70%。

（3）变压器的负荷率和年利用小时数过低，造成过多消耗无功功率。一般情况下，变压器的无功消耗为其额定容量的11%～14%；空载时的无功消耗约是满载时的1/3。所以，负荷率和利用小时数低，就会无谓地消耗无功功率。

（4）线路中的无功功率损耗。高压输电线路的感抗值比电阻值大好几倍。如110kV线路的感抗值是电阻值的2～2.5倍，220kV线路的感抗值是电阻值的4.5～6倍，因此线路中的无功功率损耗是有功功率损耗的数倍。

（5）无功补偿设备装置的容量不足，企业用电设备所消耗的无功功率主要靠发电机供给，致使输变电设备的无功功率消耗很大。

四、用户考核功率因数的标准、方法及适用范围

1. 考核功率因数的目的

电力负荷，分为有功负荷和无功负荷。有功负荷主要是供给能量转换，如将电能转变为化学能、热能、机械能等过程中的有效消耗。无功负荷主要是供给电气设备及供电设备的电感负荷交变磁场的能量消耗。所以，一般要求无功负荷越小越好。

功率因数一般也称为力率，用 $\cos\varphi$ 表示。用户在一定的视在功率和一定的电压及电流情况下用电，功率因数 $\cos\varphi$ 越高，其有功功率就越高。

电力企业为了改善电压质量，减少损耗，需根据电网中无功电源的经济配置及运行上的要求，确定集中补偿无功电力的措施，并要求广大的电力用户分散补偿无功电力，这样可以做到按电压等级逐级补偿。同时，补偿的无功电力，可随负荷的变化进行调整，并尽可能实现自动投切，达到就近供给，就地平衡，使电网输送的无功电力为最少，又使用户在生产用电时电能质量较好，并能节省能源，用户也能相应地减少电费支出。考核功率因数的目的在于检验用户无功功率补偿的情况，通过功率因数的考核，实现改善电压质量，减少损耗，减少电费支出，使供用电双方和社会都能取得最佳的经济效益的目的。

在电力工业部部颁《供电营业规则》中，对用户用电功率因数规定了一定的标准。这项规定，可起到促进改善电压质量、提高供电能力和节约电能的作用。我国在现行电价制度中，也相应地规定了《功率因数调整电费办法》，鼓励用户为改善功率因数而增加投资；用户可从功率因数高于标准值时，电力企业所减收的电费中得到经济补偿，回收所付出的投资，并获得减少动力费用开支降低生产成本的经济效益。这实质上是电力企业出钱向用户收购无功电力。若用户不装无功补偿设备或补偿设备不足，而使功率因数未达到规定标准值，电力企业将增收电费，也就是用户理应负担的超购无功电力所付出的无功电费，以补偿电力企业由此增加的开支。

2. 功率因数考核标准

我国现行的《功率因数调整电费办法》，其考核对象并不是"一刀切"的，而是依据各类用户不同的用电性质及功率因数可能达到的程度，分别规定其功率因数标准值及不同的考核办法。现分述如下。

（1）按月考核加权平均功率因数，分为以下三个不同级别。级别的划分一般按用户用电性质、供电方式、电价类别及用电设备容量等因素进行划分。

1）功率因数考核值为 0.90 的，适用于高压供电用户，如受电变压器容量与不通过变压器接用的高压电动机容量总和在 160kVA（kW）以上的工业用户、3200kVA 及以上的电力排灌站、装有带负荷调整电压装置的高压供电电力用户。

2）功率因数考核值为 0.85 的，适用于 100kVA（kW）及以上的工业用户和 100kVA（kW）及以上的非工业用户和电力排灌站，大工业用户划由供电企业直接管理的趸购转售用户。

3）功率因数标准值为 0.80 的，适用于 100kVA（kW）及以上的农业用户和趸购转售用电户。

（2）根据电网具体情况，需要对部分用户用电的功率因数做出特定的规定或考核办法。其办法有以下几种。

1）对大用户实行考核高峰功率因数，即考核用户在电网全月的高峰负荷时间段里的平均功率因数，则更接近电网无功变化的实际，更有利于进一步保证电压质量。同时，也可避免一些用户为片面追求较高的月平均功率因数，而在电网低谷负荷时间向电网倒送无功电力所引起的弊病。

用户在当地供电企业规定的电网高峰负荷时的功率因数应达到下列规定：①100kVA 及以上高压供电的用户功率因数为 0.90 以上；②其他电力用户和大、中型电力排灌站，趸购转售电企业，功率因数为 0.85 以上；③农业用电，功率因数为 0.80。

2）对部分用户试行考核高峰、低谷两个时段的功率因数，这是根据电网对无功电力的需要或用户用电特殊制定的。对用户采取分时段考核功率因数时，应分别计算和考核用户全月在电网高峰和低谷两个时段的功率因数。

3）对部分用户不需增设补偿设备，用电功率因数就能达到规定标准的，或者是离电源点较近、电压质量较好、无须进一步提高用电功率因数的，电力企业对这类用户，可以按照电网或局部无功电力的实际情况，降低考核功率因数的标准值，或者是不实行功率因数调整电费的办法。

3. 功率因数调整电费办法

功率因数调整电费办法是指客户的实际功率因数高于或低于规定标准功率因数时，在按照规定的电价计算出客户当月电费后，再按照"功率因数调整电费表"所规定的百分数计算减收或增收的调整电费。

4. 功率因数的计算

（1）凡实行功率因数调整电费的用户，应装设带有防倒装置的无功电能表，按用户每月实用有功电量和无功电量，计算月平均功率因数。

$$加权平均功率因数\quad \cos\varphi = \frac{1}{\sqrt{1+(W_Q/W_P)^2}} \qquad (4-4)$$

又因为

$$\frac{W_Q}{W_P} = \frac{3IU\sin\varphi t}{3IU\cos\varphi t} = \tan\varphi \qquad (4-5)$$

所以有

$$加权平均功率因数\quad \cos\varphi = \frac{1}{\sqrt{1+(W_Q/W_P)^2}} = \frac{1}{\sqrt{1+\tan^2\varphi}}$$

由于无功电量 W_Q 与有功电量 W_P 的比值等于功率因数角的正切值，因此，在实际计算用户月平均功率因数时，只需计算无功电量与有功电量的比值就可以，从 $\tan\varphi$ 与 $\cos\varphi$ 的对照表中直接查出 $\cos\varphi$ 值。表 4-2 为按无功电量/有功电量的比值编制的 $\tan\varphi$ 与 $\cos\varphi$ 对照表。

表 4-2　　　　功率因数、正切函数、调整电费比例对照表

$\tan\varphi$=月无功电量/月有功电量	功率因数 $\cos\varphi$	电费调整率/（%）		
		0.9（标准值）	0.85（标准值）	0.8（标准值）
0.0000～0.1003	1.00	−0.75	−1.10	−1.30
0.1004～0.1751	0.99	−0.75	−1.10	−1.30
0.1752～0.2279	0.98	−0.75	−1.10	−1.30
0.2280～0.2717	0.97	−0.75	−1.10	−1.30
0.2718～0.3105	0.96	−0.75	−1.10	−1.30
0.3106～0.3461	0.95	−0.75	−1.10	−1.30
0.3462～0.3793	0.94	−0.6	−1.10	−1.30
0.3794～0.4107	0.93	−0.45	−0.95	−1.30
0.4108～0.4409	0.92	−0.30	−0.8	−1.30
0.4410～0.4700	0.91	−0.15	−0.65	−1.15
0.4701～0.4983	0.90	0	−0.5	−1.0
0.4984～0.5260	0.89	+0.5	−0.4	−0.9
0.5261～0.5532	0.88	+1.0	−0.3	−0.8
0.5533～0.5800	0.87	+1.5	−0.2	−0.7
0.5801～0.6065	0.86	+2.0	−0.1	−0.6

续表

tanφ＝月无功电量/ 月有功电量	功率因数 cosφ	电费调整率/（%）		
		0.9（标准值）	0.85（标准值）	0.8（标准值）
0.6066～0.6328	0.85	＋2.5	0	－0.5
0.6329～0.6589	0.84	＋3.0	＋0.5	－0.4
0.6590～0.6850	0.83	＋3.5	＋1.0	－0.3
0.6851～0.7109	0.82	＋4.0	＋1.5	－0.2
0.7110～0.7270	0.81	＋4.5	＋2.0	－0.1
0.7371～0.7630	0.80	＋5.0	＋2.5	0
0.7631～0.7891	0.79	＋5.5	＋3.0	＋0.5
0.7892～0.8154	0.78	＋6.0	＋3.5	＋1.0
0.8155～0.8418	0.77	＋6.5	＋4.0	＋1.5
0.8419～0.8685	0.76	＋7.0	＋4.5	＋2.0
0.8686～0.8953	0.75	＋7.5	＋5.0	＋2.5
0.8954～0.9225	0.74	＋8.0	＋5.5	＋3.0
0.9226～0.9499	0.73	＋8.5	＋6.0	＋3.5
0.9500～0.9777	0.72	＋9.0	＋6.5	＋4.0
0.9778～1.0059	0.71	＋9.5	＋7.0	＋4.5
1.0060～1.0365	0.70	＋10	＋7.5	＋5.0
1.0366～1.0635	0.69	＋11	＋8.0	＋5.5
1.0636～1.0930	0.68	＋12	＋8.5	＋6.0
1.0931～1.1230	0.67	＋13	＋9.0	＋6.5
1.1231～1.1636	0.66	＋14	＋9.5	＋7.0
1.1637～1.1847	0.65	＋15	＋10	＋7.5
1.1848～1.2165	0.64	＋17	＋11	＋8.0
1.2166～1.2490	0.63	＋19	＋12	＋8.5
1.2491～1.2821	0.62	＋21	＋13	＋9.0
1.2822～1.3160	0.61	＋23	＋14	＋9.5
1.3161～1.3507	0.60	＋25	＋15	＋10
1.3508～1.3863	0.59	＋27	＋17	＋11
1.3864～1.4228	0.58	＋29	＋19	＋12
1.4229～1.4603	0.57	＋31	＋21	＋13
1.4604～1.4988	0.56	＋33	＋23	＋14
1.4989～1.5384	0.55	＋35	＋25	＋15
1.5385～1.5791	0.54	＋37	＋27	＋17

续表

tanφ=月无功电量/月有功电量	功率因数 cosφ	电费调整率/（%）		
		0.9（标准值）	0.85（标准值）	0.8（标准值）
1.5792～1.6811	0.53	+39	+29	+19
1.6812～1.6644	0.52	+41	+31	+21
1.6645～1.7091	0.51	+43	+33	+23
1.7092～1.7553	0.50	+45	+35	+25
1.5554～1.8031	0.49	+47	+37	+27
1.8032～1.8526	0.48	+49	+39	+29
1.8527～1.9038	0.47	+51	+41	+31
1.9039～1.9571	0.46	+53	+43	+33
1.9572～2.0124	0.45	+55	+45	+35
2.0125～2.0699	0.44	+57	+47	+37
2.0700～2.1298	0.43	+59	+49	+39
2.1299～2.1923	0.42	+61	+51	+41
2.1294～1.2575	0.41	+63	+53	+43
2.2576～2.3257	0.40	+65	+55	+45
2.3258～2.3971	0.39	+67	+57	+47
2.3972～2.4720	0.38	+69	+59	+49
2.4721～2.5507	0.37	+71	+61	+51
2.5508～2.6334	0.36	+73	+63	+53
2.6335～2.7205	0.35	+75	+65	+55
2.7206～2.8125	0.34	+77	+67	+57
2.8126～2.9098	0.33	+79	+69	+59
2.9099～3.0129	0.32	+81	+71	+61
3.0130～3.1224	0.31	+83	+73	+63
3.1225～3.2389	0.30	+85	+75	+65

（2）凡装有无功补偿设备且有可能向电网倒送无功电量的用户，应随其负荷和电压变动及时投入或切除部分无功补偿设备，电业部门应在计费计量点加装带有防倒装置的反向无功电能表，按倒送的无功电量与实用无功电量两者的绝对值之和，计算月平均功率因数。

（3）根据电网需要，对大用户实行高峰功率因数考核，加装记录高峰时段内有功、无功电量的电能表，据以计算月平均高峰功率因数；对部分用户还可试行高峰、低谷两个时段分别计算功率因数。

【例4-2】 某市第二人民医院，10kV供电，配变容量560kVA（普通型变压器），供医护人员生活及医疗用电需求。某年5月用电量见表4-3。

表 4 - 3 某年 5 月用电量

总计量点	有功电量/kWh	无功电量/kvarh	备注
	1 000 000	720 000	—
其中居民生活用电	100 000		分表

问其本月功率因数是多少？调整率是多少？

解 其功率因数

$$\cos\varphi = \cos[\arctan(Q/P)] = 720\ 000/(1\ 000\ 000 - 100\ 000) = 0.8$$

根据功率因数调整办法〔（83）水电财字 215 号〕有关规定，其调整标准为 0.85。
查表得调整率为 2.5%。

答：功率因数为 0.8，调整率为 2.5%。

5. 电费的调整

（1）当考核计算的功率因数高于或低于规定的标准时，应按照规定的电价计算出用户的当月电费后，再按照功率因数调整电费表规定的百分数计算减收或增收的调整电费。如果用户的功率因数在功率因数调整电费表所列两数之间，则以四舍五入后的数值查表计算。

（2）对于个别情况可以降低考核标准或不予考核。对于不需要增设无功补偿设备，而功率因数仍能达到规定标准的用户，或离电源较近，电能质量较好，无需进一步提高功率因数的用户，都可以适当降低功率因数标准值，也可以经省、自治区、直辖市电力局批准，报网局备案后，不执行功率因数调整电费办法。

对于已批准同意降低功率因数标准的用户，如果实际功率因数高于降低后的标准时，不予减收电费。但低于降低后的标准时，则按增收电费的百分数办理增收电费。

【思考与练习】

（1）什么叫功率因数？

（2）功率因数的种类有哪几种？

（3）考核功率因数的目的是什么？

模块二 功率因数过低的危害及提高功率因数的效益、方法

【模块描述】 本模块主要描述功率因数过低的危害及提高功率因数的效益，提高功率因数的方法。

一、功率因数过低的危害

电感性负荷是消耗无功功率的主要用电设备，据统计，工矿企业用电设备中 60% 以上的设备是异步电动机，其次是配电变压器，再次是各种控制设备、整流设备和配电线路等。异步电动机和配电变压器消耗的无功功率分别占总无功功率的 60% 和 20%。

当企业需要的有功功率一定时，若功率因数偏低，则会导致无功功率需要量增大，其后果是造成线损增大，电压质量降低，发供电设备的有效利用率低，企业的电费支出和生产成本也会随之增高，因此，必须改善和提高企业的功率因数。

二、提高功率因数的方法

提高企业功率因数的主要方法是在提高自然功率因数的基础上，进行无功功率补偿，以减少各用电设备所需要的无功功率。

1. 提高自然功率因数

合理选择电气设备的容量并减少所采用的无功功率，是改善功率因数的基本措施。这种措施不需要增加任何投资，是一种最经济有效的方法。其具体方法如下。

（1）合理选配用电设备的容量，做好配套工作。

（2）减少或限制轻载或空载运行的用电设备。

（3）合理调整各工艺流程，改善用电设备的运行状况。

（4）对经常性变动和周期性变动负荷的电动机，要采用调速装置，尤其是采用变频调速，使电动机运行在最经济状态。

（5）对于低速、恒速长期连续运行的大型机械设备，如轧钢机的电动发电机组、球磨机、空气压缩机、水泵、鼓风机等，可采用同步电动机作为动力。调节同步电动机的励磁电流，使其在超前功率因数下运行，增发无功功率，以提高自然功率因数。

2. 提高功率因数的人工补偿法

当采用提高自然功率因数的方法还达不到所要求的功率因数时，则可以通过采用功率因数的人工补偿法来解决这个问题。这个方法需要一定的投资，增置产生无功功率的补偿设备，如同期调相机、并联电容器、静止补偿装置等。

并联电容器又称移相电容器，是一种专门用来改善功率因数的电力电容器。和其他无功功率补偿装置相比，并联电容器无旋转部分，具有安装、运行维护简单方便，有功损耗小以及组装增容灵活，扩建方便、安全，投资少等优点，所以并联电容器在一般工矿企业中应用最为普遍。

并联电容器的缺点是有损坏后不便修复，从电网切除后存在危险的残余电压等。不过电容器损坏后更换方便，从电网切除后的残余电压可通过放电消除，因此，并联电容器的这些缺点不是主要的，不影响它的广泛应用。

三、提高功率因数的效益

提高功率因数的效益体现在以下几方面。

（1）降低线路损耗。电流通过输电线路时，在线路电阻上产生功率损耗的大小与流经线路的电流的平方成正比，即

$$\Delta P_{\mathrm{L}} = I^2 R \tag{4-6}$$

又由

$$P = S\cos\varphi = IU\cos\varphi$$

可知用户所需之负荷功率取决于负荷电流、电网电压及功率因数间的乘积，则在相同的负荷功率和电压下，若用电功率因数提高，可使负荷电流减小，于是线路电能损耗相应减少，达到节约用电的目的。

（2）改善电压质量。线路的电压损失由两部分构成，一部分是输送有功功率产生的；另一部分是输送无功功率产生的。由于输配电线路的电抗分量约是电阻分量的2~4倍，变压器的电抗分量是电阻分量的5~10倍，因此，远距离输送无功功率会在线路和变压器中造成很大的电压损失，使输配电线路末端电压严重降低。若提高功率因数，就可减少线路和变压器中输送的无功功率，从而减少线路的电压损失，有效地改善用户端电压质量，从而达到节电目的。

（3）减小设备容量，提高设备供电能力。从公式 $S=P/\cos\varphi$ 可以看出，当输送的有功功率一定时，提高功率因数可以减小视在功率，也就是可以减少发电、变电和用电设备的安装容量。从此公式还可看出，当输送的视在功率一定时，提高功率因数可以多输送有功功率，也即提高了设备的供电能力，增加了发电机的有功出力，增加了线路和变压器的供电能力。

（4）节省用电企业的电费开支。在国家电价制度中，从合理利用电能出发，对不同企业用户的功率因数规定了不同标准值。低于规定数值时，企业要多交一定的电费；高于规定数值时，企业可少交一定的电费。因此，提高功率因数可以给企业直接带来经济效益。

总之，提高功率因数，能够使发、供电和用电等部门均得到明显的效益。

【思考与练习】

（1）功率因数过低有何危害？

（2）提高功率因数的方法有哪些？

（3）提高功率因数的效益有哪些？

模块三　并联电容器人工补偿无功功率的方法

【模块描述】 本模块主要描述并联电容器人工补偿无功功率的原理，并联电容器人工补偿无功功率容量的确定，并联电容器人工补偿无功功率补偿方式，并联电容器铭牌标识、接线方式及并联电容器组投切控制。

一、并联电容器人工补偿无功功率的原理

工矿企业的用电设备大部分是电感性的，这使得线路电流滞后于线路电压一个角度 φ，如图 4-2 所示。

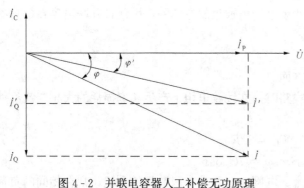

图 4-2　并联电容器人工补偿无功原理

以电压相量 U 为基准，建立直角坐标系。线路总电流 I 可以分解为有功电流 I_P 和无功电流 I_Q 两个分量，分别平行和垂直于电压相量，其中 I_Q 是滞后于电压 U 90°的感性电流。若将一电容器连接进电网，则在电压 U 的作用下，产生超前电压 U 90°的容性电流 I_C。容性电流 I_C 与感性电流 I_Q 的相位差刚好是 180°，于是，容性电流 I_C 抵消了一部分感性电流 I_Q，或者说一部分感性无功电流（无功功率）得到了补偿。由图 4-2 可以看到，接入电容器后，新的线路电流 I' 和电压 U 的相位角 φ' 较补偿前小，从而功率因数得到提高（$\cos\varphi' > \cos\varphi$）。

如果补偿的电容电流 I_C 等于电感电流 I_Q，功率因数将等于 1，这时无功功率全部由电容器供给，而电网只传输有功功率。

二、并联电容器人工补偿无功功率容量的确定

用电容器改善功率因数可获得显著的经济效益。但是，电容性负荷过大，会引起电压的升

高，带来不良影响。所以，应适当选择电容器的安装容量。通常电容器的补偿容量计算式为

$$Q_C = P_f(\tan\varphi_1 - \tan\varphi_2)$$

$$q_o = \tan\varphi_1 - \tan\varphi_2$$

$$(4-7)$$

式中　　　Q_C——所需的补偿容量，kvar；

P_f——年中最大负荷月份的平均有功负荷，kW；

$\tan\varphi_1$、$\tan\varphi_2$——补偿前、后平均功率因数的正切值；

q_o——补偿率，kvar/kW，可从表 4-4 直接查得。

表 4-4　　　　　　　　　　　　　　　补偿率(q_o)　　　　　　　　　　单位：kvar/kW

$\cos\varphi_1$ \ $\cos\varphi_2$	0.8	0.82	0.84	0.86	0.88	0.90	0.92	0.94	0.96	0.98	1.00
0.40	1.54	1.60	1.65	1.70	1.75	1.87	1.87	1.93	2.00	2.09	2.09
0.42	1.41	1.47	1.52	1.57	1.62	1.68	1.74	1.80	1.87	1.96	2.16
0.44	1.29	1.34	1.39	1.44	1.50	1.55	1.61	1.68	1.75	1.84	2.04
0.46	1.18	1.23	1.28	1.34	1.39	1.44	1.50	1.57	1.64	1.73	1.93
0.48	1.08	1.12	1.18	1.23	1.29	1.34	1.40	1.46	1.54	1.62	1.83
0.50	0.98	1.04	1.09	1.14	1.19	1.25	1.31	1.37	1.44	1.52	1.73
0.52	0.89	0.94	1.00	1.05	1.10	1.16	1.21	1.28	1.35	1.44	1.64
0.54	0.81	0.86	0.91	0.97	1.02	1.07	1.13	1.20	1.27	1.36	1.56
0.56	0.73	0.78	0.83	0.89	0.94	0.99	1.05	1.12	1.19	1.28	1.48
0.58	0.66	0.71	0.76	0.81	0.87	0.92	0.98	1.04	1.12	1.20	1.41
0.60	0.58	0.64	0.69	0.74	0.79	0.85	0.91	0.97	1.04	1.13	1.33
0.62	0.52	0.57	0.62	0.67	0.73	0.78	0.84	0.90	0.98	1.06	1.27
0.64	0.45	0.50	0.56	0.61	0.66	0.72	0.77	0.84	0.91	1.00	1.20
0.66	0.39	0.44	0.49	0.55	0.60	0.65	0.71	0.78	0.85	0.94	1.14
0.68	0.33	0.38	0.43	0.48	0.54	0.59	0.65	0.71	0.79	0.88	1.08
0.70	0.27	0.32	0.38	0.43	0.48	0.54	0.59	0.66	0.73	0.82	1.02
0.72	0.21	0.27	0.32	0.37	0.42	0.48	0.54	0.60	0.67	0.76	0.96
0.74	0.16	0.21	0.26	0.31	0.37	0.42	0.48	0.54	0.62	0.71	0.91
0.76	0.10	0.16	0.21	0.26	0.31	0.37	0.43	0.49	0.56	0.65	0.85
0.78	0.05	0.11	0.16	0.21	0.26	0.32	0.38	0.44	0.51	0.60	0.80
0.80	—	0.05	0.10	0.16	0.21	0.27	0.32	0.39	0.46	0.55	0.73
0.82	—	—	0.05	0.10	0.16	0.21	0.27	0.34	0.41	0.49	0.70
0.84	—	—	—	0.05	0.11	0.16	0.22	0.28	0.35	0.44	0.65
0.86	—	—	—	—	0.05	0.11	0.17	0.23	0.30	0.39	0.59
0.88	—	—	—	—	—	0.06	0.11	0.18	0.25	0.34	0.54
0.90	—	—	—	—	—	—	0.06	0.12	0.19	0.28	0.49

　　电容器技术数据中的额定容量是指额定电压下的无功容量，当计算补偿电容器容量时，应考虑实际运行电压可能与电容器的额定电压不同，这时电容器能补偿的实际容量不同于计算的补偿容量。此时，电容器容量换算式为

$$Q = Q_N(U/U_N)^2 \qquad\qquad (4\text{-}8)$$

式中　　Q——电容器在实际运行电压时的容量，kvar；

　　　　Q_N——电容器的额定容量，kvar；

　　　　U_N——电容器的额定电压，kV；

　　　　U——电容器的实际运行电压，kV。

　　对于电动机等用电设备进行个别补偿时，应以空载时（补偿后）功率因数接近于 1 为宜，以免因过补偿引起过电压而损坏电气绝缘。对于个别补偿的电动机，其补偿容量计算式为

$$Q_C = \sqrt{3}UI_0 \qquad\qquad (4\text{-}9)$$

式中　　Q_C——电动机所需补偿容量，kvar；

　　　　U——电动机的电压，kV；

　　　　I_0——电动机的空载电流，A。

　　【例 4-3】　某用户在无功补偿投入前的功率因数为 0.75，当投于无功功率 $Q = 100\text{kvar}$ 的补偿电容器后的功率因数为 0.95。若投入前后负荷不变，试求其有功负荷 P。

　　解　按题意求解，有

$$Q_C = P_f(\tan\varphi_1 - \tan\varphi_2)$$

故
$$P_f = \frac{Q_C}{\tan\varphi_1 - \tan\varphi_2} = \frac{100}{0.882 - 0.329} = \frac{100}{0.53} = 180.8\text{kW}$$

　　答：有功负荷 P 为 180.8kW。

三、并联电容器人工补偿无功功率的方式

　　为了提高企业无功功率补偿装置的经济效益，减少无功功率的流动，无功补偿应遵循就地补偿、就地平衡的原则，以满足需要。

　　并联电容器的补偿方式一般分有个别补偿、分组补偿和集中补偿三种。

　　1. 个别补偿法

　　个别补偿法广泛用于低压网络，将电容器直接接在用电设备附近，一般和用电设备合用一套开关，如图 4-3（a）所示。个别补偿的优点是补偿效果好，缺点是电容器利用率低。对连续运行的用电设备所需补偿的无功功率容量较大时，采用个别补偿最为合适。

　　2. 分组补偿法

　　分组补偿法是将电容器组分别安装在各车间配电盘的母线上，如图 4-3（b）所示。这样配电变压器及变电所至车间的线路都可以收到补偿效果。分组补偿的电容器组利用率比个别补偿时高，所需容量也比个别补偿时少。

　　3. 集中补偿法

　　集中补偿法是将电容器组接在变电所（或配电所）的高压母线或低压母线上，如图 4-3（c）所示。这种补偿方式的电容器组利用率较高，但不能减少用户内部配电网络的无功负荷所引起的损耗。

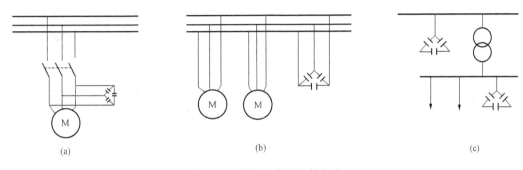

图 4-3 并联电容器补偿方式

四、并联电容器铭牌标识

并联电容器铭牌标识如图 4-4 所示。

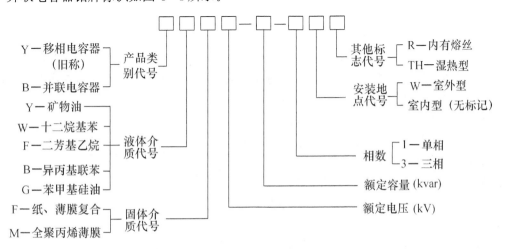

图 4-4 并联电容器的型号表示及含义

五、并联电容器的接线方式

并联电容器组的接线方式通常分为三角形接线和星形接线两种（还有双三角形和双星形接线方式）。采用何种接线方式，一般应根据并联电容器组的电压等级、容量大小和保护方式等的不同来决定。根据国家标准《10kV 及以下变电所设计规范》（GB 50053—1994）规定：高压电容器宜接成中性点不接地星形；容量较小时（指 400kvar 及以下）宜接成三角形；低压电容器组应接成三角形。

1. 三角形接线

根据《并联电容器装置设计规范》规定，3~10kV 高压配电网一般采用单星形接线或双星形接线，低压电容器或电容器组可采用三角形接线或中性点不接地的星形接线方式。

并联电容器的三角形接线方式如图 4-5 所示。

此种接线方式中并联电容器的容量 $Q_{C\triangle}$ 为星形接线中容量 Q_{CY} 的三倍，这是由于 $Q_C = WCU^2$，即 $Q_C \propto U^2$，而三角形接线时加在电容器 C 上的电压为星形接线时的 $\sqrt{3}$ 倍，即 $U_\triangle = \sqrt{3} U_Y$，因此 $Q_{C\triangle} = 3Q_{CY}$。这就是说，相同的三个并联电容器，采用三角形接线的补偿容量为采用星形接线的补偿容量的 3 倍，充分发挥了它的补偿效果，是最经济合理的（此时并联电容器的额定电压与配电网的额定电压相同）。所以额定电压在 10kV 及以下的电网，应采用三角形接

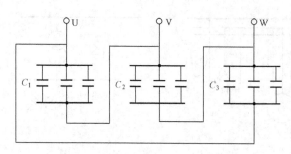

图 4-5　并联电容器的三角形接线方式

线；另外当三角形接线中的任一相并联电容器断线时，三相配电线路仍能得到无功补偿。

但三角形接线方式也存在不足，即并联电容器直接承受配电网的线电压，当任何一台并联电容器因故障被击穿发生短路故障时，就形成两相短路，通过故障点的电流为相间短路电流，短路电流非常大，可能导致并联电容器油箱爆炸，威胁配电网的安全运行。所以，三角形接线多用于短路容量较小的工矿企业用户变电所和配电线路中。

2. 星形接线

星形接线方式如图 4-6 所示。

由于星形接线的并联电容器承受的是相电压，当一台电容器被击穿而短路时，通过故障点的电流是额定相电流的 3 倍；如果采用每相两段串联的星形接线时，一台被击穿，则通过故障点的短路电流仅为额定相电流的 1.5 倍，因此运行就安全多了，所以星形接线能较好地防止并联电容器爆炸。另外星形接线的一相被击穿时，当单台熔断器熔断将故障电容器断开后，不易造成相间短路，使其余并联电容器继续运行，进行无功补偿。

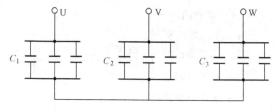

图 4-6　并联电容器的星形接线方式

星形接线方式的不足是当一相并联电容器断线时，造成该相失去补偿，引起三相不平衡。

六、并联电容器组投切控制

1. 电容器补偿的固定投切与自动投切比较

不能根据功率因数变化而自动控制并联电容器投切容量的固定式补偿装置，在企业无功功率补偿中存在不少弊病，这种补偿装置不可避免地易造成欠补偿或过补偿。往往为了克服高峰负荷时的欠补偿，就必须多装设补偿容量，这不仅投资增加，而且由于增大了补偿容量，在低谷负荷时必将产生过补偿，结果造成企业用电户向配电系统倒送无功功率，使系统电压升高，产生过电压，破坏供电质量，也威胁并联电容器和用电设备的安全。若将补偿容量装设得在低谷负荷时合适，则到高峰负荷时就会出现补偿的无功功率不足，即欠补偿，又会达不到补偿的效果。对于供用电部门来说，由于在欠补偿时无功电能表正转，过补偿时电能表反转，这样就会使得无功电能表累计总数值很小，它不仅掩盖了企业用户功率因数的真实性，而且对企业的经济核算不合理，也达不到国家对功率因数调整电费奖罚效果。

采用无功功率自动补偿，就可以根据配电系统中无功负荷的大小，自动及时地投切无功功率补偿容量，克服了上述欠补偿或过补偿所引起的不良后果，可使无功功率分布合理，充分发挥供配电设备的供电能力，提高功率因数，降低线损，保障电能质量。因此，无功功率的自动投切补偿得到越来越广泛的应用。

2.并联电容器投切的自动控制方式

（1）高压并联电容器的自动控制方式。

1）电压型自动控制方式。根据配电系统电压的变化规律，确定适当的电压整定值，自动投切并联电容器组的容量，以改善配电系统的电压质量。

2）电流型自动控制方式。根据配电系统负荷电流的大小，自动投切一定数量的并联电容器组的容量。

3）程序控制方式。根据一定的生产规律编制出并联电容器的投切程序，用时间切换器按固定程序进行投切并联电容器组的容量。这主要是由于企业变电所或企业负荷的变化有一定的规律性的原因。

4）无功功率自动控制方式。根据配电系统无功功率或无功电流的大小，投切并联电容器组的容量。

5）功率因数自动控制方式。根据功率因数的高低，利用功率因数继电器的控制投切并联电容器组的容量。对于与配电系统相连接的变电所或实行功率因数奖罚的企业，宜采用按功率因数控制并联电容器组的投切，以保证在最佳的功率因数下运行。不足之处是当所需补偿容量小于一组电容器容量时，可能会出现反复投切。

6）综合型自动控制方式。这是采用功率因数型与电压型相结合的综合型自动控制方式。它既能满足在功率因数或电压低于下限时自动投入并联电容器组的容量，又能在功率因数或电压超过上限时自动切除并联电容器组。

前三种自动控制方式的特点是结构简单，控制方便，但补偿的效果较差；后三种方式的结构虽然复杂，但补偿准确、经济、效果好，因而在企业中得到广泛应用。

（2）低压并联电容器的自动控制方式。

1）时间型自动控制方式。对于一班制或两班制生产的企业，宜采用时间型的自动控制方式，按时间投入并联电容器组的容量，在非生产时间全部切除并联电容器组。

2）功率因数型自动控制方式。一般企业均以提高功率因数、降损节电、减少电费开支和提高经济效益为目标，宜采用此种自动控制方式。

【思考与练习】

（1）并联电容器人工补偿无功功率容量如何确定？

（2）并联电容器的补偿方式有哪几种？

【能力训练】

一、选择题

1.无功补偿的基本原理是把具有容性无功负荷装置与感性负荷接在同一电路，当容性负荷释放能量时，感性负荷吸收能量，从而使感性负荷吸收的（　　）由容性负荷输出的无功功率中得到补偿。

（A）视在功率　　（B）有功功率　　（C）无功功率　　（D）功率因数

2.用电单位功率因数的算术平均值也称为月平均功率因数，是作为功率因数（　　）电费的依据。

　　(A) 调整　　　　(B) 增加　　　(C) 减少　　　(D) 线损

3.《功率因数调整电费办法》这个规定，可起到改善（　　），提高供电能力，节约电能的作用。

　　(A) 合理用电　　(B) 生产成本　　(C) 电压质量　　(D) 经济效益

4. 集中无功补偿容量与补偿前功率因数（　　）。

　　(A) 成正比　　　(B) 成反比　　　(C) 无关　　　(D) 有时正比，有时反比

5. 下列办法对改善功率因数没有效果的是（　　）。

　　(A) 合理选择电力变压器容量　　　(B) 合理选择电机等设备容量

　　(C) 合理选择测量仪表准确度　　　(D) 合理选择功率因数补偿装置容量

6. 采取无功补偿装置调整系统电压时，对系统来说（　　）。

　　(A) 调整电压的作用不明显

　　(B) 既补偿了系统的无功容量，又提高了系统的电压

　　(C) 不起无功补偿的作用

　　(D) 调整电容电流

7. 并联电容器装置（　　）设置自动重合闸。

　　(A) 必须　　　　(B) 可不　　　(C) 视装置的特性　　(D) 严禁

8. 采用电力电容器作为电力系统的补偿装置有串联和并联补偿两种，并联补偿采用的办法分为（　　）。

　　(A) 集中补偿　　(B) 分组补偿　　(C) 个别补偿　　(D) 纵补偿

二、判断题

1. 合理选择电气设备的容量并减少所取用的无功功率是改善功率因数的基本措施，又称为提高自然功率因数。　　　　　　　　　　　　　　　　　　　　　　　（　　）

2. 装设无功自动补偿装置是提高功率因数采取的自然调整方法之一。　　（　　）

3. 功率因数计算公式为 $\cos\varphi = \dfrac{无功}{\sqrt{有功^2 + 无功^2}}$。　　　　　　　　（　　）

4. 减少供电线路电能损失，减少电压损失，提高末端电压宜采取无功就地补偿。

　　　　　　　　　　　　　　　　　　　　　　　　　　　　　　　　　　（　　）

5. 电阻性负荷用电设备（白炽灯、电阻炉等）的功率因数比较高，而电感性负荷用电设备（荧光灯、异步电动机等）的功率因数就比较低。　　　　　　　　（　　）

6. 用户在一定的视在功率和一定的电压及电流情况下用电，功率因数 $\cos\varphi$ 越高，其有功功率就越低。　　　　　　　　　　　　　　　　　　　　　　　（　　）

7. 功率因数的类别有自然功率因数、瞬时功率因数和平均功率因数三种。　（　　）

8. 企业功率因数的高低，可以反映用电设备的合理使用状况、电能的利用程度和用电的管理水平。　　　　　　　　　　　　　　　　　　　　　　　　　　　（　　）

三、问答题

1. 影响企业功率因数的因素有哪些？

2. 并联电容器的补偿方式有几种，各有什么优缺点？

3. 并联电容器的补偿原则是什么？

4. 并联电容器的补偿原理是什么？

5. 功率因数调整电费办法的含义是什么?

6. 功率因数标准值有哪几个?

四、计算题

1. 某企业三班制生产,全年消耗有功电量 600×10^4 kWh,无功电量 480×10^4 kvarh,年最大负荷利用小时数为 3400h,若将功率因数提高到 0.9,试计算在 10kV 的母线上应装设 BW10.5 - 30 - 1 型号的并联电容器多少只。

2. 某用户有功负荷为 300kW,功率因数为 0.8,试求装无功功率 Q 为多大的电容器能将功率因数提高到 0.96。

3. 某普通工业用户用电容量为 160kVA,其用电设备有功功率为 100kW,本月有功电量为 5 万 kWh,无功电量为 5 万 kvarh。试求该用户本月的功率因数。

第五章　供电损耗及降损措施

知识目标

（1）了解供电损耗的定义及构成。
（2）掌握供电线损的计算。
（3）掌握降低线损的措施。
（4）掌握降低变压器损耗的措施。

能力目标

（1）会计算供电线路的损耗。
（2）会分析供电线路损耗过高的原因。
（3）掌握降低线路损耗的技术措施和管理措施。

供电损耗是供电企业管理中客观存在且不容忽视的一项重要的经济技术指标，也是衡量供电企业综合管理水平的重要标志。加强线损管理，提高资源利用水平，是供电企业的一项十分紧迫的工作。就供电企业的情况看，线损管理的主要任务是认识线损的本质，及时掌握供电线损状况，分析线损存在的原因，建立健全线损管理体系，研究控制线损、努力降低线损率的对策和措施。

模块一　供电损耗的有关概念

【模块描述】本模块主要描述了供电损耗的定义、分类及有关概念。

一、供电损耗的定义

电力的传输，要通过电力网中的导线和变压器等输、配电设备送到用户，由于导线和变压器都具有电阻和电抗，因此电流在电网中流动时，将会产生有功和无功的电能损耗。

电能损耗的大小与流过导线电流的平方成正比。对同一导线，电流越大，功率损耗也越大，并转化为热能散发于空气中。

在企业内电能输送和分配过程中，电流经过线路和变压器等设备时，将会产生电能损耗和功率损耗，这些损耗称为供电损耗，简称线损。线损受线路长短、导线规格型号、变压器容量以及负荷变化等因素影响。当系统电压低造成功率因素偏低、供电半径过大、设备过载运行、导线接头接触不良、负荷不稳定、三项负荷不平衡时也会造成电能损失，这些电能损失也称线路损耗（以下简称线损）。

线损理论计算是电力系统降损节能和加强线损管理的一项重要的技术手段，是线损管理科学化、规范化、制度化的有效措施。

线路损失电量占供电量的百分比称为线路损失率，简称线损率，其计算公式为

$$线路损失率(线损率)\% = \frac{线路损失电量}{购电量} \times 100\% = \frac{购电量 - 售电量}{购电量}$$

式中　购电量——电网向发电厂购进的电量；

售电量——电力企业卖给用户的电量。

线损率是电力企业内部考核的一项重要技术经济指标，它不仅有现实的经济意义，而且有重要的社会效益，降低损耗从某种意义上就是增加了供电量，它能在一定程度上满足用户对电力的需求。

二、电能损耗的构成

1. 按损耗的特点分类

按损耗的特点分类，线路损耗可分为固定损耗、可变损耗和不明损耗三部分。

（1）固定损耗。固定损耗包括降压变压器、配电变压器的铁损耗、电能表电压线圈的损耗、电力电容器的介质损耗等。固定损耗不随负荷电流的变化而变化，只要设备上接通电源，就要消耗电能，与电压成正比。在实际运行中，一般电压变化不大，为了计算方便，这个损失作为一个固定值。如变压器铁芯中、电缆或电容器绝缘介质中所损失的电量。具体包括：

1）主、配电变压器的空载损耗。主要包括铁芯的涡流损耗、磁滞损耗和夹紧螺丝的杂散损耗。

2）电缆、电容器的介质损耗。

3）调相机的空负荷损耗。

4）电能表电压线圈的损耗。

5）35kV 及以上线路的电晕损耗。

（2）可变损耗。可变损耗是指当电流通过导体时所产生的损耗、导体截面、长度和材料确定后，其损耗随电流的大小而变化，与电流的平方成正比，电流越大，损耗也越大。如变压器绕组中和线路导线中所损失的电量。具体包括：

1）线路上产生的损耗：①输电线路上产生的负荷损耗；②配电线路上产生的负荷损耗；③低压线路上产生的负荷损耗；④接户线上产生的负荷损耗。

2）变压器上产生的可变损耗：①主变压器的负荷损耗；②配电变压器的负荷损耗。

在变压器上产生负荷损耗的原因包括：①由负荷电流在变压器绕组导线内流动造成电能损耗；②励磁电流在变压器绕组导线内造成电能损耗；③杂散电流在变压器绕组导线内造成电能损耗；④由于泄漏电流对导体影响引起涡流损耗；⑤调相机的负荷损耗。由于调相机发出无功功率，因此原动机需要消耗一些有功功率。

（3）不明损耗。在电网实际运行中还有各种不明损耗，不明损耗是指理论计算损失电量与实际损失电量的差值，它包括漏电及窃电损失电量在内。如由于用户电能表有误差，使电能表读数偏少；对用户电能表的读数漏抄、错抄；带电设备绝缘不良而漏电，以及无表用电和窃电等所损失的电量。

造成不明损耗的原因是多方面的，大致有以下几个。

1）仪用互感器配套不合理，变比错误。

2）电能表接线错误或故障。

3）电流互感器二次阻抗超过允许阻抗；电压互感器二次压降超过规定值引起的计量误差。

4）在互感器二次回路上临时工作，如退出电压互感器、短接电流互感器二次侧未做记录，未向用户追补电量。

5）在营业工作中，因漏抄、漏计、错算及倍率差错等。

6）对供电区因总表与用户分表抄表时间不对应引起的误差（抄表时间不固定不会损失电量，只影响线损计算）。

7）用户违章窃电。

为减少不明损耗，供电企业必须加强管理，密切各部门之间的联系；加强电能计量监督和营业工作中的抄核收制度、月末抄表制度和用电检查制度等。

2. 按损耗的性质分类

按损耗的性质分类线路损耗可分为技术线损和管理线损两大类。

（1）技术线损。又称理论线损，它是电网各元件电能损耗的总称，主要包括不变损耗和可变损耗。技术线损可通过理论计算来预测，通过采取技术措施达到降低的目的。

（2）管理线损。由计量设备误差引起的线损以及由于管理不善和失误等原因造成的线损。如窃电和超表核算过程中漏、错抄，错算等原因造成的线损。管理线损可通过加强管理来降低。

通常，用统计线损来统计电能表计量的总供（购）电量 A_G 和总售电量 A_S 相减而得出的损失电量，即统计线损为

$$\Delta A = A_G - A_S$$

统计线损包括技术线损和管理线损，所以，统计线损不一定反映电网的真实损耗情况。并且，由于电网结构、电源的类型和电网的布局、负荷性质和负荷曲线均有很大的不同，所以各地区电网的损耗也是不同的，有时差别很大。因此，一般不能像考核电气设备那样，同类型的设备采用相同的考核指标，这就给各电力网线损的可比性带来困难。为了克服这种困难，在电网中一般只好通过线损理论计算来求得电网的理论线损，然后与电网的统计线损进行比较。如果两者接近，说明管理线损小，管理工作中的疏漏少；反之，如果两者差别大，说明管理工作中的疏漏多，应督促加强管理，堵塞漏洞。

同时，线损率是国家考核供电企业的重要技术指标，也是电力企业升级的主要标准之一。这项指标牵动着电网的发、供、变、用等各环节的运行情况，因此，它是企业管理水平的综合反映。线损率可分为统计线损率和理论线损率，即

统计线损率　　　　　　　$\Delta A\% = (A_G - A_S)/A_G \times 100\%$

理论线损率　　　　　　　$\Delta A_I\% = \Delta A_I/A_G \times 100\%$

式中　　A_G——总供（购）电量；

　　　　A_S——总售电量；

　　　　ΔA_I——理论计算所得出的损失。

3. 按损耗的变化规律分类

按损耗的变化规律分类，电能损耗可分为空负荷损耗、负荷损耗和其他损耗三类。

（1）空负荷损耗，即不变损失，与通过的电流无关，但与元件所承受的电压有关。

（2）负荷损耗，即可变损失，与通过的电流的平方成正比。

（3）其他损耗，与管理因素有关。

(1) 什么叫线损、线损率?
(2) 损耗包括哪些损耗,如何进行分类?
(3) 什么叫固定损耗、可变损耗和不明损耗?
(4) 技术线损、管理线损分别包括哪些损耗?

模块二　供电损耗的计算

🎓【模块描述】本模块主要描述了线路损耗、变压器损耗和配电线路损耗电量的计算,重点掌握不同供电损耗的计算方法。

一、线路损耗计算

在供电量一定的情况下,减少损失电量,就是增加了售电量,是供电企业降低供电成本、增加收入的有效途径。线损率也成为衡量供电企业经济效益和管理水平的重要指标之一。

线损包括技术线损和管理线损两部分。由于电源点少、供电半径长、线号细、设备老化、无功补偿容量不足、潮流分布不合理、计量装置误差所造成的电量损失属于技术线损;由于计量装置故障、个别人员技术素质和思想素质差造成的漏抄、估抄、错抄、查窃电不力及其他一些外部原因所造成的电量损失属于管理线损。

1. 供电线路损耗

当电流通过三相供电线路时,在线路导线电阻上的功率损耗为

$$\Delta P = 3I^2R \times 10^{-3} \tag{5-1}$$

式中　ΔP——线路电阻功率损耗,kW;

　　　I——线路的相电流,A;

　　　R——线路每相导线的电阻,Ω。

若通过线路的电流是恒定不变的,式(5-1)中的功率损耗乘以通过电力的时间就是电能损耗(损耗电量)。由于通过线路的电流是变化的,要计算某一时间段(一个代表日)内线路电阻的损耗电量,必须掌握电流随时间变化的规律。通常近似认为每小时内电流不变,则一个代表日内24h代表电流为 I_1、I_2、$\cdots$、I_{24},全日线路损耗电量为

$$\Delta W = 3(I_1^2 + I_2^2 + \cdots + I_{24}^2)R \times 10^{-3} \tag{5-2}$$

式中　ΔW——全天线路损耗电量,kWh。

2. 电力电缆线路损耗

电缆线路的电能损耗主要包括导体电阻损耗、介质损耗、铅包损耗和钢铠损耗四部分。

电缆的钢带、铅包及钢丝铠装中的涡流损耗、敷设方法、土壤或水底温度以及集肤效应和邻近效应等对电缆的可变电能损耗都有影响,故计算电缆线路的电能损耗是很复杂的。一般情况下,介质损耗约为导体电阻损耗的1%~3%,铅包损耗约为导体电阻损耗的1.5%,钢铠损耗在三芯电缆中,如导线截面不大于185mm²,可忽略不计。电力电缆的电阻损耗一般根据产品目录提供的交流电阻数据进行电能损耗的计算,即

$$\Delta W = 3I_{ms}^2 r_0 l \times 24 \times 10^{-3} \tag{5-3}$$

式中　r_0——电力电缆线路每相导体单位长度的电阻值,Ω/km;

　　　l——电力电缆线路长度,km;

I_{ms}——线路代表日均方根电流，A。

3. 电力电容器损耗

电力电容器的损耗主要是介质损耗，可根据制造厂提供的绝缘介质损失角 δ 的正切值来计算电能损耗，即

$$\Delta W = Q_C \tan\delta \times 24 \qquad (5\text{-}4)$$

式中　Q_C——电力电容器的容量，kVA；

　　　δ——绝缘介质损失角，国产电力电容器 $\tan\delta$ 可取 0.004。

4. 常用线损计算方法

目前，计算线路损耗常用的计算方法主要有：损失因数法、均方根电流法、最大负荷损耗小时数法等。

（1）损失因数法。损失因数法又称最大电流法。它是利用日负荷曲线的最大值与均方值之间的等效关系进行线损计算的方法。

1）损失因数 F。损失因数 F 等于线损计算时段内的平均功率损失 ΔP_{au} 与最大负荷功率损失 ΔP_{max} 之比，即为

$$F = \frac{\Delta P_{au}}{\Delta P_{max}} \qquad (5\text{-}5)$$

损失因数的大小随电网结构、电能损失种类、负荷分布及负荷曲线形状不同而异。它与负荷率的关系最密切，根据负荷率可近似推算损失因数值。

一般电网

$$F = 0.3f + 0.7f^2 \qquad (5\text{-}6)$$

$$f = \frac{P_{au}}{P_{max}} \qquad (5\text{-}7)$$

供电输电网

$$F = 0.083f + 1.036f^2 - 0.12f^3 \qquad (5\text{-}8)$$

式中　f——负荷率；

　　　P_{au}——平均负荷；

　　　P_{max}——最大负荷。

2）T 时段的线损值。通过损失因数，可采用最大负荷时的功率损失计算时段 T 内的线损值。

$$\Delta W = \Delta P_{max} FT \qquad (5\text{-}9)$$

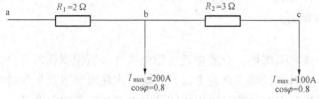

图 5-1　10kV 配电线路负荷示意图

【例 5-1】　某 10kV 配电线路，如图 5-1 所示，若 b、c 点负荷的功率因数为 0.8，负荷率 f 为 0.5，求年电能损失。

解　ab 段线路的最大电流

$$I_{abmax} = (200 + 100) \times 0.8 = 240A$$

bc 段线路的最大电流 $I_{bcmax} = 100A$，则

$$\Delta P_{max} = (3I_{abmax}^2 R_1 + 3I_{bcmax}^2 R_2) \times 10^{-3}$$
$$= (3 \times 240^2 \times 2 + 3 \times 100^2 \times 3) \times 10^{-3} = 435.6kW$$

若取 $F = 0.3f + 0.7f^2$，则有

$$F = 0.3 \times 0.5 + 0.7 \times 0.5^2 = 0.325$$

$$\Delta W = \Delta P_{max} FT = 435.6 \times 0.325 \times 8760 = 1\,240\,153.2 \text{kWh}$$

所以，该线路年电能损失为 1 240 153.2kWh。

（2）均方根电流法。均方根电流法是指线路中流过均方根电流所消耗的电能，相当于实际负荷在同一时期内消耗的电能。

当电阻为 R 的元件日负荷电流实测值为 I_1、I_2、I_3、$\cdots$、I_{24}，其日线损电量为

$$\Delta W = 3I_{ms}^2 R \times 24 \times 10^{-3} \qquad (5-10)$$

式中　ΔW——全天线路损耗电量，kWh；

　　　I_{ms}——线路代表日均方根电流，A。

其中

$$I_{ms} = \sqrt{\frac{I_1^2 + I_2^2 + \cdots + I_{24}^2}{24}}$$

如果测定的负荷数据是有功功率和无功功率，则因为

$$3I^2 = \frac{P^2 + Q^2}{U^2} \qquad (5-11)$$

所以

$$3I_{ms}^2 = \frac{1}{24} \sum_{i=1}^{24} \frac{P_i^2 + Q_i^2}{U_i^2} \qquad (5-12)$$

$$I_{ms} = \frac{1}{6} \sqrt{\frac{1}{2} \sum_{i=1}^{24} \frac{P_i^2 + Q_i^2}{U_i^2}} \qquad (5-13)$$

式中　P_i——第 i 小时的有功功率，kW；

　　　Q_i——第 i 小时的无功功率，kVA；

　　　U_i——第 i 小时的电压值，kV。

当实测点是每小时有功电能为 A_{at}（kWh）、无功电能为 A_{rt}（kvar），测量点平均线电压为 U_{av}（kV）时，均方根电流为

$$I_{ms} = \frac{1}{6} \sqrt{\frac{1}{2} \sum_{i=1}^{24} \frac{A_{at}^2 + A_{rt}^2}{U_{av}^2}} \qquad (5-14)$$

均方根电流法适用于供用电较为均衡、日负荷曲线较为平坦（峰谷差较小）的电网的理论线损计算。

（3）最大负荷损耗小时数法。最大负荷损耗小时数法是指在 t 时段内，若用户始终保持最大负荷 P_{max} 不变，则在电网元件电阻中引起的电能损失等于一年中实际负荷在该电阻中引起的电能损失，即

$$\Delta W = \Delta P_{max} t = 3I_{max}^2 Rt \times 10^{-3} \qquad (5-15)$$

式中　ΔP_{max}——最大负荷时元件电阻中的功率损失，kW；

　　　t——最大负荷损失时间，h；

　　　I_{max}——最大负荷电流，A。

利用最大负荷损失时间求电能损失的方法准确度不高，因此，它仅适用于电网的规划设计。用最大负荷损失时间求电能损失的方法，由于误差太大，而线损指标是电网技术状况和

运行合理性的重要指标,对计算的准确度要求很高,因此该方法不允许用于计算实际已运行的电网线损。否则,将有可能造成错误的结论。例如,为了降低线损,有时可采取一些技术改造措施,对此需要进行方案比较,如果降损节电数据计算不准,就可能得出不合理的方案。

二、变压器损耗计算

当电流通过变压器时,会引起有功功率和无功功率的损耗,这部分损耗即为变压器的电能损耗。变压器有功功率和无功功率损耗的大小与变压器的选型、选容及负荷率有关。在一般情况下,变压器无功功率损耗约占企业全部无功功率损耗的 20%~25%。其中,变压器空负荷无功损耗又约占变压器无功功率损耗的 80%。实际上,往往因为变压器选型、选容不当或运行方式不合理,导致企业的功率因数下降,使变压器电能损耗增大。

变压器的有功功率损耗可分为铁芯损耗和绕组损耗两部分。通常变压器的空负荷损耗是指铁损耗,短路损耗是指绕组损耗,即铜损耗。配电变压器的综合损耗,可以根据变压器容量、电压等级、变压器负荷率、空负荷电流、阻抗电压、功率因数以及使用时间等参数,通过计算求出。下面介绍几种常用的方法。

1. 均方值法

变压器损耗电量的计算式可表示为

$$\Delta W = \Delta W_{ti} + \Delta W_{to} = \left[\Delta P_0 + \Delta P_k \left(\frac{I_{ms}}{I_N} \right)^2 \right] \times 24 \qquad (5-16)$$

式中　ΔW_{ti}——变压器铁芯的日损耗电量,kWh;

　　　ΔW_{to}——变压器绕组的日损耗电量,kWh;

　　　ΔP_0——变压器空负荷损耗功率,kW;

　　　ΔP_k——变压器负荷损耗功率,kW;

　　　I_N——变压器额定电流,A;

　　　I_{ms}——变压器日均方根电流,A。

其中 ΔP_0、ΔP_k 可根据变压器制造厂提供的资料查得。

【例 5-2】　某企业降压变电所内装设一台 SFL1-20000/110 型变压器,电压为 110/11 kV,高压侧额定电流为 105A,已知 $\Delta P_0 = 22$ kW、$\Delta P_d = 135$kW,代表日实测负荷电流(按实测时间顺序)为 40、40、40、40、40、50、50、60、60、60、60、55、55、60、65、65、70、70、70、70、70、60、50A 和 40A,试计算变压器全月的线损。

解　(1) 计算变压器高压侧的日均方根电流

$$I_{ms} = \sqrt{\frac{\sum_{i=1}^{24} I_i^2}{24}} = \sqrt{\frac{40^2 \times 6 + 50^2 \times 3 + 55^2 \times 2 + 60^2 \times 6 + 65^2 \times 2 + 70^2 \times 5}{24}} = 56.9 \text{A}$$

(2) 计算变压器全月的线损

$$\Delta W_月 = \Delta W_日 \times 30 = \left[\Delta P_0 + \Delta P_k \left(\frac{I_{if}}{I_N} \right)^2 \right] \times 24 \times 30$$

$$= \left[22 + 135 \left(\frac{56.9}{105} \right)^2 \right] \times 24 \times 30 = 44\,383.8 \text{kWh}$$

因此,变压器全月的线损为 44 383.8 kWh。

2. 逐台计算法

这种方法仅适用于变压器台数较少的情况,通过对变压器代表日实测最大负荷电流进行计算。

【例 5 - 3】 有一台 S9 型照、动合一的三相 100kVA 变压器，测得最大使用电流为 115A，试求一个月的变压器综合电能损耗。（变压器空负荷损耗功率 ΔP_0 和负荷损耗功率 ΔP_k 分别为 $\Delta P_0 = 290W$，$\Delta P_k = 1500W$）

解 变压器额定电流

$$I_N = \frac{S}{\sqrt{3}U_N} = \frac{100 \times 10^3}{1.73 \times 380} = 152A$$

实测最大电流 I_{max} 为 115A。

照、动合一的三相变压器损失系数，取得 0.4；单相照明变压器，取得 0.2；一月用电按 720h 计，则变压器空负荷损耗和负荷损耗分别为

$$\Delta W_0 = \Delta P_0 t \times 10^{-3} = 290 \times 720 \times 10^{-3} = 208.8kWh$$

$$\Delta W_k = \Delta P_k \left(\frac{I_{max}}{I_N}\right)^2 Ft \times 10^{-3} = 1500 \times \left(\frac{115}{152}\right)^2 \times 0.4 \times 720 \times 10^{-3} = 246kWh$$

一个月的综合损耗电能 ΔW_T 为

$$\Delta W_T = \Delta W_0 + \Delta W_k = 208.8 + 246 = 454.8kWh$$

3. 变压器损耗查对表法

此法适用于高压供电、低压计量的用户，供电企业抄表人员在计收变压器损耗电能时，只要查看变压器损耗查对表，即可获得该变压器的电能损耗。

（1）变压器有功电能损耗计算公式。

1）变压器空负荷电能损失 ΔW_0，即

$$\Delta W_0 = \Delta P_0 t \times 10^{-3} \tag{5-17}$$

式中 ΔW_0——变压器空负荷时的电能损失，kWh；

ΔP_0——变压器空负荷损耗功率，W；

t——变压器运行时间，h。

2）变压器负荷电能损失 ΔW_k，即

$$\Delta W_k = \frac{\Delta P_k A^2}{t_1 S_N^2 \cos^2\varphi} k \times 10^{-3} = \frac{\Delta P_k \times A^2}{352.8 \times S_N^2} \times k \times 10^{-3} \tag{5-18}$$

式中 ΔW_k——变压器负荷时的电能损耗，kWh；

ΔP_k——变压器负荷时的功率损耗，W；

A——月用电量，kWh；

S_N——变压器额定容量，kVA；

t_1——月用电小时数（三班制取 720h、二班制取 480h、一班制取 240h）；

$\cos\varphi$——负荷功率因数，为简化计算，按 0.7 计；

k——生产次系数，一班制取 3；二班制取 1.5；三班制取 1。

3）变压器总电能损耗 ΔW_T，即

$$\Delta W_T = \Delta W_0 + \Delta W_k \tag{5-19}$$

（2）变压器无功电能损耗计算公式。

1）变压器空负荷无功电能损失 ΔW_{q0}，即

$$\Delta W_{q0} = \frac{I_0\%S_N}{100}t_2 \tag{5-20}$$

2) 变压器负荷无功电能损失 ΔW_{qk}，即

$$\Delta W_{qk} = \frac{U_k\% S_N}{100}\left(\frac{S}{S_N}\right)^2 kt_2 \tag{5-21}$$

3) 变压器月综合无功损耗 ΔW_q，即

$$\Delta W_q = \Delta W_{q0} + \Delta W_{qk} \tag{5-22}$$

式中　$I_0\%$——变压器空负荷电流百分数；

　　　$U_k\%$——变压器阻抗电压百分数；

　　　S_N——变压器额定容量，kVA；

　　　S——变压器实际使用容量，kVA；

　　　k——生产班次系数（三班制取 1、二班制取 1.5、一班制取 3）。

且有

$$S = \frac{A}{t_2 \times \cos\varphi}$$

式中　t_2——月用电小时数（三班制取 720、二班制取 480、一班制取 240）；

　　　$\cos\varphi$——功率因数，取 0.7。

4. 变压器损耗查对表制定原则

(1) 该表按变压器负荷共分十个等级，即从 10% 负荷起为第一级，以后每增加 10% 为一级，每一级月用电量均为上限。

(2) 在一个用户中同时有一班、二班、三班制生产用电的车间、班组、机台时，其确定班次的方法如下。

1) 三班制用电设备容量超过全部用电设备容量的 75% 时，按三班制计。

2) 二班制用电设备容量超过全部用电设备容量的 75% 时，按二班制计。

3) 三班制和二班制用电设备容量总和超过全部容量的 40% 时，按二班制计；其余不足部分均按一班制计。

4) 农业抗旱、排涝为主的变压器，在排涝、抗旱时，按实际供电时间计算班次；非抗旱、排涝期间，且有照明或碾米等动力者，按一班制计。

5) 非工业用户变压器或专供照明用电变压器，一律按一班制计。

6) 在计算负荷损耗时，一班制按全月 240h 计，二班制按 480h 计，三班制按 720h 计；变压器的空载损耗计算，一律按 720h 计。

7) 变压器损耗查对表，应根据当地实际情况制定，不能照搬照套。

【例 5-4】　某小型企业现有一台 S9 型 10/0.4kV 的 30kVA 变压器，月用电量为 4500kWh，二班制生产，试求该月变压器的有功、无功损耗电量。

查表得　$\Delta P_0 = 0.13\text{kW}; \Delta P_k = 0.6\text{kW}; I_0\% = 2.1; U_k\% = 4$。

解　(1) 求变压器空负荷时的有功、无功电能损耗

$$\Delta W_0 = \Delta P_0 t = 0.13 \times 720 = 93.6\text{kWh}$$

$$\Delta W_q = \frac{I_0\% S_N}{100}t = \frac{2.1 \times 30}{100} \times 720 = 453\text{kvarh}$$

(2) 求变压器负荷时的有功、无功电能损耗

$$\Delta W_k = \frac{\Delta P_k A^2}{t S_N^2 \cos^2\varphi}k = \frac{\Delta P_k \times A^2}{352.8 \times S_N^2} \times k = \frac{0.6 \times 4500^2}{352.8 \times 30^2} \times 1.5 = 57\text{kWh}$$

$$\Delta W_{qk} = \frac{U_k\%S_N}{100}\left(\frac{S}{S_N}\right)^2 kt$$

$$S = \frac{A}{t\cos\varphi} = \frac{4500}{480\times0.7} = 13.4\text{kVA}$$

代入公式得

$$\Delta W_q = \frac{4\times30}{100}\times\left(\frac{13.4}{30}\right)^2\times480\times1.5 = 1.2\times0.2\times480\times1.5 = 172.8\text{kvarh}$$

（3）变压器总的有功、无功电能损耗

$$\Delta W_T = \Delta W_0 + \Delta W_k = 93.6 + 57 = 150.6\text{kWh}$$

$$\Delta W_q = \Delta W_{q0} + \Delta W_{qk} = 453 + 172.8 = 625.8\text{kvarh}$$

三、配电线路损耗电量计算

在整个电力网电能损耗中，配电网损耗占相当大的比例。所以，准确计算配电网损耗是节能管理人员的一项重要工作。下面运用等值电阻法来计算配电线路的损耗。

等值电阻法是一种成熟的网络损耗计算方法。它把配电网络电流通过元件的有功损耗视为通过"配电网线路等值电阻 $R_{eg\cdot L}$"和"配电变压器等值电阻 $R_{eg\cdot T}$"所产生的有功损耗。全网在某时段 t 内的功率损耗，就等于某时段 t 内的均方根电流 I_{eff} 的平方与这些等值电阻之积，加上配电网所有变压器空负荷损耗之总和。即

$$\Delta P = I_{eff}^2(R_{eg\cdot L} + R_{eg\cdot T}) + \sum\Delta P_0 \tag{5-23}$$

1. 等值电阻法的原理

定义整个配电网等值电阻为

$$R_{eg} = R_{eg\cdot L} + R_{eg\cdot T}$$

（1）配电变压器等值电阻的定义。$R_{eg\cdot T}$ 是这样一个电阻，配电网总电流 I_{msr} 流过它所产生的损耗，等于该配电网全部 m 台配电变压器负荷损耗的总和。

（2）配电变压器等值电阻的推导。设全网有 m 台配电变压器，第 i 台配电变压器的额定容量为 S_i，平均负荷率为 k_i，额定负荷损耗为 P_i。第 i 台配电变压器的负荷电流为 $I_{eff\cdot i}$。那么

$$I_{eff\cdot i} = \frac{k_iS_i}{\sqrt{3}U} \tag{5-24}$$

m 台配电变压器负荷电流总和，就是整个配电网的总负荷电流 I_{eff}，即

$$I_{eff} = \sum_{i=1}^{m} I_{eff\cdot i} = \sum_{i=1}^{m}\frac{k_iS_i}{\sqrt{3}U} = \frac{1}{\sqrt{3}U}\sum_{i=1}^{m}k_iS_i \tag{5-25}$$

m 台配电变压器的负荷损耗（功率）总和为

$$\Delta P_k = \sum_{i=1}^{m}\left(\frac{k_iS_i}{S_i}\right)^2 P_{ki} \tag{5-26}$$

根据全网配电变压器等值电阻 $R_{eg\cdot T}$ 定义

$$3I_{eff}^2 R_{eg\cdot T} = \Delta P_k \tag{5-27}$$

将式（5-25）和式（5-26）代入式（5-27），得

$$3\left(\frac{1}{\sqrt{3}U}\sum_{i=1}^{m}k_iS_i\right)^2 R_{eg\cdot T} = \sum_{i=1}^{m}\left(\frac{k_iS_i}{S_i}\right)^2 P_{ki} \tag{5-28}$$

因此得到全网配电变压器等值电阻 $R_{eg\cdot T}$ 为

$$R_{\mathrm{eg \cdot T}} = \frac{U^2 \sum\limits_{i=1}^{m} P_{ki}}{\left(\sum\limits_{i=1}^{m} S_i\right)^2} \times 10^3 \qquad (5 - 29)$$

或

$$R_{\mathrm{eg \cdot T}} = \frac{U^2 \sum\limits_{i=1}^{m} P_{ki}}{S_{i\varepsilon}^2} \times 10^3 \qquad (5 - 30)$$

式中　$R_{\mathrm{eg \cdot T}}$——配电变压器绕组等值电阻，Ω；

　　　k_i——第 i 个变压器的负荷系数；

　　　P_{ki}——第 i 台配电变压器的额定负荷损耗，kW；

　　　S_i——第 i 台配电变压器的额定容量，kVA；

　　　$S_{i\varepsilon}$——该条线路配电变压器总容量，kVA。

（3）配电网线路等值电阻。

1）配电网中线路节段的定义。如图 5-2 所示配电网，配电网线路的节段是指从母线、T 接点到配电变压器的那段配线，或从一台（组）配电变压器到另一台（组）配电变压器之间的那段配线。更严格的说法，节段就是负荷电流分支点之间的配线。显然，一个节段后面所挂的配电变压器的负荷电流，都流经它并在这个节段导线产生"可变损耗"。

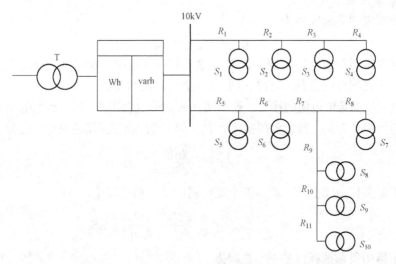

图 5-2　配电网示意图

2）配电网线路等值电阻的定义。配电网总电流 I_{eff} 流过配电网络线路等值电阻 $R_{\mathrm{eg \cdot L}}$ 所产生的损耗，等于该配电网线路所有节段的可变损耗的总和。

设一条 10kV 高压配电线路，当电流通过线路电阻时所产生的功率损耗，可按下列公式计算

$$\Delta P = 3 \sum_{i=1}^{m_i} I_i^{2} \times r_i \times 10^{-3} \qquad (5 - 31)$$

或

$$\Delta P = \sum_{i=1}^{m_i} \frac{P_i^2 + Q_i^2}{U_i^2} \times r_i \times 10^{-3} \tag{5-32}$$

式中　I_i、P_i、Q_i——分别为第 i 段线路上的电流（A）、有功功率（kW）、无功功率（kvar）；

　　　r_i——第 i 段的导线电阻，Ω；

　　　m_i——该条线路的总段数；

　　　U_i——对应于 P_i、Q_i 处的电压，kV。

若已知变电所出口的总电流 I_ε、总有功功率 P_ε、总无功功率 Q_ε、母线电压 U_0，则有

$$\Delta P = 3 I_\varepsilon^2 R_{\text{eg·L}} \times 10^{-3} = 3 \sum_{i=1}^{m_i} I_i^2 \times r_i \times 10^{-3} \tag{5-33}$$

或

$$\Delta P = 3 \frac{P_\varepsilon^2 + Q_\varepsilon^2}{U_0^2} R_{\text{eg·L}} \times 10^{-3} = 3 \sum_{i=1}^{m_i} \frac{P_i^2 + Q_i^2}{U_i^2} \times r_i \times 10^{-3} \tag{5-34}$$

则

$$R_{\text{eg·L}} = \frac{\sum\limits_{i=1}^{m_i} I_i^2 r_i}{I_\varepsilon^2} = \frac{\sum\limits_{i=1}^{m_i} \dfrac{P_i^2 + Q_i^2}{U_i^2} r_i}{\dfrac{P_\varepsilon^2 + Q_\varepsilon^2}{U_0^2}} \tag{5-35}$$

当 $U_0 = U_i$ 时，则有

$$R_{\text{eg·L}} = \frac{\sum\limits_{i=1}^{m_i} S_i^2 r_i}{S_\varepsilon^2} \tag{5-36}$$

由此表明由变电所记录的总电流或总功率在等值电阻上产生的损耗等于全部线路中实际的功率损耗。只要有线路各段的电阻值和运行中的电流或功率值，就能计算出等值电阻。

这样，对某条配电线路当电流或功率通过导线电阻时，在时间 t 内总的线路电能损耗计算式为

$$\Delta W_{\text{L}} = 3 I_{\varepsilon·\text{jf}}^2 R_{\text{eg·L}} t \times 10^{-3} \tag{5-37}$$

或

$$\Delta W_{\text{L}} = \frac{P_{\varepsilon·\text{jf}}^2 + Q_{\varepsilon·\text{jf}}^2}{U_0^2} R_{\text{eg·L}} t \times 10^{-3} \tag{5-38}$$

式中　　　ΔW_{L}——时间 t 内总的线路电能损耗，kWh；

$I_{\varepsilon·\text{jf}}$、$P_{\varepsilon·\text{jf}}$、$Q_{\varepsilon·\text{jf}}$、$t$——分别为变电所记录的该条线路出口的总均方根电流（A）、总均方根功率（kW）、总均方根无功功率（kvar）和记录的时段（h）。

2. 配电线路的总电能损耗

在配电网线路等值电阻 $R_{\text{eg·L}}$ 和配电变压器的等值电阻 $R_{\text{eg·T}}$ 计算出来之后，便可得到在 t 时段内配电网电能损耗，即

$$\Delta W = 3 I_{\text{jf}}^2 (R_{\text{eg·L}} + R_{\text{eg·T}}) t \times 10^{-3} + \sum \Delta P_0 t \tag{5-39}$$

或

$$\Delta W = \frac{P_{\text{jf}}^2 + Q_{\text{jf}}^2}{U_{\text{N}}^2} (R_{\text{eg·L}} + R_{\text{eg·T}}) t \times 10^{-3} + \sum \Delta P_0 t \tag{5-40}$$

式中　U_{N}——线路额定电压，kV；

$\sum \Delta P_0 t$——该条线路所装配电变压器空负荷损耗之和；

ΔW——配电网电能损耗，kWh。

【思考与练习】

简述等值电阻法求线路损耗的原理。

模块三 降低线损的措施

【模块描述】 本模块包含降低技术线损和管理线损的措施等内容，要求掌握降低线损的方法。

一、降低线损的技术措施

（1）加强电网的建设和改造，不断提高电网运行的经济性。

（2）做好电网规划，调整电网布局，升压改造配电网，简化电压等级，缩短供电半径，减少迂回供电，合理选择导线截面、变压器规格、容量及完善防窃电措施等。

（3）按照电力系统无功优化计算的结果，合理配置无功补偿设备，做到无功就地补偿、分压、分区平衡，改善电压质量，降低电能损耗。

（4）根据电力系统设备的技术状况、负荷潮流的变化及时调整运行方式，做到电网经济运行，大力推行带电作业，维持电网正常运行方式；要搞好变压器的经济运行，调整超经济运行范围的变压器，及时停运空负荷变压器；排灌用变压器要专用化，在非排灌季节应及时退出运行。

（5）淘汰高损耗变压器，推广使用节能型电气设备。

（6）定期组织负荷实测，并进行线损理论计算。

（7）加强谐波管理。

二、降低线损的管理措施

1. 建立线损管理体系

（1）线损管理按照统一领导、分级管理、分工负责的原则，实行线损的全过程管理。

（2）各供电公司要建立健全线损管理领导小组，由公司主管领导担任组长。领导小组成员由有关部门的负责人组成，分工负责、协同合作。日常工作由归口管理部门负责，并设置线损管理岗位，配备专责人员。

（3）制定本企业的线损管理制度，负责分解下达线损率指标计划；制订近期和中期的控制目标；监督、检查、考核所属各单位的贯彻执行情况。

2. 加强线损指标管理

（1）线损率指标在实行分级管理、按期考核的基础上，由供电公司负责管理的送变电线损和配电线损，可根据本单位的具体情况，将线损率指标按电压等级、分变电所、分线路（或片）承包给各基层单位或班组。

（2）为便于检查和考核线损管理工作，可建立以下与线损管理有关的小指标进行内部统计和考核。

1）技术措施降损电量及营业追补电量。

2）电能表校前合格率、校验率、轮换率、故障率。

3）母线电量不平衡率。

4）月末及月末日 24h 抄见电量比重。

5）变电所用电指标完成率。

6）高峰负荷时功率因数、低谷负荷时功率因数、月平均功率因数。

7）电压监视点电压合格率。

3．规范计量管理

（1）所有计量装置配置的设备和精度等级要满足《电能计量装置技术管理规程》（DL/T 448—2000）规定的要求。

（2）新建、扩建（改建）的计量装置必须与一次设备同步投运，并满足电网电能采集系统要求。

（3）按月做好关口表计所在母线电量平衡。

（4）各级计量装置定期进行轮换和校验，保证计量的准确性。

4．加大营销管理力度

（1）建立健全营销管理岗位责任制，减少内部责任差错，防止窃电和违章用电，充分利用高科技手段进行防窃电管理，坚持开展经常性的用电检查，对发现由于管理不善造成的电量损失应采取有效措施，以降低管理线损。

（2）严格抄表制度，提高实抄率和正确率，所有客户的抄表例日应予固定。每月的售电量与供电量尽可能对应，以减少统计线损的波动。

（3）严格供电企业自用电管理，变电所用电纳入考核范围。变电所的其他用电（如大修、基建、办公、三产）应由当地供电单位装表收费。

（4）加强客户无功电力管理，提高无功补偿设备的补偿效果，按照《电力供应与使用条例》和国家电网公司有关电压质量和无功电力的管理规定促进客户采用集中和分散补偿相结合的方式，提高功率因数。

（5）加强低压线损分台变（区）管理。根据低压电网的特点，实现线损分台变（区）管理，制定落实低压线损分台变（区）的考核管理制度和实施细则。

（6）组织开展营业普查，加强用电检查工作。对"量、价、费、损"以及电能计量装置进行重点检查。

三、降低变压器损耗的技术措施

变压器是广泛使用的电气设备，由于使用量大，运行时间长，因此在变压器的选择和使用中存在着巨大的节电潜力，特别是对 10～35kV 级中小型变压器。在配电系统中变压器的损耗通常大于配电系统总损耗的 30%，最大可占总损耗的 70%，因此，降低变压器损耗是一项重要的节电措施。

1．合理选择变压器

（1）合理选择变压器的类型。一般情况下，变电站可优先选择 S9 系列低损耗油浸式节能变压器。对防火要求较高或环境潮湿、多尘的场所，应选择 SCL 等系列环氧树脂浇注的干式变压器。对具有化学腐蚀性气体、蒸汽或具有导电、可燃粉尘、纤维的场所，应选择 SL14 等系列密闭式变压器。对多雷区及土壤电阻率高的地区，应选择 SZ 等防雷变压器。对电压要求偏差小、稳定性高的场所，应选择 SZL7、SZ9 等系列有载调压变压器。总之，所选类型应为低损耗变压器。

（2）合理选择变压器的台数。选择变压器的台数要视负荷性质及特点决定。若所供负荷为一、二类，应采用两台变压器。若企业一、二级负荷所占比例较重，必须由两个电源供电的，则应装设两台变压器；特殊场合可使用多台小容量变压器，如受运输和作业条件限制的井下变电所。若是季节性负荷或昼夜负荷变动较大的情况，可选用两台变压器，负荷高时用两台，负荷低时用一台。如负荷绝大部分为三级负荷的，可装设一台变压器；其他一般情况均选用一台变压器。

（3）合理选择变压器的容量。变压器容量的选择一般根据计算负荷的大小来决定，同时，兼顾变压器的负荷率。装设一台变压器时，其容量应考虑 15%～25%裕度，以备发展的需要。装设两台变压器，则应按照其供电方式对变压器容量进行选择。若供电方式为明备用（即一台工作、一台备用），则两台变压器均按 100%负荷来选择；若供电方式为暗备用（即正常时两台同时工作，故障时，一台变压器就能担负全部一、二级负荷的供电任务），则两台变压器均按 70%～80%负荷来选择。

2. 平衡变压器三相负荷

在配电网络中，一般采用三相四线制供电方式，即动力和照明负荷共用一台 Yyn0 接线组别的变压器。其目的有两个，一是充分利用设备、提高设备利用率；二是节省对设备的投资。

当三相负荷平衡时，中性线中没有电流；但当负荷增减（主要是单相设备负荷的增减）时，就会出现三相负荷的不平衡。当三相负荷不平衡时，在低压绕组内便会有零序电流。零序电流相应的产生零序磁通，零序磁通感应的零序电动势，叠加到各相的电压上，导致三相电压的中性点位移，负荷重的一相电压下降，负荷轻的两相电压升高，这对低压电器的运行是不利的。

零序磁通的大小，取决于零序电流的大小，因此有关规程规定，变压器二次中性线电流不得超过低压电阻额定电流的 25%，这时中性点的位移电压约为相电压的 5%左右，对三相电压的影响不大，但将引起电能损耗的增加。

所以，要经常在用电负荷高峰时，测量变压器三相负荷电流；若测得三相负荷不平衡值超过规程规定值时，就要采用调整负荷的措施，使变压器低压侧出口处三相负荷不平衡度不超过 15%。根据《架空配电线路及设备运行规程》（SD 292—1988）的规定，不平衡度的计算式为

$$变压器三相负荷不平衡度(\delta) = \frac{最大相电流(I_{max}) - 最小相电流(I_{min})}{最大相电流(I_{max})} \times 100\%$$

（5-41）

平衡三相负荷后节电量计算公式为

$$\Delta A = I_{pj}^2 [(K_1^2 + K_2^2 + K_3^2 - 3)R + K_0^2 R_0]Ft \times 10^{-3}$$ （5-42）

式中　　　　I_{pj}——三相平均电流，A；

K_1、K_2、K_3、K_0——系数，其值为 $K_1 = \dfrac{I_U}{I_{pj}}, K_2 = \dfrac{I_V}{I_{pj}}, K_3 = \dfrac{I_W}{I_{pj}}, K_0 = \dfrac{I_N}{I_{pj}}$；

I_U、I_V、I_W、I_N——为不平衡时的相电流及中性线电流，A；

R——每相电阻，Ω；

R_0——中性线电阻，Ω；

F——损失因数（对三相四线制一般取 0.42）；

t——时间，h。

【例 5 - 5】 某行政村有一台 S9 - 200/10 型变压器以三相四线制供电方式向村办企业和全村照明供电，变压器二次额定电流为 289A。在用电高峰负荷时，测得 U 相电流为 190A、V 相电流为 170A、W 相电流为 270A、中性线电流为 90A。试求变压器低压侧出口处的不平衡度及平衡负荷后一个月的节电量。

解 变压器低压出口处不平衡度 δ 为

$$\delta = \frac{I_{max} - I_{min}}{I_{max}} \times 100\% = \frac{270 - 170}{270} \times 100\% = 37\%$$

三相负荷平衡后一个月的节电量计算如下。

（1）三相电流基本平衡

$$I_{pj} = I_U + I_V + I_W/3 = 190 + 170 + 270/3 = 210A$$

（2）求系数 K 值

$$K_1^2 = \left(\frac{I_U}{I_{pj}}\right)^2 = \left(\frac{190}{210}\right)^2 = 0.82$$

$$K_2^2 = \left(\frac{I_V}{I_{pj}}\right)^2 = \left(\frac{170}{210}\right)^2 = 0.65$$

$$K_3^2 = \left(\frac{I_W}{I_{pj}}\right)^2 = \left(\frac{270}{210}\right)^2 = 1.65$$

$$K_0^2 = \left(\frac{I_N}{I_{pj}}\right)^2 = \left(\frac{90}{210}\right)^2 = 0.18$$

（3）已知每相电阻 $R = 0.02\Omega$，中性线电阻 $R_0 = 0.03\Omega$。

（4）代入公式计算得

$$\Delta A = I_{pj}^2 [(K_1^2 + K_2^2 + K_3^2 - 3)R + K_0^2 R_0]Ft \times 10^{-3}$$
$$= 210^2 \times [(0.82 + 0.65 + 1.65 - 3) \times 0.02 + 0.18 \times 0.03] \times 0.42 \times 720 \times 10^{-3}$$
$$= 44100 \times (0.12 \times 0.02 + 0.0054) \times 0.42 \times 720 \times 10^{-3} = 104kWh$$

由此可见，调整配电变压器三相负荷意义深远，具有一定的经济价值。

由于变压器三相负荷的不平衡，将使电能损耗增加，不平衡度越大，电能损耗增加也越多，这些不平衡电流除了在相线上引起损耗外，还将在中性线上引起损耗，这就增加了总的损耗，而且变压器达不到满负荷运行。

所以，一定要定期测量变压器三相负荷，使之不平衡度处于规程规定的标准范围以内；若不平衡度达不到规程规定的要求，则应重新分配三相负荷，以尽量达到三相负荷平衡。

3. 变压器经济运行

使变压器的损耗最小、效率最高的运行状态称为变压器的经济运行。一般配电变压器是在额定容量的 80% 左右运行较为经济。变压器也是电力系统中无功功率的较大消耗者，变压器空载时所需的无功功率为变压器负荷所需无功功率的 95% 以上。因此，减少变压器所消耗的无功功率也是节约电能的一项措施。

在电力网中变压器多而面广，变压器白天和晚上所带负荷或夏季和冬季所带的负荷变化很大。对变电所或用户并联运行的变压器，就要考虑经济运行的方式，如当负荷降到某一程度，由一台变压器投入供电运行较为经济；当负荷增加到某一程度，投入两台变压器运行较为经济。

　　经济不经济，是以变压器损耗的大小来衡量的。变压器的损耗有空负荷损耗和负荷损耗两种。在正常运行情况下，空负荷损耗与电压平方成正比，因额定电压与实际运行电压变化不大，故称为不变损耗；负荷损耗则是随负荷电流的平方而变化，负荷在瞬间变化，损耗也随着变化，故又称为可变损耗。

　　(1) 主变压器经济运行。

　　1) 单台双绕组变压器的经济运行。

　　① 变压器效率 η 的计算式为

$$
\begin{aligned}
\eta &= \frac{P_2}{P_1} \times 100\% = \frac{P_2}{P_2 + \Delta P_0 + \Delta P_k} \times 100\% \\
&= \left(1 - \frac{\Delta P_0 + \Delta P_k}{P_2 + \Delta P_0 + \Delta P_k}\right) \times 100\% \\
&= \left[1 - \frac{\Delta P_0 + \Delta P_k}{P_2 + \Delta P_0 + \left(\dfrac{S}{S_N}\right)^2 \Delta P_d}\right] \times 100\%
\end{aligned}
\tag{5-43}
$$

式中　P_1——变压器输入功率，kW；

　　　　P_2——变压器输出功率，kW；

　　　ΔP_0——变压器空负荷损耗，kW；

　　　ΔP_k——变压器负荷损耗，kW；

　　　ΔP_d——变压器短路损耗，kW。

　　② 变压器负荷系数计算式为

$$
K_f = \frac{S}{S_N} = \frac{I}{I_N} \text{ 或 } K_f = \sqrt{\frac{\Delta P_0}{\Delta P_k}}
\tag{5-44}
$$

式中　S——变压器实际运行负荷，kVA；

　　　S_N——变压器额定容量，kVA；

　　　I——变压器实际运行电流，A；

　　　I_N——变压器额定电流，A。

　　当空负荷损耗 ΔP_0 与负荷损耗 ΔP_k 相等时，变压器的效率最高，即

$$
\Delta P_0 = K_f^2 \Delta P_k
\tag{5-45}
$$

变压器经济电流

$$
I_A = \sqrt{\frac{\Delta P_0}{\Delta P_k}} I_N
\tag{5-46}
$$

变压器经济负荷

$$
S_A = \sqrt{\frac{\Delta P_0}{\Delta P_k}} S_N
\tag{5-47}
$$

【例 5-6】　有一台 S9 型 100kVA 变压器，电压比 10/0.4kV，功率因数为 0.80，空负荷损耗 $\Delta P_0 = 0.29$kW，负荷损耗 $\Delta P_k = 1.5$kW。试求该变压器满负荷时，变压器的效率及变压器的最大效率。

　　解　满负荷时，负荷系数 $K_f = 1$，输出功率为

$$
P_2 = S_N \cos\varphi = 100 \times 0.8 = 80 \text{kW}
$$

此时效率为

$$
\eta = \frac{P_2}{P_2 + \Delta P_0 + \Delta P_k} \times 100\%
$$

$$= \frac{80}{80 + 0.29 + 1.5} \times 100\%$$
$$= 97.81\%$$

变压器最大效率　　　　$K_\mathrm{f} = \sqrt{\dfrac{\Delta P_0}{\Delta P_\mathrm{k}}} = \sqrt{\dfrac{0.29}{1.5}} = 0.4397$

即负荷率降到 43.79% 时的输出功率。

$$P_2' = K_\mathrm{f} P_2 = 0.4397 \times 80 = 35.12\mathrm{kW}$$

最大效率

$$\eta = \frac{P_2'}{P_2' + K_\mathrm{f}^2 \times \Delta P_\mathrm{k} + \Delta P_0} \times 100\%$$

$$= \frac{80}{35.12 + 0.1927 \times 1.5 + 0.29} \times 100\%$$

$$= 98.37\%$$

变压器的最大效率比满负荷时的效率高出 98.37% − 97.81% = 0.56%。

2）多台同容量双绕组变压器的经济运行。从经济角度确定并联变压器应投入的台数时，一定会考虑到变压器内的有功损耗和无功损耗，因为供应无功负荷时，也会引起有功损耗。

不过，可以把无功损耗折算成有功损耗。折算的方法，需要引出一个无功经济当量 c_r。无功经济当量 c_r 是指安装 1kvar 无功容量，可以减少有功损耗的值。对于区域线路供电的 35～110kV 降压变压器，当系统负荷最小时，可取 0.06；当系统负荷最大时，可取 0.1。

在多台并联运行变压器的情况下，从经济运行角度出发，如何投运变压器的台数？当两台并联运行变压器容量相同时，在不同负荷情况下投运变压器台数，可按以下原则确定。

①当 $S > S_\mathrm{N} \sqrt{n(n+1) \dfrac{\Delta P_0 + c_\mathrm{r} \Delta q_0}{\Delta P_\mathrm{k} + c_\mathrm{r} \Delta q_\mathrm{k}}}$ 时，投运 $n+1$ 台变压器最经济。

②当 $S < S_\mathrm{N} \sqrt{n(n-1) \dfrac{\Delta P_0 + c_\mathrm{r} \Delta q_0}{\Delta P_\mathrm{k} + c_\mathrm{r} \Delta q_\mathrm{k}}}$ 时，投运 $n-1$ 台变压器最经济。

③当 $S_\mathrm{N} \sqrt{n(n-1) \dfrac{\Delta P_0 + c_\mathrm{r} \Delta q_0}{\Delta P_\mathrm{k} + c_\mathrm{r} \Delta q_\mathrm{k}}} < S < S_\mathrm{N} \sqrt{n(n+1) \dfrac{\Delta P_0 + c_\mathrm{r} \Delta q_0}{\Delta P_\mathrm{k} + c_\mathrm{r} \Delta q_\mathrm{k}}}$ 时，投运 n 台变压器最经济。

式中　S——实际负荷，kVA；

　　　S_N——变压器的额定容量，kVA；

　　　n——已运行的变压器台数；

　　ΔP_0——变压器空负荷有功损耗，kW；

　　ΔP_k——变压器负荷有功损耗，kW；

　　Δq_0——变压器空负荷无功损耗，kW；

　　Δq_k——变压器负荷无功损耗，kW；

　　c_r——无功经济当量，kW/kvar。

上述公式中所列各量，一般可从变压器铭牌或实验报告中查得，至于 Δq_0 和 Δq_k，其计算式为

$$\Delta q_0 = I_0\% S_\mathrm{N} \times 10^{-2}$$
$$\Delta q_\mathrm{k} = U_\mathrm{k}\% S_\mathrm{N} \times 10^{-2}$$

总之，负荷损耗等于空负荷损耗时，变压器的效率最高，运行也较经济。

【例 5 - 7】　某 35kV 变电所有两台型号为 S9 - 2500/35 变压器并联运行，已知 $\Delta P_0 =$ 3.2kW，$\Delta P_k = 20.7$ kW，$I_0\% = 0.75$，$U_k\% = 6.5$，试求当负荷增加到什么程度时，投运两台较合适；当负荷减少到何种程度时，可退出一台运行？

解　由题意可知，$S_N = 2500$kVA，$c_r = 0.06$，$\Delta P_0 = 3.2$kW，$\Delta P_k = 20.7$ kW，$I_0\% = 0.75$，$U_k\% = 6.5$，则

$$\Delta q_0 = I_0\% S_N \times 10^{-2} = 0.75 \times 2500 \times 10^{-2} = 18.75 \text{kvar}$$

$$\Delta q_k = U_k\% S_N \times 10^{-2} = 6.5 \times 2500 \times 10^{-2} = 162.5 \text{kvar}$$

代入公式计算如下：

（1）当负荷增加时，有

$$S_N \sqrt{n(n-1)\frac{\Delta P_0 + c_r \Delta q_0}{\Delta P_k + c_r \Delta q_k}} < S < S_N \sqrt{n(n+1)\frac{\Delta P_0 + c_r \Delta q_0}{\Delta P_k + c_r \Delta q_k}}$$

$$2500 \times \sqrt{2 \times 1 \times \frac{3.2 + 0.06 \times 18.75}{20.7 + 0.06 \times 162.5}} < S < 2500 \times \sqrt{2(2+1) \times \frac{3.2 + 0.06 \times 18.75}{20.7 + 0.06 \times 162.5}}$$

$$1625 \text{kVA} < S < 2548.28 \text{kVA}$$

所以，变压器实际负荷增加到大于 1625kVA，小于 2548.28 kVA 时，投运两台较合适。

（2）当负荷减少时，有

$$S < S_N \sqrt{n(n-1)\frac{\Delta P_0 + c_r \Delta q_0}{\Delta P_k + c_r \Delta q_k}}$$

$$S < 2500 \times \sqrt{2 \times 1 \times \frac{3.2 + 0.06 \times 18.75}{20.7 + 0.06 \times 162.5}}$$

$$S < 1625 \text{kVA}$$

所以，当变压器实际负荷小于 1625kVA 时，应退出一台变压器，只投运一台运行较经济。

3）多台不同容量双绕组变压器的经济运行。当多台并联运行的变压器型式和容量不同时，不同负荷情况下，投入变压器台数，可由查曲线的方法确定。方法如下。

①每台变压器总损耗（包括有功损耗和无功损耗）与负荷的关系式为

$$\Delta P = (\Delta P_0 + c_r \Delta q_0) + (\Delta P_k + c_r \Delta q_k)\left(\frac{S}{S_N}\right)^2 \qquad (5-48)$$

式中　ΔP——该台变压器的总损耗，kW；

$\quad\quad\ S$——该台变压器的实际运行负荷，kVA；

画出曲线，如图 5 - 3 中曲线 1、2 所示。

②两台变压器运行时的总损耗与负荷的关系为

$$\sum\Delta P = \sum(\Delta P_0 + c_r \Delta q_0) + \sum(\Delta P_k + c_r \Delta q_k)\left(\frac{S}{\sum S_N}\right)^2 \qquad (5-49)$$

画出曲线，如图 5 - 3 中曲线 3 所示。

③在多少负荷下该投一台还是两台，就要看在该负荷下投入几台变压器时损耗最小，则可从曲线中对应于该负荷的最低的一条曲线得到。

【例 5 - 8】　设有两台变压器并列运行，一台是 S9 - 630/10 型、一台是 S9 - 630/10 型变压

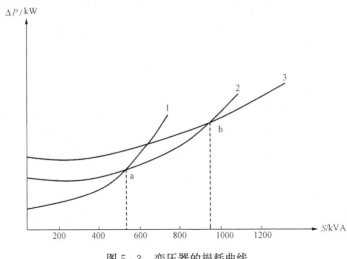

图 5-3　变压器的损耗曲线

器，图 5-3 中有三条曲线，曲线 1 是 630kVA 变压器的损耗曲线，曲线 2 是 1000kVA 变压器的损耗曲线，曲线 3 是两台同时运行总的损耗曲线。

解　损耗曲线的交点，就是确定经济运行变压器台数的分界点。如 a 点，投入一台 630kVA 变压器或投入 1000kVA 变压器均可；如在 a 点左边，投入一台 630kVA 变压器较为经济；如在 a 点右边，投入一台 1000kVA 变压器较为经济；在 b 点右边，两台同时投入较经济。

（2）配电变压器经济运行。

1）合理选择变压器的类型。一般变电站，应优先选择 SL7、S7、S9 系列低损耗油浸式节能变压器。对防火要求较高或环境潮湿、多尘的场所，应选择 SCL 等系列环氧树脂浇注的干式变压器。对具有化学腐蚀性气体、蒸汽或具有导电、可燃粉尘、纤维的场所，应选择 SL14 等系列密闭式变压器。对多雷区及土壤电阻率高的上区，应选择 SZ 等防雷变压器。对电压要求偏差小、稳定性高的场所，应选择 SZL7、SZ9 等系列有载调压变压器。上述各型号均应是低损耗的变压器。

2）合理选择变压器的容量。变压器的容量是根据计算最大负荷来选择的，但实际工作中，多数配电变压器常常处于轻负荷运行状态，造成配电变压器的损耗在配电系统的总损耗中占的比重加大，计算结果表明配电变压器一般在 40%～70% 额定容量下运行时的损耗最小，功率因数和效率最高。因此，合理选择配电变压器的容量，使其处于经济负荷的运行状态，可减少电能损耗。

3）减少轻负荷和空负荷变压器运行。工厂的电力负荷是经常变化的，如部分设备计划停机、检修设备停机，夜班、厂休及节假日设备停机等，都将造成配电变压器轻负荷或空负荷运行状态，引起变压器功率因数降低，线损增大。

产生变压器轻负荷和空负荷的状况的，很多是由于变压器容量选择的不合适。对农村用电变压器而言，农村用电负荷存在季节性强，峰谷差大，年利用小时数低，轻负荷、空负荷时间较长的特点。遇农闲季节，白天用电负荷小，变压器经常处于轻负荷和空负荷运行，晚间有些照明，但也是几个小时的用电时间；农忙季节，白天负荷大，晚间变压器处于轻负荷或空负荷运行；有些乡村企业开工不足，变压器容量与实际用电负荷不匹配，造成"大马拉小车"的现象，变压器负荷一般均在 20%～40% 运行，没有达到经济运行的要求，为此应做好以下几点。

①对于季节性用电及供电连续性要求不高、空负荷运行时间较长的变压器，如农业排灌变压器在非排灌季节处于无负荷状态的，应及时退出运行，既能减少变压器空负荷损耗，又能降低 10kV 配电网的电能损耗。

②对轻负荷运行的变压器，可采用"母子"变压器。负荷大时，投运容量较大的变压器，农闲时停运大变压器，投运小变压器，也能起到一定的降损效果。

③采用变压器空负荷或轻负荷自动投切装置。例如，某配电台区，将配电变压器空负荷（或轻负荷）自动投切装置，安装在一台 20kVA 变压器 10kV 高压侧进线端，负荷是一台 10kW 电动机驱动的碾米机，用来加工四个自然村村民的口粮及畜牧饲料。因此，自动投切开关有频繁的投切机会，以每天平均投切 4 次计算，一年约投切 1200 次，经过室外使用，该开关性能良好，开关的设计能满足切除 10~100kVA 变压器高压侧空负荷或轻负荷电流。为防止高压感应电荷影响人身安全，自动开关的机架及电气自动控制器盒子外壳，应可靠接地。

4）变压器更换和技术改造。

①更换过负荷变压器。如果变压器经常处于过负荷的运行状态，将会使其效率降低，增大线损，根据国家规定，企业应及时更换变压器，以降低线损节电。

②采用高效率低损耗变压器。很多企业由于过去的条件和规模设置了符合过去生产的各种类型的变压器，随着时代的变迁、经济的发展，过去长期使用的老型号变压器，已显得陈旧或产品质量差。如果现在仍然使用将造成电能的大量浪费和产生较高的线损，企业应根据国家规定，加速改造和更换这些高耗能变压器，使用符合国家技术标准的低损耗高效率的变压器。

③采用变容量变压器。对于有明显季节性的用电负荷，如农业用电负荷，变压器是按全年高峰季节负荷选择容量的，高峰季节过后，变压器经常处于轻负荷状态下运行，使线损增大。若采用变容量变压器，通过改变接线方式以达到变换电容，从而适应负荷的变化，这是减少电能损耗的有效措施。

④改造更换高能耗变压器。加强对老式高耗能变压器的改造更换，但改造必须注意质量、工艺等。如若保证不了把高损耗变压器改造成低损耗变压器，达不到国家规定标准，则必须更换成 S9 系列等高效低损耗变压器。

【思考与练习】

（1）简述降低线损的技术措施。

（2）简述降低线损的管理措施。

（3）简述配电变压器经济运行的措施。

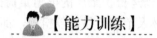

【能力训练】

一、选择题

1. 电流经过线路和变压器等设备时，产生的（   ）称为供电损耗，简称线损。

　　（A）电能损耗　　　（B）功率损耗　　　（C）电损耗　　　（D）热损耗

2. 按损耗的特点分类，线路损耗可分为固定损耗、（   ）和不明损耗三部分。

　　（A）负荷损耗　　　（B）空负荷损耗　　（C）可变损耗　　（D）技术损耗

3. 按损耗的变化规律分类，线路损耗可分为空载损耗、（   ）和其他损耗三类。

　　（A）不明损耗　　（B）负荷损耗　　（C）可变损耗　（D）技术损耗

二、判断题

1. 线路损失电量占供电量的百分比称为线路损失率，简称线损率。　　　　　（　　）

2. 不明损耗是指理论计算损失电量与实际损失电量的差值，其差值为窃电损失电量。

　　　　　　　　　　　　　　　　　　　　　　　　　　　　　　　　　（　　）

3. 由计量设备误差引起的线损以及由于管理不善和失误等原因造成的线损称为管理线损。　　　　　　　　　　　　　　　　　　　　　　　　　　　　　　　（　　）

三、问答题

1. 固定损耗、可变损耗和不明损耗各自分别由哪些部分组成？

2. 常用的线路损耗计算方法有哪几种？

四、计算题

　　某企业降压变电所内装设有一台 SFL1—20000/110 型变压器，电压为 110/11kV，高压侧额定电流为 105A，已知 $\Delta P_0 = 20\text{kW}$、$\Delta P_d = 120\text{kW}$，代表日实测负荷电流（按实测时间顺序）为 30、40、50、40、40、50、50、65、65、55、60、55、55、60、65、65、80、70、70、70、65、60、45A 和 30A，试计算变压器全月的线损。

第六章　用电设备的节约用电

知识目标

（1）学习电动机、泵与风机、电加热、电气照明等用电情况。

（2）了解蓄冷蓄热技术的应用。

（3）掌握典型行业（电弧炉炼钢、电解铝、煤炭工业、合成氨、水泥、造纸、纺织等）的用电特点和节约用电。

能力目标

（1）掌握电动机的功率损耗和节电措施。

（2）掌握电气照明的节电措施。

（3）掌握典型行业的用电特点和节电措施。

节约能源是提高经济效益增长的重要途径，也是增强企业竞争力的必然要求。1998年以来，国家制定了《节约能源法》，先后颁布了《节约用电管理办法》和《加强电力需求侧管理工作的指导意见》等一系列文件，有力地指导和推进了用电设备的节约用电工作。自2006年起国家质检总局在钢铁、有色金属、煤炭、电力、石油石化、化工、建材、纺织、造纸等九个重点耗能行业的大企业（共计1008家）中开展节能降耗服务活动。2010年，国家发展改革委、工业和信息化部联合出台政策，进一步加强对高耗能、高排放和产能过剩行业固定资产投资项目管理，着力抓好节约和替代石油、燃煤锅炉改造、热电联产、电机节能、余热利用、能量系统优化、建筑节能、绿色照明、政府机构节能以及节能监测和服务体系建设等十项重点节能工程，"十一五"期间形成2.4亿t标准煤的节能能力。

建设节约型社会，促进国民经济的可持续发展，要更加重视节约用电。每个单位、每个家庭和每个公民都要认识到节约用电、合理用电既是一项长期的任务，又是一项紧迫的任务，同时也是我们义不容辞的责任。中央和地方政府每年都要开展节能环保专项执法检查，坚持有法必依、执法必严、违法必究，严厉查处各类违法行为。

在社会经济的快速发展过程中，电力供应出现了严重短缺，供需矛盾日益突出，全国各省拉闸限电次数不断增加。为了缓解这种矛盾，除了加大、加快电网建设外，提倡节约用电也显得尤为重要。

模块一　电动机的节约用电

🎓 **【模块描述】**本模块描述了电动机的功率损耗、节电措施，讲解了供电损耗基本知识。

电动机是工厂企业中应用最多的电气设备之一。它所消耗的电能约占全部用电量的

60％。降低电动机电能损耗，就可节约大量的电能。

电动机在运行中，因电流通过电动机绕组在电动机内部产生发热损耗，即产生能量损耗。电动机的能量损耗，包括可变损耗、固定损耗及其他杂散损耗。可变损耗是随着负荷变化的，包括定子电阻损耗（铜损耗）、转子电阻损耗和电刷电阻损耗。定子和转子电阻的铜损耗是与电流的平方成正比的。而电刷电阻的损耗，为电枢电流和电刷电压降的乘积。固定损耗是与负荷无关的，包括铁芯损耗和机械损耗。铁损耗又由磁滞损耗和涡流损耗所组成，与电压平方成正比，其中磁滞损耗还与频率成反比。其他杂散损耗是当电动机运行时，产生的机械损耗和其他损耗，包括轴承的摩擦损耗以及风扇、转子等由于旋转引起的风阻损耗。摩擦损耗大体与速度成正比。

总体而言，电动机在将电能转换为机械能做功的过程中，产生的功率损耗包括有功功率损耗和无功功率损耗两部分，这种损耗将导致电动机功率因数和效率的降低，功率损耗增加。

一、电动机的功率损耗

1. 电动机有功功率损耗

各种不同类型电动机的有功功率损耗包括定子绕组和转子绕组的铜损耗、铁芯损耗、杂散损耗和机械损耗。各种损耗所占的比例，视电动机容量和结构的不同而有所差异。

（1）定子绕组的铜损耗 ΔP_{t01}。当电流通过电动机定子绕组时，在定子绕组的电阻上产生铜损耗，其大小与定子电流 I_1 的平方成正比，其计算公式为

$$\Delta P_{t01} = m_1 I_1^2 r_1 \times 10^{-3}$$

式中　ΔP_{t01}——定子绕组的铜损耗，kW；

　　　I_1——定子相电流，A；

　　　r_1——定子每相绕组的电阻，Ω；

　　　m_1——定子绕组的相数。

（2）转子绕组的铜损耗 ΔP_{t02}。当电流通过电动机转子绕组时，在转子绕组的电阻 r_2 上产生铜损耗，其大小与转子电流 I_2 的平方成正比，其计算公式为

$$\Delta P_{t02} = m_2 I_2^2 r_2 \times 10^{-3}$$

式中　ΔP_{t02}——转子绕组的铜损耗，kW；

　　　I_2——转子相电流，A；

　　　r_2——转子每相绕组的电阻，Ω；

　　　m_2——转子绕组的相数。

上述定子绕组和转子绕组的铜损耗和绕组中流过的电流大小有关，所以也称可变损耗。

（3）电动机的铁芯损耗 ΔP_{T1}。电动机为建立交变磁场而在定子、转子铁芯中产生的铁芯损耗包括涡流损耗和磁滞损耗。当电动机电压恒定，频率一定时，电动机的磁通和磁通密度保持不变，即电动机的铁芯损耗与磁通密度成正比变化。

因电动机的铁芯损耗不随负荷电流的变化而变化，所以也称不变损耗或固定损耗。

电动机铁芯损耗与电源电压的平方成正比。当电源电压一定时，铁芯损耗与负荷变化无关，计算公式为

$$\Delta P_{T1} = \Delta P_{Cz} + \Delta P_w = \left(K_1 \frac{U^2}{f} + K_2 U^2 \right) G_C$$

式中　ΔP_{T1}——电动机的铁芯损耗；

$\qquad\Delta P_w$——电动机的涡流损耗；

$\qquad\Delta P_{Cz}$——电动机的磁滞损耗；

$\quad K_1$、K_2——比例常数；

$\qquad G_C$——电动机定子和转子的铁芯质量，kg。

（4）杂散损耗 ΔP_{zs}。电动机的杂散损耗主要由绕组的杂散损耗和铁芯的杂散损耗所组成。

（5）机械损耗 ΔP_{jx}。电动机的机械损耗包括轴承传动产生的摩擦损耗和风扇转动产生的风阻损耗等。这些机械损耗虽然不随电动机负荷的变化而变化，但随电动机转速的变化而变化，转速越大，机械损耗越大。

电动机的总功率消耗计算公式为

$$\Delta P = \Delta P_{t01} + \Delta P_{t02} + \Delta P_{T1} + \Delta P_{zs} + \Delta P_{jx}$$

中、小型电动机的各种损耗在总损耗中所占的比例不同，其损耗比见表 6 - 1。

表 6 - 1　　　　　　　　　中、小型电动机的损耗情况表

类型	定子铜损耗	转子铜损耗	铁芯损耗	杂散损耗	机械损耗
小型容量电动机	40%	16%	30%	12%	27%
中型容量电动机	33%	25%	17%	25%	25%

此外，对于直流电动机，还存在各种励磁绕组的励磁损耗和晶闸管整流装置的能力损耗。

2. 电动机无功功率损耗

在电动机的铁芯中，为建立旋转磁场所需要的无功功率 Q，与其励磁电流 I_Q 成正比，其计算公式为

$$Q = 3UI_Q$$

在电源电压保持不变，电动机的负荷发生变化时，若不计磁路饱和，电动机的励磁电流 I_Q 保持不变，则无功功率 Q 为恒定值；当电压变化时，励磁电流随着成正比变化，所需要的无功功率也按正比变化。所以在满足电动机负荷变化要求的情况下，适当降低运行电压，有利于电动机的节电。

二、电动机节电措施

由于电动机存在着各种损耗，因此在考虑电动机节约用电时，就要研究降低电动机各部分能量损耗，合理选择电动机。其主要措施如下。

1. 合理选择和使用电动机

（1）电动机类型的选择。根据机械负荷对电动机启动、制动、调速等方面的不同要求并着重节电的原则，可选用笼型、绕组型或直流电动机。

当机械负荷多，启动、调速和制动无特殊要求时，一般应尽量选用笼型电动机，因为其功率因数和效率都比较高；当功率较大而且连续工作的机械，且在技术经济上较合理时，宜选用同步电动机；当要求大的启动转矩时，选用笼型电动机满足不了启动要求或加大容量不合理，或调速范围不大的机械且低速运行时间较短时，宜选用绕线型电动机，也可选用启动转矩 200%，最大转矩 250% 的标准笼型电动机；当交流电动机不能满足机械要求的启动、

调速、制动等特性时，可选用直流电动机；为了防止启动时的电压降低，应选用绕线型电动机；对重复短时负荷时，应选用笼型电动机。

总之，绕线型或直流电动机需要附属设备，造价较高，而且功率因数和效率比笼型电动机要低，但在启动、制动和调速等性能方面均比笼型电动机好。另外，根据电动机安装方式不同又有卧式和立式两种，能用卧式就不用立式，因为立式电动机价格较昂贵。所以选择时应进行认真的技术、经济对比。

（2）电动机功率的选择。工厂企业中应用的电动机多数是异步电动机，异步电动机是感性负荷，功率因数一般在 $0.7 \sim 0.8$，它需要有功功率，也需要无功功率，而空负荷运行的异步电动机，吸取无功功率约为满负荷时的 $60\% \sim 70\%$，所以应合理选择电动机的功率，避免电动机长期轻负荷运行。

电动机的额定输出功率通常是按最大负荷选定的，但实际上部分电动机的输出功率是同期变化的。由于电动机功率损耗大部分为铜损耗，铜损耗与负荷电流的平方成正比，当功率因数一定时，则与输出功率的平方成正比。所以，对输出功率同期性变化的电动机，其电动机的额定输出功率，按负荷功率的均方根值来选定。

对于负荷率低于 50% 以下的电动机，应按经济运行原则（即电动机总损耗最小）来选定电动机功率。如果经分析计算将负荷率低于 50% 以下的电动机换成小容量，有可能使电动机的效率降低，使电能损耗增加。无论用何种方法选定电动机功率，所选用的电动机应满足所需要的启动转矩、最大转矩和最大负荷。

如果电动机容量选得过大，不但设备不能被充分利用，反而使电动机的功率因数和效率降低，这对企业和供电部门都不利；如果额定容量选得过小，电动机将长期过负荷运行，因而缩短电动机的使用寿命或造成电动机的烧毁。在电动机的力能指标中，电动机的效率在负荷率为 $75\% \sim 100\%$ 之间时最高。在选择电动机的容量时，只要比机械负荷的功率稍大一些即可。

1）长时间连续负荷时，电动机容量的选择。当电动机运行方式是长期连续的，且负荷随时间的变化较小时，可据计算的最大负荷功率 P_{max} 来选择电动机的额定容量 P_N，即

$$P_N \geqslant P_{max}$$

2）长时间变动负荷时电动机容量的选择。当电动机的运行方式为连续的，且负荷随时间的变化较大时，电动机的额定容量取决于其本身占损耗中大部分的铜损耗引起的温升发热，此温升发热与负荷电流的平方成正比，当功率因数为一定时，则损耗与输出功率的平方成正比。所以计算出负荷的均方根值，就可以决定包括铜损耗及负荷需要的电动机输出功率，也即电动机的容量，此时指负荷的变化频繁，电动机输出功率是周期变化的。其均方根负荷功率 P_{jf} 为

$$P_{jf} = \sqrt{\frac{P_1^2 t_1 + P_2^2 t_2 + \cdots + P_n^2 t_n}{t_1 + t_2 + \cdots + t_n}}$$

式中　　P_1、P_2、$\cdots$、P_n——某一工作时间的负荷功率，kW；

　　　　　　P_{jf}——负荷功率的均方根值，kW；

　　　t_1、t_2、$\cdots$、t_n——某一工作时间，min。

【例 6-1】　设某台电动机各工作时段的负荷功率为 $P_1 = 100kW$、$P_2 = 50kW$、$P_3 = 80kW$、$P_4 = 50kW$；各工作时段为 $t_1 = 10min$、$t_2 = 15min$、$t_3 = 10min$、$t_4 = 20min$。确定选

用的电动机功率。

解

$$P_{jf} = \sqrt{\frac{P_1^2 t_1 + P_2^2 t_2 + \cdots + P_n^2 t_n}{t_1 + t_2 + \cdots + t_n}}$$

$$= \sqrt{\frac{100_1^2 \times 10 + 50_2^2 \times 15 + 80^2 \times 10 + 50^2 \times 20}{10 + 15 + 10 + 20}}$$

$$= 70 \text{kW}$$

答：根据计算结果，选用 75kW 容量的电动机较为合适。

3）短时负荷时电动机容量的选择。短时负荷是指负荷的工作时间很短，负荷停歇的时间比较长。目前，电动机制造厂已有专门供短时工作的电动机，并规定工作持续时间为 15、30、60min 和 90min 四种类型专用电动机容量供企业选择。

4）重复短时负荷时电动机容量的选择。对于重复短时负荷，由于启动频繁，必须考虑在启动、停止的过程中发热的影响，因此，应计算其等效负荷值。如将长期工作制电动机用于重复短时负荷时，其均方根负荷的计算公式为

$$P_{jf} = \sqrt{\frac{P_1^2 t_1 + P_2^2 t_2 + \cdots + P_n^2 t_n}{t_1 \alpha_1 + t_2 \alpha_2 + \cdots + t_n \alpha_n}}$$

式中　α——冷却系数，具体取值参考表 6-2。

表 6-2　　　　　　　　　　冷　却　系　数　α

电动机型式	加速时	运行时	减速时	停止时
敞开式交流电动机	6.5	1	0.5	0.2
封闭式交流电动机	0.6	1	0.6	0.3
密封外扇式交流电动机	0.75	1	0.75	0.5
外通风式交流电动机	1	1	1	1

（3）电动机电压的选择。合理选择电动机电压等级，能在保证电动机性能的前提下，达到节能的效果。三相异步电动机常用的电压等级有：220、380、3000V 和 6000V 等，500V 以下称为低压，500V 以上称为高压。

运行实践说明，凡是供电线路短，电网容量允许，且启动转矩和过载能力要求不高的场合，选用低压异步电动机为宜。因为这种低压电动机效率较高，利于节电且检修方便，减少一次性投资，其控制设备采用低压电器即可。若选用同功率的高压电动机，一方面增加了一次性投资，而且效率比低压电动机低 2% 左右，若该电机长期连续运行，每年多损耗电能近 8kWh。

但是，对于那些供电线路长、电网容量有限，启动转矩较高或要求过载能力较大的场合，选用高压电动机为宜。

（4）电动机负荷特性的选择。电动机的运行特性受它所拖动机械的负荷特性影响。选用电动机时，使电动机的机械特性和它所拖动的负荷特性合理匹配，才能满足节能和安全运行的要求。例如：往复式空气压缩机、冲床、油井泵和起重机械等要求有较大启动转矩，常选用高转差率的机械特性的电动机。

2. 改善电动机功率因数

异步电动机是感性负荷，功率因数低。异步电动机满负荷时的功率因数约为 0.7～0.9，无功电流约占额定电流的 40%～70%，这不仅影响了电源容量的利用率，还因为无功电流在电动机与电源间交换的过程中，在电源与输电线上造成了电能的损耗。所以改善异步电动机的功率因数是企业节电的一个重要方面。改善的方法，一种是利用并联电容器对异步电动机的功率因数进行补偿；另一种方法是提高异步电动机本身的自然功率因数，如在轻负荷时采用降低定子端电压，即利用三角形—星形转换的方法。

对于绕线型异步电动机，在轻负荷运行时，可采用同步化运行的方法，即让轻负荷运行的绕线型异步电动机在同步电动机的状态下工作。具体的做法是在绕线型异步电动机的转子绕组中通以直流励磁电流，使转子产生与同步电动机转子相同的恒定直流磁场。

绕线型异步电动机采用同步化运行，必须具备下列条件。

(1) 负荷率在 75% 左右，且负荷稳定。

(2) 不需要调速。

异步电动机同步化运行以后，过负荷能力有较大降低，为了运行可靠，负荷不能超过额定输入功率的 75% 左右。

同步化运行以后，异步电动机不仅可以做到不需向电网吸取无功功率，甚至可以向电网提供一部分感性无功功率，从而使电网的功率因数得以提高。

3. 电动机调压节电，改善轻负荷运行

企业中广泛使用的异步电动机，容量普遍偏大，经常处于轻负荷运行状态，或电动机所带负荷经常发生变化，对于此类负荷可通过降低电动机电源电压或改变电动机内部接线方式（如三角形—星形转换），达到节电目的。

(1) 降低电动机电源电压。对于负荷变化不大、轻负荷的情况，由专用变压器供电的多台异步电动机（如纺织厂的多台织布机等），往往采用同一规格的电动机，且负荷也相似，此时可采用调压变压器分接头，加装降压自耦变压器、电压自动调节装置等方式来调节电源电压，以提高异步电动机的功率因数和效率。

(2) 利用三角形—星形转换降压节电。电动机的负荷率低于 40% 时称轻负荷运行，此时损耗大、效率低、功率因数更低。为了改善轻负荷时的运行性能，可采用降低定子电压的方法达到节电目的，它适用于电动机为三角形接法的三相异步电动机。通过手动或自动变换器将绕组进行三角形—星形接法转换。

电动机由三角形接法转换为星形接法时，运行电压降低，其电气性能参数也相应发生变化，对于轻负荷时的异步电动机，由三角形接法改为星形接法后，电动机定子绕组的电压降低为额定电压的 $1/\sqrt{3}$；因为电动机的功率与电压的平方成正比，所以功率将下降为额定功率的 $1/3$；又因为电动机的转矩与功率成正比，所以转矩也只有原来的 $1/3$；电动机的启动电流与电压成正比，而三角形接法的相电流是线电流的 $1/\sqrt{3}$，所以改换星形接法后，启动电流将为三角形接法的 $1/3$。电动机经过三角形—星形转换后，励磁电流减少，铁芯损耗相应降低，温升降低，功率因数提高，而转速基本上不变，相当于将大容量的电动机当成小容量的电动机使用，从而达到节电目的。

4. 采用高效节能电动机

为了提高工厂、企业中电动机运行效率，使各种生产机械需要的能量和电动机输入电能相等，有效地利用电能，在设计制造电动机时，应尽可能降低电动机内部的功率损耗，以提高电动机的效率。

（1）高效率节能电动机的基本要求。

1）按额定功率计算，其功率损耗应减少 30%。

2）一般电动机效率曲线是不平稳的，随负荷的大小变化，效率变化幅度较大。而电动机常在低于额定功率下运行，所以高效节能电动机的效率曲线应尽可能平坦。

（2）高效节能电动机的主要技术措施。

1）增大定子槽尺寸；增加槽内导线数量；减少绕组端部长度等以减少定子绕组的损耗。

2）减少硅钢片的厚度，改进硅钢片的加工工艺以减少铁芯损耗。

3）增加空气隙中的磁通，增大转子导条和端环尺寸；增大导条及端环的导电率以减少转子绕组损耗。

4）在设计制造时，选择最优方案以减少通风及摩擦损耗，但用料较多，成本较高，因此只有在负荷率和利用率较高的使用条件时采用，才能得到最高效益。

【思考与练习】

（1）电动机的功率损耗有哪些？

（2）电动机节电措施有哪些？

模块二　泵与风机的节约用电

【模块描述】 本模块描述了泵与风机的功率损耗、节电措施，讲解了泵与风机基本知识。

泵与风机在国民经济各部门的用电设备中占有重要的地位，它们被广泛地应用于冶金、化工、纺织、石油、煤炭、电力、国防、轻工和农业等生产部门，并越来越多地进入到家庭中去。泵是抽吸液体、输送液体和使液体增加压力的机械设备，是一种转换能量的机械，泵把原动机提供的机械能转换成液体的压力能、位能，使液体的压力、流速增加。风机是输送气体的设备，是一种把原动机的机械能转换为气体的动能与压力能的机械。

泵与风机的耗电量是非常大的，年耗电量约占全国总用电量的 30% 左右，占工业用电量的 45% 左右。

目前，在泵与风机的使用中，存在着浪费电能的现象，主要表现为设备陈旧，本身的效率比较低；设备选型不当，实际工作负荷偏离额定值，运行效率低；调节流量的方法方式不当，功率损耗很大；变速调节流量的新技术推广不力；输送管道装配不合理，致使管道阻力大及管理不善，造成运行时的能量损耗大等。因此，泵与风机的节电潜力很大。

一、泵与风机的损耗

泵与风机的能量损耗主要包括机械损耗、容积损耗、流动损耗和管路阻力损耗等。

1. 机械损耗

机械损耗是指泵与风机在运行中，轴与轴封、轴与轴承及叶轮圆盘与流体的摩擦等两部分损耗的功率或电能。在机械损耗中主要是圆盘摩擦损耗。

　　圆盘摩擦损耗是叶轮在泵壳中旋转时，由于离心力的作用，使叶轮前后盖板两侧的液体形成回流运动，并与旋转的叶轮发生摩擦而引起的能量损耗，如图6-1所示。这种能量损耗直接消耗了原动机输入的功率。

　　2. 容积损耗

　　在泵与风机转动的叶轮与入口处的密封环之间有一定的间隙。当叶轮转动时，由于叶轮出口处是高压，入口处是低压，在间隙两侧产生了压力差，使部分已在叶轮中获得能量的液体从高压侧（出口处）通过间隙向低压侧泄漏。虽然这部分泄漏的液体只在泵或风机内部循环而未输出，但却要消耗能量，使泵与风机的压力和流量下降，效率降低。这种由于压力差引起液体泄漏而造成的能量损耗称为泄漏损耗或容积损耗。图6-2所示为叶轮机入口处与外壳之间的泄漏状况。

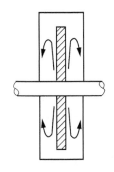　　　　　　　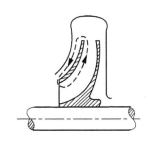

图6-1　液体在叶轮前后盖板外侧的回流运动　　　　　图6-2　液体的泄漏

　　3. 流动损耗

　　流经泵与风机的流体具有一定的黏性，其产生的能量损耗，称为流动损耗。它包括摩擦损耗和撞击损耗。

　　摩擦损耗即流体与流道壁面摩擦及流体内部摩擦产生的损耗，它与流量的平方成正比变化。

　　撞击损耗是当流体进入叶轮工作时，相对速度的大小和方向都要变化，并且与叶片进口切线方向不一致，产生撞击损耗。发生撞击的强度越大，其撞击损耗也越大。

　　4. 管路阻力损耗

　　具有固有粘滞性的流体在泵与风机管路内的流动过程中，受到一种阻力，因此产生的损耗称为管路阻力损耗。

　　管路阻力损耗分为沿程阻力损耗和局部阻力损耗。当流体流动时，由于流体的粘滞性使各流层之间产生一定的阻力，流体为克服沿整个管路流程的阻力而损耗的能量，称为沿程阻力损耗。由于流体边界的突然变化，对局部范围内流动产生阻力，流体为克服局部阻力而损耗的能量称为局部阻力损耗。

　　二、泵与风机的节电措施

　　目前企业使用的泵与风机效率都不是很高，如泵的效率仅为60%左右，因此，节电潜力很大，主要有以下措施。

　　1. 合理选型

　　正确、合理地选用泵与风机，是保证安全、经济运行的先决条件。选择的内容主要有确定泵与风机的型号、台数、规格、转速及与之配套的电动机的容量。

（1）选型的原则。

1）所选的泵与风机的最大流量和最大扬程应符合工作的需要，以保证泵与风机在高效率区内运行。

2）应选用结构合理、体积小、质量轻、效率高的泵与风机，在条件许可下，尽量选用高转速的泵与风机。

3）运行操作应安全可靠。

4）有较高效率的管网与其相配合。

（2）选型时的参数根据。

1）不同条件下需要的流量和扬程（全风压）。在一定条件下，可只掌握最大流量及最大扬程。

2）被输送流体的温度。

3）被输送流体的密度。

4）工作环境和大气压力。

（3）泵的选择方法。

1）收集实测数据及以往的原始资料，计算出泵的最大流量 Q_{max} 和最高扬程 H_{max}，并考虑测量误差和运行后设备性能变化等因素，选择泵的参数要比计算的最大值留有一些余地，所以泵的流量 Q 和扬程 H 应为

$$Q = (1.05 \sim 1.10)Q_{max}$$
$$H = (1.10 \sim 1.15)H_{max}$$

2）选定设备的转速 n，算出比转数 n_s。

3）根据 n_s 的大小，决定所选水泵的类型（包括水泵的台数及级数）。

4）根据所选的类型，在该型的水泵综合性能图上选取最合适的型号，确定转速、功率、效率和工作范围。

5）从泵的样本中，查出该泵的性能曲线，根据泵在系统中的运行方式（单台运行、并联或串联运行），绘出所在运行方式下的性能曲线。

6）根据管路性能曲线和运行方式，决定泵在系统中的工况点，如所选的泵不在高效率区运行，则重复上述过程，直到所选型号合适为止。

2. 泵与风机改造

当泵与风机工作在其设计工况附近时，效率较高。但由于额定负荷或管道阻力等因素的变化，常会使泵与风机的容量过大或过小。容量过大时，会引起调节时的节流损失；过小时，又不能满足负荷的需要。为此，需对已有的泵与风机进行改造，以利节能。

泵与风机的改造主要是改变叶片的长度、宽度及所用的材料，切割叶轮的外径，改变转速，改变泵与风机的级数，改进和加装防尘装置等，使泵与风机的各项损耗降低，使它们的容量与所需容量相匹配，从而达到提高效率和节能的目的。

3. 减少管路阻力

对结构不合理的管道进行改造，如对弯头、扩散管等不合理结构进行适当改进，就可降低管路阻力，达到节电目的。

4. 更换高效率的泵与风机

对一些性能落后，使用时间长的泵与风机可考虑更换成新型高效的泵与风机，以达到节

电目的。

5. 取消离心式水泵底阀

离心式水泵取消安装在进水管底端的单向阀门，采用射流器抽真空自吸上水，可以增加抽水量，减少水力损失，提高效率，一般可节电 3%～6%。

6. 控制可变流量（风量）

企业生产过程中，有些泵与风机的流量（风量）随时都在变化着，如果能够掌握其变化的规律，合理控制流量（风量），采取调速控制的方法［主要通过改变电动机的转速达到调节泵与风机的流量（风量）的目的］，可达到节电的效果。

7. 降低或减少泵与风机运转时间

根据实际情况适当控制电动机的开停时间，达到节电。

8. 加强管理节电

在泵与风机的使用中，加强负荷管理，避免管道的跑、冒、滴、漏来达到节电。

【思考与练习】

（1）泵与风机的能量损失主要有哪些方面？
（2）泵与风机节电措施有哪些？

模块三　电加热的节约用电

【模块描述】 本模块描述了电加热的用电特点、节电措施，讲解了电加热基本知识。

一、电加热的损耗

电加热是把电作为热源，用来加热或熔炼金属、非金属材料及制品，例如电阻炉、感应炉、电弧炉和高频炉等。由于电加热与燃料加热相比，具有能取得较高的加热温度，温度容易控制，易于实现生产的机械化、自动化，操作使用方便等优点而得到广泛应用。就机械工业来说，一年电加热用电量约占机械工业电量的 1/4。全国电加热消耗的电能约占总用电量的 1/6。所以，在电加热设备上，降低电能损耗，可节约大量的电能。

电加热设备在用电过程中，在电气设备和设备本体上会造成电和热的损耗。电损耗是在电气设备的电阻上造成的电能损耗，它的大小与设备配套的合理性、电气设备性能、维护质量及使用时间长短等因素有关。热损耗主要是电加热设备本体的散热损耗及各种操作工具和操作过程中的损耗，电阻炉的热损耗约占 46%～65%。

二、电加热的节电措施

1. 采用新的加热技术和新型的保温材料

远红外线加热是近几年发展起来的一项新的加热技术，远红外线辐射体在外界供给能量的激励下，使辐射体涂覆的远红外辐射材料的内部分子和原子运动并发生能量变化，以电磁波的形式辐射，该辐射能被加热体吸收转化为热能。这种方式的加热速度快，一般可缩短时间 1/3～2/3，远红外线加热热效率高，干燥质量好，节约电能，一般可节约用电 30% 左右。如果同时改进炉体结构，提高炉体热工性能，可节约用电达 60%～70%。

近几年来，用硅酸铝纤维材料制成的毯、毡、板、纸和绳等制品，广泛应用于降热、隔音、密封、过滤等方面，取得了明显的经济效果，可节电 30% 左右。

硅酸铝纤维是以高岭土或矾土为原材料，在电炉内加热熔化后，用喷吹法或离心法制成纤维棉，它具有如下特点。

（1）耐高温。最高温度可达 1500℃，长期使用温度为 1300～1400℃。

（2）导热系数小。电的散热损耗大小与炉衬材料的导热材料系数高低成正比，因此，采用硅酸铝纤维做炉衬后，炉壁传热速度大大减缓，电热元件发出的热量，绝大部分用于加热炉膛，加速了升温的速度，使热损耗减少，不仅节约了电能，而且可提高炉子生产率。

（3）容量小。硅酸铝纤维品的容量仅为普通耐火砖的 1/10～1/20。由于容量小，炉衬的蓄热量明显减少，加速炉子升温，缩短了升温时间，提高了生产率，节约了电能。

2. 采用合理炉型

圆筒形炉比箱式炉有利于节能。因为圆筒形炉的表面积比箱式炉小，同样的炉衬散热量约少 20%，蓄热量也可减少 2%，炉壁外表面温度可降低 10℃，单位电耗降低 7%。

3. 改进操作，改革工艺

连续作业比间歇作业消耗的电能少，当加热温度为 900～950℃时，连续作业的热效率可达 40%，而间歇作业热效率只有 30% 左右。所以，电炉生产最好连续进行，集中或满量开炉。

改革工艺，缩短加热时间，可取得很好的节能效果。例如：热处理用离子氮化代替普通气体氮化，可节省几倍的加热时间；电弧炉炼铜若采用超高功率、吹氧助熔、废油助熔等措施，都可缩短冶炼时间。

【思考与练习】

（1）简述电加热。

（2）电加热的节电措施有哪些？

模块四　电气照明的节约用电

【模块描述】 本模块描述了电气照明的种类，讲解了电气照明的节约用电措施。

随着生产和人民生活的需要，照明用电量不断增长，目前我国照明用电量约占总用电量的 10%～12%，城市高达 15% 以上。因此，在保证合理的、有效的照度和亮度前提下，尽可能降低照明用电负荷，提高电能利用率，可实现电气照明的节约用电。

电气照明是把电能转化为可见光能而发出光亮。电气照明灯具，包括电光源和照明器具两个部分。电光源指发光的器件，如灯泡和灯管等；器具包括引线、灯头、插座、灯罩、补偿器、控制器等。因此，照明节电与整个照明灯具的选择、安装和使用都有直接的关系。

一、照明电光源的种类

按发光原理，照明电光源可分热辐射电光源和气体放电电光源两大类。热辐射电光源是利用物体通电加热时辐射发光的原理制成的，如普通白炽灯、管形卤钨灯等；气体放电光源是利用气体放电时发光的原理制成的，如汞灯、钠灯、氙灯、金属卤化物灯等。

1. 荧光灯

荧光灯具有光效高、寿命长、显色性好等优点。直管荧光灯适用于高度较低的房间，如办公室、教室、会议室及仪表、电子等生产场所。紧凑型荧光灯（包括 H 型、U 型、D 型、环形等）适用于家庭住宅、旅馆、餐厅、门厅、走廊等场所。紧凑型节能荧光灯的光效为白炽灯的 5～7 倍，寿命是白炽灯的 5 倍，是 21 世纪荧光灯的发展方向。同时紧凑型荧光灯由于节电率高，安装、使用方便已成为直接替代白炽灯的首选产品。

20 世纪 90 年代后期，在国际上出现一种创新科技光源，现已在欧美发达国家广泛使用，这就是 T5 荧光灯管。它与传统的 26mm 荧光灯管相比较，直径为 16mm，减小了 40%，既节省了材料，又节省了仓储和运输成本。

过去在使用荧光灯的场所，普遍都是采用 40W 的灯管，光通量一般只有 2200lm，而现在选用只有 28W 的 T5 荧光灯，光通量却达到 2600lm。从 40W 减少为 28W，约节约 30% 的电能，光通量却提高 20%。

2. 气体放电灯

以钠灯、金属卤化物灯为代表的高强度气体放电灯（HID）具有发光效率高、耗电少、寿命长、透雾能力强和不锈蚀等优点，广泛应用于道路、高速公路、机场、码头、船坞、车站、广场、街道交汇处、工矿企业、公园、庭院照明及植物栽培。

钠灯是近年来发展的高效节能新光源，分高压钠灯和低压钠灯两种，光效为白炽灯的 8～10 倍，为高压汞灯的 2～2.5 倍。它的寿命可达 1 万～2 万 h，电能到光能的转换率可达 30%。高显色钠灯主要应用于体育馆、展览厅、娱乐场、百货商店和宾馆等场所照明。

金属卤化物灯除具有上述优点以外，其中的陶瓷金属卤化物灯则代表了高强度气体放电灯的发展方向。陶瓷金属卤化物灯以其适合于商店的需要，尤其是适宜新鲜产品照明所需的高显色性和两种可供选择的色温的特点，成为了商业照明领域中最好的选择之一。陶瓷金属卤化物灯照明可以使产品看起来更加的新鲜、诱人，具有广阔应用前景。

二、电气照明的节电措施

1. 合理选用电光源

根据视觉的要求和使用场所的不同，合理选择电光源。在高大的厂房、露天工作场所，灯具悬挂比较高，需要照度高，光色无特殊要求时，宜采用高压灯、金属卤化物灯和高压汞灯等；当灯悬挂在较低场所，宜采用荧光灯或低功率高压钠灯；而住宅主要居室宜采用荧光灯。

在选择电光源时，应选择节能电光源。节能电光源是发光效率高的光源，例如节能型荧光灯、小功率高压钠灯、低压钠灯和金属卤化物灯等都是节能型电光源。普通型荧光灯的电能利用率比白炽灯高 70% 以上，球形荧光灯的发光效率为白炽灯的 4 倍，即一个 18W 的球型荧光灯的光通量相当于 75W 的白炽灯。金属卤化物灯具有显色性好、发光效率高的特点，目前在大面积照明上已广泛采用。钠灯的发光效率较高，是目前所有电光源中光效最高的灯种，为普通白炽灯的 1.5 倍，是最节能光源。

2. 合理选用照明器

照明器是光源与灯具的结合。灯具的作用首先是提高光源所发出光的利用率，把光能分配到需要的地方，对于节约电能也有重要作用。灯具类型的选用，要考虑灯具的照明技术特性及其长期运行的经济效益，尽量采用光效率较高的灯具。

3. 合理选用照度

适当的照度，有利于保护工作人员的视力，提高产品质量和劳动生产率，如果照度较低，虽然节约了电能，但使产品质量和劳动生产率降低，使经济效益降低，电能利用率降低；如果增加照度，显然电能消耗增加了，但产品质量、劳动生产率提高了，即经济效益提高了。因此，照明节能必须以保证正常照明条件为前提，合理选定照度，使工厂企业总经济效益最高。

4. 合理配置电光源

一般照明和局部照明相结合的方式是比较经济合理的，但工作面和周围环境的亮度差别不宜过大，否则将会使工作人员视觉疲劳。一般照明与局部照明的照度比可取 1/3 或 1/4。一种光源不能满足视觉工作对其显色性的要求时，宜采用两种以上光源混光照明。

5. 充分利用天然光

天然光是人们生产和生活中最习惯的光源，人的视觉在天然光下比人工光具有更高的灵敏度。因此，在设计建筑物采光时，应采用效率高、性能好的新型采光方式。例如，采用平天窗或横向天窗等。这样，可充分利用天然光，缩短电气照明的时间，既节约了电能，又有利于身体健康。

6. 采用合理控制方法

工厂企业内部的照明和动力用电最好分开，以便于单独控制和计量照明用电量；适当安排室内照明的开关数量，以便随用随开，不用不开；合理确定照明时间，以便根据实际需要控制照度水平等。以上都是照明节电的主要措施。

照明用电控制装置有两种：一种是采用光导管元件的控制装置，按天然光照度水平来开闭照明用电；另一种是采用时间程序控制装置，按预定的时间表，定时开闭照明用电。这两种控制装置均可用于室内和室外。

由于光源点燃时间长，其发热效率逐渐衰减，灯具由于污染而使光通量降低，因此，必须定期更换光源，定期清扫灯具。

【思考与练习】

（1）照明电光源的种类有哪几类？

（2）电气照明有哪些节电措施？

模块五　蓄冷蓄热技术应用

【模块描述】本模块主要描述了蓄冷和蓄热技术的应用、优势及效益。

蓄冷和蓄热技术是电力蓄能的两种主要形式。

一、蓄冷技术应用

蓄冷技术是利用夜间的低谷电力，由蓄冷式空调制冰蓄冷，白天释放出冷气调节室温。它改变了传统的空调会增加夏季冷峰负荷的弊端，是目前采用的调峰技术中最经济和有效的设备之一。国家经贸委、国家计委和原电力工业部，早在 1995 年就提出了推广电力蓄能技术，作为转移高峰负荷到低谷的主要技术措施之一。

蓄冷系统的种类较多，其分类如图 6 - 3 所示。

常规的蓄冷空调系统广泛采用水蓄冷和冰蓄冷。

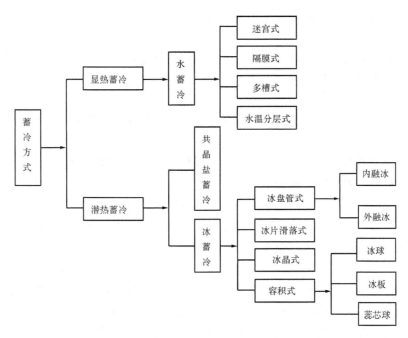

图 6-3　蓄冷系统的分类

水蓄冷系统是利用价格低廉、使用方便、热容较大的水作为蓄冷介质，利用水温度变化所具有的显热进行冷（热）量储存。每 1kg 水发生 1℃ 的温度变化会向外界吸收/释放 1kcal 的热能。夜间制出 4～7℃ 的低温水供白天空调用。

冰蓄冷系统是通过水的液、固变化所具有的凝固（溶解）热来储存（释放）冷量的。由于冰蓄冷系统采用液、固相变，因此蓄能密度较高，约为水蓄冷的 7～8 倍。

二、蓄热技术应用

蓄热技术也是利用夜间的低谷电力，由蓄热式的电锅炉、电热水器将水加热，供白天生产和生活用。蓄热式电锅炉体积小、质量轻、无污染、无噪声，是一种高效清洁、省时省力、供热稳定、安全可靠、调节方便的新型加热装置。蓄热式电锅炉和蓄热式电热水器对于充分利用电网低谷电力、增加电力有效供给、提高夜间负荷率是有效的手段之一。

在蓄热系统中，目前我国主要使用电锅炉蓄热式系统且以水作为蓄热介质。所谓电力蓄热系统，就是以电锅炉为热源，利用低谷廉价电力，对水加热，并将其储存在蓄热水箱中，在电网高峰时段关闭电锅炉，由储存在蓄热水箱中的热水供热。其优点是不排出有害气体，无污染，无噪声，比煤锅炉、油锅炉的热效率高，又能充分利用低谷电，运行费用低。

1. 电蓄热锅炉

电锅炉主要由电热管、炉体和电气控制组成，电锅炉的分类主要有：

（1）按锅炉的结构形式分为立式和卧式。

（2）按锅炉在供热或空调系统中使用方式分为即热式和循环式。

（3）按锅炉提供的介质分为电热水锅炉、电热蒸汽锅炉和导热燃油锅炉等。

（4）按锅炉的炉体承压大小分为承压电锅炉、无压电锅炉。

2. 蓄热装置

一般蓄热系统的蓄热装置都采用水作为热媒，可以分为迷宫式蓄热装置、隔膜式蓄热装置、多槽式蓄热装置和温度分层式蓄热装置等。

3. 电力蓄热系统

（1）基本运行工况有电锅炉单供热工况、电锅炉单蓄热工况、蓄热装置单供热工况、电锅炉蓄热兼供热工况、蓄热装置优先和电锅炉联合供热工况以及电锅炉优先和蓄热装置联合供热工况等6种。

（2）与蓄冷系统相似，根据电锅炉与蓄热装置连接关系可分为并联蓄热系统和串联蓄热系统。

（3）蓄热模式通常分全量蓄热和分量蓄热两种，这与蓄冷模式相似。

三、蓄冷蓄热技术的优势与效益

蓄冷蓄热技术的应用与发展给能源问题日益突出的社会生产与生活现状带来了新的曙光。其与常规的供冷、供热方法相比所具有的优势以及所带来的多重效益，可以从宏观（社会的）和微观（用户方的）两方面体现。

1. 宏观（社会）效益

蓄冷蓄热空调系统的应用与电力系统的政策是密不可分的，主要原因就是蓄能系统具有巨大的社会效益。蓄能系统能够转移电力高峰用电量，平衡电网峰谷差，实现"移峰填谷"；同时可以减少新建电厂投资，提高现有发电设备和输变电设备的使用率，也可以减少能源利用（特别是对于火力发电）引起的环境污染，充分利用有限的不可再生资源，有利于生态平衡。

2. 微观（用户）效益

蓄能系统在带来巨大的社会效益的同时，也具有良好的经济效益。对用户来说，实实在在的经济效益和运行管理的优点主要体现在以下方面。

第一，利用分时电价政策，可以大幅节省运行费用。一般情况下，峰谷时段的电价比可达3∶1或4∶1，因此每年一般可节约运行电费30%～60%。此外，由于电力系统的优惠政策，蓄能系统可以争取到电费减免的额外优惠。

第二，减少制冷主机装机容量和功率达30%～50%（附属运转设备和电力设施的容量或功率均相应减小）。同时设备、配管尺寸相对减小，使建筑物的可用空间相应扩大。

第三，设备满负荷运行比例增大，提高了设备利用率和运行效率。如对蓄冷系统而言，可以充分利用夜间大气的相对低温，降低冷凝温度，从而提高了制冷机的产冷量和COP值。

第四，在供冷时，在风机盘管加新风的系统中，可降低供回水参数，使新风负担所有潜热，风机盘管只负担所有显热，有效地改善室内卫生条件。供热时，电锅炉无污染、无噪声，不会对环境有负面影响。

另外，蓄冷蓄热系统可作为应急冷热源，且蓄能系统在运行管理上具有更大的灵活性和更广的适应性。

【思考与练习】

（1）简述蓄冷技术。

（2）简述蓄热技术。

模块六 典型行业用电特点及节约用电

【模块描述】 本模块描述了电弧炉和电解铝的用电特征、影响电弧炉炼钢电耗的主要因素以及电解铝的节约用电；详细描述了煤炭工业、合成氨、水泥生产、造纸工业、纺织工业节约用电的措施。

一、电弧炉炼钢的节约用电

1. 电弧炉的用电特征

电弧炉是一种随机变化的非线性负荷，由于技术经济上的优越性，近年来采用电弧炉或感应炉炼钢的中小型工厂日益增多。

(1) 耗电量大、电压变化大。一个冶炼周期中的熔化期约 $0.15 \sim 2h$，消耗电能大（约占总耗电量的 $60\% \sim 70\%$）。此时电炉变压器随机运行在开路—短路—过载的状态，电弧炉电压变化大，高低可相差 2 倍~5 倍，引起母线电压的波动。

(2) 非线性。由于电弧本身电阻的非线性将产生随机变化的高次谐波电流，导致电网电压波形畸变、中性点位移，给电网带来谐波污染。电弧长度的变化在时间上不一致，即电弧电阻的随机性，还会造成三相负荷电流不对称，严重时负序分量可达正序分量的 $50\% \sim 70\%$。

(3) 功率因数低。电弧炉在运行过程中的功率因数较低且变化较大，平均值一般不超过 0.75，在熔料与电极短路时约为 0.1。

2. 影响电弧炉炼钢电耗的主要因素

(1) 入炉废钢铁原料的块度、质量不符合工艺要求，废钢铁中含有杂质、有色金属及超标的硫、磷等元素。

(2) 供电制度不合理，电能的利用系数低。

(3) 氧气压力不足，利用效率低。

(4) 废炉气、废炉渣带走大量余热没有充分利用。

(5) 电气设备落后，变压器功率因数低。

3. 电弧炉炼钢的节约用电措施

近十年来，我国电弧炉炼钢技术取得了很大的进步和发展，生产技术经济指标有了很大的提高，促进了电炉炼钢生产规模的扩大和发展，电炉钢产量约占钢产量的 20%。随着电炉炼钢生产规模进一步扩大，节能降耗问题日趋紧迫。电弧炉炼钢是以消耗电能为主的炼钢方法，面临着严峻的能源挑战和市场竞争的压力。从经济角度来看，电费上升将导致生产成本的上升，钢铁产品之间的竞争突出地表现在节电技术上的竞争。电炉炼钢的节能应从管理、技术、工艺、设备等方面着手进行，积极推广综合节能技术，才能取得整体的经济效益。由于冶炼技术的进步，成本的降低，电炉炼钢已不局限于生产合金钢，它也广泛用于生产普通钢，在经济技术指标中电能所占的成本比例很高，因此节电对于电弧炉炼钢降低成本具有非常重要的现实意义。

电炉生产技术的发展方向是提高冶炼强度，缩短冶炼周期，提高产品质量；采用新设备和新技术，使电弧炉炼钢的能耗降低，生产技术指标提高。电弧炉炼钢是一项系统工程，应从生产管理、工艺技术、冶炼设备、入炉原料等方面统筹考虑，科学管理，达到整体优化的目的。

（1）加强生产管理。影响电能的因素很多，如人为因素、工艺因素、设备因素、原料因素、管理因素等，节能是一项复杂的生产管理系统工程。我们应从整体节能观点出发，加强用电管理，纵观全局，树立综合节能观念，避免只从局部或个体入手来考虑。在生产管理中可依据节能降耗总体指导思想，详尽分析生产工艺各个环节的人员、设备、原料、工艺等因素，实现综合节能、系统节能、技术节能。综合节能体现在生产管理、工艺改进、设备更新上，采取综合节能管理可取得最佳的生产控制，最有效的利用能源，获得最大的经济效益。同时应用现代管理理念，建立计算机网络系统，提高信息沟通和数据采集的效率，实现有效快速的控制能源的消耗。

（2）优化工艺。

1）加强入炉废钢铁的管理。加强对入炉废钢铁的管理，使其结构、块度、成分符合工艺要求，在冶炼过程中能提高热效益。分清废钢铁来源，对不同成分废钢铁进行分类，限制磷、硫含量超标的废钢铁的使用，控制钢铁料中夹杂物和有色金属含量。大块废钢料入炉前按要求进行切割处理，海绵铁等炉料入炉前经热压加工成块铁，提高入炉钢铁料的密度，减少装料次数，缩短装料时间，减少断电及热损失。

2）优化供电制度。电气运行状态对节能至关重要。合理的电气运行制度可充分挖掘变压器的能力，使炼钢过程电弧炉的有功功率最大。熔化期采用最大电压、最大电流操作使钢液快速升温，直至钢铁料熔化，然后根据钢液温度调整送电电压、电流。在制定供电制度时，要考虑变压器的容量、利用系数、功率因数等条件。通常地，根据设备和生产条件，能量转换影响因素等理论计算所得的结果有偏差，实地测量可以进一步修正。在炼钢生产过程中，可通过电炉变压器的供电主回路的在线测量，获得一次侧和二次侧的电压、电流、功率因数、有功功率、无功功率及视在功率等电气运行参数，经过分析处理，得出供电主回路的短路电抗、短路电流等基本参数，寻找最佳输入功率，以此制定合理供电曲线，保持电弧稳定燃烧。在变压器额定功率范围内，输出功率最大，生产效率最高。在生产过程中尽量减少变换电压的档次，减少停电时间，提高热效率。

3）强化用氧制度。电炉吹氧操作目的是吹氧助熔和吹氧脱碳，配合喷吹碳粉，造泡沫渣。以氧枪取代吹氧管操作，可取得显著节能效果。氧枪利用廉价的碳粉、油、天然气等代替电能，对电弧炉冷区加热助熔，提高了生产效率。氧枪喷射气流集中，具有极强的穿透金属熔池的能力，加强了对钢水的搅拌作用，加快了吹氧脱碳、造泡沫渣速度。电弧炉炼钢强化氧气的使用，延长碳氧反应时间。据某钢厂实践，在氧气压力 $> 1.2MPa$，用氧量 $> 30m^3/t$ 情况下，吹氧化学反应产生大量热能，在炼钢过程中化学潜能可高达总能量的 29%。由于强化供氧将加速炉料熔化，增加熔池搅拌，改善熔池内部传热条件，加速化学反应，实现增加制造泡沫渣的效果，有效地降低了电能。

4）采用铁水热装工艺。电炉采用铁水工艺可缓解废钢铁严重紧缺现状，获得稳定的炼钢原料。铁水中含有较高的碳、硅等元素，与氧反应释放出大量热量，给电炉带入大量物理显热和化学潜热，提高了熔池温度。并且由于碳氧反应产生大量一氧化碳气体，促进了泡沫渣的形成。将电弧屏蔽在炉渣内，可减少电弧辐射，延长炉衬寿命，提高电炉热效率。

5）二次燃烧技术开发应用。电炉冶炼过程产生的废气主要是一氧化碳。通过向炉内喷吹氧气，将一氧化碳燃烧生成二氧化碳。化学反应产生大量的热能，促使钢液升温，或用于废钢预热，废钢温度可上升 200～300℃，最高可上升 600～800℃，可节约电能 15～40 kWh/t。

6）造泡沫渣技术。人工吹氧生成泡沫渣，劳动强度大，效果不显著。采用碳氧枪向熔池吹氧和喷吹碳粉，易在渣层中生成泡沫渣。熔池吹氧产生一氧化碳，使电炉渣发泡，实现埋伏操作，电弧热通过炉渣高效率传入钢液，超高功率变压器采用长弧高功率进行操作，实现高电压低电流，进一步提高了电弧的传热效率。

（3）改进电气设备。电炉设备对电能消耗有较大影响，改变短网分布，缩短短网长度，改进横臂等设备可以明显节电。新型横臂的改造是将横臂和导线结合为一体，同时起支撑电极和导电作用，可取得明显效果，降低了电阻率，根据某电炉厂实际测量，横臂改造后电阻率降低了 17％，有功功率提高了 5％～9％，冶炼电耗降低了 10～40kWh/t。

电极调节系统与电弧的稳定性有密切联系，会影响断弧和短路的次数，电弧不稳定，损耗在短网、变压器和电极上的电能会加大。采用人工智能技术，使电极调节性能提高，电弧稳定，将减少短网电能损耗，减少无功功率，提高电能的利用效率。

二、电解铝的节约用电

"九五"以来，我国电解铝工业取得长足发展，产量持续增长，年均递增率达到 16％。2001 年，我国电解铝产量已经位列世界第一。2009 年的电解铝产量为 1298.5 万 t，2010 年的产量增加到 1565 万 t，2011 年则达到 1755.5 万 t。

但是，我国电解铝工业整体素质不高、产品竞争力不强、产业结构不合理等问题十分突出。为了严格控制总量，2009 年，国务院颁布实施的《有色金属产业调整和振兴规划》曾明确提出，三年内原则上不再核准新建、改扩建电解铝项目。

1. 电解铝工业用电特点

电解铝工业是高耗电能工业，负荷的绝大多数是一级负荷。例如，一个年产 8 万 t 的铝厂，用电负荷功率高达 17 万 kW，年用电量达 12 亿 kWh 左右。所以，铝工业企业供电电压多为 220kV 或 110kV 电压等级、双回及以上线路供电，有的铝厂甚至还设有自备热电厂。电解铝工业的用电特点主要有以下几个方面。

（1）电力密集型。电解铝工业属电力密集型产业。生产单位电解铝耗电量大。由于生产技术装备水平的差异，各生产企业每生产 1t 电解铝所耗费的电量差异较大，目前国内大体在 14 000～16 000kWh 之间，按照国家 2008 年的耗电标准，每吨电解铝生产环节综合交流电耗为 14 400kWh；而且，由于铝是第二大金属，总产量大，因此，电解铝工业对能源——电力的总需求量也很大。资料表明，一个年产 10 万 t 的电解铝厂，需配以 20 万～25 万 kW 的电力装机。如果用煤发电，25 万 kW 的火力发电厂，一年需耗用 80 万～90 万 t 煤炭。在国际上有竞争能力的电解铝厂规模都比较大。

（2）用电可靠性高，日负荷率高。电解铝的生产为连续性生产，对供电可靠性要求较高。铝电解槽突然停电，0.5h 内虽不致损坏设备，但恢复送电时需用冰晶石保温，几个小时内只耗电不产铝；停电超过 1h，将无法正常启动，需把串联供电的电解槽分批升压启动，损失更大，甚至损坏电解槽内衬，需要大修方可修复。为保证供电可靠性，一般需要两个或两个以上的独立电源，而且每个电源都能单独负担主要生产用电负荷，以保证在恶劣情况下都能维持正常生产。所以，铝工业用电日负荷曲线很平稳，电解铝生产日负荷率在 95％以上。

（3）用电量大。对于一个铝工业企业，从铝土矿的开采到铝材的加工，每个环节都要消耗能量。一般铝电解的直流耗能约为13 200～14 500kWh/t，炼铝能量与所用原料、生产方法有关。表6-3列出了某大型铝厂从铝土矿开采、结晶法生产氧化铝、预熔阳极电解槽生产铝到铝锭铸造各工序电能热能消耗情况。从表6-3可见，每生产1t铝锭消耗的电能为15 608kWh，其中仅电解铝一项耗电达15 134kWh。

表6-3　　　　　　　　　　　　　生产1t原铝能量消耗表

序号	项　目	电能/kWh	热能/（10^6kJ）
1	铝土矿开采（每吨铝用4t铝土矿，开采1t铝土矿用电6kWh热能1.046 7×10^6kJ）	24	4.186 8
2	拜耳法生产氧化铝（每吨铝用2t铝土矿氧化，每吨氧化铝用电220kWh，热能16.33×10^6kJ）	400	32.66
3	电解 （1）电解用直流电能（18×10^4A预熔阳极电解槽，电流效率90%，平均槽电压4.1V） （2）电解槽烧焙和启动用直流电 （3）变电和整流损失 （4）辅助设施	13 574 60 500 1000	 20.93
4	铸铝	50	4.19
5	合计	15 608	61.97

铝电解生产是铝工业企业耗电量最大的环节，其原因如下。

（1）电解过程在高温下（950～970℃）进行，通入电解槽的大部分电能转化为热能损失了。

（2）铝的电能量很小，每安培小时理论上只出铝0.335 6g，而且在用电解槽生产铝时，极化电压达到1.3～1.7V。

（3）生产中经常发生阳极效应，额外消耗了电能。

（4）多个电解槽串联，回路电流大，开关触点及线路、母线上的电能损耗很大。

2. 电解铝的节约用电措施

降低电能损耗一直是铝电解工业追求的目标和任务。节能措施主要包括以下几个方面。

（1）改进结构和操作技术条件。采用耐高温、防电解质渗透和保温性能好的材料作内衬材料，以延长内衬寿命和加强保温，减少热量损失。添加锂、镁等复合盐，以降低电解质温度，提高导电率，并可以提高电流率和降低电能损耗。保温、长寿命和低温进行电解是降低电能损耗的有效措施。

（2）采用高效、节能的铝电解槽配套技术。世界先进的铝电解槽配套技术包括：180～280kA的中心加料预熔阳极电解槽，分布式计算机过程控制系统和干法烟气净化系统。此项技术电流效率为93%～95%，直流电能损耗降到12 900～13 200kW·h/t。

（3）采用高效、节能的直流硅整流装置。一般采用大功率硅整流器，整流效率达97%～98%。采用低阳极电流密度0.7～0.75A/cm^2和低母线电流密度0.25～0.35A/cm^2，缩短电解槽间的中心距离，从而大大减少线路电阻，提高电流传输效率，取得降低电能损耗的目的。

（4）保证连续、稳定和可靠的供电。保证供电的可靠性是减少事故和提高电解效应的根本保证，铝电解厂的一级负荷是总负荷的 95%，铝电解厂停电会造成重大损失。

（5）负荷功率因数较低。电解铝供电系统中设有总降压变压器、调压变压器和整流变压器，所以无功功率消耗比较大，综合负荷的功率因数比较低。为提高电压质量、降低供电网中的电能损耗，需装设大容量无功补偿装置，如静止补偿器、并联电力电容器等无功电源，使综合负荷的功率因数提高到电力部门规定的允许值范围内。

（6）高次谐波污染大。电解铝的直流系统多用晶闸管整流获得，晶闸管整流产生的高次谐波对电网的污染很大，在某种工况下生产（如电解槽检修）会出现非特征谐波。特别是当今对电能质量波形要求越来越高，所以对电解铝产生的高次谐波要采取有效的防治措施。

为抑制谐波电流引起的电压畸变、提高功率因数、稳定电压，首先应从源头解决，根本措施是减小用电负荷的谐波和改善用电设备的自然功率因数，同时采用人工补偿和滤波补偿。滤波补偿装置具有投资省、有功功率损耗小、运行维护方便、故障范围小等特点。一般而言，按照无功就地平衡的原则，可在低压负荷侧采用低压并联电容器串接电抗器的方法，对单台用电设备进行滤波及补偿。

三、煤炭工业的节约用电

1. 煤炭工业的用电特点

煤炭工业的用电特点主要体现在对电气设备有特殊要求、井下电压等级逐渐升高、负荷率较低和自然功率因数较低等几个方面。

（1）对电气设备有特殊要求。井下生产环境差、空间小，有灰尘、潮湿气，砸、压、碰、挤等机械破坏力在所难免，多数煤矿煤中都含易爆炸的沼气（CH_4，又叫瓦斯），因此井下电气设备都要选用防爆型或矿用一般型电器设备。露天煤矿的电气设备因受风、霜、雨、雪、酷热、严寒的气候以及滑坡、塌陷等事故的威胁，要求其绝缘既能耐高温又能耐低温，既坚固又便于移动。

由于中性点直接接地系统单相接地电流很大，容易引起气体爆炸，所以我国于 1986 年规定井下配电变压器中性点不得直接接地，同时不得由设在地面上的中性点直接接地的变压器或发电机直接向井下供电。

矿井漏电保护装置的动作电阻值和动作时限都比地面的要求高。矿井井下保护接地网的接地电阻要求不超过 2Ω，比地面相同供电系统接地网接地电阻为 4Ω 的要求高。

（2）井下电压等级逐渐升高。为保证经济供电和电压质量，矿井采区电压随井下用电量增加而提高。我国 20 世纪 50 年代井下采用的电压等级为 380V，60 年代为 660V，70 年代提高到 1140V，现在对日产万吨煤的高产高效综采工作面，使用 3300V 电压。

井下各级配电电压和各种电气设备的额定电压等级，应符合以下要求。

1）高压，不超过 10 000V。

2）低压，不超过 1140V。

3）照明、信号、电话和手持式电气设备的供电额定电压，不超过 127V。

4）远距离控制线路的额定电压，不超过 36V。

5）采区电气设备使用 3300V 供电时，必须制定专门的安全措施。

（3）负荷率较低。煤矿日负荷曲线与矿井生产条件、作业班制、机械化程度及通风、压气、排水、提升负荷量有关，一般矿井采用三班作业制，也有四班作业制的，其中一个班停产维修，负荷率一般为 70%～80%。改变维修班时间，错开排水开泵时间，错开不同采区的作业时间，可以调整负荷以提高平均负荷率。

（4）自然功率因数较低。由于煤矿用电多为感性负荷，自然功率因数一般低于 0.8，需在 6kV 母线上接入适当容量的无功补偿装置，以提高用电功率因数，实现无功负荷就地平衡，减少线损。

2. 煤炭工业节约用电的意义

能源是人类文明生存发展的动力，随着国民经济的高速增长和人民生活水平的不断提高，能源消耗节节攀升，在大力推进工业化的进程中，能源不足已成为经济发展的瓶颈。电能是现代工农业生产、国防建设和人民生活中应用最广泛的能源。近年来，全国电力供求持续偏紧，用电形势十分严峻，大力开展节约用电工作是缓解供电紧张的当务之急。从我国能源消耗情况看，70% 以上消耗在工业部门，而煤炭工业是用电量较大的一个行业，一个年产量为 150 万 t 的矿井用电量，有时相当于一个中等城市的照明用电量。我国一些重点煤矿原煤电耗一般为 10kWh/t～40kWh/t，所以在煤矿企业开展节电工作具有重大的现实意义。

3. 煤炭工业节约用电的措施

（1）加强煤矿节电工作的技术管理。煤矿节电工作的技术管理包括制定行之有效的供用电制度，实行计划用电；合理调整矿井电力负荷，充分发挥供电设备的能力，拟订与执行节电计划，挖掘节电潜力等内容。

1）制定煤矿工序单耗定额。煤矿用电量一般用综合电耗、原煤电耗、工序电耗等指标来表示。所谓综合电耗是指矿井的全部用电量与全矿同期生产产量之比，单位是 kWh/t。矿井的全部用电量中包括原煤生产用电与选煤、基建、辅助生产等非原煤生产用电。原煤电耗则为直接用于原煤生产的电量与同期原煤产量之比。而原煤生产又包括回采、掘进、运输、提升、通风、排水、压气、设备维修等工序。工序电耗即为某一生产工序用电量与同期原煤产量之比。工序电耗标志着矿井用电管理工作的水平，只有制定合理的工序电耗定额，才能衡量节电的效果。各种工序电耗定额应根据矿井的实际情况，通过计算和实测来确定。只有合理制定工序电耗定额才能做到计划用电、合理用电。

2）合理调整矿井电力负荷。发电机和变压器的容量都是一定的，如果各用电户都集中在同一时间用电，就会形成用电高峰，这时可能造成电源设备过负荷运转。反之，如果电力用户同时减少用电，就会形成用电低谷，电源设备就不能充分发挥潜力。为此，需要合理地调整电力负荷，有计划地安排用电时间，使整个矿井的负荷在一日内比较均衡，从而提高供电系统的负荷率，负荷率越高，供用电系统中电能损失就越小。

负荷率的计算式可表示为

$$K = (A/T)/W'$$

式中　A——考核期总用电量，kWh；

　　　T——考核期小时数，如考核期为日则 $T=24h$，考核其为年则 $T=8760h$；

　　　W'——考核期出现的最高负荷，kW。

3）拟订与执行节电计划。拟订切实可行的节电计划必须建立在对矿井节电潜力进行分析的基础上，确定节电的技术措施和节电的工作重点，这样才能使节电计划有可靠的依据。

实施节电计划必须和矿井生产的整体管理工作结合起来，必须建立适当的奖惩制度、考核制度等，这样才能使节电工作取得成效。

（2）提高设备工作效率。提高设备工作效率，减少间接能量消耗，就是对现有煤矿电气设备加强管理，定期检修，经常维护，减少不必要的能量损耗。

1）在煤矿排水系统中，应减少排水管路的水头损失，提高水泵的效率，改善水泵的运行性能，使水泵在高效率点工作。另外，还要加强排水设备的运行管理工作。

2）在压气系统中，应提高空气压缩机和压气管路的效率，合理选择风管断面。其次，由于压气系统的总效率要比电气设备直接拖动的系统总效率低得多，在煤矿应尽可能不使用压气设备。

3）在矿井提升系统中，提高提升设备的有效装载量，尽量做到满负荷运行，不跑空趟；提升系统下放重物时，采取发电制动方式，向电源回馈电能。斜井中将单钩提升改为双钩提升，由于力偶代替了力矩，提升能力大幅度提高，可节约电能一半左右；立井中采用平衡尾绳，使整个提升循环中阻力矩变化减少。实践证明，根据井深等一些参数不同，一个循环可节电 5%～11%。

4）在矿井通风系统中，应提高通风机的效率，降低通风管路的阻力，尽量减少漏风。由于在矿井开采过程中，所需风量不断变化，因此可以采取一定的方法，及时调整通风机的特性，使之在高效率点工作。

5）在煤矿井下，应加强对采掘设备的管理，定期检修，提高设备的工作效率。例如：煤电钻工作结束，及时将煤电钻插销拨下，既防止了变压器空负荷运行，又保证了安全；输送机的铺设尽量保持平直等。

（3）减少输电线路的能量损耗。煤矿输电线路有架空线路和电缆线路两种。电功率传输过程中在导线上要有能量的损耗，这项损耗约占矿井总用电的 5%～7%，其量值是可观的。输电线的节约用电一般应从以下几方面考虑。

1）改造现有煤矿供电系统，合理确定变、配电所的位置，尽量减小输电线路距离，更换截面过小的导线，降低线路损耗。

2）煤矿输电线路的特点是双回路线路较多，如果继电保护装置满足要求时，尽量采取双回路并联运行，减少线路阻抗。

3）合理提高供电电压。当供电系统传输功率不变时，线路的电能损失与电压的平方成反比。假设电压为 220V 时，电能损失为 100%，则 380、600、1140V 时的损失分别为57.9%、33.3%、19.36%。

可见，在条件允许的情况下，适当提高供电电压等级可以减少线路的电能损失。有关资料介绍，如果把井下供电电压由 380V 提高到 660V，则每产 100 万 t 煤可降低成本7万～8万元。

（4）正确选择和使用电气设备。煤矿主要电气设备是感应式异步电动机、变压器、电抗器、磁力开关等。这些设备均属电感性元件，使系统的功率因数偏低。正确选择和使用这些设备，可以提高系统的功率因数，减少电能损失。

1）在煤矿生产中，应通过加强生产管理，减少设备空负荷、轻负荷运行，尽可能提高矿井负荷的自然功率因数。

2）对于矿井的一些固定设备，如主扇风机、空气压缩机、水泵和大型直流发电机组等，由于工作中不需要调速，可以采用同步电动机拖动。用增加同步电动机转子励磁电流的方法，使电动机向电网输送电容性无功功率。

3）利用静电电容器或调相机补偿系统的无功功率，提高系统的功率因数。

（5）变压器经济运行。变压器经济运行，就是指变压器在电能损耗最少下工作，提高运行效率。煤矿地面变电所至少设置两台变压器，在其技术条件满足的情况下，可以考虑根据负荷率的变化来调整变压器的运行方式，使之在损耗最少下工作。

（6）推广使用节能产品和节能技术。以高效率的新设备替换低效率的旧设备，达到节约用电的目的。

1）电力变压器的铁芯采用冷轧硅钢片，其空负荷损耗比原来采用热轧硅钢片低30%~40%。

2）交流接触器通常存在噪声大、耗电多和铁芯线圈温度高等缺点。如果将交流接触器加装一套简单的整流装置，改为直流操作，则不仅消除了噪声，而且节约了电能。

3）交流电焊机加装空负荷自停装置，减少空负荷时间。

4）近年来，随着电子工业的飞速发展，也为节约用电提供了渠道。例如，采用"绿色照明"概念的节能光源代替普通光源，与普通光源相比，在同样照度下，节能灯可节省80%的电量。推广高效节能电机，高效电机的性能优于标准电机，其较低的运营成本和良好的运营性能正成为用户的理想选择。

综上所述，煤矿节约用电方法很多，潜力很大，只要加强管理，提高科学技术水平，一定能获得较好的效果。

四、水泥生产的节约用电

1. 水泥生产设备的用电特点

（1）用电设备。水泥生产用电设备主要包括以下几种。

1）生产设备：粉磨设备，如管球磨、辊式磨、生料磨、辊压机等；生料煅烧窑，如回转窑、立窑等。

2）辅助生产设备：传输风机、输送带电机、提升机、空压机、冷却水泵、润滑油泵、回转旋窑辅助、传动设备等。

3）非生产设备：办公照明、计算机、空调等电器，厂区路灯，食堂蒸饭车等。

（2）工序用电情况。从水泥生产工序来看，水泥生产用电可分为：

1）生料用电（生料破碎、生料球磨）。生料破碎主要是对矿山石灰石的破碎，目前行业平均电耗约为 1.5kWh/t（国内先进水平为 0.7kWh/t，国际先进水平为 0.4kWh/t）。

2）煅烧窑用电（煤粉机、鼓风机等）。

3）熟料球磨用电（生熟料的球粉磨系统电耗约 70kWh/t）。

4）包装用电和其他辅助生产用电（皮带运输和吊车、辅料加工、水泵、烘干等）。

主要用电集中在生、熟料的碾磨设备上，约占总电量的 75%。

此外，煅烧系统也是水泥生产耗电较集中的部分，主要用电设备有预热器、预分解窑、回转窑、冷却机等。

上述各工序的工艺设备，多数是重型设备，耗电较多，一个日产 4000t 熟料的现代化水泥厂最大负可达 37 000kW，其中球磨机的用电量最大，占生活用电、煅烧窑用电和熟料球磨用电量的 75% 左右。我国水泥的综合电耗为 73~129kWh/t。

（3）用电特性。

1）水泥行业用电负荷大且为连续性负荷，三班制连续运行，不受时段、季节、气候影响。

2）负荷曲线波动较小，负荷率较高，生产电耗也较为稳定。

3）水泥生产是三班连续运行，并且设备运转周期较长，要求供电可靠性高。一般采用110kV 或 220kV 变电所双电源或单电源双回路供电，用电电压等级为 10kV、0.4kV。

4）有序用电能力较强，可快速停用水泥磨机、生料磨机等高耗电用电设备负荷，但保窑负荷不能参与紧急避峰措施。

5）回转窑的用电负荷大部分属二级负荷，少部分是一级负荷和三级负荷。立窑的电力负荷属二级负荷。湿法回转窑的一级负荷一般占全厂用电负荷的 2.5% 左右，干法回转厂的一级负荷占全厂负荷的 1.5% 左右，炉窑年利用小时数为 6000h 左右，一个年产 130 万 t 的水泥厂，电力变压器有 50 多台，总容量可达 7 万 kVA 以上。

6）使用余热发电电量比例较大。

2. 水泥生产的节约用电

水泥生产是一项高耗能的工业活动。从矿石的开采、破碎，到熟料的煅烧，再到水泥粉磨制成成品，每一个过程都要消耗掉大量的电能。电费的支出在水泥生产成本中占有较大的比例，因此，节约电能，可以降低水泥生产成本，提高企业的经济效益。节电工作可以从多方面入手，其中对电气设备的更新改造是节电的重要环节。

（1）利用进相机进行就地无功功率补偿。交流绕线型异步电动机是水泥生产企业电力拖动的主要电机，许多大功率设备如磨机、风机、空气压缩机等均采用绕线型异步电动机作为拖动电机。但是异步电动机的功率因数较低，它所需要的无功功率对电网而言是一个沉重的负担，既增加了电能损耗，又妨碍了有功功率的输出。

目前，国内外交流绕线型异步电动机的无功功率补偿方式主要有两种：①电机定子侧并联电容器；②电机转子回路串联进相装置。比较而言，采用进相装置投资少，占地小，结构紧凑，运行可靠，而且就地安装，维护使用方便，是一种较为理想的补偿装置，它串联于交流绕线型异步电动机的转子回路，用以提高电动机的功率因数，发挥现有供电设备的供电能力，降低电力损耗，从而达到节能效果。

进相机有如下性能特点。

1）进相后可使交流绕线型异步电动机的功率因数提高到 0.98 以上。

2）进相后大部分异步电动机的定子电流降至 10% 以下，从而减少了电机的铜损耗，并降低了定子的温升。

3）进相后可提高异步电动机的效率和过负荷能力。

因此，使用进相机进行无功补偿后，功率因数得以提高，功率损耗大大降低，同时降低了电机的温升，起到了节能效果。

（2）采用节能变压器。变压器在传输功率的同时，铁损耗和铜损耗的存在，将要消耗掉部分能量。这些损耗在变压器内部转化为热量，一部分使变压器的温度升高，另一部分则散发到周围的介质中。水泥生产企业，目前有些仍在使用 SL 系列耗能变压器。从节能角度来看，可选用节能变压器取代耗能变压器。

目前国内的节能变压器在质量上已达到较高水平，如目前普遍使用的 S9 节能变压器，其空负荷损耗、短路损耗比 SJ、SL 系列变压器降低 40% 以上；SBH 系列非晶合金铁芯变压器，空负荷损耗仅为 S9 系列的 25%～30%，可极大地降低传输过程中的电能损耗。

（3）采用变频调速技术。改变加在定子绕组上的三相电源的频率 f，根据电动机转速公式 $n=60f(1-s)/p$ 可知，频率改变，电动机的转速会随之变化，这种利用改变电源频率来改变电动机转速的方式称为变频调速。

变频调速属无极调速，效率高，没有因调速而带来的附加转差损耗。变频调速的优点是：节能效果好，调速范围宽，启动及制动性能好，保护功能完善等。水泥生产企业一些常用设备如风机、起重机等，可采用变频调速控制，达到节能节电的效果。例如，通过变频调速改变风机的转速快慢来改变风机转轴功率大小，在满足工艺要求的基础上，适时降低输出功率，从而达到节能效果。

【思考与练习】

（1）电弧炉炼钢的节约用电措施有哪些？

（2）电解铝的节约用电措施有哪些？

（3）煤炭工业节约用电的措施有哪些？

（4）水泥生产的节约用电措施有哪些？

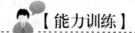 **【能力训练】**

一、选择题

1. 电动机的有功功率损耗包括铜损耗、铁芯损耗、（　　）和机械损耗。

　　（A）固定损耗　　　　（B）杂散损耗　　　　（C）涡流损耗　　　　（D）可变损耗

2. 电动机的机械损耗包括轴承传动产生的（　　）和风扇转动产生的风阻损耗等。

　　（A）摩擦损耗　　　　（B）杂散损耗　　　　（C）涡流损耗　　　　（D）可变损耗

3. 泵是抽吸液体、输送液体和使液体增加压力的机械设备，是一种转换能量的机械，泵把原动机提供的机械能转换成液体的（　　），使液体的压力、流速增加。

　　（A）动能　　　　　　（B）光能　　　　　　（C）压力能　　　　　（D）位能

二、判断题

1. 电动机的铁芯损耗不随负荷电流的变化而变化，所以也称不变损耗或固定损耗。

　　　　　　　　　　　　　　　　　　　　　　　　　　　　　　　　　　（　　）

2. 电动机的机械损耗随电动机转速的变化而变化，转速越大，机械损耗越小。（　　）

3. 风机是输送气体的设备，是一种把原动机的机械能转换为气体的动能与压力能的机械设备。

　　　　　　　　　　　　　　　　　　　　　　　　　　　　　　　　　　（　　）

4. 蓄冷技术是利用夜间的低谷电力，由蓄冷式空调制冰蓄冷，白天释放出冷气调节室温。

　　　　　　　　　　　　　　　　　　　　　　　　　　　　　　　　　　（　　）

三、问答题

1. 电动机类型的选择有何要求？

2. 什么叫电加热？

3. 电气照明灯具有哪些？

第七章　企业电能平衡管理及产品定额管理

知识目标 ----------◎

（1）了解企业电能利用率及企业电能平衡的相关概念。

（2）了解企业产品定额管理的相关概念。

能力目标 ----------◎

通过学习掌握企业电能平衡管理及产品定额管理。

模块一　企业电能平衡管理

🎓 **【模块描述】** 本模块描述了企业电能利用率的概念、构成及测定方法，并介绍了企业电能平衡的概念、目的、内容、原则及计算步骤等。

一、企业电能利用率

在电能做功的过程中，并不是全部的电能都去做有用功，而是有一部分电能由于多种原因被无谓的损耗掉了。因此，电能的有效利用不是百分之百，而存在利用的效率问题，这就是电能利用率。

（一）电能利用率概念

企业电能利用率 η_L 是指企业用电体系的有效利用电能与企业总输入电能（总耗电能）之比的百分数，其公式为

$$\eta_L = \frac{\sum W_{ef}}{W_{ti}} \times 100\% \qquad\qquad (7-1)$$

式中　　η_L——电能利用率，%；

　　$\sum W_{ef}$——全部有效电能量，kWh；

　　W_{ti}——电能总输入量，kWh。

企业生产中全部利用的有效电能（或有功功率）是指用电过程中，为达到特定的生产工艺要求在理论上必须消耗的电能（相当于产品的理论电耗）。对单一产品的企业来说，电能利用率就是产品理论电耗和实际电耗之比。

【例 7-1】　电解烧碱的理论电耗为 1542kWh/t，设一个月生产烧碱 400t，电能总耗为 1 542 000kWh，试计算其电能利用率。

解　　$\eta_L = \dfrac{\sum W_{ef}}{W_{ti}} \times 100\% = \dfrac{1542 \times 400}{1\,542\,000} \times 100\% = 40\%$

答：电能利用率为 40%。

（二）电能利用率构成

电能利用率由设备电能利用率 η_{Ld} 和管理电能利用率 η_{Lm} 构成。

有效电能与供给电能（总耗电能）的差值，即是损耗电能。损耗电能包括设备损耗和管理损耗。

（1）设备损耗是电能在输送、转换、传递和做功的过程中，为了克服电的、磁的、机械的、化学的和其他原因造成的阻碍作用，在电气设备和生产机械中损耗的能量。设备性能越差的，能源转换次数越多，造成的设备损耗就越大，这是挖掘节约用电潜力的一个重要方面。

（2）管理损耗是因管理不当而造成的电能损耗，包括操作水平低、工艺参数不合理、工序间不协调以及其他管理不善等原因造成的产量下降、产品报废以及生产事故和生产各环节的跑、冒、滴、漏所引起的电能损耗，这是挖掘节约用电潜力的另一个重要方面。

因此，企业的电能利用率是个综合值，即不是由一个因素决定的。其表示式为

$$\eta_{\mathrm{L}} = \eta_{\mathrm{Ld}}\eta_{\mathrm{Lm}} = \left(\frac{W_{\mathrm{ti}} - W_{\mathrm{d}}}{W_{\mathrm{ti}}} \times 100\%\right)\left(\frac{W_{\mathrm{ti}} - W_{\mathrm{d}} - W_{\mathrm{m}}}{W_{\mathrm{ti}} - W_{\mathrm{d}}} \times 100\%\right)$$

$$= \frac{W_{\mathrm{ti}} - W_{\mathrm{d}} - W_{\mathrm{m}}}{W_{\mathrm{ti}}} \times 100\% = \frac{\sum W_{\mathrm{ef}}}{W_{\mathrm{ti}}} \times 100\% \tag{7-2}$$

式中　W_{d}——设备电能损耗量，kWh；

　　　W_{m}——管理电能损耗量，kWh；

　　　W_{ti}——电能总耗量（电能总输入量），kWh。

通常将 η_{L} 称为企业的综合电能利用率，它是衡量企业用电合理程度的主要标志。如果只计算设备电能利用率，那么一个拥有先进设备，但管理混乱，生产效率低劣的企业却算出较高的电能利用率，这显然是不合理的。

在不同行业之间，产品的电耗是无法比较的，但根据各自的电能利用率（计算范围及深度基本一致的话），可判别其合理程度，判断节约用电工作的深度、广度和成绩。企业综合电能利用率的高低是由企业的设备及管理水平决定的。电能利用率高，意味着该企业设备性能好、损耗小、效率高、生产工艺先进，说明技术参数合理；产量高、质量好、事故少，说明生产管理水平高。

因此，重视和提高企业综合电能利用率，不仅能有效地节约用电，而且能促使企业改善技术工艺水平和生产管理水平。

（三）企业电能利用率的测定方法

1. 能流图

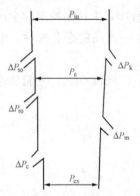

图 7-1　电动机的能流图

能流图是一种分析研究能量转换和传递系统能量分布及其平衡状况，并帮助计算能量（电能）利用率的有效工具。图 7-1 所示为电动机的能流图。

电动机的输入功率为 P_{in}，在定子铁芯中产生的铁损耗为 ΔP_{k}，在定子绕组中产生的铜损耗为 ΔP_{so}，因此，电磁功率 P_{e} 为

$$P_{\mathrm{e}} = P_{\mathrm{in}} - \Delta P_{\mathrm{k}} - \Delta P_{\mathrm{so}} \tag{7-3}$$

电磁功率通过旋转磁场传递到转子，在转子绕组中产生的铜损耗为 ΔP_{ro}。电磁功率除去转子铜损耗以后，转变为机械功率，机械功率驱动转子转动，并要克服机械损耗 ΔP_{m} 和

杂散损耗 ΔP_c，所以最后电动机轴端的输出功率 P_{ex} 为

$$P_{ex} = P_e - \Delta P_{ro} - \Delta P_m - \Delta P_c \qquad (7-4)$$

输出功率 P_{ex} 肯定小于输入功率 P_{in}，这样电动机的电能利用率 η_M 可表示为

$$\eta_M = \frac{P_{ex}}{P_{in}} \times 100\% \qquad (7-5)$$

表 7-1 列出了异步电动机的各种损耗分布情况

表 7-1　　　　　　　　　　　　异步电动机损耗分布情况

损耗分类	占总损耗的比例/（%）	损耗分布与电动机型式的关系
定子铜损耗	25～40	高速电机比低速电机大，绝缘耐热等级越高，电流密度越大铜损耗越大
定子铁损耗	20～35	高速电机比低速电机小
转子铜损耗	15～20	小型电机较大
机械损耗	5～20	小型电机、高速电机较大，防护式电机小，封闭式电机大
杂散损耗	5～20	高速电机比低速电机大，铸铝转子电机较大，小型电机较大

2. 企业电能利用率测定方法

（1）企业综合电能利用率的测定。企业综合电能利用率被定义为理论电耗与实际电耗之比，其中理论电耗相当于全部有效电能量 $\sum W_{ef}$，而

$$\sum W_{ef} = W_{ti} \eta_1 \eta_2 \cdots \eta_n \qquad (7-6)$$

式中　η_1、η_2、$\cdots$、η_n——分别代表变电设备、电气设备、机械设备、传动设备的效率，水、风、汽等的有效利用率以及生产效率和成品合格率等。

对上述各种比率可结合企业特点，有重点地进行测定计算。

（2）企业设备电能利用率。企业设备电能利用率对电气设备和水泵、风机等通风设备来说，相当于它们的效率；对电加热、电解槽等直接参与产品生产，其工况与生产及操作有紧密联系的设备来说，在一定程度上相当于它们的综合电能利用率。

测定设备电能利用率，常用以下两种方法。

1）直接法（也称正平衡法），即直接测定电源供给用电设备的电能和产品生产的有效消耗电能，然后计算设备的电能利用率，即

$$\eta_d = \frac{W_{ex}}{W_{ti}} \times 100\% \qquad (7-7)$$

式中　W_{ex}——输出有效电能，kWh；

　　　W_{ti}——电能总耗量（电能总输入量），kWh。

电源供给的电能，也称输入电能，可以用电能表或功率表测定并记录其实际数值。有效消耗的电能可通过测定产品的一些工艺参数和生产数据，如温度、压力、速度、力矩、产量、生产率等数据，经过计算转换成有效电能消耗量。

2）间接法（也称反平衡法、损耗分析法），先逐项测定用电设备的各项电能损耗，求出总的损耗电能，再根据电源供给电能算出有效电能，最后确定企业用电设备的电能利用率，即

$$\eta_d = \frac{W_{ti} - \sum \Delta W_i}{W_{ti}} \times 100\% \qquad (7-8)$$

式中　ΔW_i——各项损耗电能，kWh。

由于用电设备的各项损耗电能，要通过各种测定和计算，并逐项进行分析确定，因而有利于了解用电设备各项损耗电能的大小及分布情况，为改进工艺、改造设备、降低能量损耗提供了科学的依据。

（3）企业管理电能利用率。根据企业综合电能利用率和企业设备电能利用率，可算出企业管理电能利用率，即

$$\eta_m = \frac{\eta_L}{\eta_d} \tag{7-9}$$

式中　η_L——企业综合电能利用率；

　　　η_d——企业设备电能利用率。

二、企业电能平衡

1. 企业电能平衡概念

企业电能平衡就是以企业、车间、用电设备所组成的用电体系为单位，在用电体系平衡边界内通过普查、测试、计算和分析研究各种电能的收入与支出、有效利用及损耗之间的数量平衡关系，也就是企业电能的收入与支出之间的平衡。

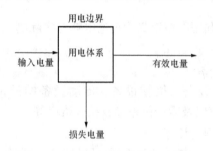

图 7-2　企业用电体系电能平衡图

用电体系是指电能平衡研究的对象，如一个企业、一个车间、一台用电设备等，所以用电体系是用电设备、工艺、用电车间、用电企业的统称。用电体系有明确的边界，以确定电能平衡范围。

企业电能平衡是在已确定的用电体系的平衡边界内，对由外界输入电量在用电体系内的输送、转换、分布和流向，进行考察、测定、计算和分析研究，并建立输入电能、有效输出电能和损耗电能之间的平衡关系的全过程。企业用电体系电能平衡图，如图 7-2 所示。

根据能量守恒定律，用电体系内电能平衡关系为

$$\sum W_{ti} = \sum W_{ef} + \sum \Delta W \tag{7-10}$$

式中　$\sum W_{ti}$——界处总输入电能，kWh；

　　　$\sum W_{ef}$——全部有效电能量，kWh；

　　　$\sum \Delta W$——用电体系的总损失电能，kWh。

由式（7-10）可知，企业电能平衡包括总输入电能和总支出的各项电能（做功的）。总输入电能包括自企业外输入的电能和企业自备发电厂生产的电能；总输出电能包括供给生产产品的有效消耗电能、间接生产用的电能和线路、变压器的损耗电能。

2. 企业电能平衡的目的

通过电能平衡，可以考察企业和用电设备的电能利用情况，包括电能的构成、分布、流向、各项直接生产和间接生产的电能损耗比重等。分析企业用电消耗高低的原因，找出企业内部耗电多、损耗大的环节，进而挖掘节电潜力，明确企业的节电途径，制定相应的节电措施，为进一步提高企业的用电管理水平、合理使用电能、提高电能利用率提供科学的依据。

电能平衡包括有功电能平衡和无功电能平衡，本书只介绍有功电能平衡。

3. 企业电能平衡内容

企业电能平衡的内容包括：

（1）在用电体系确定的范围内，电能消耗的分布状况，即在哪些车间、产品、工艺和设备上用电。

（2）电能在用电体系内输送、转换和传递的流向和产品的生成过程。

（3）对用电体系的供给电能和损失电能进行测定。

（4）计算分析以及研究提高电能利用率的改进措施。

4.电能平衡原则

为保证电能平衡的严密性和分析计算结果的正确性和可比性，在进行电能平衡时应遵守以下原则。

（1）应符合国家有关的标准和规定，如国家关于节约用电、合理用电的指令和文件等。

（2）对同类的用电企业应有统一的平衡边界线。人们将从用电体系外通过边界线向用电体系输入的电能，称为用电体系的收入量；从用电体系内通过边界线向外输出的电能或能量称为用电体系的支出量。根据收入量和支出量可以分析用电体系的电能平衡。

在边界线内的电能从一台设备传至另一台设备，并不增减用电体系的电能，而只改变内部电能的分布和流向。在确定用电体系的边界线时，应考虑平衡的结果具有可比性，边界线内应包括所有的用电项目和完成预定目的全过程。

（3）在用电体系的电能平衡时，如产品生成过程中有物理化学反应，所引起的用电体系内部能量的变化，将影响计算结果的正确性，可在电能平衡时加以考虑，通过测定计算，分别归算到收入、支出和损失的电能中。

（4）电能平衡的基准计算量以电能量为基准，各种能源量应统一折算到以电能为基准的计算量。

5.电能平衡计算步骤

电能平衡是一项测定、计算量较大且繁杂的系统工程，电能平衡计算的步骤如下。

（1）确定用电体系电能平衡的边界线。

（2）查清边界线内的用电设备。

（3）查清电能的流向和产品生成的过程。

（4）检验设备电能平衡。

（5）绘制能流图。

（6）电能利用率的测定与计算。

（7）制定提高电能利用率的改进措施、规划。

【思考与练习】

（1）什么是电能利用率？

（2）企业电能平衡的目的是什么？

模块二　企业产品定额管理

【模块描述】本模块描述了企业产品电耗的构成、电耗定额的类型、制定、应用以及意义等。

一、产品电耗的用电构成

生产某一单位产品所消耗的电能通常用单位产品电耗（简称电耗）和单位产品电耗定额（简称电耗定额）表示。单位产品电耗是实际发生的；单位产品电耗定额是在一定的生产技术工艺条件下，生产单位产品所规定的合理消耗电量的标准量，它反映了工矿企业的生产技术水平和管理水平。

1. 电耗的用电构成

电耗的用电构成是以产品的生产过程为依据的，它包括从生产准备、原材料进厂投入生产、加工处理、装配检验、包装入库直至出厂的全过程用电。

（1）直接生产用电量。企业在生产过程中，从原材料处理，到半成品、成品的生产，全部直接用于产品中消耗的各项电量（包括设备线路和变压器损耗电量）。

（2）间接生产用电量。指与生产过程有关的其他用电单位所消耗的电量，如机修车间、工具、材料库、运输、试验等用电，供水、供气、供热、环保等用电，设备大修、小修、事故检修、为保证生产的安全用电，厂区内各种照明用电以及与以上有关的供电设备的损耗电量。

需要指出的是，在企业的总用电量中，除上述各项用电量应计入电耗用电构成范围之外，其他用电量，如新产品开发、研制、投产前的试生产、基建工程用电量，企业非生产性（住宅、学校、文化、生活福利设备等）用电量，自备电厂的厂用电量，外协工作用电量以及与上述有关的线路和变压器的损耗电量，均不列入电耗的用电构成范围之内。

2. 电耗定额的用电构成项目

为了有效地开展产品电耗定额管理，降低产品耗电量，节约电力能源，对构成电耗定额的生产用电应包括哪些具体用电项目，要有统一规定。各企业应根据生产条件编制本企业各项产品电耗定额的用电构成项目，报送企业主管部门批准，作为审批电耗定额的主要依据。表 7-2 介绍了一般企业电耗定额的用电构成项目。

二、电耗定额的类型

企业的电耗定额，按用电构成范围及所起的考核作用来分，可分为工序电耗定额、车间电耗定额和全厂综合电耗定额三种。

1. 工序电耗定额

工序电耗定额是指单位产品（或半成品）在该工序内生产的物理过程和化学过程中直接消耗的电能（即有效电能）及与生产设备性能和生产技术工艺有关的各种损耗电量（如传动损耗、摩擦损耗、热力损耗、用电设备的电能损耗及化学反应损耗等）。工序电耗定额是考核工序生产用电的指标，也是企业电耗定额的基础。对某些企业用电量所占比重大的工序，如电冶炼、热加工、电解、电镀、水泥球磨机、金属轧钢等生产过程，都应制定和考核工序电耗定额。

2. 车间电耗定额

车间电耗定额是指单位产品（或半成品）在该车间生产过程中所消耗的电量。它包括基本生产用电量（即本车间各工序用电量）、间接生产用电量（如由本车间管辖的起重、运输、通风照明、维修、空调、环保等用电）以及这些用电分摊的线路和变压器损耗的用电量。

3. 全厂电耗定额

全厂电耗定额是指生产该项产品的各车间电耗定额之和，并包括厂部间接生产用电量，如修理车间、运输车间、动力用电、环保处理、厂区、厂房、仓库、办公室等照明以及应分摊给该项产品的上述生产用电的线路、变压器损耗的用电量。企业对各种产品均应分别制定全厂电耗定额。

表 7-2　　　　　　　　　　　企业电耗定额的用电构成项目

电 炉 钢	棉 纱	烧 碱
1. 基本生产用电（工序）定额	1. 基本生产用电（工序）定额	1. 烧碱工段定额
（1）废料加工	（1）清花	（1）电解食盐溶液用电＝$\dfrac{直流电量}{变电效率}$
（2）装料	（2）梳棉	（2）本工段动力用电
（3）冶炼	（3）并条	（3）本工段供水用电
（4）铸钢锭	（4）粗纱	（4）本工段照明用电
2. 辅助生产用电定额	（5）细纱	（5）本工段线路、变压器损耗
（1）冷却水	（6）络筒	2. 变电工段定额
（2）空调	（7）并纱	（1）本工段动力用电
（3）压风	（8）捻线	（2）本工段供水用电
（4）其他动力	（9）摇纱	（3）本工段照明用电
3. 车间照明用电定额	（10）成包	（4）本工段线路、变压器损耗
4. 供上述用电的线路、变压器损耗定额	2. 辅助生产用电定额	3. 锅炉工段定额
5. 车间定额＝1＋2＋3＋4	（1）空调（包括通风、喷雾、深井、冷冻设备等）	（1）本工段供汽动力用电
6. 厂部辅助生产用电定额	（2）其他辅助用电（包括保安、保养、修梭、筒管、木工、铁工、电气试验室、锅炉等）	（2）本工段锅炉供水用电
7. 厂部生产照明用电定额	3. 车间照明用电定额	（3）本工段供汽照明用电
8. 厂部的线路、变压器损耗定额	4. 供上述用电的线路、变压器损耗定额	（4）本工段线路、变压器损耗
9. 全厂定额＝5＋6＋7＋8	5. 车间定额＝1＋2＋3＋4	4. 氯气工段定额
	6. 厂部辅助生产用电定额	（1）本工段分摊给烧碱所需动力用电
	7. 厂部生产照明用电定额	（2）本工段分摊给烧碱所需供水用电
	8. 厂部的线路、变压器损耗定额	（3）供本工段上述用电的线路、变压器损耗
	9. 全厂定额＝5＋6＋7＋8	5. 厂部定额
		（1）机修等辅助动力用电
		（2）厂部生产照明用电
		（3）厂部的线路、变压器损耗
		6. 全厂定额＝1＋2＋3＋4＋5

各项电耗定额是监督企业在各个范围内使用电能的情况，考核生产和电气人员工作情况以及确定各部分用电指标和用电量的依据。企业上报并经主管部门批准的和对外提供的均是全厂电耗定额，只有企业工序用电比重较大（如电炉钢冶炼电耗、电解铜、电解铝等）的直流电耗应制定和考核工序电耗定额。

三、电耗定额的制定

1. 制定原则

制定电耗定额的原则，应在生产正常、工作方式经济合理、电能损耗最低的条件下，参照先进定额和考虑综合能耗最佳的原则制定。

2. 制定方法

（1）技术计算法。根据产品生产实际工艺过程和各个技术环节、通过技术计算确定电耗定额的方法，叫做技术计算法。通常在条件具备的情况下，这种方法是较科学、准确的。

制定电耗定额应掌握的技术资料有生产工艺的技术参数、设备的技术性能参数、设备的工作方式、各种有关的技术经济指标以及计划期内规定的生产任务等。

（2）实测法。对实际生产过程中消耗的电量进行现场测定的方法，称为实测法。通常在无电耗技术资料或资料不齐全的情况下采用此方法。当测定环境较好时，实测的电耗定额是较准确的。

（3）统计分析法。根据电耗历史资料进行统计分析、计算确定电耗定额的方法，称为统计分析法。这种方法适用于生产单一产品的企业。在进行统计分析计算时，应充分考虑生产技术的变化情况和生产操作水平及环境等因素的影响，力求制定出较切合实际的电耗定额，此外还需参照国家节能要求和同行业的水平。

除以上三种方法外，还有数理统计法、分摊系数法等，不管哪种方法都有优点和缺点，在实际工作中应采用各种方法互相验证确定。

四、电耗定额的应用

1. 电耗的计算

要制定科学的、先进的电耗定额和加强电耗定额管理，必须对各类产品电耗进行精确的计算。

单一产品的耗电量分两种情况，一种是无在制品的产品电耗计算；另一种是有在制品的电耗计算。

（1）无在制品（或单成品）的产品电耗计算公式为

$$产品电耗 = \frac{产品生产的用电量}{合格产品产量} \quad (7-11)$$

（2）有在制品（或半成品）的产品电耗计算公式为

$$产品电耗 = \frac{本期产品生产全部用电量 - 本期在制品用电量 + 上期在制品用电量}{本期合格产品产量}$$

$$(7-12)$$

在制品（或半成品）的电耗是指在制品生产在经过的各工序工艺流程中消耗的电量。

2. 计算节约用电量

（1）同期对比法，计算公式为

$$节电量 = (上期实际电耗 - 本期实际电耗) \times 本期实际产品 \quad (7-13)$$

（2）电耗定额对比法，计算公式为

$$节电量 = (本期计划电耗定额 - 本期实际电耗) \times 本期实际产量 \quad (7-14)$$

（3）按节电技术措施计算。节电措施实施取得的节电效果主要表现在缩短用电时间、提高劳动生产率、减少用电设备的使用功率、减少用电设备的电能损耗等方面，即

$$缩短用电时间的节电量 = 设备实际用电功率 \times 实际减少的用电时间 \quad (7-15)$$

$$提高生产效率的节电量 = 产品电耗定额 \times 提高生产效率增加的产量 \quad (7-16)$$

$$减少设备使用功率的节电量 = (改前使用的功率 - 改后使用的功率) \times 实际使用时间$$

$$(7-17)$$

$$减少设备电能损耗的节电量 = 设备实际减少的损耗电量 \times 使用台数 \quad (7-18)$$

3. 影响电耗的因素

对于经过核算的计算期内的实际产品电耗，企业必须进行技术分析，研究电耗升降变化

的情况，分析影响因素，制定改进措施，并根据实际情况，对电耗进行必要的调整和修改，以提高电能利用的经济效益。电业部门也应及时分析研究各类企业产品电耗变化的情况，及时核定电耗定额，做好预测用电发展，对调整工业布局和制定电网规划均有重要参数价值。影响产品电耗变化的因素主要有：工作条件的变化、原材料的变化、生产工艺变化、设备性能的变化、间接生产用电量的变化等。

4. 拟定节约用电技术组织措施

通过对电耗核算，各行业同类企业可以根据电耗的差异和变化情况，制定本企业的降耗目标，制定降低电耗的技术组织措施。例如，推广节电新技术，更新改造耗能高、效率低的用电设备，组织技术交流和技能比赛，开展电能平衡分析，建立健全节约用电管理制度，推行全面质量管理等，全面地节电。

5. 实行择优供电

考核产品电耗定额执行情况，要与国家的能源政策相结合，优先保证能耗低、质量好、适销对路产品的生产用电，对产品电耗超过限额的企业实行限电加价，并开展以节电为中心的技术改造。

五、电耗定额的意义

加强电耗定额管理，正确制定电耗定额和计划考核，对促进企业合理用电、降低产品成本、提高管理水平都将具有重要作用。

（1）有利于合理地使用电力资源。认真进行电耗定额的统计、考核和管理工作，真实地反映产品的电能消耗情况，有利于编制电力分配计划，促进合理用电。

（2）有利于降低生产成本，提高劳动生产效率。对用电企业，认真加强电耗定额管理，一方面可以促使企业在生产过程中为达到上级规定的电耗定额标准额提高经营管理水平，带动生产技术管理和设备、工艺、质量、原材料等管理，从而降低生产成本、降低电能消耗；另一方面可以经常分析产品电耗定额完成情况，对生产的各个环节存在的问题及时了解、及时解决，从而可以最大限度地提高生产效率，实现高产、优质、低消耗和安全生产。

（3）有利于提高企业经营管理水平。企业为了达到上级下达的电耗定额计划指标，必须采取相应的组织管理和技术管理，调动各部门积极性，增产节约，提高各部门的管理水平。

（4）有利于加强用电管理。我国是一个电力供应十分紧张的国家，合理地对企业下达电耗定额，进行择优供电，有利于企业合理地利用电能，有利于企业避开用电高峰，是加强用电管理的重要手段。

【思考与练习】

（1）制定单位产品电耗定额的原则有哪些？

（2）制定单位产品电耗定额的方法有哪些？

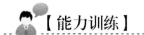 **【能力训练】**

一、选择题

1. 用电体系是指电能平衡研究的对象，下列不属于用电体系的是（   ）。

（A）企业　　　　　（B）车间　　　　　（C）用电设备　　　　　（D）用电量

2. 下列不属于按用电构成范围及所起的考核作用来分的企业的电耗定额是（　　）。
　　（A）工序电耗定额　　　　　　　（B）设备电耗定额
　　（C）车间电耗定额　　　　　　　（D）全厂综合电耗定额
3. 下列不属于制定单位产品电耗定额方法的是（　　）。
　　（A）技术计算法　　（B）实测法　　　（C）概率分析法　　（D）统计分析法

二、问答题

1. 企业电能平衡的计算步骤有哪些？
2. 企业电能平衡的内容有哪些？
3. 什么叫企业电能平衡？

三、计算题

某企业设备电能损耗量为125 451kWh，管理电能损耗量为684 254kWh，电能总输入量为1 102 450kWh，试求该企业的电能利用率。

第八章　电力需求侧管理

知识目标

（1）了解电力需求侧管理技术。
（2）了解电力需求侧管理实施的步骤、影响因素及效益。

能力目标

能够提出有针对性的需求侧管理技术。

模块一　电力需求侧管理技术

【模块描述】 本模块描述了电力需求侧管理的定义、目标、对象、资源等，并详细介绍了电力需求侧管理的引导手段、行政手段、技术手段、经济手段等。

电力需求侧管理（Demand Side Management，DSM）是国际上广泛采用的一种先进管理技术。20世纪70年代，出现了两次能源危机，加之环境污染日益严重，促成了需求侧管理的兴起，取得了节约能源、减少污染的显著效果。从20世纪90年代开始，我国逐步引入了这项新的管理技术。

需求侧管理（DSM）是指在政府法规和政策的支持下，采取有效的激励和引导措施以及适宜的运作方式，通过发电公司、电网公司、能源服务公司、社会中介组织、产品供应商、电力用户等共同协作，提高终端用电效率和改变用电方式，在满足同样用电功能的同时减少电量消耗和电力需求，达到节约资源和保护环境，实现社会效益最好、各方受益、最低成本能源服务所进行的管理活动。

需求侧管理的目标主要集中在电力和电量的改变上，一方面采取措施降低电网的峰荷时段的电力需求或增加电网的低谷时段的电力需求，以较少新增装机容量达到系统的电力供需平衡；另一方面，采取措施节省或减少电力系统的发电量，在满足同样的能源服务的同时节约了社会总资源的耗费。从经济学的角度看，需求侧管理的目标就是将有限的电力资源最有效地加以利用，使社会效益最大化。在需求侧管理的规划实施过程中，不同地区的电网公司还有一些具体目标，如供电总成本最小、购电费用最小等目标。

需求侧管理的对象主要指电力用户的终端用能设备，以及与用电环境条件有关的设施。包括以下几个方面：用户终端的主要用电设备，如照明系统、空调系统、电动机系统、电热、电化学、冷藏、热水器等；可与电能相互替代的用能设备，如以燃气、燃油、燃煤、太阳能、沼气等作为动力的替代设备；与电能利用有关的余热回收，如热泵、热管、余热和余压发电等；与用电有关的蓄能设备，如蒸汽蓄热器、热水蓄热器、电动汽车蓄电瓶等；自备发电厂，如自备背压式、抽汽式热电厂，以及燃气轮机电厂、柴油机电厂等；与用电有关的环境设施，如建筑物的保温、自然采光和自然采暖及遮阴等。

需求侧管理资源主要指终端用电设备节约的电量和节约的高峰电力需求。主要包括：提高照明、空调、电动机及系统、电热、冷藏、电化学等设备用电效率所节约的电力和电量；蓄冷、蓄热、蓄电等改变用电方式所转移的电力；能源替代、余能回收所减少和节约的电力和电量；合同约定可中断负荷所转移或节约的电力和电量；建筑物保温等改善用电环境所节约的电力和电量；用户改变消费行为减少或转移用电所节约的电力和电量；自备电厂参与调度后电网减供的电力和电量。

为了完成综合资源规划，实施需求侧管理，必须采取多种手段。这些手段以先进的技术设备为基础，以经济效益为中心，以法制为保障，以政策为先导，采用市场经济运作方式，讲究贡献和效益。概括起来，主要有引导手段、行政手段、技术手段和经济手段四种手段。

一、引导手段

在市场经济中，推行任何新产品、新技术等都离不开引导手段，因为决策者是人，需求侧管理技术也不例外。众多用电户在接受新型节电产品或节电技术时，往往存在着认识、技术、经济等方面的心理障碍，电力企业及有关行政机构必须通过诸多引导手段，使用户正确认识、消除顾虑、产生购买欲望。

主要的引导手段有：节能知识宣传、信息发布、研讨交流、免费能源审计、技术推广示范、政府示范、新旧对比，等等。

主要的方式有两种，一种是利用各种媒介把信息传递给用户，如电视、广播、报刊、展览、广告、画册、读物、信箱等；另一种是与用户直接接触，提供各种能源服务，如培训、研讨、座谈、讲座、寻访、诊断、审计等。

经验证明：引导手段的时效长、成本低、活力强，是需求侧管理技术不可缺少的手段，引导手段的关键是选准引导方向和建立起引导信誉。

二、行政手段

需求侧管理的行政手段是指政府及其有关职能部门，通过法律、标准、政策、制度等规范电力消费和市场行为，推动节能增效、避免浪费、保护环境的管理活动。

政府运用行政手段宏观调控，保障市场健康运转，具有权威性、指导性和强制性。如将综合资源规划和需求侧管理纳入国家能源战略，出台行政法规、制订经济政策，推行能效标准标识及合同能源管理、清洁发展机制，激励、扶持节能技术、建立有效的能效管理组织体系等均是有效的行政手段。其中，调整企业作息时间和休息日是一种简单有效的调节用电高峰的办法，应在不牺牲人们生活舒适度的情况下谨慎、优化地使用这一手段。

三、技术手段

需求侧管理的技术手段指的是针对具体的管理对象，以及生产工艺和生活习惯的用电特点，采用规划期内技术成熟、当前就能应用的先进节电技术和管理技术，及其相适应的设备来提高终端用电效率或改变电力用户的用电方式。如高效节能灯具、高效电冰箱、高效热水器、高效换气机、高效空调器、高效电动机、高效变压器和高效绝热保温技术、蓄冷蓄热蓄电技术、远红外加热技术、无功补偿技术、自动控制技术、电动机变频调速技术、余热和余压发电技术、太阳能利用技术，以及能源替代、自备电厂参与电网调度、工艺流水操作、作业程序调度等措施，都可以考虑作为节约电量和电力的技术手段。

（一）负荷整形技术

改变电力用户的用电方式是通过负荷管理技术来实现的，负荷管理技术就是负荷整形技术。它是根据电力系统的负荷特性，以某种方式将用户的电力需求从电网负荷高峰期削减、转移或增加电网负荷低谷期的用电，以达到改变电力需求在时序上的分布，减少日或季节性的电网峰荷，以期提高系统运行的可靠性和经济性。在规划中的电网，主要是减少新增装机容量和电力建设投资，从而降低预期的供电成本。

负荷整形技术主要有削峰、填谷和移峰填谷三种。

1. 削峰

削峰的控制手段主要有两个，一个是直接负荷控制，另一个是可中断负荷控制。

直接负荷控制是在电网峰荷时段，系统调度人员通过远动或自控装置随时控制用户终端用电的一种方法。由于它是随机控制，常常冲击生产秩序和生活节奏，大大降低了用户峰期用电的可靠性，大多数用户不易接受，尤其是那些可靠性要求很高的用户和设备，负荷的突然甩减和停止供电有时会酿成重大事故和带来很大经济损失，即使采用降低直接负荷控制的供电电价也不太受用户欢迎，限制了这种控制方式的应用范围。因此，直接负荷控制多于城乡居民的用电控制，对于其他用户以停电损失最小为原则进行排序控制。

可中断负荷控制是根据供需双方事先的合同约定，在电网峰荷时段系统调度人员向用户发出请求信号，经用户响应后中断部分供电的一种方法。它特别适合可以放宽对供电可靠性苛刻要求的那些"塑性负荷"，主要应用于工业、商业、服务业等，如有工序产品或最终产品存储能力的用户，可通过工序调整改变作业程序来实现躲峰；有能量（主要是热能）储存能力的用户，可利用储存的能量调节进行躲峰；有燃气供应的用户，可以燃气替代电力躲避电网尖峰；那些用电可靠性要求不高的用户，可通过减少或停止部分用电躲开电网尖峰，等等。不难看到，可中断负荷控制是一种有一定准备的停电控制，由于这种电价偏低或给予中断补偿，有些用户愿意以较少的电费开支降低有限的用电可靠程度。它的削峰能力和终端效益，取决于用户负荷的可中断程度和这种补偿是否不低于用户为躲峰所支出的费用。

削峰控制不但可以降低电网峰荷，还可以降低用户变压器的装置容量。

2. 填谷

填谷是在电网低谷时段增加用户的电力电量需求，有利于启动系统空闲的发电容量，并使电网负荷趋于平稳，提高了系统运行的经济性。由于它增加了销售电量，减少了单位电量的固定成本，进一步降低了平均发电成本，使电力公司增加了销售收入。尤其适用于电网负荷峰谷差大、低负荷调节能力差、压电困难，或新增电量长期边际成本低于平均电价的电力系统。

比较常用的填谷技术措施有以下几个。

（1）增加季节性用户负荷。在电网年负荷低谷时期，增加季节性用户负荷；在丰水期鼓励用户多用水电，以电力替代其他能源。

（2）增添低谷用电设备。在夏季尖峰的电网可适当增加冬季用电设备，在冬季尖峰的电网可适当增加夏季用电设备。在日负荷低谷时段，投入电气锅炉或蓄热装置采用电气保温，在冬季后夜可投入电暖气或电气采暖空调等进行填谷。

（3）增加蓄能用电。在电网日负荷低谷时段投入电气蓄能装置进行填谷，如电气蓄热器、电动汽车蓄电瓶和各种可随机安排的充电装置等。

填谷不但对电力公司有益，用户利用廉价的谷期电量也可以减少电费开支。填谷的重点对象是工业、服务业和农业等部门。

3. 移峰填谷

移峰填谷是将电网高峰负荷的用电需求推移到低谷负荷时段，同时起到削峰和填谷的双重作用。它既可减少新增装机容量、充分利用闲置容量，又可平稳系统负荷、降低发电煤耗。移峰填谷一方面增加了谷期用电量，从而增加了电力公司的销售电量；另一方面却减少了峰期用电量，也减少了电力公司的销售电量。电力系统的销售收入取决于增加的谷电收入和降低的运行费用对减少峰电收入的抵偿程度。在电力严重短缺、峰谷差距大、负荷调节能力有限的电力系统，一直把移峰填谷作为改善电网经营管理的一项主要任务。对于拟建电厂，移峰填谷可以减少新增装机容量和电力建设投资。

主要的移峰填谷技术措施有以下几个。

（1）采用蓄冷蓄热技术。中央空调采用蓄冷技术是移峰填谷最为有效的手段，它是在后夜电网负荷低谷时段制冰或冷水并把冰或水等蓄冷介质储存起来，在白天或前夜电网负荷高峰时段把冷量释放出来转化为冷气空调，达到移峰填谷的目的。蓄冷中央空调比传统的中央空调的蒸发温度低，制冷效率相对低些，再加上蓄冷损失，在提供相同冷量的条件下要多消耗电量，但它却有利于电网的填谷电量。

蓄冷技术是一种在用的成熟技术，1993 年深圳中电大厦冰蓄冷中央空调首次投入运转，实践证明它特别适用于商业、服务业和工业部门，以及居民楼区的集中空调。如大型商厦、贸易中心、酒楼宾馆、公寓、写字楼、娱乐中心、影视院、体育馆、健身房、大型住宅区以及大面积使用空调的电子、医药、纺织、化工、精密制造、食品加工、服装等生产企业。

采用蓄热技术是后夜电网负荷低谷时段，把电气锅炉或电加热器生产的热能存储在蒸汽或热水蓄热器中，在白天或前夜电网负荷高峰时段将其热能用于生产或生活等来实现移峰填谷。用户采用蓄热技术不断减少了高价峰电支出，而且还可以调节用热尖峰、平稳锅炉负荷、减少锅炉新增容量。当然，它也要多消耗部分电量。蓄热技术也是一种在用的成熟技术，是移峰填谷有效的技术手段，对用热多、热负荷波动大、锅炉容量不足或增容有限的工业企业和服务业尤为合适。

用户是否愿意采用蓄冷和蓄热技术，主要取决于它减少高峰电费的支出是否能补偿多消耗低谷电量支出电费，并获得合适的收益。

（2）能源替代运行。在夏季尖峰的电网，在冬季用电加热替代燃料加热，在夏季可用燃料加热替代电加热；在冬季尖峰的电网，在夏季可用电加热替代燃料加热，在冬季可用燃料加热替代电加热。在日负荷的高峰和低谷时段，也可采用能源替代技术实现移峰填谷，其中燃气和太阳能是易于与电能相互替代的能源。

（3）调整轮休制度。调整轮休制度是一些国家长期采取的一种平抑电网日间高峰负荷的常用办法，在企业间实行周内轮休来实现错峰，取得了很大成效。由于它改变了人们早已规范化了的休整习惯，影响了社会正常的活动节奏，冲击了人们的往来交际，又没有增加企业的额外效益，一般难于被广大用户所乐意接受。但是，在一些严重缺电的地区，在已经实行轮休制度的企业，采取必要的市场手段仍然可能为移峰填谷做出贡献。

（4）调整作业程序。调整作业程序是一些国家曾经长期采取的一种平抑电网日内高峰负荷的常用办法，在工业企业中把一班制作业改为二班制，把二班制作业改为三班制，对移峰填谷起到了很大作用，但也在很大程度上干扰了职工的正常生活节奏和家庭生活节奏，也增加了企业不少的额外负担，尤其是在硬性电价下，企业这种额外负担不能得到任何补偿，不易被社会所接受。

（二）负荷管理技术

负荷管理技术，以前多称为负荷控制技术，其主要目的是用来拉平负荷曲线，从而达到均衡地使用电力负荷，提高电网运行的经济性、安全性，以及提高电力企业的投资效益的目的。

电力负荷控制有间接、直接、分散和集中各种控制方法。间接控制方法是按用户用电最大需量，或峰谷段的用电量，以不同电价收费，借此来刺激用户消峰填谷，这是一种经济手段。直接控制方法是指在负荷高峰期及电力供需失衡时切除一部分可间断供电的负荷，这是一种技术手段。分散控制方法是对各用户的负荷，按改善负荷曲线的要求，由分散装设在各用户处的定时开关、定量器等装置进行控制。集中控制方法是由负荷控制主控站按改善负荷曲线的需要，通过某种与用户联系的控制信道和装设在用户处的终端装置，对用户的可间断负荷进行集中控制。

1. 电力负荷管理系统的功能

实现负荷控制的装置称为电力负荷管理系统。电力负荷管理系统具有如下功能。

（1）多功能的用电监控。

1）参数设置、参数和数据的查询。

2）远方遥控用户端开关的分、合闸。

3）地区及用户的功率、电量的监控。

4）对有关的电力参数的采集和计算。

5）有关图、表、曲线及系统接线图、地理信息图的绘制和打印。

6）为领导决策、配电调度提供现代化的管理手段。

7）对用户端的遥测、遥信、遥控。

8）生成各类数据库。

9）编制执行削峰填谷的方案。

10）建立用户的档案。

（2）实现远方抄表、预售电、防窃电与用电分析预测、用电监测。

1）对于具备条件的用户，可实现远方抄表，其数据准确，且省人力、物力。

2）对于安装了负控装置的用户，可以实现预售电。

3）利用负控装置可以对用户的用电情况进行实时监测。

4）利用负荷控制良好的数据采集效果及网络特性，可进行本地区的用电分析、预测及管理功能。

（3）良好的外延联网功能。除具有局域网的一般功能外，还能与系统内的上下级用电管理子系统进行远程通信，与营销管理信息系统进行整合，实现资源共享。

（4）灵活可靠的通信手段。电力负荷管理系统都具有灵活可靠的通信手段。

2. 电力负荷管理系统的组成及功能

电力负荷管理系统由负荷控制系统的主控站，负荷控制系统的收、发信机，负荷控制系统的终端组成。

负荷控制系统的主控站的任务主要是利用计算机、无线电台发出各种操作命令，在系统软件的支持下，对整个系统进行有效的管理，完成对各个用户的负荷的控制。同时，将接收双向终端送来的信息，供用电管理人员掌握各地区的用电情况。负荷控制系统的主控站的任务可以归纳如下：

（1）遥控跳闸与合闸。该功能在紧急限电时使用，以及在线路情况下紧急甩负荷采用。

（2）远方终端的用电定值整定。如被控时间段，各段功率定值；日、月电量定值等的整定。

（3）设置远方用户参数。如设置客户终端电压变比、电流变比及电能表常数等参数。

（4）定时校准主控站与各终端的时钟。

（5）用电实时参数遥测。定时对系统内用电大户以及装有双向终端的用户，实时遥测用电参数，例如遥测实时功率、电量、最大需量以及用户的定值参数等。

（6）召唤遥信信息。定点或随机召信双向终端各轮开关通断情况。

（7）建各用户档案查询。对用户用电的参数存档；绘制双向终端负荷曲线和打印各种报表。

（8）打印。打印各种操作后记录、用户用电参数及各种报表。

主控站的设备由下述各种部件组成：

（1）计算机网络，其中包括网络服务器、各种工作站。

（2）负荷控制主机 A、B，接成双机系统，利用微机切换装置进行切换，这将大为增加其工作可靠性。

（3）无线电台、天线及其切换装置。

（4）UPS 电源。

无线电收发信机是电力负荷控制系统必不可少的装备，在负荷控制系统中起着传递信息的作用。发信机的功能是将所要传送的基带信号，经调制、倍频或混频，将其频谱搬移到发信频率，再经过放大达到额定功率，然后馈送到天线。在无线电力负荷控制系统中，基带信号有语音信号和 FSK 信号两种，其频率均属于音频范围。无线收信机具有很高的选择性，可从包括干扰的多种信号中选择出所需的有用信号，并能将其恢复发射音频信号的原来面貌。

负荷控制系统的终端有单向、双向终端，本书只介绍负荷控制系统双向终端的有关概念。

双向终端应能接收监控中央站的对时指令，其功能如下。

（1）通话功能。

1）允许通话。双向终端接收到监控站的允许通过命令后，应自动完成数传信道与语音通道的切换，并提示值班工作人员进行 3min 的通话过程。

2）开放通话。双向终端接收到监控站的开放命令后，应提示值班人员，根据需要可向监控站申请限时通话过程。

3）申请通话。双向终端接收到监控站的开放通话命令后，可根据工作要求，向监控站申请限时通话，待批准后方可接通语音通道，进行 3min 限时通话过程。

4）禁止通话。双向终端接收到监控站的禁止通话命令后，应立即终止限时通话过程，恢复数据通道。

（2）远方复位功能。双向终端应可以接受监控站的远方复位命令，进行初始化操作，重新运行终端程序。

（3）参数整定功能。双向终端参数整定内容包括：电压互感器变比、电流互感器变比及电能表脉冲常数；功率定值及浮动系数；峰、谷、平时段功率；限电参数；自动合闸延时时间；功控报警时间；日、月电量定值；电量峰、谷、平时段；购电量定值；抄表日；电能表底数和实时数；电能表峰、谷、平底数、实时数；终端时钟；终端电台数传延时间；模拟量变比；电压越限参数等。

（4）远方拉/合闸控制功能。双向终端在接收到监控站的远方控制命令时，应能控制受控电力用户负荷。

1）计划限电。监控站在需要时，可以向双向终端发送计划限电拉闸命令，此时，双向终端可以根据接收到的命令，立即执行分闸操作，或在音响报警 1～15min 后执行分闸操作。

2）紧急限电。监控站在紧急情况下，可向双向终端发送紧急限电拉闸命令，双向终端根据接收到的命令，立即执行分闸操作，或在音响报警 1～15min 后执行分闸操作。

3）遥控合闸。双向终端在完成紧急限电分闸操作后，若仍处于计划限电期间，在接收到监控站发送的合闸命令时，应立即执行合闸操作，或在发出合闸允许音响报警 1～15min 后执行合闸操作。

4）撤销遥控。双向终端在遥分合闸报警期间，监控站可撤销对受控电力用户负荷开关进行的拉闸操作。

（5）当地闭环控制。

1）功率闭环控制。双向终端由监控站远方投入或切除其本地功率闭环控制功能。在功率投入的情况下，终端站可自动将用户的用电负荷与中央站下发的定值进行比较，若连续 2min 超功率，则声、光报警，声音报警可由人撤销，超过中央站设定的报警时间，则按中央站设定的功控轮次顺序，拉掉用户的某轮开关。只有过功控时段、中央站解除功率控制或已到自动恢复合闸时间，方可合上由于超功率而拉掉的用户开关。

2）厂休日功率控制。双向终端能由监控站远方设置其本地厂休日功率闭环控制功能。终端能按中央站设置的厂休日及厂休日限电参数，在厂休日时，自动按厂休日定值及厂休日计划限电时间，对用户进行功率闭环控制。

3）电量控制。双向端均可由监控站远方投入或解除其本地电量闭环控制功能。若日电量控制投入，终端将自动将用户的日电量与日电量定值进行比较，若超过日电量定值的90%，则声、光报警；若超过日电量定值，则按中央站投入的电量控制轮次进行拉闸，只有中央站解除电量控制或当日零点时，方可合闸。同理，当月电量控制投入时，终端将自动将用户的月电量与月电量定值进行比较，若超过月电量定值的90%，则声、光报警；若超过月电量定值，则按中央站投入的电量控制轮次进行拉闸，只有在解除月电量控制或到月末零点，方可合闸。

4）购电量控制。双向终端应具有由监控站远方投入购电量闭环控制功能。当购电量控制投入时，终端将自动将用户的用电量与购电量定值进行比较，若达到购电量定值的90%，则声、光报警；当用户购电量用完时，终端跳第一轮开关，并声光报警，声音可由人撤销。以后，每当用户用电量超过购电量 3% 时，则跳下一轮开关。当用户用电量超过购电量的 9% 时，跳完剩余轮次，每次跳闸都有声、光报警，声音报警可由人撤销。只有在购买足够的购电量指标后，方可合闸。

（6）数据采集及处理功能。

1）脉冲量采集及处理功能。双向终端应能实时采集用户的脉冲电能表的脉冲个数及出现时刻。其中包括①按采样脉冲处理基本数据。双向终端根据采样的脉冲个数及其出现时刻，可计算出用户的实时有功功率，无功功率，日用有、无功电量，最大需量及出现时间，电表读数，各路功率及电量等；②根据基本数据计算以下数据：半小时有功功率和电量；超功率和欠功率定值电量；日/月峰平谷电量；日用最大功率、峰段功率及出现时间；谷段最小功率及出现时间；功率因数；日用平均功率因数；日、月峰平均功率因数；日/月负荷率、日、月峰负荷率；峰平谷最大需量及出现时间；③采集数据可当地显示或供中央站查询。

2）模拟量采集及处理功能。①双向终端应具备多路，例如16路，模拟量的采集功能，电压、电流可由中央站任意配置；②模拟量处理功能，双向终端可根据中央站设定的电压/电缆的上、下限值，按日/月统计出用户的最高电压、电流，最低电压、电流及过、欠压累计时间，可当地显示，也可供中央站查询。

3）状态量采集功能。双向终端应能实时采集用户开关的位置状态，发生变位时，记入内存，并在监控站最近一次查询时返回。

（7）事件记录功能。功率越限跳闸记录轮次、时间、定值、控前功率、控后功率；日/月用电量越限跳闸记录轮次、时间、定值、当时日/月用总电量；遥控跳闸记录；终端复位记录：年、月、日、时、分、秒；终端停电记录，停电：年、月、日、时、分、秒；功率为零时间；购电控跳闸次数、功控跳闸次数；遥控跳闸次数；日电控跳闸次数、月电控跳闸次数；购电控跳闸次数；终端复位次数等。

（8）响应遥测功能。

1）响应定时巡测。

2）响应日末巡测参量。包括各路日有功最大需量、最大需量及出现时间；日有、无功总电量；日峰、谷、平的月有功电量；半小时有功功率及电量；各路电能表读数；各路电能表峰、谷、平读数；日最大有功功率、日峰段最大功率及出现时间；日谷段最小功率及出现时间；日平均功率因数、日负荷率；日峰平均功率因数、日峰负荷率、日谷平均功率因数、日谷负荷率；日峰段超过率和日谷段欠功率定值有功电量；各采样点最高及最低电压、电流值及出现时间；日过压及欠压累计时间；日终端供电时间、复位次数；日电控跳闸次数、月电控跳闸次数、购电控跳闸次数；功率为零时间、功率越限次数、功控跳闸次数；厂休控跳闸次数、遥控跳闸次数、遥控拒动次数。

3）月末巡测量。月有功最大需量和各路月最大需量及出现时间；月有、无功总电量；月峰、谷、平底有功电量；日平均有功功率；各路电能表的底数及月末冻结值；各路电能表的峰、谷、平底数及峰、谷、平月末冻结值；月峰段最大功率和月谷段最小功率及出现时间；月峰、谷段平均功率因数及负荷率；月平均功率因数、月负荷率；月谷段欠功率定值有功电量及月峰段超功率定值有功电量；各采样点最高、最低电压、电流值及出现时间；月过、欠压累计时间；月终端供电时间、复位次数；月电控跳闸次数，购电控跳闸次数、功率为零时间、功率越限次数、功控跳闸次数、厂休控跳闸次数、遥控拒动次数等。

4）随机遥测。实时遥测量包括实时总有、无功功率，功率因数；各路有、无功功率；半小时总有功功率及有功总电量（今晨0点到目前）；前两个半小时的有功总电量及总有功功率；日有、无功总电量；月有、无功总电量；日、月有功峰、谷、平电量；各路日、月有、无功电量；各路日、月有功峰、谷、平电量；日、月有功最大需量及出现时间；各路日、月最大需量及出现时间；各路电能表的峰、谷、平读数；各采样点电压、电流值；开关状态；功控跳闸记录、电控跳闸记录、遥控跳闸记录；终端停电记录。

5）历史日遥测量。其为昨日或前六日的零点冻结值。包括：各路日有功最大需量及出现时间；日有功总电量，峰、谷、平有功电量，无功总电量；半小时有功功率及有功电量；各路电能表峰、谷、平读数；日最大有功功率、峰段最大功率、谷段最小功率及出现时间；日平均功率因数、峰平均功率因数、谷平均功率因数及日峰、谷、平负荷率；日峰段超过功率定值有功电量；日谷段欠功率定值有功电量；各采样点最高、最低电压、电流值及出现时间；日过、欠压累计时间；日终端供电时间、复位次数、日电控跳闸次数、月电控跳闸次数、购电控跳闸次数；功率为零时间、功率越限次数、功控跳闸次数、遥控拒动次数。

6）历史月遥测量。其为上月或前两月的零点冻结值。包括：各路月最大需量及出现时间；月有、无功总电量；月峰、谷、平有功电量；每日平均有功功率；各路电能表的峰、谷、平底数及峰、谷、平月末冻结值；月峰段最大功率、谷段最小功率及出现时间；月峰、月谷平均功率因数，月峰、谷负荷率；月峰段超过功率定值和月谷段欠功率定值有功电量；各采样点最高、最低电压、电流值及出现时间；月过、欠压累计时间；月终端供电时间、复位次数；月电控跳闸次数、购电控跳闸次数；功率为零时间、功率越限次数、功控跳闸次数、厂休控跳闸次数、遥控跳闸次数、遥控拒动次数。

（9）远方抄表功能。双向终端应根据监控站的命令，通过 RS－232 或 RS－485 接口，将电子式脉冲电能表的各项数据抄回，并发送给监控站。

（10）显示和按键功能。其包括：时间类；功率类；电量类；分路需量类；总表读数；峰表读数；谷表读数；电压、电流类；1～4 路 TA，TV，K；5～8 路 TA，TV，K；功控时间段和定值；电控时间段和定值；电控投入轮次。

3. 实施电力负荷管理的意义及效益

电力负荷管理系统的广泛应用是电力企业自动化技术发展的趋势，对当前电力企业的生产经营具有十分重要的意义。

（1）对电力企业经营的意义。电力负荷管理系统对电力用户可进行实时监控，如监视用户用电的变化，对欠费客户报警及进行有效的停、限电控制，对用户的各时段用电情况进行计量等。同时也可自动监测和记录用户窃电情况，实现预售电的运营方式，可从根本上解决收费难的欠费问题，实现远方抄表，进行用电预测分析。系统为电力营销环节实现自动化、网络化管理奠定了基础。

（2）对电力生产的意义。电力负荷管理系统可从电力需求侧管理的角度进行削峰填谷，限电不拉闸，减少基建投资，减少机组启停调峰造成的损失。可进行配电线路负荷率调整，可对地方电厂和上网的企业自备电厂发电进行必要的监控。

（3）对供用电秩序的意义。电力负荷管理系统可利用电力负荷集中控制的手段，配合法律和经济的措施，把电力需求侧管理深入到户，建立正常的供用电秩序。

4. 负荷控制的效益

对用电负荷进行有效的管理和控制可改善负荷曲线，提高发供电设备的利用率，可防止拉闸限电，避免影响社会生产和生活。

（1）对客户的效益。

1）防止拉闸限电，便于安排生产。

2）需量控制和实行分时电价，客户受益。

3）电力系统实现负荷控制，将高峰负荷压低后，用户的用电水平将有所增加。

（2）对发电的经济效益。

1）协助解决调峰问题。

2）有利于提高发电经济性。

3）有利于提高发电的安全性。

4）负荷控制与增加调峰机组的对比。

5）负荷曲线平稳可以多发电。

（3）对购电的经济效益。

1）降低购电费用。负荷控制可以降低地区电网的最大需量，地区电网向大电网购电时，在有的地区已实行内部核算的两部制电价，即购电费中包括基本电费与电能电费两部分。由于地区用电量很大，此种购电费的降低是很可观的。

2）降低线损。由于线路损失与负荷的平方成正比，控制了负荷，提高了负荷率，使最大负荷下降，可降低供电系统的损耗。

3）提高供电量。

4）可以开展配电自动化。配电自动化是建立在配电设备和信道的基础之上，由于开展负荷控制必然要建立这种信道，因此负荷控制也为配电自动化奠定了基础。

（三）提高终端设备能效的技术手段

提高终端用电效率是通过改变用户的消费行为，采用先进的节能技术和高效设备来实现的，其目的就是节约用电，减少用户的电量消耗。

终端设备主要包括电动机、照明、空调、电热、电化学和其他用电设备，提高终端设备用电效率实际上是通过各种节电技术，提高终端设备的电能利用率，提高终端设备用电效率具有减少电量和电力需求的双重效果。

基于国民经济的角度，以产值能耗为基础计算的节能量，称为总节能量，它包括直接节能和间接节能两个部分。直接节能是利用科学的管理方法和先进的技术手段，通过提高能源利用率以达到节约能源的目的的一种节能活动，直接节能的领域贯穿在能源供应、能源转换、能源输送、能源储存、终端服务等各个环节。间接节能是依靠改善经济管理，通过采取调整和控制手段来节省能源的一种节能活动，它是依靠调整经济结构、生产力的合理布局、节约使用原材料、提高产品质量、终端产品的节约利用等经济管理来实现的。

四、经济手段

需求侧管理的经济手段是指各种电价、直接经济激励和需求侧竞价等措施，通过这些措施刺激和鼓励用户改变消费行为和用电方式，安装并使用高效设备，减少电量消耗和电力需求。电价是由国家制定的，属于控制性经济手段，用户被动响应；直接经济激励和需求侧竞价属于激励性经济手段，需求侧竞价加入了竞争，用户主动响应，积极利用这些措施的用户在为社会做出增益贡献的同时也降低了自己的生产成本，甚至获得了一些效益。对不参与节电的用户不予经济激励，但也不应损害其经济利益。

1．电价鼓励措施

电价是影响面大和敏感性强的一种很有效而且便于操作的经济激励手段。主要是制定一个适合市场机制的合理的电价制度，使它既能激发电网公司实施需求侧管理的积极性，又能激励用户主动参与需求侧管理活动。

国内外实施通行的电价结构有容量电价、峰谷电价、分时电价、季节性电价、可中断负荷电价，等等。

2. 直接激励措施

（1）折让鼓励。折让鼓励给予购置特定高效节电产品的用户、推销商或生产商适当比例的折让，注重发挥推销商参与节电活动的特殊作用，以吸引更多的用户参与需求侧管理活动，并促使制造厂家推出更好的新型节电产品。

（2）借贷优惠鼓励。借贷优惠鼓励是非常通行的一个市场工具。它是向购置高效节电设备的用户，尤其是初始投资较高的那些用户提供低息或零息贷款，以减少他们参加需求侧管理项目在资金短缺方面存在的障碍。

（3）节电设备租赁鼓励。节电设备租赁鼓励是把节电设备租借给用户，以节电效益逐步偿还租金的办法来鼓励用户节电。

（4）节电特别奖励。节电特别奖励是对第二、三产业用户提出准备实施或已经实施且行之有效的优秀节电方案给予"用户节电特别奖励"，借以树立节电榜样以激发更多用户提高效率的热情。节电奖励是在对多个节电竞选方案进行可行性和实施效果的审计和评估后确定的。

（5）节电特别奖励节电招标鼓励是电力企业通过招标、拍卖、期货等市场交易手段，向独立的发电企业、独立经营的节电企业（或能源服务公司）和广大用户征集各种切实可行的供电方案和节电方案，激励他们在供电或节电技术、方法、成本等方面开展竞争，实现节电和提高管理水平的目的。

3. 需求侧竞价

需求侧竞价是在电力市场环境下出现的一种竞争性更强的激励性措施。用户采取措施获得的可减电力和电量在电力交易所采用招标、拍卖、期货等市场交易手段卖出"负瓦数"，获得一定的经济回报，并保证了电力市场运营的高效性和电力系统运行的稳定性。

上述这些需求侧管理技术的手段会随着时间的推移和需求侧管理的发展而丰富起来。不论采用哪些手段，都要因时、因地、因不同国情而决定，切不可生搬硬套，以防出现事倍功半的后果。

【思考与练习】

（1）什么叫需求侧管理？

（2）需求侧管理的手段有哪几种？

模块二　电力需求侧管理实施

【模块描述】 本模块描述电力需求侧管理的实施步骤、影响需求管理实施的主要因素以及实施需求侧管理所能产生的效益。

一、电力需求侧管理实施步骤

需求侧管理的实施一般分为六大步骤，即系统分析、资源预测、技术评估、资源评估、实施计划、检验评估。

1. 系统分析

系统分析的主要任务是通过对需求侧管理的规划网区的经济状况、电网供电、终端用电以及环境条件的调查，对实施需求侧管理的可行程度进行估价，并在此基础上明确项目的目标、范围和时限。其中项目的目标包括节电效益、经济效益和环境效益；项目的范围就是DSM 实施区界；项目的时限就是它持续的时间。

2. 资源预测

资源预测是指通过负荷预测以便确定供应方资源，如年度新增发电容量、选择电站类型和厂址、制定电力建设和燃料供应计划以及电价核算。以及通过终端用电结构的预测确定需求方各部门、各类设备的用电资源在总用电量中所占的比重。终端设备用电量比重越大、设备效率越低，则实施需求侧管理的节电效果越显著。

3. 技术评估

技术评估首先要确定需求侧管理的实施对象；然后进行技术筛选（即选择与终端设备运行特性相匹配的节电技术替代方案）；再进行经济筛选（即在同一场所中有几种节电方案时，必须通过成本效益分析计算，识别和选择一种成本有效的节电技术或应用场所）；最后是优化排序，即每一种节电方案的成本效益分析结果可用益本比表示，益本比 $= \dfrac{收益}{成本}$，其值越大说明此方案越好。依此对各种节电技术的实施顺序进行排序，以便为管理决策提供投资方向。

4. 资源评估

资源评估是指在技术评估的基础上对节电资源及其整体效益进行评估，以判定成本有效的节电资源及其相应的效益潜力，为制定需求方管理实施计划提供支持。需求方节电资源潜力评估指标包括可避免电量资源和可避免电力资源。

5. 实施计划

实施计划是指在对需求方节电技术进行了成本效益分析的基础上，计算需求侧管理对社会的效益潜力、节电投资、年度节电量、预期净收益和对社会的贡献（社会可避免电量、可避免峰荷、可避免容量、可避免投资、废气减排效果）等，从而制定节电实施计划和实施对策。

6. 检验评估

检验评估是指在计划实施过程中对其进行跟踪检验和评价，对市场走向进行分析，从而对实施计划做必要的调整，以便用最好的服务开拓更广泛的节电增益市场。

二、影响电力需求侧管理实施的主要因素

开展综合资源规划和需求侧管理计划需要有相适应的条件，关键是充分发挥政府、电力公司、电力用户、能源服务公司等各方面的作用，克服在体制、法规、制度、政策方面存在的障碍，创造一个有利于综合资源规划和需求侧管理谋划的实施环境，方能开通有效的实施途径和寻求具体的操作办法。

政府在综合资源规划的制定和实施过程中起主导作用。政府是社会利益的维护者，关心各方面的利益，更顾及整体利益，以提高社会的运转效益，保障社会健康地发展。开展综合资源规划和实施需求侧管理计划需要法制和政策的支撑，将牵涉到体制、法规、制度、标准、金融、财税、物价等多个方面，既关系到整体利益，也关系到电力企业（包括发电公司和供电公司）、电力用户、节电产品生产和销售企业、能源（节能）服务机构等各方面的群体利益。也就是说，综合资源规划和需求侧管理不单纯是部门和行业行为，更主要的是社会行为。为此，出于社会效益和更长远的考虑，政府要把开展综合资源规划和实施需求侧管理纳入法制轨道并建立相应的体制保障，在节能节电领域全面实行以鼓励性为主的政策，在财政、贷款、税收、价格等方面制定具体的鼓励性条款，在电力公司与用户之间、能源（节能）服务与用户之间、电力公司与能源（节能）服务公司之间的节电效益分配进行有机的协调，在实施节能节电计划和运营管理方面进行有效的监督并提供指导性的信息服务。在满足同样能源服务条件下，减少电力建设投资和减轻社会的环境负担，使电力公司降低预期的运营成本、使用户减少电费支出、使项目实施中介获得合理收益，达到整体效益最高、收益分配合理、参与者受益、非参与者满意的目的。

电力公司是实施综合资源规划和需求侧管理的主体。电力公司担任需求侧管理的使命，与电源开发和供电一样把节电纳入日常运营活动，不仅仅因为它是综合资源规划和需求侧管理计划的直接受益者，更重要的是它与用户存在着不可侵害的运营联系，更了解用户的用电和节能状况，采取有效措施和动作方式提高用户执行需求侧管理计划的参与率，提供更多的节电资源，争得更大的整体效益。

能源（节能）服务公司是需求侧管理的实施中介。为有力地推进规划的实施进程，部分节电项目的执行工作往往由具备资格的节能服务公司、能源管理公司或能源效率中心来承担，协助政府和配合电力公司实施需求侧管理计划。能源（节能）服务公司可通过为用户提供各种形式的能源服务，包括从能源审计、节能诊断、筹集节能投资、进行节能设计、安装节能设备、操作培训到获得节能节电收益的一条龙服务，与用户共同承担节能投资风险，共同分享节能收益，使节能投资分担和节能收益分享联系起来。节能服务公司可以是独立经营的实体，也可以是电力公司下属的一个子公司。

电力用户是终端节能节电的主体，是节能节电整体增益的主要贡献者。只有电力用户参与需求侧管理计划才能提高终端用电效率节约能源，移峰填谷减少发电装机需求。但是，节能节电不是电力用户的主要目标，电力用户是否愿意参与需求侧管理计划，接受某项节能节电措施，主要取决于它本身能否获得足够大的收益。也就是说，在不降低能源服务水平的条件下，成本有效且能获得较高收益的节能节电措施，是电力用户衡量是否参与需求侧管理计划的主要尺度。在市场经济体制下，电力用户不会主动长久地参与节能而不省钱的活动或甘愿承担节能投资策略风险去为其他群体做增益的贡献，它要根据政府的决策和电力公司的经营策略通过市场信号予以响应。电力用户是节能市场的主体，政策上要把鼓励电力用户节能节电放在首位，在运营活动中要提高电力用户的节能节电增益服务，才能激发电力用户节能节电的内在动力，促进电力用户更积极主动地参与需求侧管理计划，从根本上扭转电力用户在节能节电方面欲进不前的被动局面。

因此，影响需求侧管理实施的主要因素可以归纳为：

（1）主观因素。主观因素是需求侧管理的各方参与者观念的确立和认识程度，需要能深刻认识其长远的战略意义。

（2）客观因素。客观因素主要是用户的用电特征、电力公司的特征、市场状况、政府政策法规出台的速度和支持力度。

当然，实施需求侧管理，风险也是存在的。

三、实施电力需求侧管理的效益

1. 实施需求侧管理的意义

（1）改善电网的负荷特性。通过实施需求侧管理，引导用户采用蓄冷、蓄热、蓄电等蓄能方式或选择合理的用电时间，从而实现移峰填谷，减少用电峰谷差，降低电网高峰最大负荷，提高用电负荷率。

（2）节约用电，减少能源绣球和污染排放。通过实施需求侧管理，优化电能消费结构，提高电能利用效率，节约了电能，相应地可以少建火电厂，使火电厂的排放物大大减少，保护了环境。

（3）减少了电力建设投资。通过实施需求侧管理，降低了电力最大需求，因而可减少电源和电网建设费用，降低了电网运营支出。而实施电力需求侧管理所需的资金主要用于宣传、培训和示范项目，支持用户节电技术改造、购买节电产品和推行可中断负荷的经济补贴以及建设负荷管理系统等，相对于电力建设的资金投入来说要少得多。

（4）降低了用户的用电成本。通过实施需求侧管理，使用户的用电更加经济合理，终端用能效益更高，从而减少了用户的电费支出，降低了产品成本。

（5）促进能源、经济、环境协调发展。电力需求侧管理是国家能源战略的重要组成部分，是缓解电力供应紧张状况、提高电力使用效率的重要举措，是科学发展观的具体体现，对促进能源、经济、环境协调发展具有重要意义。

2. 我国实施需求侧管理的可能性

需求侧管理的实质是改变利用能源资源的观念，以达到节电、节能和改善环境的目的。因此，我国实施需求侧管理的可能性大致可归纳为以下三点。

（1）国内外能源形势发展的需要。尤其是我国人口众多，而国民经济要快速发展，必须改变能源资源概念，学习先进管理方法，以适应国民经济的发展需要，节约有限的一次能源。

（2）我国电力能源现状说明实施需求侧管理的潜力非常大。我国国民经济自改革开放以来，在较快速的发展之中，一方面不断地消耗着宝贵的一次能源；另一方面电力资源利用率很低，单位国民生产总值的电力消耗很高，电力资源浪费极其严重，高耗能、低效率的用电设备在工矿企业及乡镇企业比重较大，生产工艺落后、管理水平不高等，都亟待解决，它们是实施需求侧管理的巨大潜力。

（3）我国节电工作起步并不比国外晚，并已累积了某些节电成功的经验，开发并应用了不少节电新产品，有的已经达到了国际先进水平，这些都为实施需求侧管理奠定了一定的基础。

由此说明，我国完全有条件实施需求侧管理。

3. 实施需求侧管理的效益

需求侧管理的效益，在降低峰荷、节电方面体现最为明显。表 8-1 所列数据为美国能源部《能源月评》某 N 年发表的有关需求侧管理经济效益的数据。下面以此表为例，对实施需求侧管理的效益进行评估。

（1）峰荷减少。N 年峰荷减少16 700MW，相当于当年夏季峰荷的 3.1%。其中，直接负荷管理是由电力企业直接中断供电，不通知用户（如空调停电），削峰为 4583MW，占

27％；可停电负荷一般通过可停电电价合同约定，共削峰 5848MW，占 35％；节能及其他手段共削峰 6269MW，占 38％。节能采取的主要措施有改变建筑物的结构、采用高效家用电器以及采用分时电价等。

表 8-1　　　　　　　　　　　　　需求侧管理的经济效益数据

项目＼年份	N（实际）	N+1（预测）	N+5（预测）	N+10（预测）
峰荷减少/MW	16 700	26 889	40 708	55 636
其中：直接负荷控制	4583	6128	9745	12 523
可停电负荷	5848	11 710	13 261	14 779
节能和其他手段	6269	9051	17 702	28 334
节能/GWh	17 029	22 644	48 002	78 444
需求侧管理投资/亿美元	12.06	16.42	26.00	33.99

（2）节电。N 年共节电17 029GWh，占总发电量的 1％。

（3）成本。N 年共投资 12.06 亿美元，占电力企业年收入的 0.7％。

需求侧管理除了在经济方面的效益外，由于削峰和节电、节能，减少新电厂，环境保护方面的效益也是很大的，这一点受到全世界各国的高度重视。

【思考与练习】

（1）请写出电力需求侧管理实施的步骤。

（2）影响需求侧管理实施的主要因素有哪些?

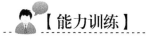

【能力训练】

一、选择题

1. 需求侧管理的目的是使（　　）得到优化、合理、有效的利用。

　　（A）供电线路　　　　（B）电力变压器　　　　（C）电力资源　　　　（D）供电网络

2. 下列手段中，属于电力需求侧管理的手段是（　　）。

　　（A）技术手段　　　　（B）引导手段　　　　（C）经济手段　　　　（D）行政手段

3. 负荷整形技术主要有（　　）。

　　（A）削峰　　　　（B）填谷　　　　（C）移峰填谷

4. 电力负荷控制有（　　）等各种控制方法。

　　（A）间接控制　　　　（B）直接控制　　　　（C）分散控制　　　　（D）集中控制

二、判断题

1. 电力需求侧管理的主体是电网经营企业。　　　　　　　　　　　　　　　（　　）

2. 电力需求侧管理（DSM）是通过对终端客户进行负荷管理，提高终端用电效率及实现综合资源规划。　　　　　　　　　　　　　　　　　　　　　　　　　　　（　　）

3. 电力需求侧管理（DSM）的工作重点之一是提高电力终端用电效率。　　（　　）

4. 电力需求侧管理的对象是整个供电网络。　　　　　　　　　　　　　　　（　　）

第三部分　业　务　扩　充

第九章　业务扩充基本概念及用电受理

知识目标

（1）掌握业务扩充的含义、工作项目、主要工作内容。

（2）掌握业务扩充的受理方式、用电申请表的类别、填写要求以及新装或增容时用户应携带的资料。

（3）了解典型新装用电和增容用电的工作流程。

能力目标

会在营销信息系统中进行业务扩充的受理。

模块一　业务扩充的基本概念

【模块描述】本模块主要介绍了业务扩充的含义，业务扩充的工作项目和业务扩充的工作内容，办理业务扩充的基本要求，业务扩充受理工作中的受理方式、用户申请新装和增容时的要求以及申请表的类别。

一、业务扩充的含义及主要工作内容

1. 业务扩充的含义

业务扩充也称用电报装，简称业扩，是供电企业售前服务行为。其主要含义是接受用户用电申请，根据电网实际情况，办理供电与用电不断扩充的有关业务工作，以满足用户的用电需要。

在业务扩充工作处理中应坚持"一口对外、便捷高效、三不指定、办事公开"的原则，树立"优质、方便、规范、真诚"的服务理念，遵守职业道德规范，执行企业规定。

2. 业务扩充的主要工作内容

业务扩充的主要工作内容概括起来，主要有以下几项：

（1）用电前期咨询。

（2）用户新装、增容用电申请的受理。

（3）拟定供电方案。

（4）确定费用、收取业务费用。

（5）组织业扩的工程设计、施工和验收。

（6）对用户的内部受电工程进行工程检查。

（7）签订供用电合同。

（8）装设电能计量装置、安装采集终端。

（9）装表接电。

（10）用户回访。

（11）信息归档、资料存档。

二、办理业务扩充的基本要求

业务扩充是供电企业客户服务的第一个环节，此时，供电企业和用户之间电能的交易还未发生，因此用电报装工作质量的好坏不仅影响着当前的用户，还会影响潜在的用户。作为用电报装各个环节工作岗位的工作人员，应认真履行职责，为满足社会经济发展和人民生活水平提高对电能的需求，积极筹措资金和物资，组织新建发电、输变电等电力设施，不断扩大供电范围，使电力系统的发、供电能力基本上能与用电需求水平相适应。

从业务受理到装表接电，每个工作环节都应该有时限控制，如有法律法规和公司规定的时限，必须按规定的时限办理。如其他未明确的时限考核标准可由各网省公司根据实际情况确定。特殊情况不能在规定的时限办理的，应主动告知用户。

从业务受理到装表接电，每个工作环节都应确保内容填写的完整和准确。

1. 业务办理服务时限要求

国家电网公司《供电服务规范》中对业务办理服务时限的要求为：

（1）办理居民用户收费业务的时间一般每件不超过 5min。

（2）办理用户用电业务的时间一般每件不超过 20min。

（3）用户交费日期、地点和方式发生变更时，应在变更前 10 个工作日告知用户。

2. 业务交接时限要求

（1）用户办理用电业务所提供的资料、用户受电工程设计图纸送审、工程查验申请等，应在当天通知相关部门（班组）交接。

（2）接到审批完的供电方案、用户工程设计图纸审核意见书、供用电合同等，应在当天通知用户领取。

3. 供电方案答复期限要求

（1）居民用户供电方案的答复期限最长不超过 3 个工作日。

（2）低压电力用户供电方案的答复期限最长不超过 7 个工作日。

（3）10kV 高压单电源供电用户供电方案的答复期限最长不超过 15 个工作日。

（4）10kV 及以上双（多）电源供电用户供电方案的答复期限最长不超过 30 个工作日。

4. 高压用户装表接电的期限要求

高压用户装表接电的期限要求是：高压电力用户不超过 7 个工作日。

【思考与练习】

（1）什么叫业务扩充？

（2）业务办理服务时限要求如何规定？

（3）供电方案答复期限有何要求？

模块二　新装用电及增容用电

【模块描述】 本模块主要介绍了新装用电和增容用电的工作项目及典型新装用电和增容用电的工作流程。

一、业务扩充的工作项目

客户因用电需要，初次向供电企业申请报装用电的业务即为新装用电（正式、临时用电均可）。

客户在供电点不变、用电地址不变、用电性质不变、用电主体不变等"四个不变"的前提下仅增加用电设备或变压器容量并向供电企业申请增加用电容量或变压器容量的业务即为增容用电。

新装用电工作项目包括：

（1）用电前期咨询。

（2）低压居民新装。

（3）低压非居民新装。

（4）小区新装。

（5）高压新装。

（6）装表临时用电。

（7）无表临时用电新装。

增容用电工作项目包括：

（1）低压居民增容。

（2）低压非居民增容。

（3）高压增容。

二、典型新装用电、增容用电的基本流程

1. 高压新装

供电企业依据《供电营业规则》有关用电报装的条款规定、国网公司统一发布的服务承诺及服务规范，在一定的时限内，为用电设备容量在 100kW 及以上或变压器容量在 50kVA 以上（特殊情况下，容量范围可适当放宽）用户的用电新装申请，组织现场勘查，制定 10kV 及以上电压等级供电方案，向用户收取有关营业费用，跟踪供电工程（外部工程）的立项、设计、图纸审查、工程预算、设备供应、施工过程，组织受电工程的图纸审查、中间检查、竣工验收，与用户签订供用电合同，并给予装表送电，完成归档立户全过程管理。

高压用电新装工作流程如图 9-1 所示。

（1）业务受理。作为高压新装业务的入口，接收并审查用户资料，了解用户同一自然人或同一法人主体的其他用电地址的用电情况及用户前期咨询、服务历史信息，接受用户的报装申请。

（2）现场勘查。根据派工结果或事先确定的工作分配原则，接受勘查任务，与用户沟通确认现场勘查时间，组织相关部门进行现场勘查，核实用电容量、用电类别等用户申请信息，根据用户的用电类别、用电规模以及现场供电条件，对供电可能性和合理性进行调查，初步提出供电、计量和计费方案。

（3）拟定供电方案。根据现场勘查结果，拟定初步电源接入方案、计量方案以及计费方案等，并组织相关部门审查，形成最终供电方案。

（4）审批。方案拟定后，根据审批条件（按电压等级、变压器容量大小等）提交相关级别部门审批，签署审批意见。

（5）答复供电方案。根据审批确认后的供电方案，书面答复用户。

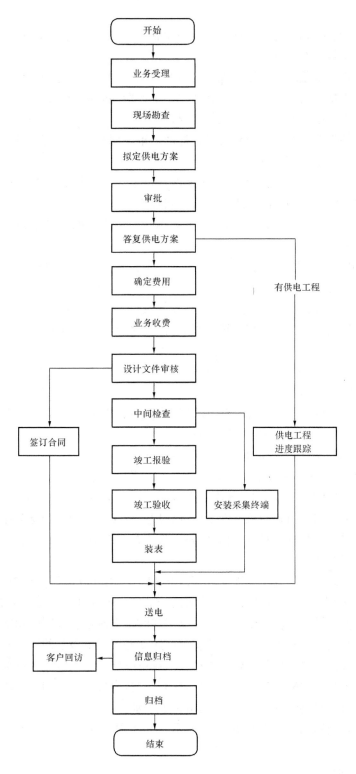

图 9-1　高压用电新装工作流程

（6）确定费用。按照国家有关规定及物价部门批准的收费标准，确定相关费用，并通知用户缴费。

（7）业务收费。按确定的收费项目和收费金额收取费用，打印发票/收费凭证，建立用户的实收信息，更新欠费信息。

（8）供电工程进度跟踪。根据工程进度情况，依次登记工程立项、设计情况，工程的图纸审查情况，工程预算情况，工程的决算情况，工程费的收取情况，施工单位、设备供应单位，工程施工过程，中间检查，竣工验收情况。

（9）设计文件审核。根据国家相关设计标准，审查用户受电工程设计图纸及其他设计资料，在规定时限内答复审核意见。

（10）中间检查。用户受电工程在施工期间，供电企业应根据审核同意的设计和有关施工标准，对用户受电工程中的隐蔽工程进行中间检查。

（11）安装采集终端。如果需要新装采集终端，则引用电能信息采集业务类的"运行管理"的"终端安装"。

（12）竣工报验。接收用户的竣工验收要求，审核相关报送材料是否齐全有效，通知相关部门准备用户受电工程的竣工验收工作。

（13）竣工验收。按照国家和电力行业颁发的设计规程、运行规程、验收规范和各种防范措施等要求，根据用户提供的竣工报告和资料，组织相关部门对受电工程的工程质量进行全面检查、验收。

（14）签订合同。供电单位需在送电前完成与用户签订供用电合同的工作。完成合同签订后应反馈签订时间等信息。

（15）装表。严格按通过审查的施工设计和确定的供电方案，及时完成计量装置的安装工作。计量装置完成后应反馈现场安装信息。

（16）送电。装表工作完成后组织相关部门送电。

（17）信息归档。建立用户信息档案，形成正式用户编号。

（18）用户回访。在规定回访时限内对 100kVA 及以上所有用户完成回访工作，并准确、规范记录回访结果。回访内容参见 95598 业务处理业务类的"用户回访"业务项。

（19）归档。核对用户待归档信息和资料。收集并整理报装资料，完成资料归档。

2. 低压非居民新装

低压非居民新装适用于电压等级为 0.4kV 及以下、用电设备容量在 100kW 以下或需用变压器容量在 50kVA 及以下（特殊情况下可适当放宽）低压非居民客户的新装用电。

供电企业依据《供电营业规则》有关用电报装的条款规定、国网公司统一发布的服务承诺及服务规范，在规定的时限内，流程化实现低压非居民用电报装的"业务受理"、"现场勘查"、"审批"、"答复供电方案"、"确定费用"、"业务收费"、"供电工程进度跟踪"、"安装采集终端"、"竣工报验"、"竣工验收"、"签订合同"、"装表接电"、"用户回访"、"信息归档"、"归档"立户的全过程管理，满足客户的用电报装需求。

低压非居民新装的工作流程如图 9-2 所示，其流程描述与高压新装大同小异，因此不再描述。

3. 低压居民新装

低压居民新装适用于电压等级为 220/380V 低压居民用户的新装用电。

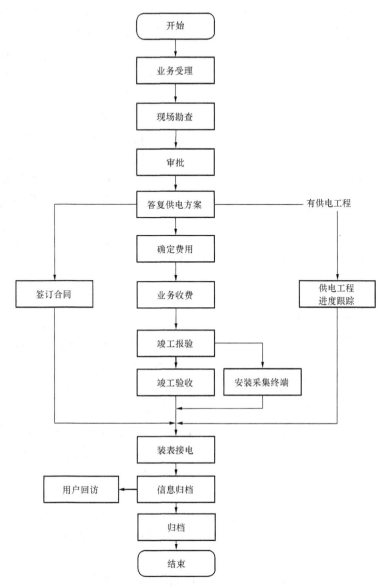

图 9-2　低压非居民新装工作流程

供电企业依据《供电营业规则》有关用电报装的条款规定、国网公司统一发布的服务承诺及服务规范，在规定的时限内，采用流程化方式实现居民用电报装的"业务受理"、"现场勘查"、"审批"、"答复供电方案"、"确定费用"、"业务收费"、"装表接电"、"信息归档"、"用户回访"、"归档"的全过程管理，满足用户用电需求。

低压居民新装的工作流程如图 9-3 所示。

（1）业务受理。作为低压居民用电新装业务的入口，接收并审查用户资料，了解用户同一自然人或同一法人主体的其他用电地址的用电情况及用户服务历史信息，接受用户的报装申请。

（2）现场勘查。根据派工结果或事先确定的工作分配原则接受勘查任务，与用户沟通确认现场勘查时间，携带勘查单前往勘查，核实用电容量、用电类别等用户申请信息，确定供电方案。

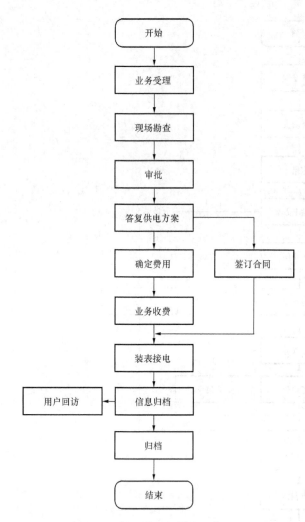

图 9-3　低压居民新装的工作流程

（3）审批。根据管理规定，对现场勘查结果进行审批。

（4）答复供电方案。根据现场勘查的结果及审批结论，向用户书面答复供电方案。

（5）确定费用。按照国家有关规定及物价部门批准的收费标准，确定低压居民新装的相关费用，并通知用户缴费。

（6）业务收费。按确定的收费项目和应收业务费信息，收取业务费，打印发票/收费凭证。

（7）签订合同。供电单位需在送电前完成与用户签订供用电合同的工作。完成合同签订后应反馈签订时间等信息。

（8）装表接电。严格按通过审查的施工设计和确定的供电方案，及时完成计量装置的安装工作。计量装置完成后应反馈现场安装信息。

（9）信息归档。建立用户信息档案，形成正式用户编号。

（10）用户回访。在完成现场装表接电后向用户征询对供电企业服务态度、流程时间、装表质量等的意见。引用95598业务处理业务类的"用户回访"。

（11）归档。收集、整理并核对用户待归档信息和报装资料，建立用户档案。

4. 高压小区新装

高压小区新装适用于居民住宅小区或居民住宅楼整体用电新装申请。本业务项包括新建小区公共配套设施用电和成批0.4kV及以下低压居民或非居民用户的新装业务两个部分，其中公共配套设施用电（高压部分）不生成结算用户。

该业务项包括"业务受理"、"现场勘查"、"拟定供电方案"、"审批"、"答复供电方案"、"确定费用"、"业务收费"、"供电工程进度跟踪"、"设计文件审核"、"中间检查"、"竣工报验"、"确定批量用户"、"竣工验收"、"签订合同"、"装表接电"、"信息归档"、"用户回访"、"归档"等业务子项。

高压小区新装的工作流程如图9-4所示。

（1）业务受理。作为小区新装业务的入口，接收并审查用户申请资料，了解用户同一自然人或同一法人主体的其他用电地址的用电情况及用户用电大项目前期咨询、服务历史、信用信息，接受用户的报装申请。

（2）现场勘查。根据派工结果或事先确定的工作分配原则，接受勘查任务，与用户沟通

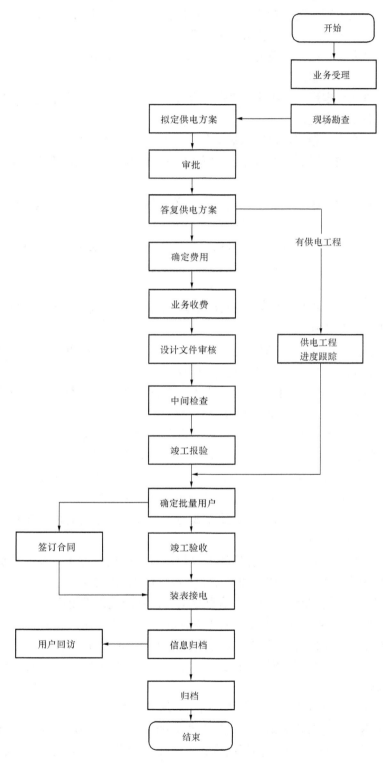

图 9-4　高压小区新装的工作流程

确认现场勘查时间，组织相关部门进行现场勘查，核实用电容量、用电类别等用户申请信息，根据用户的用电类别、用电规模以及现场供电条件，对供电可能性和合理性进行调查，初步提出高低压供电方案、计量方案和计费方案。

（3）拟定供电方案。根据现场勘查结果，拟定初步高压电源接入方案等，并组织相关部门审查，形成最终供电方案。

（4）审批。方案拟定后，根据审批条件（按电压等级、变压器容量大小等）提交相关级别部门审批，签署审批意见。

（5）答复供电方案。根据审批确认后的供电方案，书面答复用户。

（6）确定费用。按照国家有关规定及物价部门批准的收费标准，确定相关费用，并通知用户缴费。

（7）业务收费。对新建小区收取配套费等相关费用，对两路或多路电源供电的用户收取高可靠性供电费用，打印发票/收费凭证。

（8）供电工程进度跟踪。根据工程进度情况，依次登记工程立项，设计信息，工程的图纸审查情况，工程预算情况，工程费的收取情况，设备供应及工程施工情况，中间检查，竣工验收情况，登记工程的决算情况。

（9）设计文件审核。根据国家相关设计标准，审查用户受电工程设计图纸及其他设计资料，在规定时限内答复审核意见。

（10）中间检查。用户受电工程在施工期间，供电企业应根据审核同意的设计和有关施工标准，对用户受电工程中的隐蔽工程进行中间检查。

（11）竣工报验。接收用户的竣工验收要求，审核相关报送材料是否齐全有效，通知相关部门准备用户受电工程的竣工验收工作。

（12）确定批量用户。根据用户提供信息确定批量低压用户信息。

（13）竣工验收。按照国家和电力行业颁发的技术规范、规程和标准，根据用户提供的竣工报告和资料。组织相关单位按设计图、设计规程、运行规程、验收规范和各种防范措施等要求，对高、低压受电工程的工程质量进行全面检查、验收。

（14）签订合同。供电单位需在送电前完成与用户签订供用电合同的工作。完成合同签订后应反馈签订时间等信息。

（15）装表接电。严格按通过审查的施工设计和确定的供电方案，及时完成计量装置和集中抄表采集终端装置的安装工作，安装完成后应反馈现场安装信息。

（16）信息归档。建立批量低压用户信息档案，批量形成正式用户编号。

（17）用户回访。在规定回访时限内对100kVA及以上所有用户完成回访工作，并准确、规范记录回访结果。回访内容参见95598业务处理业务类的"用户回访"业务项。

（18）归档。核对用户待归档信息和资料。收集并整理报装资料，完成资料归档。

5. 高压增容

高压增容适用于电压等级10kV及以上用户的增容用电。

供电企业依据《供电营业规则》有关用电报装的条款规定、国网公司统一发布的服务承诺及服务规范，在一定的时限内，为用电设备容量在100kW及以上或变压器容量在50kWh以上（特殊情况下，容量范围可适当放宽）用户的用电增容申请，组织现场勘查，制定10kV及以上电压等级供电方案，向用户收取有关营业费用，跟踪供电工程的立项、设计、图纸审查、工程预算、设备供应、施工过程，组织受电工程的图纸审查、中间检查、竣工验收，与用户签订供用电合同，并给予装表送电，完成资料归档全过程管理。

　　高压增容的工作流程如图 9-5 所示，其流程与高压新装大同小异，因此不再描述。

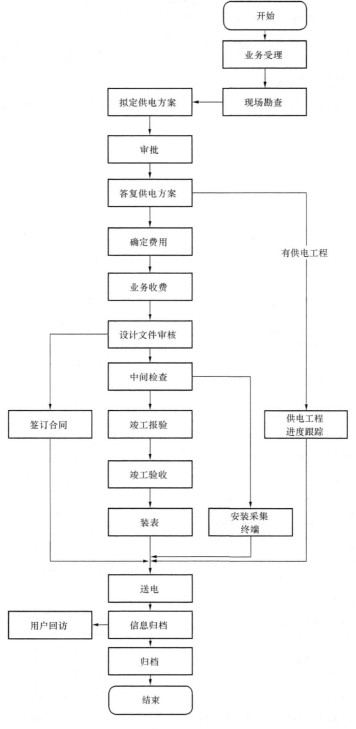

图 9-5　高压增容的工作流程

6. 低压非居民增容

低压非居民增容适用于电压等级为 0.4kV 及以下、用电设备容量在 100kW 以下或需用变压器容量在 50kVA 及以下（特殊情况下可适当放宽）低压非居民用户的增容用电。

供电企业依据《供电营业规则》有关用电报装的条款规定、国网公司统一发布的服务承诺及服务规范，在一定的时限内，流程化实现低压非居民用电增容的"业务受理"、"现场勘查"、"审批"、"答复供电方案"、"确定费用"、"业务收费"、"供电工程进度跟踪"、"竣工报验"、"竣工验收"、"签订合同"、"装表接电"、"信息归档"、"用户回访"、"归档"的全过程管理，满足用户的用电增容需求。

低压非居民增容的工作流程如图 9-6 所示，其流程与低压非居民新装大同小异，因此不再描述。

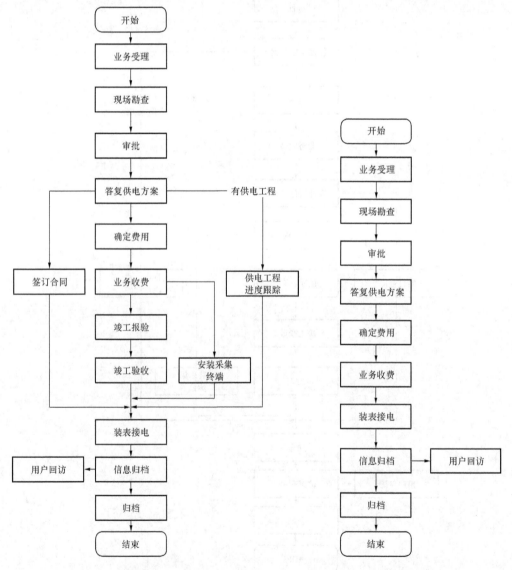

图 9-6　低压非居民增容的工作流程　　　　图 9-7　低压居民增容的工作流程

7. 低压居民增容

低压居民增容适用于电压等级为 220/380V 低压居民用户的增容用电。

供电企业依据《供电营业规则》有关用电报装的条款规定、国网公司统一发布的服务承诺及服务规范，在规定的时限内，流程化完成"业务受理"、"现场勘查"、"审批"、"确定费用"、"业务收费"、"装表接电"、"信息归档"、"用户回访"、"归档"的全过程，满足居民用户的用电增容需求。

低压居民增容的工作流程如图 9-7 所示，其流程与低压居民新装大同小异，因此不再描述。

【思考与练习】
(1) 新装用电的主要工作项目有哪几项？
(2) 增容用电的主要工作项目有哪几项？

模块三 业务扩充受理

【模块描述】 本模块主要介绍业务受理的方式，受理用户业务扩充业务时用电申请应携带的资料，用电申请书及用电申请书的填写要求。

用户申请新装用电时，应向供电企业提供用电工程项目批准的文件及有关的用电资料，包括用电地点、电力用途、用电性质、用电设备清单、用电负荷、保安电力、用电规划等，并依照供电企业规定格式如实填写用电申请书及办理所需手续。

作为新装增容业务的入口，应接收并审查用户资料，了解用户同一自然人或同一法人主体的其他用电地址的用电情况及用户前期咨询、服务历史信息，接受用户的报装申请。

一、业务受理方式
供电企业的受理方式归纳起来有以下三种方式：
(1) 营业柜台受理：即用户带有关资料到供电企业营业所处办理有关申请。
(2) 电话受理：即通过服务电话受理，服务电话为 95598。
(3) 网站受理：通过上网，在服务网站上受理。服务网站为 http://www.95598.com.cn。

二、受理用户业务扩充业务时用电申请应携带的资料
1. 居民用户用电申请应携带的资料
(1) 履约人居民身份证原件或其他有效证件或其他有效证件及复印件。
(2)《用电申请书》。
(3) 如委托他人待办，则需代办人的居民身份证原件或其他有效证件及复印件。
2. 低压新装用户用电申请（非居民）应携带的资料
(1) 工商行政管理部门签发的有效期内营业执照。
(2) 属政府监管的项目应提供政府职能部门有关本项目立项的批复文件。
(3) 非法人申请应提供授权委托书。
(4) 法人登记证件或委托代理人居民身份证、税务登记证明原件及复印件。

（5）用电设备清单。

3. 高压新装用电用户用电申请应携带的资料

（1）申请报告，主要内容包括：报装单位名称、申请报装项目名称、用电地点、项目性质、申请容量、要求供电的时间、联系人和电话等。

（2）产权证明及其复印件。

（3）对高耗能等特殊行业用户，须提供环境评估报告、生产许可证等。

（4）有效的营业执照复印件或非企业法人的机构代码证。

（5）经办人的身份证及复印件，法定代表人出具的授权委托书。

（6）政府职能部门有关本项目立项的批复文件。

（7）建筑总平面图、用电设备明细表、变配电设施设计资料、近期及远期用电容量。

4. 小区新装用电用户用电申请应携带的资料

（1）《用电申请书》：主要内容包括用户名称、用电地址、用电容量、用电类别、项目近远期规划、居民户数及单户容量、联系人及联系方式等。

（2）有效的营业执照复印件或非企业法人的机构代码证。

（3）法人资格证书复印件。

（4）经办人的身份证及复印件，法定代表人出具的授权委托书。

（5）政府项目批文、规划红线图等。

（6）政府职能部门有关本项目立项的批复文件。

（7）建筑总平面图、用电设备明细表、变配电设施设计资料、近期及远期用电容量。

5. 高压增容用电用户用电申请应携带的资料

（1）申请报告主要内容包括：建设单位名称、工程项目名称、用电地点、项目性质、申请增加容量、要求供电的时间、联系人和电话等。

（2）经办人的身份证及复印件，法定代表人出具的授权委托书。

（3）政府职能部门有关本项目立项的批复文件。

（4）建筑总平面图、用电设备明细表、变配电设施设计资料、近期及远期用电容量。

6. 低压增容用户用电申请（非居民）应携带的资料

（1）工商行政管理部门签发的有效期内营业执照。

（2）属政府监管的项目的有关批文。

（3）授权委托书。

（4）法人或委托代理人居民身份证、税务登记证明原件及复印件。

（5）用电设备清单。

7. 低压居民用户申请增容必备资料

（1）履约人居民身份证原件或其他有效证件及复印件。

（2）房产证原件及复印件。

（3）《用电申请书》。

（4）如委托他人待办，则需代办人的居民身份证原件或其他有效证件及复印件。

8. 临时用电应携带的资料

临时用电应出具单位证明、立项证明、设备清单、用电需求、《施工许可证》以及各网省公司认为必需的资料。

三、用电申请书

用户需要新装或增容申请时，在受理人员审查了有关资料以后，还应填写《用电申请书》，新装增容用电申请书见表 9-1。

表 9-1　　　　　　　　　　用 电 申 请 书

用户编号		用户名称	
用电地址		邮政编码	
通信地址			
证件类别	□营业执照 □法人证明 □部队证明 □组织机构代码证 □房产证 □其他	证件号码	
联系人		联系电话	
联系人手机		电子邮件地址	
联系人 证件类别	□身份证 □士官证 □其他	联系人证件号码	
申请容量		用电类别	□大工业　　□普通工业 □非工业　　□商业 □非居民照明　□居民生活 □农业生产　□趸售

用户在以下业务项中选择：（√）

一、新装增容业务

□高压新装　　□低压非居民新装　　□低压居民新装　　□小区新装

□装表临时用电　　□无表表临时用电　　□高压增容　　□低压非居民增容

□低压居民增容

二、变更业务

□减容　　　　□减容恢复

□暂停　　　　□暂停恢复　　　□暂换　　　　□暂换恢复

□迁址　　　　□移表　　　　□暂拆　　　　□复装　　　　□更名

□过户　　　　□分户　　　　□并户　　　　□销户　　　　□改压

□改类　　　　□计量装置故障　　□更改交费方式　　□批量销户　　□申请校表

□无表临时用电延期　　□无表临时用电终止

申请事由：

用户申明：	本表及附件中的信息和提供的相关文件资料真实准确，谨此确认。 　　　　　　　　　　　　经办人签字： 　　　　　　　　　　　　填表日期：　　年　月　日

申请编号		受理人		受理时间	

用电申请书是供电企业制定供电方案的重要依据，用户应如实填写，用电申请书中的主要内容有用户的基本信息、用电地点、用电类别、申请容量、申请事由、申请编号等。

1. 低压供电动力用户新装或增容用电用电申请表的填写要求

(1) 请逐栏填写清楚，填写不下时附动力设备登记表。

(2) 凡列入基建项目需附计委批准文件。

(3) 新装或增容用电需附平面图一张，郊区应附 1/2000 地形图一张。

(4) 凡装有电焊机设备需附试验成绩单或出厂说明书。

(5) 增容用户需带原供用电合同。

(6) 用户特殊用电说明指：用户需要生产备用、保安电源或申请多回路供电的理由、设备名称、容量及其用电负荷。

2. 低压供电照明用户的新装或增容用电用电申请表的填写要求

(1) 逐栏填写清楚。

(2) 增容用户需带原供用电合同。

(3) 家用电器是指彩电、冰箱、电风扇、电炊具、电热器等。

(4) 其他设备是指办公设备用电等。

3. 高压供电用户的新装或增容用电用电申请表的填写要求

(1) 请逐栏填写清楚，并附设备登记表。

(2) 备文说明用电规模，用电可靠性要求，投入使用时间。

(3) 需附 1/2000 地形图，1/500 平面图各一张。

(4) 增容用户需带原供用电合同。

(5) 受电设备总容量中的高压电动机是指不经过用户变压器、直接接入电网用电的高压电动机。

(6) 用户特殊用电说明指：用户需要生产备用、保安电源或申请双回路供电的理由、设备名称、容量及其用电负荷。

【思考与练习】

(1) 业务扩充的受理方式有哪几种？业务受理的工作内容有哪些？

(2) 什么叫柜台受理？

(3) 什么叫电话受理？什么叫网上受理？

(4) 居民用户申请用电新装时应携带哪些资料？

(5) 用电申请书有哪些主要内容？

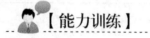
【能力训练】

一、选择题

1. 新装和增容用电均应向供电企业办理用电申请手续，填写（　　）。

　（A）用电报告　　　（B）业务工作单　　　（C）用电申请书　　　（D）登记卡

2. 业务扩充是我国电力工业企业（　　）工作中的一个习惯用语。

　（A）用电　　　（B）营业　　　（C）管理　　　（D）服务

3. 申请新装用电、临时用电、增加用电容量、变更用电和终止用电，均应到当地（　　）办理手续。

　　（A）变电站　　　　（B）三电办　　　　（C）街道办　　　　（D）供电企业

4. 供电企业对已受理的用电申请，应尽速确定供电方案，居民用户最长不超过（　　）正式书面通知用户。

　　（A）3天　　　　（B）5天　　　　（C）7天　　　　（D）10天

5. 供电企业对已受理的用电申请，应尽快确定供电方案，高压双电源用户最长不超过（　　），正式书面通知用户。

　　（A）1个月　　　　（B）2个月　　　　（C）3个月　　　　（D）4个月

6. 供电企业对已受理的用电申请应尽快确定供电方案，高压单电源用户最长不超过（　　），正式书面通知用户。

　　（A）1个月　　　　（B）15天　　　　（C）2个月　　　　（D）3个月

7. 供电企业对已受理的用电申请，应尽快确定供电方案，低压电力用户最长不超过（　　）正式书面通知用户。

　　（A）5天　　　　（B）7天　　　　（C）10天　　　　（D）15天

二、判断题

1. 根据用户申请，受理改变用户名称的工作属于业务扩充工作。　　　　　（　　）

2. 供电企业不接受使用不符合国家标准频率和电压的设备的用户的用电申请。（　　）

3. 供电企业对已受理的高压双电源用户申请用电，最长期限不超过3个月书面通知用户。　　　　　　　　　　　　　　　　　　　　　　　　　　　　（　　）

4. 供电企业对已受理的低压电力用户申请用电，最长期限不超过10天书面通知用户。
　　　　　　　　　　　　　　　　　　　　　　　　　　　　　　　　　（　　）

5. 低压供电业扩工作流程：用户申请→收取费用→调查线路，指定表位→装表接电→立卡抄表收费。　　　　　　　　　　　　　　　　　　　　　　　　　　（　　）

三、问答题

1. 业务扩充的主要工作内容有哪些？

2. 低压供电照明用户的新装或增容用电用电申请表的填写要求有哪些？

四、作图题

1. 试画出居民新装用户的工作流程。

2. 试画出居民用电增容业务流程。

3. 试画出低压用电新装业务工作流程。

第十章 变 更 用 电

知识目标

------○

（1）清楚变更用电的定义、工作项目。

（2）清楚典型变更用电项目的内涵及处理原则。

（3）了解典型变更用电项目的工作流程。

能力目标

------○

会进行变更用电受理操作。

模块一 变更用电的概念及要求

🎓 **【模块描述】** 本模块根据 SG186 营销业务应用系统的模块分类，主要介绍了变更用电的定义、工作项目、相关工作项目及总体要求。

一、变更用电的概念

1. 变更用电的定义

变更用电是指改变由供用电双方签订的《供用电合同》中约定的有关用电事宜的行为，属于电力营销活动中"日常营业"的范畴。在改变《供用电合同》中约定的条款时可以是单条条款的改变，也可以是多条条款的改变。

2. 变更用电的工作项目

根据 SG186 营销业务应用系统，在电力营销活动中"日常营业"的变更用电主要包括以下工作项目：①减容；②减容恢复；③迁址；④改压；⑤改类；⑥暂停；⑦暂停恢复；⑧暂换；⑨暂换恢复；⑩暂拆；⑪复装；⑫更名；⑬过户；⑭分户；⑮并户；⑯销户；⑰批量销户；⑱移表；⑲市政代工；⑳计量装置故障；㉑更改缴费方式；㉒申请校验；㉓批量更改线路台区等。

减容是指用户正式用电后，由于生产经营情况发生变化，考虑到原用电容量过大，不能全部利用，为了减少基本电费的支出或节能需要，提出减少供用电合同规定的用电容量的一种变更用电事宜。减容分为暂时性减容和永久性减容。

减容恢复是指用户减容到期后需要恢复原容量用电的变更用电业务。

迁址是指用户正式用电后，由于生产经营原因或市政规划，需将原用电容量的受电装置迁移他处的一种变更用电业务。

改压是指用户正式用电后，由于用户原因需要在原址原容量不变的情况下改变供电电压等级的变更用电。

改类是指用户正式用电后，由于生产、经营情况及电力用途发生变化而引起用电电价类别的改变。

暂停是指用户正式用电后，由于生产经营情况发生变化，需要临时停止用电或设备检修或季节性用电等原因，为了节省和减少电费支出，需要短时间内停止使用一部分或全部用电设备容量的一种变更用电业务。

暂停恢复是指用户暂停期间或到期后需要恢复原容量用电的变更用电业务。

暂换是指用户因受电变压器故障而无相同容量变压器替代，需要临时更换大容量变压器代替运行的业务。

暂换恢复适用于暂换变压器到期，恢复原有容量变压器的高压用户。

暂拆是指用户因修缮房屋或其他原因需要暂时停止用电并拆表的业务。

复装是指用户在暂拆业务后恢复装表用电。

更名是指在用电地址、用电容量、用电类别不变条件下，仅由于用户名称的改变，而不牵涉产权关系变更的，完成用户档案中用户名称的变更工作，并变更供用电合同。

过户是指用户依法变更房屋户主名称的业务。

分户是指原用户由于生产、经营或改制方面的原因，由一个电力计费用户分列为两个及以上的电力计费用户的一种变更用电的业务。

并户是指用户在用电过程中，由于生产、经营或改制方面的原因，由两个及以上电力计费用户合并为一个电力计费用户的一种变更用电的业务。

销户是指用户由于合同到期终止供电、企业破产终止供电、供电企业强制终止用户用电的业务，即供用电双方解除供用电关系。

批量销户是指根据相关规定对用户进行批量销户。

移表是指用户在原用电地址内，因修缮房屋、变（配）电室改造或其他原因，需要移动用电计量装置安装位置的业务。

市政代工是指根据政府由于城市建设等原因针对供配电设施迁移改造等要求，依据《供电营业规则》的有关规定进行业务办理。

计量装置故障是指内部报办、用户申请的各种计量装置故障的处理。

更改缴费方式是指受理用户要求变更交费方式的需求，与用户变更供用电合同，完成用户资料的变更。

申请校验是指用户认为计费电能表不准时向供电企业提出校验申请的业务。

批量更改线路台区是指由于电网调整、改造等原因引起的批量用户关联的线路，台区信息需要调整的业务。

二、办理变更用电的总体要求

根据相关规定，用户需办理变更用电时，应事先提出申请，并携带有关证明文件，到供电企业用电营业场所办理手续，变更供用电合同等。办理变更用电的总体要求如下。

（1）坚持"一口对外、便捷高效、三不指定、办事公开"的原则。

（2）树立"优质、方便、规范、真诚"的服务理念，遵守职业道德规范，执行企业规定。

（3）根据用户的用电性质及国家电价政策签订《供用电合同》，明确产权分界、电费结算等协议。

（4）需用户签章认可的工作单、合同（协议）的程序和手续符合法律、法规和政策规定。变更业务申请书和需要用户签章确认的业务工作单，经用户签章后方可生效。

（5）变更用电的相关资料项目齐全，内容规范，及时归档，妥善保管，长期保存。

（6）用户办理变更用电要符合业务变更条件。

（7）从业务受理到接电，每个环节都应该有时限控制，有法律法规和公司规定的时限，必须按规定的时限办理。其他未明确的时限考核标准可由各网省公司根据实际情况确定。特殊情况不能在规定的时限办理的，应主动告知用户。

（8）从业务受理到接电，每个环节都应确保内容填写的完整和准确。具体的完整率、准确率标准可由各网省公司根据实际情况确定。

（9）在受理用户的变更业务时，未签订合同的要补签合同。

【思考与练习】

（1）什么叫变更用电？

（2）变更用电主要包括哪些工作项目？

（3）什么叫减容？

（4）什么叫更改交费方式？

模块二　办理变更用电的具体要求

【模块描述】本模块根据 SG186 营销业务应用系统及相关规定，介绍了变更用电相关工作项目的处理原则。

一、减容及减容恢复工作处理的具体要求

1. 减容

用户减容，须在 5 天前向供电企业提出申请，供电企业应按下列规定办理：

（1）减容必须是整台或整组变压器的停止或更换为小容量变压器用电。供电企业在受理之后，根据用户申请减容的日期对设备进行加封。从加封之日起，按原计费方式减收其相应容量的基本电费。但用户声明为永久性减容的或从加封之日起期满两年又不办理恢复用电手续的，或其减容后的容量已达不到实施两部制电价规定容量标准时，应改为单一制电价计费。

（2）减少用电容量的期限，应根据用户所提出的申请确定，但最短期限不得少于 6 个月，最长不得超过两年。

（3）在减容期限内，供电企业保留用户减少容量的使用权，超过减容期限要求恢复用电时，应按新装或增容手续办理。

（4）减容期限内要求恢复用电时，应在 5 天前向供电企业申请办理恢复用电手续，基本电费从启封之日起计收。

（5）减容期满后的用户以及新装、增容的用户，两年内不得申办减容。如确需继续办理减容的，减少部分容量的基本电费应按 50% 计算收取。

（6）减容前执行两部制电价的用户，减容期间仍执行两部制电价。

（7）用户办理减容业务提供减容申请书、供用电合同等主要相关资料。

2. 减容恢复

《供电营业规则》第二十三条规定，供电部门受理用户减容恢复申请并核实相关资料，

进行现场勘查，跟踪用户受电工程进度，竣工验收后与用户变更供用电合同，更换计量装置，更换或启封用电设备，审核、归档变更用户的档案信息。

办理减容恢复业务时，相关工作要求如下：

（1）《供电营业规则》第二十三条规定：在减容期限内要求恢复用电时，应在 5 天前向供电企业办理恢复用电手续，基本电费从启封之日起计收；超过期限要求恢复用电时，应按新装、增容手续办理；从加封之日起期满两年不办理恢复用电手续的，其减容后的容量已达不到实施两部制电价规定容量标准时，应改为单一制电价计费。

（2）用户办理减容恢复用电应提交减容恢复申请书等相关资料。

二、暂停及暂停恢复工作处理的具体要求

1. 暂停

依据《供电营业规则》第二十四条规定，供电企业受理用户暂停申请并核实相关资料，进行现场勘查，记录勘查意见，更换计量装置，封停用电设备，审核、归档变更用户的档案信息。

用户申请暂停用电，须在 5 天前向供电企业提出申请，供电企业应按下列规定办理：

（1）用户在每一日历年内，可申请全部（含不通过受电变压器的高压电动机）或部分用电容量的暂时停止用电两次，每次不得少于 15 天，一年内两次累计暂停时间不得超过 6 个月。季节性用电或国家另有规定的用户，累计暂停时间可以另议。

（2）按变压器容量计收基本电费的用户，暂停用电必须是整台整组变压器停止运行。供电企业在受理暂停申请后，根据用户申请暂停日期对暂停设备加封，从加封之日起，按原计费方式减收其相应容量的基本电费。

（3）暂停期满或每一日历年内累计暂停用电时间超过 6 个月者，不论用户是否恢复用电，供电企业必须从期满之日起，按合同约定的容量计收其基本电费。

（4）在暂停恢复期限内，用户申请恢复暂停用电容量时，须在预定恢复日前 5 天向供电企业提出申请。暂停时间少于 5 天者，暂停期间基本电费照收。

按最大需量计收基本电费的用户，申请暂停用电必须是全部容量（含不通过受电变压器的高压电动机）的暂停，遵守上述（1）～（4）项的有关规定。

（5）减容期满后的用户以及新装、增容用户，两年内不得申办暂停。如确需继续办理暂停的，暂停部分容量的基本电费应按 50％计算收取。

2. 暂停恢复

暂停恢复业务办理时，相关工作要求如下：

（1）《供电营业规则》第二十四条规定：在暂停期限内，用户申请恢复暂停用电容量用电时，须在预定恢复日前 5 天向供电企业提出申请。暂停时间少于 15 天者，暂停期间基本电费照收。暂停期满或每一日历年内累计暂停用电时间超过 6 个月者，不论用户是否申请恢复用电，供电企业须从期满之日起，按合同约定的容量计收其基本电费。

（2）用户办理暂停恢复应提交暂停恢复申请书等相关资料。

三、暂换及暂换恢复工作处理的具体要求

1. 暂换

按照《供电营业规则》的有关规定，受理用户的暂换业务，安排现场勘查，确定用户的计量装置是否需更换，是否需供电工程进度跟踪，并组织现场验收，完成用户合同的变更，并给予装表接电，进行归档，完成暂换变更用电业务的流程管理。

用户申请暂换时，相关工作要求如下：

（1）用户需变更用电时，应事先提出申请，并携带有关证明文件，到供电企业用电营业场所办理手续，变更供用电合同。

（2）必须在原受电地点整台地暂换受电变压器。

（3）暂换的变压器经检验合格后才能投入运行。

（4）暂换变压器增加的容量不收取供电贴费，但对执行两部制电价的用户需在暂换之日起，按替换后的变压器容量计收基本电费。

2. 暂换恢复

按照《供电营业规则》的有关规定，暂换变压器到期后，用户要恢复原有容量的变压器，需办理恢复业务申请。通过受理用户的暂换恢复业务，安排现场勘查，确定用户的计量装置是否需更换，是否需供电工程进度跟踪，并组织现场验收，完成用户合同的变更，并给予装表接电，进行归档，完成暂换恢复变更用电业务的流程管理。

（1）暂换变压器的使用时间，10kV 及以下的不得超过两个月，35kV 及以上的不得超过 3 个月。逾期不办理手续的，供电企业可中止供电。

（2）检查用户的申请资料是否满足暂换恢复的申请条件。

四、更名过户工作处理的具体要求

1. 更名

用户更名，应持有关证明向供电企业提出申请。供电企业应按下列规定办理：在用电地址、用电容量、用电类别不变条件下，允许办理更名。

对用户的更名，要严格审查证明文件，做到其合法性，防止侵权和民事纠纷，防止电费损失，必要时派员核实。用户提供的主要资料应包括：

（1）用户依法变更名称，需更名时，应提供有关证明，如上级的证明文件、工商变更证明、房产证、户口本、身份证。

（2）机关、企事业单位、社会团体、部队等更名，应提供工商行政管理部门注册登记执照及有关证明。

（3）经办人的身份证及复印件，法定代表人出具的授权委托书。

更名业务受理时须核查用户同一自然人或同一法人主体的其他用电地址的电费缴费情况，如有欠费则须在缴清电费后方可办理。

更名业务受理时须了解用户相关的咨询等服务历史信息、是否被列入失信用户等信息，了解该用户同一自然人或同一法人主体的其他用电地址的历史用电的信用情况，形成用户报装附加信息。

2. 过户

供电企业依据《供电营业规则》有关过户的条款规定，和国家电网公司统一发布的服务承诺要求，在一定的时限内，由于用户产权关系的变更，为用户办理过户申请，现场勘查核实用户的用电地址、用电容量、用电类别未发生变更后，依法与新用户签订供用电合同，注销原用户供用电合同，同时完成新用户档案的建立及原用户档案的注销。

用户过户，应持有关证明向供电企业提出申请。供电企业应按下列规定办理。

（1）在用电地址、用电容量、用电类别不变条件下，允许办理过户。

（2）原用户应与供电企业结清债务，才能解除原供用电关系。

（3）不申请办理过户手续而私自过户者，新用户应承担原用户所负债务。经供电企业检查发现用户私自过户时，供电企业应通知该户补办手续，必要时可中止供电。

对用户的过户，要严格审查证明文件，做到其合法性，防止侵权和民事纠纷，防止电费损失，必要时派员核实，用户提供的主要资料应包括：

（1）居民用户因更换房屋产权人等原因，需过户时，应提供有关证明，如上级的证明文件、工商变更证明、房产证、户口本、身份证。

（2）机关、企事业单位、社会团体、部队等过户，应提供工商行政管理部门注册登记执照及有关证明。

（3）经办人的身份证及复印件，法定代表人出具的授权委托书。

用户过户后如果用电类别发生变化，新户必须办理改类业务。过户业务受理时须核查用户同一自然人或同一法人主体的其他用电地址的电费缴费情况，如有欠费则须在缴清电费后方可办理；须了解用户相关的咨询等服务历史信息、是否被列入失信用户等信息，了解该用户同一自然人或同一法人主体的其他用电地址的历史用电的信用情况，形成用户报装附加信息。

五、改压、改类工作处理的具体要求

1. 改压

供电企业依据《供电营业规则》有关申请用电的条款规定，和国家电网公司统一发布的服务承诺要求，在一定的时限内，为在原址改变供用电电压等级的用户办理变更用电申请，组织现场查勘，制定改变后的电压等级的供电方案，向用户收取有关营业费用，跟踪供电工程的立项、设计、图纸审查、工程预算、设备供应、施工和受电工程的设计、设备供应及工程施工过程，组织受电工程的图纸审查、中间检查、竣工验收，与用户变更供用电合同，并给予装表送电，完成归档用户变更用电的全过程。

改压时，用户提供的主要资料应包括：

（1）申请报告，主要内容包括变更单位名称、申请变更项目名称、用电地点、项目性质、申请容量、要求供电的时间、联系人和电话等。

（2）产权证明及其复印件。

（3）有效的营业执照复印件或非企业法人的机构代码证。

（4）经办人的身份证及复印件，法定代表人出具的授权委托书。

（5）政府职能部门有关本项目立项的批复文件。

（6）建筑总平面图、用电设备明细表、变配电设施设计资料、近期及远期用电容量。

用户申请改压，须向供电企业提出申请，供电企业应按下列规定办理：

（1）改高等级电压供电且容量不变者，由用户提供改造费用，供电企业予以办理；超过原容量者，按增容办理。

（2）改低等级电压供电时，改压后的容量不大于原容量者，由用户提供改造费用，供电企业按相关规定办理；超过原容量者，按增容办理。

由于供电企业原因引起的用户供电电压等级变化的，改压引起的用户外部供电工程费用由供电企业负担。

2. 改类

用户在同一受电装置内，电力用途发生变化而引起用电电价类别的增加、改变或减少时，向供电企业提出变更申请，供电企业依据《供电营业规则》有关办理改类的规定进行用户变更申请的受理，并进行现场勘查、审批，与用户签订供变更用电合同，并给予装表接电，核实改类时的电表抄码，完成各项审核工作，根据变更情况对用户进行回访，最后归档完成整个改类变更的全过程。

用户申请改类，须持有关证明向供电企业提出申请，供电企业应按下列规定办理：

(1) 用户改变用电类别，须向供电企业提出申请。

(2) 擅自改变用电类别，属违约用电行为。将依照《供电营业规则》第一百条第一款的规定处理。即"按实际使用日期补交其差额电费，并承担 2 倍差额电费的违约使用电费"。

六、迁址工作处理的具体要求

用户迁址，须在 5 天前向供电企业提出申请，供电企业应按下列规定办理：

(1) 原址按终止用电办理，供电企业予以销户，新址用电优先受理。

(2) 迁址后的新址不在原用电点的，新址用电按新装用电办理。

(3) 迁移后的新址在原供电点供电的，且新址用电容量不超过原址容量的，新址用电无须按新装办理，但新址用电引起的工程费用由用户承担。

(4) 迁移后的新址仍在原供电点，但新址用电容量超过原用电容量的超过部分按增容办理。

(5) 私自迁移用电地址用电，除按《供电营业规则》第一百条第五款的规定处理外，私自迁新址用电不论是否引起供电点的变动，一律按新装用电办理。

《供电营业规则》第一百条第五款的具体内容为：私自迁移、更动和擅自操作供电企业的用电计量装置、电力负荷管理装置、供电设施以及由供电企业调度的用户受电设备者，属于居民用户的，应承担每次 500 元的违约使用电费；属于其他用户的，应承担每次 5000 元的违约使用电费。

七、分户、并户、销户、批量销户工作处理的具体要求

1. 分户

供电部门依据《供电营业规则》有关申请用电的条款规定，和国家电网公司统一发布的服务承诺要求，在一定的时限内，为用户办理分户申请，组织现场勘查，制定原用户及分出户的供电方案，向原用户及分出户收取有关营业费用，跟踪供电工程的立项、设计、图纸审查、工程预算、设备供应、施工和受电工程的设计、设备供应及工程施工过程，组织受电工程的图纸审查、中间检查、竣工验收，与原用户重新签订供用电合同，与分出户分别签订供用电合同，并给予装表送电，通过归档完成原用户档案变更及分出户立户的全过程。

分户时，用户提供的主要资料应包括：

(1) 居民申请分户携带房产证、本人身份证，产权证明及其复印件。

(2) 单位申请分户应携带有效的营业执照复印件或非企业法人的机构代码证。

(3) 经办人的身份证及复印件，法定代表人出具的授权委托书。

用户申请分户，应持有关证明资料向供电企业提出申请，供电企业应按下列规定办理：

(1) 在用电地址、用电容量、供电点等不变，且其受电装置具备分装的条件时，允许办理分户。

（2）在原用户与供电企业结清债务的情况下，方可办理分户手续。

（3）分立户的新用户应与供电企业重新建立供用电关系。

（4）原用户的用电容量由分户者自行协商分割，需要增容者，分户后另行向供电企业办理增容手续。

（5）分户引起的工程费用由分户者承担。

（6）分户后受电装置应经供电企业检验合格，由供电企业分别装表计费。

2. 并户

并户时，用户提供的主要资料应包括：

（1）申请报告，主要内容包括变更单位名称、申请变更项目名称、用电地点、项目性质、申请容量、要求供电的时间、联系人和电话等。

（2）产权证明及其复印件。

（3）有效的营业执照复印件或非企业法人的机构代码证。

（4）经办人的身份证及复印件，法定代表人出具的授权委托书。

（5）政府职能部门有关本项目立项的批复文件。

（6）建筑总平面图、用电设备明细表、变配电设施设计资料、近期及远期用电容量。

用户申请并户，应持有关证明资料向供电企业提出申请，供电企业应按下列规定办理。

（1）在同一用电地址、同一供电点的相邻两个及以上用户，允许办理并户。

（2）原用户应在并户前与供电企业结清债务。

（3）新用户用电容量不得超过并户前各户容量之和。

（4）并户引起的工程费用由并户者承担。

（5）并户后的受电装置应经供电企业检验合格，由供电企业重新装表计费。

3. 销户

用户办理销户时，供电企业应按下列规定办理。

（1）用户合同到期终止供电时：

1）销户必须停止全部用电容量的使用。

2）用户与供电企业结清电费和所有账务。

3）查验用电计量装置完好性后，拆除接户线和用电计量装置。

（2）企业依法破产终止供电时：

1）供电企业予以销户，终止供电。

2）在破产用户原址上用电的，按新装用电办理。

3）从破产用户分离出去的新用户，必须在偿还清原破产用户电费和其他债务后，方可办理变更用电手续，否则，供电企业可按违约用电处理。

用户连续 6 个月不用电，也不申请办理暂停用电手续者，供电企业须以销户终止其用电。用户须再用电时，按新装用电办理。

4. 批量销户

根据《供电营业规则》中销户业务的相关规定进行用户批量销户申请的受理，并进行现场勘查、审批，对计量装置已损坏的用户，根据实际情况，与政府部门协商，一次性结清所有电费或者进行电费呆坏账处理，对正常用户给予拆表，核实拆表时的电表抄码，完成电量电费结算，终止用户的供用电合同，完成批量销户资料的存档。供电企业按下列规定办理批量销户业务：

（1）办理政府整体拆迁工程的实施或者自然灾害造成的房屋倒塌而申请的批量销户，必须有政府的批准材料和证明材料。

（2）销户前欠费时，必须结清欠费后方可受理。对计量装置已损坏的用户，根据实际情况，与政府部门协商，一次性结清所有电费或者进行电费呆坏账处理。

（3）批量销户引用销户的业务要求，《供电营业规则》规定：

1）销户必须停止全部用电容量的使用。

2）用户已向供电企业结清电费。

3）查验用电计量装置完好性后，拆除接户接线和用电计量装置。

4）用户持供电企业出具的凭证，领还电能表保证金与电费保证金。

（4）办完上述事宜，即解除供用电关系。

八、移表、暂拆、复装、申请校验、计量装置故障工作处理的基本要求

1. 移表

用户移表须向供电企业提出申请，供电企业应按下列规定办理：

（1）在用电地址、用电容量、用电类别、供电点等不变的情况下，可办理移表手续。

（2）移表所需的费用由用户负担。

用户不论何种原因，均不得自行移动用电计量装置，否则属违约用电行为，将依照《供电营业规则》第一百条第五款的规定处理，即"私自迁移供电企业的用电计量装置者，属于居民的应承担每次 500 元违约使用电费；属于其他用户的，应承担每次 5000 元的违约使用电费"。

SG186 营销业务模型设计中，用户在办理以上变更用电业务时，供电企业还应达到以下工作要求。

（1）允许同一城市内相关变更用电业务的异地受理。受理辖区外用户的用电变更和缴费，需准确记录用户的联系方式。

（2）在接到异地受理的用户用电申请后，应及时与用户取得联系，办理后续用电业务。

（3）受理时须核查用户同一自然人或同一法人主体的其他用电地址电费缴费情况，如有欠费则应给予提示。

（4）受理时须了解用户相关的咨询等服务历史信息、是否被列入失信用户等信息，了解该用户同一自然人或同一法人主体的其他用电地址的历史用电的信用情况，形成用户报装附加信息。

2. 暂拆

供电企业依据《供电营业规则》关于暂拆的条款，查验用户提供的相关材料，在规定时限内完成现场勘查和拆表工作。

用户申请暂拆，须持有关证明向供电企业提出申请，供电企业应按下列规定办理：

（1）用户办理暂拆手续后，供电企业应在 5 天内执行暂拆。

（2）暂拆时间最长不得超过 6 个月。暂拆期间，供电企业保留该用户原容量的使用权；暂拆原因消除，用户要求复装接电时，须向供电企业办理复装接电手续并按规定交付费用。上述手续完成后，供电企业应在 5 天内为该用户复装接电。

3. 复装

供电部门依据《供电营业规则》有关复装的条款，确认用户的暂拆原因消除，及时为需要复装的用户现场勘查并按规定向用户收取相关费用，完成复装接电和用户资料归档工作。复装工作要求如下：

（1）用户暂拆（因修缮房屋等原因需要暂时停止用电并拆表），应持有关证明向供电企业提出申请。

（2）暂拆原因消除，用户要求复装接电时，须向供电企业办理复装接电手续并按规定交付费用。上述手续完成后，供电企业应在 5 天内为该用户复装接电。

（3）暂拆时间最长不得超过 6 个月；超过暂拆规定时间要求复装接电者，按新装手续办理。

4. 申请校验

供电企业依据《供电营业规则》第七十九条规定，用户认为供电企业装设的计费电能表不准时，有权向供电企业提出校验申请，在用户交付验表费后，供电企业应在 7 天内检验，并将检验结果通知用户。如计费电能表的误差在允许范围内，验表费不退；如计费电能表的误差超出允许范围时，除退还验表费外，并应按本规则第八十条规定退补电费。用户对检验结果有异议时，可向供电企业上级计量检定机构申请检定。用户在申请验表期间，其电费仍应按期交纳，验表结果确认后，再行退补电费。办理申请校验业务时，应遵循以下要求。

（1）根据《供电营业规则》第八十条规定，由于计费计量的互感器、电能表的误差及其连接线电压降超出允许范围或其他非人为原因致使计量记录不准时，供电企业应按下列规定退补相应电量的电费。

1）互感器或电能表误差超出允许范围时，以"0"误差为基准，按验证后的误差值退补电量。退补时间从上次校验或换装后投入之日起至误差更正之日止的 1/2 时间计算。

2）连接线的电压降超出允许范围时，以允许电压降为基准，按验证后实际值与允许值之差补收电量。补收时间从连接线投入或负荷增加之日起至电压降更正之日止。

（2）其他非人为原因致使计量记录不准时，以用户正常月份的用电量为基准，退补电量，退补时间按抄表记录确定。退补期间，用户先按抄表电量如期交纳电费，误差确定后，再行退补。

5. 计量装置故障

供电企业依据《计量装置的安装和故障抢修标准作业流程》的规定，在接到用户关于计量装置故障的信息后，尽量了解故障情况，记清用户名称或门牌号，尽快安排相关人员到现场进行勘查，查找故障原因，并尽快排除故障，在规定的时限内，恢复装表接电，完成故障资料归档的整个过程。处理计量装置故障业务时，应遵循以下要求。

（1）对可停电拆表检验的用户，应在 5 日内拆回检验。对不能停电拆表检验的用户，可采取换表或现场检验的方法进行检验。自拆表到复装的时间不得超过 5 天，复装时要查清用户是否有自行引入的电源。

（2）经检验合格者，不退验表费；对检验不合格者，要根据结果退还用户验表费，同时按电能计量装置检验工作单办理退补电费手续。拆回电能计量装置的检验结果，由营业厅负责通知用户。

（3）外勤人员在用户处发现电能计量装置故障时，要根据具体情况填写故障工作单，对发现的故障表（含用户提报的），电能计量管理部门应在 3 天内进行检查，并在拆表或换表后 3 天内提出原装电能计量装置检验报告。

九、更改缴费方式工作处理的具体要求

受理用户要求变更缴费方式的需求，与用户变更供用电合同，完成用户资料的变更。用户办理更改缴费方式业务时，应提供更改缴费方式申请书、供用电合同等主要相关资料。

（1）查询用户以往的服务记录，审核用户法人所代表的其他单位以往用电历史、欠费情况、信用情况，并形成用户相关的附加信息。如有欠费则须缴清欠费后再予受理。

（2）查验用户材料是否齐全、申请单信息是否完整、判断证件是否有效。

（3）记录缴费方式、相关银行、银行账号、付款单位等信息。

（4）用户办理变更缴费方式业务后，及时将用户变更后的缴费方式提供给核算管理业务类，对未结算的电费，更改的缴费方式生效。

十、市政代工、批量更改线路台区工作处理的具体要求

1. 市政代工

根据政府由于城市建设等原因针对供配电设施迁移改造等要求，依据《供电营业规则》的有关规定进行业务受理，并组织现场勘查、审批，跟踪供电工程的立项、设计、图纸审查、工程预算、设备供应、施工和受电工程的设计、设备供应及工程施工过程，最后归档完成整个市政代工业务的全过程。市政代工的业务要求主要有：

（1）充分考虑政府市政代工的用电需求。

（2）结合政府的总体规划和城市建设要求，保质保量完成工作任务。

（3）市政代工完整的用户档案资料应包括：用电申请书；属政府监管的项目的有关批文；授权委托书；法人登记证件或委托代理人居民身份证及复印件；用电设备清单；用电变更现场勘查工作单。

2. 批量更改线路台区

按照内部报办流程通过业务受理、现场勘查、审批、信息归档、归档，完成用户档案中的线路、台区信息变更。批量更改线路台区完整的用户档案资料应包括：内部工作联系单；用电变更现场勘查工作单；应为用户档案设置物理存放位置。

办理批量更改线路台区业务时，应保留原有的线路和台区信息作为历史信息，备查。

【思考与练习】

（1）在减容期限内要求恢复用电应如何处理？

（2）用户更名时应提供的资料有哪些？

（3）办理市政代工的业务要求有哪些？

模块三　典型变更用电业务工作流程

【模块描述】 本模块根据 SG186 营销业务应用系统，介绍了几类典型的变更用电业务工作流程。通过知识讲解，熟练掌握减容、过户、改类、更改缴费方式等业务工作流程。

一、减容、减容恢复的工作流程

1. 减容

（1）业务流程。减容业务流程如图10-1所示。

（2）业务流程描述。

1）业务受理。接收并审查用户资料，了解用户服务历史信息，确认用户是否满足减容的条件，接受用户的变更申请。

2）现场勘查。按照现场任务分配情况进行现场勘查，在约定日期内到现场进行核实，记录勘查意见，提出相关供电变更方案。

3）审批。按照减容的相关规定，根据审批权限由相关部门对勘查意见及变更方案进行审批，签署审批意见。

4）答复供电方案。根据审批确认后的供电方案，书面答复用户。

5）供电工程进度跟踪。依次登记工程立项，设计情况，工程的图纸审查情况，工程预算情况，工程费的收取情况，设备供应及工程施工情况，中间检查、竣工验收情况，工程的决算情况。

6）竣工报验。接收用户的竣工

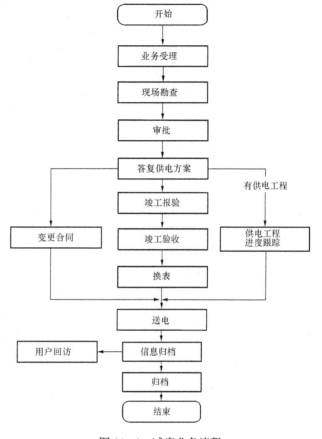

图10-1　减容业务流程

验收申请，审核相关报送资料是否齐全有效，通知相关部门准备用户受电工程竣工验收工作。

7）竣工验收。按照国家和电力行业颁发的设计规程、运行规程、验收规范和各种防范措施等要求，根据用户提供的竣工报告和资料，及时组织相关部门对用户受电工程进行全面检查、验收。

8）变更合同。需在送电前完成与用户变更供用电合同的工作。合同变更后应反馈变更时间等信息。

9）换表。电能计量装置的更换应严格按通过审查的计量方案进行，严格遵守电力工程安装规程的有关规定。计量装置更换后应反馈更换前后的计量装置资产编号、操作人员、操作时间等信息，应及时完成计量装置的更换工作。

10）送电。用户用电工程验收合格、电能计量装置安装完成后应组织送电工作。

11）信息归档。根据相关信息变动情况，完成用户档案变更。

12）用户回访。95598用户服务人员在规定回访时限内按比例抽样完成申请减容用户的回访工作，并准确、规范记录回访结果。

13）归档。核对用户待归档信息和资料。收集、整理用户变更资料，完成资料归档。减

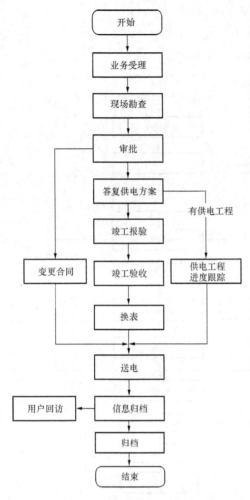

图 10-2　减容恢复业务流程

容完整的用户档案资料应包括：用电申请书；属政府监管的项目的有关批文；授权委托书；法人或委托代理人居民身份证、税务登记证明原件及复印件；用电设备清单；现场勘查工作单；电气设备安装工程竣工及检验报告；受电工程竣工验收登记表；受电工程竣工验收单；装拆表工作单；送电任务单；供用电合同；审定的用户电气设计资料及图纸（含竣工图纸）。

2. 减容恢复

（1）业务流程。减容恢复业务流程如图 10-2 所示。

（2）业务流程描述。

1）业务受理。接收并审查用户资料，了解用户服务历史信息，确认用户是否满足减容恢复的条件，接受用户的变更申请。

2）现场勘查。按照现场任务分配情况进行现场勘查，在约定日期内到现场进行核实，记录勘查意见，提出相关供电变更方案。

3）审批。按照减容恢复的相关规定，根据审批权限由相关部门对勘查意见及变更方案进行审批，签署审批意见。

4）答复供电方案。根据审批确认后的供电方案，书面答复用户。

5）供电工程进度跟踪。依次登记工程立项，设计情况，工程的图纸审查情况，工程预算情况，工程费的收取情况，设备供应及工程施工情况，中间检查，竣工验收情况，工程的决算情况。

6）竣工报验。接收用户的竣工验收申请，审核相关报送资料是否齐全有效，通知相关部门准备用户受电工程竣工验收工作。

7）竣工验收。按照国家和电力行业颁发的设计规程、运行规程、验收规范和各种防范措施等要求，根据用户提供的竣工报告和资料，及时组织相关部门对用户受电工程进行全面检查、验收。

8）变更合同。需在送电前完成与用户变更供用电合同的工作。合同变更后应反馈变更时间等信息。

9）换表。如果需要变更计量装置，引用计量点管理业务类"运行维护及检验"完成配、领、装、拆、换计量装置工作。

电能计量装置的更换应严格按通过审查的计量方案进行，严格遵守电力工程安装规程的有关规定。应及时完成计量装置的更换工作。计量装置更换后应反馈更换前后的计量装置资产编号、操作人员、操作时间等信息。

10）送电。用户受电工程验收合格、电能计量装置安装完成后应组织送电工作。

11）信息归档。根据相关信息变动情况，变更用户档案。

12）用户回访。95598用户服务人员在规定回访时限内按比例抽样完成申请减容恢复用户的回访工作，并准确、规范记录回访结果。

13）归档。核对用户待归档信息和资料。收集、整理用户变更资料，完成资料归档。减容恢复完整的用户档案资料应包括：用电申请书；属政府监管的项目的有关批文；授权委托书；法人或委托代理人居民身份证、税务登记证明原件及复印件；用电设备清单；现场勘查工作单；电气设备安装工程竣工及检验报告；受电工程竣工验收登记表；受电工程竣工验收单；装拆表工作单；送电任务单；供用电合同；审定的用户电气设计资料及图纸（含竣工图纸）。

二、更名、过户的工作流程

1. 更名

（1）业务流程。更名业务流程如图10-3所示。

（2）业务流程描述。

1）业务受理。接收并审查用户资料，了解用户服务历史信息，确认用户是否满足更名的条件，接受用户的变更申请。

2）合同变更。供用电合同变更是指供用电合同在履行过程中因用电性质变更、调整电价比例、增减用电容量等变更用电时，合同双方当事人对合同条款进行变更的业务。

3）信息归档。信息归档由系统自动处理。应保证抄表、用电检查、95598用户服务等相关部门能及时获取用户更名信息。

根据相关信息变动情况，变更用户基本档案等。

4）用户回访。95598用户服务人员在规定回访时限内按比例抽样完成申请更名用户的回访工作，并准确、规范记录回访结果。

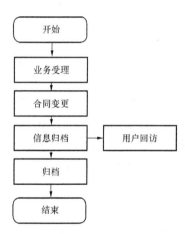

图10-3　更名业务流程

5）归档。收集、整理、并核对用户变更资料，变更用户档案。更名业务的完整归档资料应包括：用电申请书；法人登记证明、营业执照、授权委托书原件或复印件；办理人有效身份证件复印件；房产证等产权证明的复印件；供用电合同。

2. 过户

（1）业务流程。过户业务流程如图10-4所示。

（2）业务流程描述。

1）业务受理。接收并审查用户资料，了解用户服务历史信息，确认用户是否满足过户的条件，接受用户的变更申请。

通过获取的申请信息，需要通知用户备妥资料到营业厅办理相关手续或提供主动上门服务。为用户提供信息宣传与咨询服务，引导并协助用户填写《用电申请书》。查询用户以往的服务记录，审核用户法人所代表的其他单位以往用电历史、欠费情况、信用情况，并形成用户相关的附加信息。如有欠费则须在缴清电费后方可办理。对于本月未抄表的电量，相应电费可由过户双方协商缴纳金额。查验用户材料是否齐全、申请单信息是否完整、判断证件

图 10-4　过户业务流程

是否有效。记录用户名称、联系方式等申请信息。

2）现场勘查。按照现场任务分配情况进行现场勘查，根据用户的用电申请信息到现场核实用户的用户名称、用电地址、用电容量、用电类别等用户信息，形成勘查意见。

3）审批。按照过户的相关规定，根据审批权限由相关部门对勘查意见及变更方案进行审批，签署审批意见。对于审批不通过的，应根据审批意见要求用户补办相关手续后重新勘查。

4）签订合同。需在归档前完成与用户变更供用电合同的工作。合同变更后应反馈变更时间等信息。

5）信息归档。根据相关信息变动情况，注销原用户信息档案，建立新用户信息档案。

6）用户回访。95598 用户服务人员在规定回访时限内按比例抽样完成申请过户用户的回访工作，并准确、规范记录回访结果。

7）归档。收集、整理并核对用户变更资料，注销原用户档案，建立新用户档案。过户业务的完整归档资料应包括：用电申请书；法人登记证明、营业执照、授权委托书原件或复印件；办理人有效身份证件复印件；房产证等产权证明的复印件；现场勘查工作单；供用电合同。

三、改压、改类的工作流程

1. 改压

（1）业务流程。改压业务流程如图 10-5 所示。

（2）业务流程描述。

1）业务受理。接收并审查用户资料，了解用户改压原因及用户服务历史信息，接受用户的变更申请。

2）现场勘查。按照现场任务分配情况进行现场勘查，根据用户的用电申请信息到现场核查需要改变受电电压等级的线路、变压器容量等。根据用户的用电性质、用电规模以及该区域电网结构，对供电可能性和合理性进行调查，为拟定供电方案（包括电源接入、计费和计量方案）提供基础资料。

3）拟定供电方案。根据现场勘查结果，拟定电源接入方案、计量方案以及计费方案等，最终形成供电方案。

4）审批。按照改压的相关规定，根据审批权限由相关部门对勘查意见及变更方案进行审批，签署审批意见。

5）答复供电方案。根据审批确认后的供电方案，答复用户。

6）确定费用。按照国家有关规定及物价部门批准的收费标准，确定相关费用，并通知用户缴费。

7）业务收费。对两路或多路电源供电的用户收取高可靠性供电费用，打印发票/收费凭证，建立用户的实收信息，更新欠费信息。

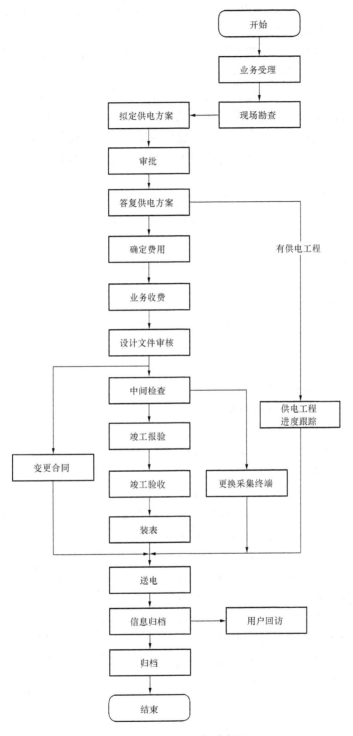

图 10 - 5　改压业务项流程

8）供电工程进度跟踪。依次登记工程立项，设计情况，工程的图纸审查情况，工程预算情况，工程费的收取情况，设备供应及工程施工情况，中间检查，竣工验收情况，工程的决算情况。

9）设计文件审核。根据国家相关设计标准，审查用户受电工程设计图纸及其他设计资料，在规定时限内答复审核意见。

10）中间检查。用户受电工程在施工期间，供电企业应根据审核同意的设计和有关施工标准，对用户受电工程中的隐蔽工程进行中间检查。

11）更换采集终端。①终端设备的安装、更换或拆除应严格按通过审查的施工设计和确定的供电方案进行；②应及时完成采集终端设备的安装、更换或拆除工作；③采集终端设备安装、更换或拆除完成后应反馈资产编号、操作人员、操作时间等信息。

12）竣工报验。接收用户的竣工验收要求，审核相关报送材料是否齐全有效，通知相关部门准备用户受电工程的竣工验收工作。

13）竣工验收。按照国家和电力行业颁发的设计规程、运行规程、验收规范和各种防范措施等要求，根据用户提供的竣工报告和资料，组织相关部门，对受电工程的工程质量进行全面检查、验收。

14）变更合同。需在送电前完成与改压用户变更供用电合同的工作。合同变更完成后应反馈合同签订时间等信息。

15）装表。电能计量装置的更换应严格按通过审查的计量方案进行，严格遵守电力工程安装规程的有关规定。应及时完成计量装置的更换工作。计量装置更换后应反馈资产编号、操作人员、操作时间等信息。

16）送电。装表工作完成后组织相关部门送电。

17）信息归档。信息归档由系统自动处理。应保证抄表、用电检查、电费核算、95598用户服务等相关部门能及时获取用户改压信息。

18）用户回访。95598用户服务人员在规定回访时限内按比例抽样完成申请改压用户的回访工作，并准确、规范记录回访结果。

19）归档。核对用户待归档信息和资料。收集、整理用户变更资料，完成资料归档。改压完整的用户档案资料应包括：用电申请书；属政府监管的项目的有关批文；授权委托书；法人登记证件或委托代理人居民身份证及复印件；用电设备清单；现场勘查工作单；受电工程设计文件审核登记表；受电工程设计文件审核结果通知单；受电工程中间检查登记表；受电工程中间检查结果通知单；电气设备安装工程竣工及检验报告；受电工程竣工验收登记表；受电工程竣工验收单；装拆表工作单；送电任务单；供用电合同；审定的用户电气设计资料及图纸（含竣工图纸）。

2. 改类

（1）业务流程。改类业务流程如图10-6所示。

（2）业务流程描述。

1）业务受理。接收并审查用户资料，了解用户电力用途发生变化情况及用户服务历史信息，接受用户的变更申请。

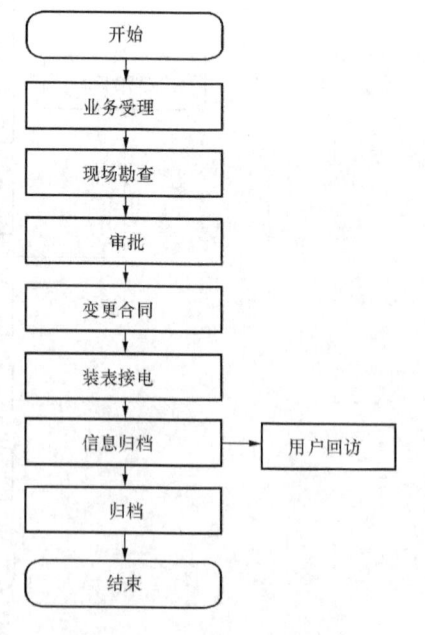

图10-6 改类业务项流程

2）现场勘查。按照现场任务分配情况进行现场勘查，根据用户的变更用电申请信息到现场核实。根据用户的变更用电申请的性质进行合理性核查和确认，初步确认计量装置的变更方案，并记录用户更改的用电类别。

3）审批。按照改类的相关规定，根据审批权限由相关部门对勘查意见及变更方案进行审批，签署审批意见。对于审批不通过的，重新进行现场勘查，并重新审批。

4）变更合同。需在装表接电前完成与改类用户变更供用电合同的工作。合同变更完成后应反馈合同签订时间等信息。

5）装表接电。装表接电时，应根据计量方案装拆并对由于计费方案变更涉及的表计进行抄表。电能计量装置的更换应严格遵守电力工程安装规程的有关规定。应及时完成计量装置的更换工作。计量装置更换后应反馈资产编号、操作人员、操作时间、换表底度等信息。

接电前，应检查各受电装置及计量装置的更换情况，以保证符合相关标准和规范。

接电完成后，应按照《送电任务现场工作单》格式记录送电人员、送电时间、变压器启用时间及相关情况。将填写好的《送电任务现场工作单》交与用户签字确认，并存档以供查阅。

6）信息归档。根据相关信息变动情况，包括计费信息（特别是电价类别）、计量信息等，变更用户档案。应保证抄表、用电检查、电费核算、95598用户服务等相关部门能及时获取用户改类后的档案变更信息。

7）用户回访。95598用户服务人员在规定回访时限内按比例抽样完成申请该类用户的回访工作，并准确、规范记录回访结果。

8）归档。核对用户待归档信息和资料，收集、整理用户变更资料，完成资料归档。待归档资料必须完整齐全，并及时归档。改类完整的用户档案资料应包括：用电申请书；属政府监管的项目的有关批文；授权委托书；法人登记证件或委托代理人居民身份证及复印件；用电设备清单；用电变更现场勘查工作单；装拆表工作单；供用电合同。

四、更改交费方式、申请校验的工作流程

1. 更改交费方式

（1）业务流程。更改交费方式业务流程如图10-7所示。

（2）业务流程描述。

1）业务受理。作为更改交费方式业务的入口，接收并审查用户资料，了解用户历史缴费情况及用户缴费方式变更的原因，接受用户的变更申请。

2）变更合同。需在归档前完成与更改缴费方式用户变更供用电合同的工作。合同变更完成后应反馈合同签订时间等信息。

3）信息归档。信息归档由系统自动处理。应保证电费收费等相关部门能及时获取用户缴费方式更改信息。根据相关信息变动情况，变更基本用户档案、合同档案等。

4）归档。更改交费方式完整的用户档案资料应包括：用电申请书；授权委托书；法人登记证件或委托代理人居民身份证复印件；供用电合同。

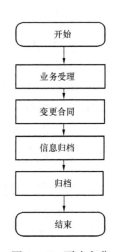

图10-7　更改交费
方式业务流程

2. 申请校验

(1) 业务流程。申请校验业务流程如图 10-8 所示。

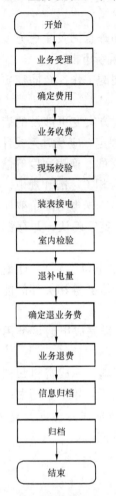

图 10-8　申请校验业务流程

(2) 业务流程描述。

1) 业务受理。接收并审查用户资料，了解用户关联用电点的故障情况及用户服务历史信息，接受用户的变更申请。

2) 确定费用。按照国家有关规定及物价部门批准的收费标准，确定验表费费用，并通知用户缴费。

3) 业务收费。根据校验情况确定的费用进行收取，打印发票/收费凭证，建立用户的实收信息，更新欠费信息。

4) 现场校验。①在约定的时间内到现场进行现场校验；②接到现场校验工作任务单后，应在供电公司规定的时限内进行现场校验；③无法现场校验的或用户对校验结果不满意的，应要求更换计量装置进行实验室校验。

5) 装表接电。应按原计量装置参数进行更换，并严格遵守电力工程安装规程的有关规定。应及时完成计量装置的更换工作。计量装置更换后应反馈资产编号、操作人员、操作时间等信息。

6) 室内检验。电能表室内检验的项目有直观检查、启动试验、潜动试验、基本误差的测定、绝缘强度试验、走字试验（对安装式电能表）和需量指示器试验（对最大需量表）。

7) 退补电量。如计费电能表的误差超出允许范围时，除退还验表费外，并应按规定退补电费。

8) 确定退业务费。按照国家有关规定及物价部门批准的退业务费标准，确定退业务费用。

9) 业务退费。如计费电能表的误差在允许范围内，验表费不退；如计费电能表的误差超出允许范围时，除退还验表费外，并应按规定退补业务费。

10) 信息归档。信息归档由系统自动处理。如用户换表，应保证抄表、用电检查、电费核算、95598 用户服务等相关部门能及时获取用户计量装置变更信息。

11) 归档。核对用户的批量注销信息和资料。收集、整理用户变更资料，完成资料归档。申请校验完整的用户档案资料应包括：用电申请书；属政府监管的项目的有关批文；授权委托书；法人或委托代理人居民身份证、税务登记证明原件及复印件；用电变更现场勘查工作单；装拆表工作单。

📖【思考与练习】

(1) 减容业务的归档资料包括哪些？

(2) 过户业务的归档资料包括哪些？

【能力训练】

一、选择题

1. 根据《供电营业规则》，用户减容，须在（　　）前向供电企业提出申请。
　　（A）3 天　　　　　（B）5 天　　　　　（C）7 天　　　　　（D）10 天

2. 根据《供电营业规则》，减容期满后的用户以及新装、增容用户，（　　）内不得申办减容或暂停。
　　（A）半年　　　　　（B）1 年半　　　　（C）1 年　　　　　（D）两年

3. 工厂企业等动力用户因生产任务临时改变、设备检修等原因需短时间内停止使用一部分或全部用电容量叫（　　）。
　　（A）暂拆　　　　　（B）停用　　　　　（C）暂停　　　　　（D）减容

4. 用户由于产品工艺改变式生产任务变化，原容量过大不能充分利用，而提出申请减少一部分用电容量的叫（　　）。
　　（A）暂停　　　　　（B）减容　　　　　（C）暂拆　　　　　（D）调整

5. 暂拆原因消除，用户办理复装接电手续并按规定交付费用，供电企业应在（　　）内为该用户复装接电。
　　（A）3 天　　　　　（B）5 天　　　　　（C）7 天　　　　　（D）10 天

6. 根据《供电营业规则》，用户办理暂拆手续后，供电企业应在（　　）内执行暂拆。
　　（A）3 天　　　　　（B）5 天　　　　　（C）7 天　　　　　（D）10 天

7. 根据《供电营业规则》，暂拆是指暂时停止用电，并（　　）的简称。
　　（A）拆除房屋　　　（B）拆除配电柜　　（C）拆除电能表　　（D）拆销户名

8. 根据《供电营业规则》，销户是合同到期（　　）用电的简称。
　　（A）终止　　　　　（B）暂停　　　　　（C）继续　　　　　（D）减容

9. 根据《供电营业规则》，改类是改变用电（　　）的简称。
　　（A）方式　　　　　（B）方案　　　　　（C）容量　　　　　（D）类别

10. 根据《供电营业规则》，移表是移动用电（　　）位置的简称。
　　（A）配电装置　　　（B）供电装置　　　（C）计量装置　　　（D）受电装置

11. 根据《供电营业规则》，改压是改变（　　）等级的简称。
　　（A）输出电压　　　（B）供电电压　　　（C）用电电压　　　（D）变电电压

12. 根据《供电营业规则》，减少用电容量的期限，应根据用户所提出的申请确定，但最短期限不得少于（　　）。
　　（A）1 年　　　　　（B）9 个月　　　　（C）6 个月　　　　（D）3 个月

13. 根据《供电营业规则》，减少用电容量的期限，应根据用户所提出的申请确定，但最长期限不得超过（　　）。
　　（A）1 年　　　　　（B）1 年半　　　　（C）两年　　　　　（D）两年半

14. 根据《供电营业规则》，用户在每一日历年内，可申请全部或部分用电容量的暂停用电（　　）次。
　　（A）5　　　　　　　（B）3　　　　　　　（C）2　　　　　　　（D）1

15. 根据《供电营业规则》，用户在每一日历年内，可申请全部或部分用电容量的暂时停止用电两次，每次不得少于 15 天，一年累计暂停时间不得超过（ ）。

（A）3 个月 （B）5 个月 （C）6 个月 （D）10 个月

16. 根据《供电营业规则》，用户在每一日历年内，可申请全部或部分用电容量的暂时停止用电两次，每次不得少于（ ），一年累计暂停时间不得超过 6 个月。

（A）40 天 （B）30 天 （C）15 天 （D）10 天

17. 根据《供电营业规则》，暂换变压器的使用时间，10kV 及以下的不得超过（ ），逾期不办理手续的，供电企业可中止供电。

（A）6 个月 （B）4 个月 （C）3 个月 （D）两个月

18. 根据《供电营业规则》，暂换变压器的使用，35kV 及以上的不得超过（ ），逾期不办理手续的，供电企业可中止供电。

（A）6 个月 （B）4 个月 （C）3 个月 （D）两个月

19. 某用户原报装非工业用户，现要求改为商业用电该户应办理（ ）。

（A）改类 （B）改压 （C）更名过户 （D）销户

20. 根据《供电营业规则》，用户连续（ ）不用电，也不申请办理暂停用电手续者，供电企业须以销户终止其用电。

（A）1 年 （B）6 个月 （C）3 个月 （D）两个月

21. 根据《供电营业规则》，对于暂停用电不足 15 天的大工业电力用户，暂停期间（ ）基本电费。

（A）全部减免 （B）按 10 天计算 （C）不扣减 （D）按 15 天计算

22. 根据《供电营业规则》，新装、增容用户两年内不得申办减容或暂停，如确需办理减容或暂停的，减少或暂停部分容量的基本电费应按（ ）%收取。

（A）30 （B）50 （C）60 （D）100

23. 根据《供电营业规则》，暂拆时间最长不超过（ ）个月。

（A）3 （B）6 （C）12 （D）24

24. 根据《供电营业规则》，用户办理暂停，需在（ ）天前向供电企业提出申请。

（A）3 （B）5 （C）7 （D）15

二、问答题

1. 如何办理减容？

2. 如何办理暂停？

3. 如何办理暂换？

4. 如何办理迁址？

5. 如何办理分户？

6. 如何办理改压？

7. 如何办理改类？

8. 更改缴费方式工作处理的具体要求有哪些？

三、计算题

1. 某工厂原有一台 315kVA 变压器和一台 250kVA 变压器，按容量计收基本电费。2000 年 4 月，因检修，经电力部门检查同意，于 13 日暂停 315kVA 变压器 1 台，4 月 26 日检修完毕恢复送电，供电企业对该厂的抄表日期是每月月末，基本电价为 28 元/kVA/月，试计算该厂 4 月份应交纳的基本电费。

2. 某大工业用户 3 月份新装 1000kVA 变压器和 630kVA 变压器各一台，后因资金不能到位于 6 月向供电企业申请暂停 1000kVA 变压器一台，供电部门经核查后同意并于 6 月 10 日对其 1000kVA 变压器加封，试求该用户 6 月份的基本电费。（假设基本电费为 28 元/kVA/月，供电企业抄表结算日期为每月 25 日）

3. 某大工业用户，装有受电变压器 315kVA 一台。5 月 12 日变压器故障，因无相同容量变压器，征得供电企业同意，暂换一台 400kVA 变压器。供电企业与该用户约定的抄表结算电费日期为每月 24 日，请问该用户 5 月份应交纳基本电费和供电贴费各为多少？[假设基本电费单价为 28 元/（kVA·月）]

四、作图题

1. 请作出减容的工作流程。

2. 请作出更名的工作流程。

第十一章　供电方案的制定

知识目标 ───────◎

（1）清楚供电方案的内涵及主要解决的问题，清楚供电方案包含的主要内容、制定供电方案前的三审以及制定供电方案应遵循的原则。

（2）掌握低压供电方案确定的主要内容。

（3）掌握高压供电方案确定的主要内容。

（4）清楚高压供电方案变压器容量的确定方法、批准变压器容量应遵守的基本原则，供电电压、供电电源、计量方式、计量点确定的方法。

能力目标 ───────◎

（1）会进行简单的低压用户供电方案的确定。

（2）会对高压供电方案中变压器容量确定进行计算。

（3）会对高压供电方案中供电电压、供电电源、计量方式、计量点确定进行选择。

模块一　供电方案的有关概念

🎓【模块描述】本模块主要介绍了供电方案的内涵及主要解决的问题，供电方案制定的基本要求，供电方案的主要内容，制定供电方案前的三审以及制定供电方案应遵循的原则及应掌握的信息。

一、供电方案主要解决的问题及主要内容

1. 供电方案要解决的问题

供电方案要解决的问题可以概括为两个：第一为供多少；第二为如何供。"供多少"是指批准变压器的容量是多少比较适宜；"如何供"的主要内容是确定供电电压等级，选择供电电源，明确供电方式与计量方式等。

2. 供电方案的主要内容

用户的供电方案主要依据用户的用电要求、用电性质、现场调查的信息以及电网结构和运行情况来确定。

供电方案的主要内容应包括：

（1）用户供电容量的确定。

（2）用户供电电压等级的确定。

（3）为用户供电确定的供电电源点。

（4）为用户供电确定的供电方式。

（5）为用户供电确定的供电线路。

（6）为用户供电确定的一次接线和有关电气设备选型配置安装的要求。

（7）用户计费计量点、电量采集终端安装点、计量方式的确定及计量装置的选择配置等。

二、供电方案制定的基本要求

供电方案是用电报装工作中的一个重要环节，也是营业工作中的一个关键环节。正确制订供电方案，可以给正确执行电价分类、正确安装电能计量装置、合理收取电费以及建立供用电双方的关系、解决日常用电中的各种问题奠定一定的基础，创造必要的条件。

供电方案正确与否将直接影响电网的结构与运行是否合理、灵活，用户必需的供电可靠性是否能得到满足，电压质量能否保证，用户变电所的一次投资与年运行费用是否经济，等等，因此，正确制订供电方案是保证安全、经济、合理地供用电的重要环节。

1. 制订供电方案时需掌握的信息

制订供电方案时需掌握如下信息：①用电地点；②电力用途；③用电性质；④用电设备清单；⑤用电负荷；⑥保安电力；⑦用电规则。

2. 制定供电方案应遵循的原则

制定供电方案应遵循如下原则。

（1）在满足用户供电质量的前提下，方案要经济合理。

（2）考虑施工建设和将来运行、维护的可能方便。

（3）符合电网发展规划，避免重复建设。业扩的实施应注意与改善电网运行的可靠性和灵活性结合起来。

（4）考虑用户发展的前景。

（5）特殊用户，要考虑用电后对电网和其他用户的影响。

三、制定供电方案前的三审

制定供电方案前应进行供电必要性的审查、供电合理性的审查和供电可能性的审查。

1. 供电必要性的审查

（1）对新申请用电用户供电必要性的审查。审查新建项目是否已得到上级或有关部门的批准，防止盲目建设、重复建设而造成不合理的用电。

（2）对申请双电源供电用户供电必要性的审查。双电源是指两个独立的电源，双电源可分为生产备用电源和保安备用电源两种。

生产备用电源对供电可靠性的要求要比保安备用电源低，也不负保证生产安全的责任，仅在供电设施某一部分出现故障或检修时，能使用户的部分或全部生产过程正常进行而设置的电源。

保安备用电源是在正常电源出现故障的情况下，为了保证用户的部分运转不发生事故而设置的电源。生产备用电源和保安备用电源用户的增加给电网的安全运行、调度管理、设备检修等，都会带来一些困难，而且还会增加事故隐患。

对用户是否需要双电源主要决定于用户的用电性质，其生产流程中对供电可靠性的依赖程度，以及电网的供电条件，两者缺一不可。应从严掌握，严加控制，以确保供、用电的安全。但是，有的用户不符合双电源供电的条件而是由于当前供电紧张出现的拉闸限电，一再申请以双电源供电的，这种情况是不能同意的。有的重要用户，其保安备用电源是可以自备的，无需从电力系统获得，甚至更经济、更合理，而且能满足生产、保安用电的需要。

2. 供电合理性的审查

(1) 对新申请用电用户供电合理性的审查。对新申请用电用户供电合理性的审查，应审查其用电性质、用电容量以及负荷计算是否正确，然后对其是否采用单耗小、效率高的用电设备，申请的变压器容量是否合理以及无功补偿方式等进行审查。对电加热用电应严格控制。

(2) 对申请增加用电容量用户供电合理性的审查。用户申请增加用电容量时，应对用户申请增容的原因、原供电容量的使用情况进行了解，如用电设备是否有"大马拉小车"的现象，是否有继续使用国家已指令淘汰的用电设备，是否继续生产高能耗产品。然后，审查用户提出的负荷计算资料，对电能的使用是否合理。如果可以通过用户内部挖潜或采用其他方法解决，则应说服用户撤销申请。如属确需增加用电容量时，则应与新申请用电的用户一样办理。

3. 供电可能性审查

供电可能性审查首先要落实电力资源渠道，即供电能力是否能满足用户申请用电的容量要求，包括电力、电量、用电时间等。其次，应根据用户的用电地址、变压器容量、负荷性质、开始使用的年月等，与电网输、变、配电设备的供电能力是否能满足用户申请用电的容量和使用日期的要求，进行综合研究。然后，才能确定对用户是否具备供电条件。

【思考与练习】

(1) 供电方案主要解决的问题是什么？

(2) 供电方案的三审指的是哪三审？

模块二　供电方案的制定

【模块描述】 本模块主要介绍了低压用户和高压用户供电方案的制定方法和步骤以及供电方案期限的规定。

一、低压用户供电方案的制定

1. 供电方式的确定

低压供电用户采用低压供电方式，供电方式适用于 0.4kV 及以下电压实施的供电用户。低压供电方式分单相和三相两类。

单相供电方式主要适用于照明和单相小动力，三相低压供电方式主要适用于三相小容量用户。

单相低压供电方式的最大容量应以不引起供电质量变劣为准则，当造成的影响超过标准时，需改用三相低压供电方式。

《供电营业规则》中规定，用户用电设备容量在 100kW 及以下或需用变压器容量在 50kVA 以下的，可采用三相低压供电方式。

确定低压用户的供电方案时，应考虑线路本身的负荷、本站变压器的负荷、负荷自然增长因数以及冲击负荷、谐波负荷、不对称负荷的影响。

2. 用电容量的确定

确定低压用户供电容量时，对居民和低压公变供电用户，一般是用户报多少，批多少。

对低压专变供电的用户，则应采用需用系数法确定，即

$$S_c = P_c/\cos\varphi = K_x P_{n\Sigma}/\cos\varphi$$

式中　　P_c——有功计算负荷；

　　　　K_x——需用系数；

　　　$P_{n\Sigma}$——用电设备的额定容量；

　　　$\cos\varphi$——用户的功率因数；

　　　　S_c——计算容量。

3. 确定供电电源和进户线

确定供电电源和进户线应注意以下几点

（1）进户点应尽可能接近供电电源线路处。

（2）容量较大的用户应尽量接近负荷中心处。

（3）进户线应错开泄雨水的沟、墙内烟道，并与煤气管道、暖气管道保持一定距离。

（4）一般应在墙外地面上看到进户点，便于检查、维修。

（5）进户点的墙面应坚固，能牢固安装进户线支持物。

4. 供电方案的有效期

低压供电方案的有效期为 3 个月。

二、高压用户供电方案的制定

高压用户供电方案应根据现场勘查结果、配网结构及用户用电需求，确定供电方案和计费方案，拟定供电方案意见书，包括用户接入系统方案、用户受电系统方案、计量方案、计费方案等。

其中用户接入系统方案包括：供电电压等级、供电容量、供电电源位置、供电电源数（单电源或多电源）、供电回路数、路径、出线方式，供电线路敷设、继电保护等。

用户受电系统方案包括：进线方式、受电装置容量、主接线、运行方式、继电保护方式（类型）、调度通信、远动信息、保安措施、产权及维护责任分界点、主要电气设备技术参数等。

计量方案包括计量点与采集点设置，电能计量装置配置类别及接线方式、安装位置、计量方式、电量采集终端安装方案等。

计费方案包括用电类别、电价分类及功率因数执行标准等信息。

综上所述，高压用户供电方案应包括下列主要内容。

（1）批准用户用电的变压器容量。

（2）用户的供电电源、供电电压等级及每个电源的供电容量。

（3）用户的供电线路、一次主接线和有关电气设备选型配置安装的要求。

（4）用户的计费计量点与采集点的设置，计量方式、计量装置的选择配置。

（5）用户的计费方案。

（6）供电方案的有效期。

（7）其他需说明的事宜等。

1. 变压器容量的确定

对于用电容量较大的专变用户（各地规定的容量标准不统一，一般规定为容量在 100kW 及以上的用户），在确定受电变压器容量（即供电容量）时，一定要按下述原则

进行。

首先要审查用户申请的变压器容量是否合理，审查用户负荷计算是否正确，如果采用需用系数计算负荷时，计算负荷确定后，一定要根据无功补偿应达到的功率因数，求出相应的无功功率和视在功率，再利用视在功率确定变压器容量。

专变用户变压器容量的确定有两种方法，一种是采用需用系数来确定用户的变压器容量；另一种方法是采用用电负荷密度的方法确定用户的供电容量。

(1) 采用需用系数来确定变压器容量。采用需用系数来确定变压器容量，则要根据用户内部用电设备的额定容量和由于行业特点和考虑用电设备在实际负荷下的需要系数所求出的计算负荷，再考虑用电设备使用的不同供电线路及其用电设备损耗等各种因素后，确定变压器最佳容量。计算用电设备计算负荷的公式为

$$P_c = K_x P_{n\Sigma}$$

式中　P_c——计算负荷，kW；

　　　K_x——需用系数；

　　　$P_{n\Sigma}$——用电设备的容量，kW。

用电设备计算负荷求出后，可根据国家规定用户应达到的功率因数求出用电负荷的视在功率，并确定变压器的容量。用电负荷的视在功率计算公式为

$$S_c = P_c / \cos\varphi$$

式中　S_c——用电负荷的视在功率，kVA；

　　　$\cos\varphi$——要求用户应达到的功率因数。

依上述方法求出的视在功率选择变压器容量是简便易行的，此法关键在于积累资料，计算各种用电设备的需用系数，由于行业不同，用电需用系数也各不相同，所以一般可采用现场实际测量的方法来找出不同行业、不同用电设备的需用系数。

依据计算负荷确定变压器容量和台数时，除考虑上述几项原则和注意事项外，还一定要与用户认真协商，本着实事求是的精神，按照安全、经济、统筹兼顾的要求，确定出最佳的变压器容量和台数。

常用的几种工业用电设备的需用系数见表 11-1。

表 11-1　　　　　　　常用的几种工业用电设备的需用系数

用电设备名称	电炉炼钢设备	转炉炼钢设备	机器制造设备	金属制造设备	纺织机械	毛纺机械	面粉加工机	榨油机
需用系数	1.0	0.05	0.2~0.50	0.65~0.85	0.55~0.75	0.40~0.60	0.70~1.0	0.40~0.70

(2) 采用用电负荷密度的方法确定供电容量。对于高层住宅和高层商业用电等，可采用用电负荷密度的方法，确定供电容量，其确定方法为：

繁华地区商贸用电：80~100W/m²；商贸、写字楼、金融、高级公寓混合用电：60~80W/m²；高层住宅：50W/m²；一般住宅：50W/m²。

(3) 批准变压器容量时应遵守的原则。批准变压器容量时还应遵守以下原则。

1) 在满足近期生产需要的前提下，变压器应保留合理的备用容量，为发展生产留有余地。

2) 在保证变压器不超负荷和安全运行的前提下，同时考虑减少电网的无功损耗。一般

用户的计算负荷等于变压器额定容量的 70%～75%是最经济的。

3) 对于用电季节性较强、负荷分散性大的用户,既要考虑能够满足旺季或高峰用电的需要,又要防止淡季和低谷负荷期间因变压器轻负荷、空负荷而使无功损耗过大的问题。此时可适当地降低变压器选择容量,增加变压器台数,在变压器轻负荷时切除一部分变压器以减少损耗,从而降低运行费用,增加灵活性,实现节电的原则。

2. 供电电压等级的确定

根据《供电营业规则》的规定,低压供电电压为单相 220V,三相 380V;高压供电电压为 10 (6)、35、110kV 和 220kV。该规则还规定,除发电厂直配电压可以采用 3、6kV 以外,其他等级的电压逐步过渡到上列规定的电压。

目前我国 220kV 及以上供电电压主要用于电力系统输送电能,也有少数大型企业从 220kV 电网直接受电;35～110kV 供电电压既可作输电用,也可作配电用,直接向大中型电力用户供电;10kV 及以下供电电压只起配电作用。各级供电电压与输送容量和输送距离的关系见表 11 - 2。

表 11 - 2 供电电压与输送容量和输送距离的关系表

额定电压/kV	0.38	3	6	10	35	110	220	330
输送容量/kW	0.1 以下	0.1～1.0	0.1～1.2	0.2～2.0	2.0～1.0	10～50	100～500	200～1000
输送距离/km	0.6 以下	1～3	4～15	6～20	20～50	50～150	100～300	200～600

业扩报装部门接受用户申请用电时,应根据用户需用的电力(或批准的变压器容量)及供电距离,选择合适的供电电压。一般来讲,在输送功率及距离一定的条件下,电压越高,则电流越小,电网的电压降落、功率损耗和电能损耗都相应减小,也就是说,提高电压就能提高输电能力。因此,对一些容量大、供电距离远的工业用户应区别情况采用合适的供电电压,以减小线损,保证用户电压质量。但是,应当看到,电压等级越高,线路的绝缘强度就要求越高,杆塔的几何尺寸也要随线间距离的加大而增大,这样杆塔的材料消耗和线路投资就要增加,同时,线路两端升压与降压变电所的变压器、断路器等电气设备的投资,也将随着电压的升高而增加。因此,要进行技术经济比较,才能确定合理经济的供电电压。

(1) 10kV 供电。对于变压器容量超过 160kVA 或装接容量大于 250kW 的用户,一般采用 10kV 供电。

下列情况,用电容量不足 100kW,也可采用 10kV 供电。

1) 用户提出对供电可靠性有特殊要求,如通信、医疗、广播、计算中心、机要部门等用电。

2) 对供电质量产生不良影响的负荷,如整流器、电焊机等。

3) 边远地区的用户,为了利于变压器的运行维护和故障的及时处理,经供用双方协商同意的。

(2) 35kV 及以上供电。对于大容量、远距离的大电力用户,一般采用 35～110kV 供电。

1) 用户变压器总容量在 3000kVA 及以上时,一般采用 35kV 及以上电压等级供电。

2）对用电容量不足 3000kVA，但经技术经济比较，用 35kV 及以上供电电压更合理时，可采用 35kV 或更高电压等级供电。

3）对用电容量较大的冲击负荷、不对称负荷和非线性负荷的用户，可视其情况采用高一等级电压供电。

（3）农村供电。对于农村供电电压等级的确定，应根据用电负荷的大小和距离的远近，采用 35～110kV 输电或 10kV 配电。在灌溉用电较多的地区，10kV 级电压很难保证合格的电压质量，可以采用 35kV 直接配电和 35kV 降压、10kV 配电两种联合供电的方式。

3. 供电电源的确定

在一般情况下，供电电源的确定应按照就近供电的原则选择供电电源。因为供电距离近，电压质量容易保证。

许多电力用户对电力系统运行的首要要求是保证供电的可靠性，也就是要求持续不间断地向用户供电。因此，用户要求用双电源、备用电源的较多。

在确定供电电源时，应考虑用户对供电可靠性的要求，对于Ⅰ级负荷应由两个或多个电源（以下统称为双电源）供电。对于Ⅰ级负荷业扩部门应根据用户提供的用电负荷性质，严格审核双电源供电是否必要，对于确实需要双电源供电的，应在确定供电方式时进行落实。如果电网没有条件供给双电源时，应由用户自备发电机组，并使其处于完好的备用状态。对有些不愿意甚至拒绝双电源供电方案Ⅰ级负荷用户，业扩部门应加以说服。

对于Ⅱ级负荷，一般不批准双电源供电，如果用户用电容量大，可以采用单电源双回路供电，这样在检修线路时可起到一定的备用作用。

对于Ⅲ级负荷则应采用单电源供电。

对于被批准为双电源供电的用户，在制订供电方式时，应按其重要程度考虑是否由不同的电源点供电，是否需要采用一根或两根电缆线路来提高其供电的可靠性。

对于大容量用户，还可采用适当增加变压器台数的办法来提高供电的可靠性。当一台主变压器故障或计划检修时，不致造成全厂停电，运行比较灵活。

用户用电具备下列条件之一者，应采用双（多）电源供电方式。

（1）中断供电后将造成人身伤亡者。

（2）中断供电后将造成重要设备损坏、生产长期不能恢复者或造成重大经济损失者。

（3）中断供电后，造成政治、军事和社会治安重大影响者。

（4）中断供电后将造成环境严重污染者。

（5）高层建筑用电。

（6）对用电有特殊要求者。

保安电源是指在常规电源故障的情况下，为保证对重要用户的重要负荷仍然能持续供电的设施。如有下列情况之一者保安电源应由用户自备。

（1）在电力系统瓦解或不可抗力造成供电中断时，仍需保证供电的。

（2）用户自备电源比从电力系统供给更为经济合理的。

4. 供电线路的确定

供电线路的确定一般是根据用户负荷性质、负荷大小、用电地点和线路走向等选择供电线路及其架设方式。我国目前的供电线路，是以架空线为主，但对城市电网，电缆配电的情况也很多。供电线路的导线规范由设计单位确定，但在报装时，应建议按经济电流密度选择导线。

在供电线路走向方面，应选择在正常运行方式下，具有最短的供电距离，以防止发生近电远供或迂回供电的不合理现象，如图 11-1（a）所示，由于历史的原因，1、2、3、4 各个供电点逐步形成，当 5 点申请时，如果单纯按供电距离最短、减少线路投资费用的原则，确定架设 L_{4-5} 线路，就不一定正确，而且电压质量很难保证，应当说服用户架设 L_{A-5} 线路为好。同样道理，图 11-1（b）中的供电点 4，应当从 B 电源架设 L_{B-4} 线路，而不应取架设 L_{3-4} 线路的方案。

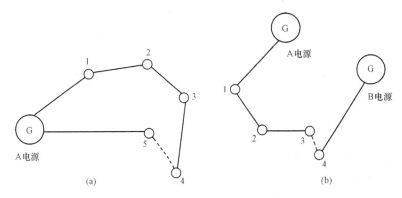

图 11-1　供电线路的确定示例

5. 用户变电所的接线方式

大部分用户变电所为终端降压变电所，其电气接线方式由用户自行决定。但是，有些变电所因电网需要转供电或有穿越功率流经该所，因此，在批准用户供电方式时，应当根据电网发展规划和运行要求，向用户变电所提出一次接线的基本形式。对于有两路电源供电并有两台主变压器的用户变电所，一般可以采用内桥或外桥接线方式，其优点是断路器数量较少、运行较灵活、投资也省。对于有穿越功率流过的用户变电所，适于采用外桥接线。如果用户主变压器不需要经常切除，而且输电线路较长时，适于采用内桥接线。对于单电源供电，有 2～3 台变压器的用户，常采用单母线的接线方式。

6. 计量点及计量方式的确定

（1）计量点的确定。计量点是计量装置或计费电能表的安装位置，应在供电方案中予以明确，以便在设计变电所时预留安装位置，作为计收电费的依据。

1）对于高压供电用户，原则上应在变压器的高压侧安装电能计量装置，其计量方式为高供高量方式。

对于用电容量较小的用户，如 10kV 供电、容量在 560kVA 及以下者，或 35kV 供电、容量在 3200kVA 及以下者，也可在变压器的低压侧装表计量，其计量方式为高供低量方式。计费时，应加上变压器本身的损耗。

2）对于专用线路供电的用户，应以产权分界处作为计量点。如果供电线路属于用户，则应在电力部门变电所出线处安装电能计量装置。

3）对于双电源供电的用户，每路电源进线均应装设与备用容量相对应的电能计量装置。

4）对大容量内桥接线的用户，计量点应设在主变压器的电源侧。

5) 对于单电源供电的用户，原则上只装设一套电能计量装置。但是，如因季节性用电主变压器容量与实际用电悬殊，也可酌情加装计量表计分别计量。

6) 对于双电源供电、经常改变运行方式的用户，应保证电能计量点在任何方式下都能正确计量，防止发生电表甩电情况。

7) 对于有冲击负荷、不对称负荷、谐波负荷等非线性负荷的用户，计量装置应装设在用户受电变压器的一次侧。

(2) 计量方式的确定。在确定计量方式时，应遵守如下原则。

1) 电能计量装置实行专用。

2) 对普通工业用户、非工业用户的生活照明与生产照明用电、大工业用户的生活照明用电都应分表计量，按照明电价计收电费。在用户报装时，必须明确规定分线分表或装设套表，计量收费。

3) 对于农村用户，要以生产大队为单位，对排灌、动力和照明用电，实行分线分表计量收费，并在送电前加以检查落实。

4) 对农村趸售用户，应以上述三种用电的实际构成确定趸售电价，从用户报装开始，就应予以明确。

5) 对执行两部制电价，依功率因数调整电费的用户，必须装设有功与无功电能表，并加装无功电能表的防倒装置。

7. 采集点设置要求

售电侧采集点：新装采集终端（新装增容及变更用电业务）需参与拟定供电方案，结合计量点的设计方案，对采集点设置、采集方式的确定、采集装置配置等内容进行审查；补装采集终端需结合供电方案，对采集点设置、采集方式的确定、采集装置配置等内容进行设计审查。

供电侧、购电侧采集点：安装采集终端需结合关口计量点设置，对采集点设置、采集方式的确定、采集装置配置等内容进行设计审查。

8. 高压用户供电方案的有效期限

高压用户的供电方案制定出来以后，其有效期限为 1 年。

【思考与练习】

(1) 低压用户供电方案主要确定哪些内容？

(2) 高压用户供电方案主要确定哪些内容？

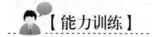 **【能力训练】**

一、选择题

1. (　　) 是供电企业向申请用电的用户提供的电源特性、类型及其管理关系的总称。

(A) 供电方案　　　　(B) 供电容量　　　　(C) 供电对象　　　　(D) 供电方式

2. 一般情况下选择供电电源，应采取就近供电的办法为宜，因为供电距离近，对用户供电的 (　　) 容易得到保证。

(A) 电流接电　　　　(B) 可靠性　　　　(C) 电压质量　　　　(D) 电力负荷

3. 高压供电方案的有效期为（　　）。

(A) 半年　　　　　(B) 1 年　　　　　(C) 10 个月　　　　　(D) 两年

4. 供电方案主要是解决（　　）对用户的供电，应供多少、怎么供的问题。

(A) 三电　　　　　(B) 供电企业　　　　　(C) 变电站　　　　　(D) 发电厂

5. 用户对供电质量有特殊要求的，供电企业应当根据其必要性和电网的可能提供相应的（　　）。

(A) 电能　　　　　(B) 电量　　　　　(C) 电压　　　　　(D) 电力

6. 低压供电方案的有效期为（　　）。

(A) 1 个月　　　　　(B) 3 个月　　　　　(C) 半年　　　　　(D) 1 年

7. 计量方式是业扩工作确定供电（　　）时的一个重要环节。

(A) 方式　　　　　(B) 方案　　　　　(C) 方法　　　　　(D) 方针

8. 是否采用高压供电的原则是根据供、用电的安全，用户的用电性质，用电量以及当地电网的（　　）确定的。

(A) 供电量　　　　　(B) 供电线路　　　　　(C) 供电条件　　　　　(D) 供电电压

二、判断题

1. 计费电能表应装在产权分界处，否则变压器的有功、无功损耗和线路损失由产权所有者负担。　　　　　　　　　　　　　　　　　　　　　　　　　　　　（　　）

2. 供电方式按电压等级可分为单相供电方式和三相供电方式。　　　　（　　）

3. 供电方式应当按照安全、可靠、经济、合理和便于管理的原则，由供电企业确定。
　　　　　　　　　　　　　　　　　　　　　　　　　　　　　　　　（　　）

4. 供电方案的有效期是指从供电方案正式通知书发出之日起至受电工程完工之日止。
　　　　　　　　　　　　　　　　　　　　　　　　　　　　　　　　（　　）

5. 中断供电将造成人身伤亡的用电负荷，应列入Ⅱ级负荷。　　　　　（　　）

6. 中断供电将在政治、经济上造成较大损失的用户用电负荷，列入Ⅰ级负荷。（　　）

7. 广播电台、电视台的用电，按供电可靠性要求应分为Ⅰ级供电负荷。（　　）

8. 煤、铁、石油矿井生产用电，按供电可靠性要求应分为Ⅱ级负荷。（　　）

9. 用户用电设备容量在 100kW 及以下时，一般应采用低压。　　　　（　　）

10. 供电企业对申请用电的用户提供的供电方式，应从供用电的安全、经济、合理和便于管理出发，由供电企业确定。　　　　　　　　　　　　　　　　　　（　　）

11. 高压供电用户申请保安电源，供电企业可选择同一条高压线路供电的低压供电点供给该用户作保安电源。　　　　　　　　　　　　　　　　　　　　　　（　　）

12. 用户用电设备容量在 100kW 及以下或需用变压器容量在 50kVA 以下的，可采用三相低压供电方式。　　　　　　　　　　　　　　　　　　　　　　　　　（　　）

三、问答题

1. 用电计量装置原则上应装在何处？若安装处不适宜装表怎么办？

2. 什么是供电方式？供电方式确定的原则是什么？

3. 供电方案的主要内容包括有哪些？

4. 制定供电方案时应遵循哪些原则？

5. 用户接入系统方案包括哪些内容？

6. 用户受电系统方案包括哪些内容？

7. 计量方案包括哪些内容？

8. 高压用户供电方案应包括哪些内容？

9. 专变用户变压器容量的确定方法有哪几种？

10. 批准变压器容量时应遵守哪些原则？

第十二章　签订供用电合同

知识目标
------------------------◎

（1）清楚供用电合同的定义、内容、类别。

（2）清楚供用电合同履行过程中的违约责任、合同争议、合同变更、合同终止的处理方法。

（3）清楚签订供用电合同时应遵守的原则。

能力目标
------------------------◎

（1）会判别供用电合同的类别。

（2）会区分供用电合同的形式。

模块一　供用电合同的有关概念

【模块描述】 本模块主要介绍了供用电合同的定义、主要内容，供用电合同的类别以及签订供用电合同的法定要求。

一、供用电合同的定义、内容

1. 供用电合同的定义

供用电合同是我国经济合同法明文规定的重要合同之一，供用电合同是指供电方（供电企业）根据用户的需要和电网的可供能力，在遵守国家法律、行政法规、符合国家供用电政策的基础上，与用电方（用户）签订的明确供用电双方权利和义务关系的协议。

凡属供电营业区内的长期用电户以及临时用电户，均应签订供用电合同或供用电协议。

电力工业企业中具有法人资格的单位是指电力公司（供电公司）或厂（处）一级单位。公司、厂内部设立的分厂和科室不具有法人资格，因而不能代表电力工业企业与用户签订供用电合同。

供用电合同包含合同主体及其相关的附件，经双方协商同意的有关修改合同的文书、电报、电传和图表也是合同的组成部分。合同附件包括电费结算协议、电力调度协议、自备电源协议和并网调度协议等。

2. 供用电合同的形式

供用电合同应采取书面形式，供用电合同书面形式可分为格式和非格式两种。

格式合同适用于供电方式简单、一般性用电需求的用户；非格式合同适用于供用电方式特殊的用户，低压居民用户合同可采用背书形式。

3. 供用电合同的主要内容

根据《供电营业规则》中的规定，供用电合同应包含以下主要内容。

（1）供电方式、供电质量和供电时间。

供电方式是供电企业向申请用电的用户提供的电源特性、类型及其管理关系的统称。通常情况下，供电企业可提供的供电方式有以下几种，供用电合同双方当事人应当在供电合同中作出明确的规定。

按电压等级分：有高压供电方式和低压供电方式。

按电源相数分：有单相供电方式和三相供电方式。

按电源数量分：有单电源供电方式和多电源供电方式。

按供电回路数分：有单路供电方式和多路供电方式。

按用电期限分：有临时供电方式和正式供电方式。

按计量形式分：有装表供电方式和非装表供电方式。

按管理关系分：有直接供电方式和间接供电方式（如转供电方式）等。

供电质量主要是指供电电压、供电频率、供电可靠性三项指标。

供电时间条款实质上是供用电合同的履行期限及履行的具体时间的规定。供电时间的保证和供电时间的确定是用电户实现用电目的的重要因素，特别是在缺电情况下，供电时间往往是供用电双方在协商过程中最为关心也最容易引起争议的问题。所以，供电时间也是供用电合同中一项重要的条款。

（2）用电容量、用电地址和用电性质。

用电容量是供用电合同不可缺少的必备条款。用电容量包括申请用电报装的、经供电企业同意的用电容量以及人民政府分配批准的用电容量，也包括在市场经济情况下，供用电双方自愿协商的用电容量。

用电地址是指用电场所的地理位置及具体用电地点。用电地址实际上属于供用电合同的履行地点，是供用电合同履行义务的地点，也是分清当事人双方责任的依据。

用电性质是供用电合同的特殊条款，即在供用电合同中要明确规定电力的用途，它决定了电价的类别，涉及对国家规定的电价的选择和供电企业的经济效益。我国对不同性质的用电规定有不同的电价，例如农业用电、工业用电、商业用电、娱乐场所用电、居民用电，等等。用电性质不同，电价也不相同。

（3）计量方式和电价、电费结算方式。供用电合同中要明确规定采用什么样的计时装置计量、计时装置安装的位置、如何安装、计量装置的管理责任（维修和保护责任）及计量装置产生误差的纠正办法；要明确电价类别、具体标准；要规定电费收缴办法、时间、现金结算还是转账结算等。

（4）供用电设施维护责任的划分。供用电设施维护责任的划分主要规定供用电设施维护的主体、内容、界限和各自应当承担的责任。

（5）供用电合同的有效期。合同的有效期限主要规定了合同生效的具体时间、失效时间或具体有效期限（1年、3年或5年等）。

（6）违约责任。违约责任即双方或一方当事人不适当或不履行合同情况下应承担的责任，主要有支付违约金、赔偿金、追缴电费、加收电费、停电限电等责任形式。

（7）双方共同认为应当遵守的其他条款。双方共同认为必须签订的其他条款主要是双方一致认为应当通过合同这种法律形式明确的其他内容，如相互服务项目及其服务费问题、技术标准问题、电气人员的培训考核问题、上网条件及其他事项，等等。

二、供用电合同的类别

根据用电目的的不同，可将供用电合同分为三类：生产性用电的供用电合同、经营性用电的供用电合同和生活性用电的供用电合同。其中生产性用电又有工业用电和农业用电之分，这种划分的目的，在于电价的不同；同时，还存在用电方对电的质量和供应时间要求不同及合同的有效期不同，其中生产性用电的供用电合同，有效期由当事人在合同中约定；生活性用电的供用电合同一般为不定期合同。

根据用户的不同用户类别，可将供用电合同分为三类：居民用户供用电合同、电力用户供用电合同、特殊用户供用电合同。

具体的供用电合同主要有：

（1）高压供用电合同。

（2）低压供用电合同。

（3）临时供用电合同。

（4）趸购电合同。

（5）委托转供电协议。

（6）居民供用电合同。

三、签订供用电合同的法定要求

供用电合同的签订是为了保护合同当事者的合法权益，明确双方的责任，维护正常的供用电秩序，提高电能使用的经济效果。

供电企业和用户应根据平等自愿、协商一致的原则，按照国家有关规定签订供用电合同，明确双方的权利和义务。

供用电合同一旦签订后，就具有法律效力，因此，签约双方必须认真严肃对待，签订供用电合同时应遵守下列原则。

（1）要合法。要合法指的是签约双方要有合法资格，即必须是具有法人资格的单位；权利与义务的内容要合法，不能侵害国家、集体或公民的正当权益；手续上要合法，有些合同应经工商行政管理部门或公证部门鉴证。

（2）要合理。要合理指的是为了维护合同双方的合法权益，合同条款中的权利与义务应有近乎均等的原则，不应有不公平的受损、受益的情况。

（3）要明确。要明确指的是签约当事人表达的意思要与合同文本的内容、含意相一致，防止出现双方各取所需、自我解释的可能性。

（4）要完备。要完备指的是合同条款要对各个环节有关的权利与义务作全面严格的规定，基本条款一定要完备，并力求详尽。

【思考与练习】

（1）供用电合同是如何定义的？

（2）供用电合同的形式有哪几种？

（3）供用电合同的附件包括哪几项？

模块二 供用电合同的管理

【模块描述】本模块主要介绍了供用电合同的管理的总体工作要求，供用电合同的签订、履行及供用电合同管理的有关内容。

一、供用电合同的管理的总体工作要求

供用电合同的管理的总体工作要求如下。

（1）供用电合同的条款与内容应符合《中华人民共和国合同法》、《中华人民共和国电力法》、《电力供应与使用条例》、《供电营业规则》等法律、法规及有关政策的规定。

（2）供电企业和用户应当在供电前根据用户需要和供电企业的供电能力签订供用电合同。

（3）供电企业和用户应当在正式供电前，根据用户用电需求和供电企业的供电能力以及办理用电申请时双方已认可或协商一致的下列文件，签订供用电合同。

1）用户的用电申请报告或用电申请书。

2）新建项目立项前双方签订的供电意向性协议。

3）供电企业批复的供电方案。

4）用户受电装置施工竣工检验报告。

5）用电计量装置安装完工报告。

6）供电设施运行维护管理协议。

7）其他双方事先约定的有关文件。

对用电量大的用户或供电有特殊要求的用户，在签订供用电合同时，可单独签订电费结算协议和电力调度协议等。（《供电营业规则》第九十二条）

（4）供用电合同的变更或者解除，必须依法进行。有下列情形之一的，允许变更或解除供用电合同。

1）当事人双方经过协商同意，并且不因此损害国家利益和扰乱供用电秩序。

2）由于供电能力的变化或国家对电力供应与使用管理的政策调整，使订立供用电合同时的依据被修改或取消。

3）当事人一方依照法律程序确定确实无法履行合同。

4）由于不可抗力或一方当事人虽无过失，但无法防止的外因，致使合同无法履行。

加强供用电合同管理将有利于供用电双方的利益保障，规范和完善正常的电力市场经济秩序，可以为电网的稳定发展奠定基础。因此，加强供用电合同管理，建立一套切实可行、简捷方便、规范实用的供用电合同管理体系，是供电企业依法经营的需要，是供电企业依法经营、规范化运作、健康发展的重要保证。

二、供用电合同的签订要求

签订合同的过程是一个要约、承诺的过程。申请用电是供用电合同签订过程的开始，经过制定供电方案、工程施工、检查等待双方正式签署供用电合同后方能送电。

正式签署供用电合同时，用电报装部门应核查有关附件。主要附件有：

（1）用电申请人的书面用电申请及用电申请人的身份证明材料。

（2）经双方协商确认的供电方案。

（3）用电报装协议（设计、施工单位的资质证明）。

（4）用电人受电工程竣工验收（中间检查）报告。

（5）电能计量装置安装完工报告。

（6）供电设施运行维护管理协议。

（7）电费结算协议。

（8）电力调度协议。

（9）并网经济协议，并网调度协议。

（10）双方事先约定的其他文件资料。

三、供用电合同的履行

1. 违约责任

（1）用电人延期支付电费的违约责任。

（2）用电人违约用电的违约责任。

（3）供电人违约供电的违约责任。

2. 合同争议

合同常见争议有：计量争议、价格争议、违约用电争议等。

解决合同争议办法：按《供电营业规则》中有关条款处理。

3. 合同变更

原供用电合同的条款不适应形势的变化，或原合同已到期等都会引起合同的变更。

合同变更的形式分为：个别条款变更和多项条款变更。

4. 合同的终止

终止合同的情况有：

（1）用电依法破产。

（2）被工商部门注销。

（3）在缴清电费及其他欠缴费后，申请销户。

（4）供电人依法销户。

四、供用电合同管理

1. 妥善保管

签订好的供用电合同，供用电双方应各执一份。营业部门应将供用电合同作为一项重要的用户资料加以保存。建有户务资料袋的单位，应将供用电合同与其他资料一起编排目录，当作用户档案妥为保管备查，不得损坏遗失。

2. 及时修改

随着用户申请变更用电业务事项，供用电双方必须及时协商修改有关的合同内容，以保证其完整性，并便于双方共同执行。

3. 内外相符

要做到供用电合同与账、卡资料记录相符。对用户坚持调查核实的方法，确保供用电合同内容与用户用电实际相符。

总之，签订好供用电合同、妥善管理供用电合同、用好供用电合同，对于促进电力工业企业搞好安全经济发供电，促使广大用户合理、节约地使用电力，都将起着良好的作用。

📖【思考与练习】

（1）供用电合同的违约责任有哪几种？

（2）如何管理供用电合同？

【能力训练】

一、选择题

1. 供电企业与电力用户一般应签订供用电合同，明确双方的权利、义务和（   ）。

   （A）利益　　　　　　（B）经济责任　　　　（C）要求　　　　（D）制度

2. 供电企业和用户应当根据平等自愿、协商一致的原则签订（   ）。

   （A）供用电协议　　　　　　　　　　（B）供用电管理条例

   （C）供用电规则　　　　　　　　　　（D）供用电合同

3. 格式合同适用于（   ）、一般性用电需求的用户。

   （A）供电方式简单　　　　　　　　　（B）供用电方式特殊

   （C）供用电方式复杂　　　　　　　　（D）供用电方式较特殊

4. 经双方协商同意的有关修改合同的文书、电报、（   ）和图表也是合同的组成部分。

   （A）电话　　　　　　（B）录音　　　　　　（C）电传　　　　（D）影像

二、判断题（括号中正确的打√，错误的打×）

1. 供用电合同是经济合同中的一种。　　　　　　　　　　　　　　　　　（   ）

2. 供电企业或者用户违反供用电合同，给对方造成损失的，按照规定，由供电管理部门负责调解。　　　　　　　　　　　　　　　　　　　　　　　　　　（   ）

3. 供用电合同的变更或解除，必须由合同双方当事人依照法律程序确定确实无法履行合同时。　　　　　　　　　　　　　　　　　　　　　　　　　　　　（   ）

4. 低压居民用户合同可采用背书形式。　　　　　　　　　　　　　　　　（   ）

5. 供用电合同包含合同主体及其相关的附件。　　　　　　　　　　　　　（   ）

6. 非格式合同适用于供用电方式特殊的用户。　　　　　　　　　　　　　（   ）

三、问答题

1. 供用电合同的主要条款有哪些？

2. 供用电合同的类别有哪些？

3. 供电方式如何分类？

4. 签订供用电合同时应遵守的原则是什么？

5. 常见的合同争议有哪几种？发生争议时如何处理？

6. 终止供用电合同的情况有哪几种？

第十三章　工程检查与装表接电

知识目标

（1）清楚业扩工程的含义、类别。
（2）清楚中间检查和竣工检查的定义。
（3）了解业扩工程内部工程的设计、审查及中间检查和竣工检查的内容。
（4）了解装表接电的工作要求。

能力目标

（1）会进行业扩工程的设计的审查。
（2）会区分业扩工程的类别。

模块一　工　程　检　查

【模块描述】本模块主要介绍了工程检查有关概念，中间检查和竣工检查的定义及项目。

一、工程检查有关概念

1. 业扩工程的含义

业扩工程包括工程设计、设计审查、设备购置、工程施工、中间检查、竣工检查等几个阶段。

2. 业扩工程的类别

业扩工程有外部工程和内部工程两种类别。

受电点以外的工程称为外部工程，外部工程的设计、施工，一般由供电企业承担。对于外部工程应根据工程进度情况，依次登记工程立项、设计情况、工程的图纸审查情况、工程预算情况、工程费的收取情况、施工单位、设备供应单位、工程施工过程、中间检查、竣工验收情况，工程的决算情况。

受电点以内的工程称为内部工程，用户内部工程的设计、施工，可以委托供电企业承担，也可以委托具备相应资质的专门部门进行设计、施工。

3. 业扩工程内部工程的设计及审查

收到供电企业的供电方案答复后，用户必须委托取得国家相应资质的电力送变电工程勘测（设计）单位设计，委托取得电力监管机构颁发的《承装（修、试）电力设施许可证》的单位施工。

（1）业扩工程的设计和施工。

1）10kV及以下配电线路，由于杆型及器材规范都已定型化，业扩部门接受用户报装后，可在供电方案上标明线路的路径、杆型、材料规范与数量，代替工程设计。

2）35kV 及以上的输电线路工程，用户应根据供电方案的批复文件，在取得当地规划部门的同意后，一般可委托电力部门的设计院（所、室）进行设计，由送变电施工单位完成施工任务，线路工程竣工后，再移交电力运行部门进行维护管理。

3）35kV 及以上的业扩报装变电工程，在供电方案批复后，可以通知用户委托有关部门做工程设计。凡是竣工后交由电力部门维护管理的，一般应由电力部门进行设计、施工；竣工后由用户自己维护管理的，其工程设计应经业扩报装部门审查批准，施工任务可委托电力部门或专业施工单位完成，也可由用户自己安装。

4）由于业扩报装引起区域变电所的扩建或改建工程，应由电力部门负责安排设计与施工。

（2）业扩工程设计的审查。为了电网的安全运行，用户受电工程的设计须由供电企业依照批复的供电方案和有关设计规程进行审查，供电企业对供电用户受电工程进行设计审查时，供电用户应提供有关资料。

低压供电用户应提供的设计审核资料（一式两份）包括：

1）负荷组成、性质及保安电源。

2）用电设备清单。

3）其他资料。

《供电营业规则》第 39 条规定：用户受电工程设计文件和有关资料应一式两份送交供电企业审核。高压供电的用户应提供：

1）受电工程设计及说明书。

2）用电负荷分布图。

3）负荷组成、性质及保安负荷。

4）影响电能质量的用电设备清单。

5）主要电气设备一览表。

6）节能篇及主要生产设备。

7）生产工艺耗电以及允许中断供电时间。

8）高压受电装置一、二次接线图与平面布置图。

9）用电功率因数计算及无功补偿方式。

10）继电保护、过电压保护及电能计量装置的方式。

11）隐蔽工程设计资料。

12）配电网络布置图。

13）自备电源及接线方式。

14）设计单位资质审查材料。

15）供电企业认为必须提供的其他资料。

供电企业对用户送审的受电工程设计文件和有关资料，应根据国家和行业的有关标准进行审核。审核的时限要求是：高压供电用户最长不超过 1 个月，低压供电用户最长不超过 10 天。

设计审查时应注意无功电力的平衡，用户应在提高用电自然功率因数的基础上，按有关标准设计和安装无功补偿装置，并做到随电压和负荷变动及时投入或切除，防止无功倒送。

设计审查前应填写受电工程图纸审核登记表，见表 13 - 1；设计审查后应将审查结果告知用户，受电工程图纸审核结果通知单见表 13 - 2。

表 13 - 1 受电工程图纸审核登记表

申请编号		申请类别		
用户名称		用电地址		
联系人		联系电话		
设计单位		设计资质		
设计人		联系电话		
设计内容				
相关资料名称				**份数**
事项说明	设计完成，请进行审核。			
用电单位盖章：		供电单位盖章：		
年 月 日		年 月 日		

登记人： 登记日期： 年 月 日

表 13 - 2　　　　　　　　　　受电工程图纸审核结果通知单

申请编号		申请类别	
用户名称		用电地址	
联系人		联系电话	
设计单位		设计资质	
设计人		联系电话	
审核部门		审核人员	
开始时间		完成时间	

图纸审核内容和结果：

供电部门意见：

盖章：

年　月　日

二、业扩工程的工程检查

在业扩工程阶段，供电企业应根据设计方案进行工程验收检查，工程验收检查分为土建施工验收、中间检查、竣工检查（送电前检查）三个阶段。

1. 土建工程的检查

在土建工程施工完毕后进行的验收检查称为土建施工验收检查，检查时应对电缆接地装置预埋件、暗敷管线等隐蔽工程配合土建事先检查验收。

2. 中间检查

用户受电工程在施工期间，供电企业应根据审核同意的设计和有关施工标准，对用户受电工程中的隐蔽工程进行中间检查。

当工程进行到 2/3 时，各种电气设备基本安装就绪时，对用户内部工程的电气设备、变压器容量、继电保护、防雷设施、接地装置等方面进行的全面的质量检查称为中间检查。

中间检查的目的是及时发现不符合设计要求与不符合施工工艺等问题，并提出改进意见，争取在完工前进行改正，以避免完工后再进行大量返工。经过中间检查提出的改进意见要做到一次向用户提全、提清楚，防止查一次提一些，使时间拖得很长而影响用户变电所的施工和投入运行。

检查范围包括：工程建设是否符合设计要求；工程施工工艺、建设用材、设备选型是否符合规范，技术文件是否齐全；安全措施是否符合规范及现行的安全技术规程的规定。

检查项目包括：线路架设情况或电缆敷设检查；电缆通道开挖许可及开挖情况检查；封闭母线及计量箱（柜）安装检查；高、低压盘（柜）装设检查；配电室接地检查；设备到货验收及安装前的特性校验资料检查；设备基础建设检查；安全措施检查等。

中间检查的内容包括：

（1）用户工程的施工是否符合设计的要求。

（2）所有的安全措施是否符合规范及现行的安全技术规程的规定。

（3）施工工艺和工程选用材料是否符合规范和设计要求。

（4）检查隐蔽工程，如电缆沟的施工和电缆头的制作、接地装置的埋设等，是否符合有关规定的要求。

（5）变压器的吊芯检查，电气设备安装前的特性校验等。

（6）所有电气装置的外观检查。

（7）有关技术文件是否齐全。

（8）连锁、闭锁装置是否安全可靠。

（9）通信联络装置是否安装完毕。

在中间检查期间，应通知装表、负荷监控、试验、继电保护等部门进行相应的准确度调试，并通知进网电工培训，检查用户安全工具、消防器材、必要的规程、管理制度的建立情况以及各种必要的记录表格的配备情况。

中间检查前应填写受电工程中间检查登记表，见表 13 - 3；中间检查后应将受电工程中间检查结果告知用户，受电工程中间检查结果通知单见表 13 - 4。

表 13 - 3　　　　　　　　　　受电工程中间检查登记表

申请编号		申请类别	
用户名称		用电地址	
联系人		联系电话	
施工单位		施工资质	
当前工程 完成内容			
开始时间		预计完成日期	
相关资料名称			份数

事项说明			
用电单位盖章：		用电单位盖章：	
	年　月　日		年　月　日

登记人：　　　　　　　　　　　　　登记日期：

表 13 - 4　　　　　　　　　　受电工程中间检查结果通知单

申请编号		申请类别	
用户名称		用电地址	
联系人		联系电话	
施工单位		施工资质	
施工范围			
组织部门		负责人	
检查部门		检查人员	
配合部门		配合人员	
开始时间		完成时间	

检查内容和结果：

供电部门意见：

供电部门盖章：
年　月　日

3. 竣工检查

送电前的验收检查称为竣工检查。中间检查后，用户应根据提出的改进意见，逐项予以改正。当用户将缺隐全部改正完毕后，业扩报装部门应按照国家和电力行业颁发的设计规程、运行规程、验收规范和各种防范措施等要求，根据用户提供的竣工报告和资料，组织相关部门对受电工程的工程质量进行全面检查、验收。

竣工检查时用户应提交给供电部门《用户内部电气设备安装竣工报告》的附加文件，其文件内容包括：①用户竣工验收申请书；②工程竣工图；③变更设计说明；④隐蔽工程的施工及试验记录；⑤电气试验及保护整定调试报告；⑥电气工程监理报告和质量监督报告；⑦安全用具的试验报告；⑧运行管理的有关规定和制度；⑨值班人员名单及资格；⑩供电企业认为必要的其他资料或记录；⑪受电工程竣工验收登记表。

（1）高压用户的竣工验收。高压用户受电工程竣工验收范围包括：工程建设参与单位的资质是否符合规范要求；工程建设是否符合设计要求；工程施工工艺、建设用材、设备选型是否符合规范要求，技术文件是否齐全；安全措施是否符合规范及现行的安全技术规程的规定。

高压用户受电工程竣工验收项目包括：线路架设或电缆敷设检验；高、低压盘（柜）及二次接线检验；配电室建设及接地检验；变压器及开关试验；环网柜、电缆分支箱检验；中间检查记录；交接试验记录；运行规章制度及入网工作人员资质检验；安全措施检验等。

高压用户受电工程竣工检查的内容有：

1）用户工程的施工是否符合审查后的设计要求。

2）设备的安装、施工工艺和工程选用材料是否符合有关规范要求。

3）一次设备接线和安装容量与批准方案是否相符，对低压用户应检查安装容量与报装容量是否相符。

4）检查无功补偿装置是否能正常投入运行。

5）检查计量装置的配置和安装，是否正确、合理、可靠。对低压用户应检查低压专用计量柜（箱）是否安装合格。

6）各项安全防护措施是否落实，能否保障供用电设施运行安全。

7）高压设备交接试验报告是否齐全准确。

8）继电保护装置经传动试验动作准确无误。

9）检查设备接地系统，应符合《电气设备接地设计技术规程》要求。接地网及单独接地系统的电阻值应符合规定。

10）检查各种连锁、闭锁装置是否安全可靠。

11）检查各种操动机构是否有效可靠。电气设备外观清洁、充油设备不漏不渗，设备编号正确、醒目。

12）用户变电所（站）的模拟图版的接线、设备编号等应规范，且与实际相符，做到模拟操作灵活、准确。

13）新装用户变电所（站）必须配备合格的安全工器具、测量仪表、消防器材。

14）建立本所（站）的倒闸操作、运行检修规程和管理等制度，建立各种运行记录簿，备有操作票和工作票。

15）所内要备有一套全所设备技术资料和调试报告。

16）检查用户进网作业电工的资格。

（2）低压用户的竣工验收。低压用户竣工验收时，供电部门应按照国家和电力行业颁发的技术规范、规程和标准，根据用户提供的竣工报告和资料，组织有关单位按设计图、设计规程、运行规程、验收规范和各种防范措施等要求，对受电工程的工程质量进行全面检查、验收。

其具体验收项目包括：

1）资质审核。

2）资料验收。

3）安装质量验收。

4）安全设施规范化验收。

工程验收内容包括架空线路、电缆线路、开闭所配电室等专业工程的资料与现场验收，工程中的杆塔基础、设备基础、电缆管沟及线路、接地系统等隐蔽工程及配电所房等土建工程应做中间验收。

接到用户竣工报告后，供电企业到现场竣工验收的期限一般为：低压用户 3 天；高压用户 5 天。竣工验收合格后的接电期限一般为：低压用户 5 天；高压用户 10 天。

用户应配置齐全的通信设备，对于 35kV 及以上用户、10kV 有调度关系的用户应设置调度专用电话和市话各一部，其他用户应装市话一部。

竣工检查前应填写受电工程竣工验收登记表，见表 13 - 5；竣工检查后应将受电工程竣工检查结果告知用户，受电工程竣工验收结果通知单见表 13 - 6。

表 13 - 5　　　　　　　　　　　　　受电工程竣工验收登记表

申请编号		申请类别	
用户名称		用电地址	
联系人		联系电话	
报验内容			
相关资料名称			份数

续表

事项说明	
用电单位盖章： 年　月　日	供电单位盖章： 年　月　日

登记人：　　　　　　　　　　　　　登记日期：

表 13 - 6　　　　　　　　　　**受电工程竣工验收结果通知单（正面）**

申请编号		申请类别		用户编号	
用户名称				联系人	
用电地址				联系电话	
出线 变电所	主/备 线路	变压器名称及 线路杆号	专线/ T接	供电电压/ kV	受电容量/ kVA
产权 分界点					
以下由验收人员现场填写					
验收项目	验收说明	结论	验收项目	验收说明	结论
线路（电缆）			自备（保安）电源		
备用电源			隐蔽工程质量		
变压器			电气试验结果		
避雷器			安全工器具配备		
继电保护			消防器材		
电容器			进网作业人员资格		
配电装置			安全措施规章制度		
接地网			其他		
其他			其他		
其他			其他		

续表

受电设备类型	容量	型号	一次侧电压	二次侧电压	一次侧电流	二次侧电流	接线组别	空载损耗	短路电压

负控主站号	第一轮/kW		第二轮/kW		第三轮/kW		备注		

计量组号		计量电压	电价类别	TA 变比	TV 变比	倍率	计量方案简图		

验收人		用户签字							

　　经过竣工检查确定变电所具备送电条件以后，业扩工作人员应做好一系列装表接电前的准备工作。接电前，应由业扩报装部门与用户签订供用电合同（或协议），明确供电部门与用户之间的责任，以便加强用电管理，保证电网的安全运行。

【思考与练习】

（1）业扩工程的内涵是什么？

（2）业扩工程的类别有哪几种？

（3）什么叫内部工程？什么叫外部工程？

（4）什么叫中间检查？什么叫竣工检查？

（5）土建工程检查的主要内容是什么？

（6）中间检查的目的是什么？

模块二　装　表　接　电

【模块描述】 本模块主要介绍了装表接电前应具备的基本条件以及装表接电后应存档的资料。

一、装表接电的工作要求

1. 高压用户装表接电的工作要求

（1）高压用户装表接电的期限要求。高压用户装表接电的期限要求是：高压电力用户不超过 7 个工作日。

（2）高压用户实施送电前应具备的条件。

1）新建的供电工程已验收合格。

2）启动送电方案已审定。

3）用户受电工程已竣工验收合格。

4）供用电合同及有关协议均已签订。

5）业务相关费用已结清。

6）电能计量装置已安装检验合格。

7）用户电气工作人员具备相关资质。

8）用户安全措施已齐备。

（3）高压用户实施送电的工作内容。

1）送电前，根据变压器容量核对电能计量装置的变比和极性是否正确。

2）应对全部电气设备做外观检查，拆除所有临时电源，对二次回路进行联动试验。

3）应核对一次相位、相序。

4）送电后，应检查电能表运转情况是否正常，相序是否正确。对计量装置进行验收试验并实施封印。并会同用户现场抄录电能表示数作为计费起始依据。

5）按照送电任务现场工作单格式记录送电人员、送电时间、变压器启用时间及相关情况。

6）将填写好的送电任务现场工作单交与用户签字确认，并存档以供查阅。

2. 低压用户装表接电的要求

（1）低压用户装表接电的期限要求。低压用户装表接电的期限要求是：自受理之日起，居民用户不超过 3 个工作日，非居民用户不超过 5 个工作日。

（2）低压用户装表接电前应具备的条件。

1）新建的外部供电工程已验收合格。

2）用户受电装置已竣工检验合格。

3）供用电合同及有关协议均已签订。

4）电能计量装置已检验安装合格。

二、资料存档

装表接电后，一个新的用户就诞生了，新用户的各种报装资料也应建立并保存。报装部门应检查用户档案信息的完整性，根据业务规则审核档案信息的正确性，档案信息主要包括用户申请信息、设备信息、基本信息、供电方案信息、计费信息、计量信息（包括采集装置）等。

1. 低压非居民新装的信息归档与资料存档

低压用户的信息归档由系统自动处理。应保证其他相关部门能及时获取低压非居民新装用户的立户信息。应能根据电能计量装置分类规则，生成电能计量装置分类。

低压非居民新装完整的用户档案资料应包括：

（1）《用电申请书》及相关证明材料。

（2）《用户用电设备清单》。

（3）营业执照复印件。

（4）法人代表身份证复印件。

（5）《供电方案答复单》。

（6）《受电工程竣工验收登记表》。

（7）《受电工程竣工验收单》。

(8) 供用电合同及其附件。

(9)《业扩报装现场勘查工作单》。

(10)《装拆表工作单》。

(11)《供用电合同》。

2. 高压新装的信息归档与资料存档

高压新装的信息归档由系统自动处理，应保证其他相关部门能及时获取高压新装用户的立户信息，应能根据电能计量装置分类规则，生成电能计量装置分类。

高压新装完整的用户档案资料应包括：

(1)《用电申请书》。

(2)《用户用电设备清单》。

(3) 营业执照复印件。

(4) 法人代表身份证复印件。

(5) 业扩现场勘查工作单（高压）。

(6)《供电方案答复单》。

(7) 审定的用户电气设计资料及图纸（含竣工图纸）。

(8)《受电工程中间检查登记表》。

(9)《受电工程缺陷整改通知单》。

(10)《受电工程中间检查结果通知单》。

(11)《受电工程竣工验收登记表》。

(12)《受电工程竣工验收单》。

(13)《装拆表工作单》。

(14) 供用电合同及其附件。

(15) 委托用户的授权委托书。

(16) 用户提交的其他相关材料。

【思考与练习】

(1) 装表接电后对供电企业而言象征着什么？

(2) 低压用户装表接电的期限要求是怎样规定的？

(3) 如何进行信息归档？

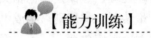【能力训练】

一、选择题

1. 装表接电是业扩报装全过程的（   ）。

  (A) 开端   (B) 环节   (C) 继续   (D) 终结

2. 供电企业对用户送审的受电工程设计文件和有关资料审核的时间，低压供电的用户最长不超过（   ）。

  (A) 7 天   (B) 10 天   (C) 15 天   (D) 1 个月

3. 供电企业对用户送审的受电工程设计文件和有关资料，审核的时间高压供电的用户最长不超过（　　）。

　　（A）10 天　　　　　（B）15 天　　　　　（C）20 天　　　　　（D）1 个月

4. 高压用户装表接电的期限要求是：高压电力用户不超过（　　）个工作日。

　　（A）10　　　　　　（B）15　　　　　　（C）7　　　　　　（D）1 个月

二、判断题（括号内正确的打√，错误的打×）

1. 资料保管期限分：①永久保存；②长期保存；③限年度保存。　　　　　　　（　　）

2. 用户用电资料规定保管期为：限年度保存。　　　　　　　　　　　　　　　（　　）

3. 供电企业应根据设计方案进行工程验收检查，工程验收检查分为土建施工验收、中间检查、竣工检查（送电前检查）三个阶段。　　　　　　　　　　　　　　　　（　　）

三、问答题

1. 低压用户装表接电应具备哪些条件方能接电？

2. 低压非居民新装归档的完整用户档案资料包括哪些？

3. 业扩工程的设计和施工有何要求？

4. 低压供电用户应提供的设计审核资料有哪些？

5. 中间检查的内容应有哪些？

6. 低压用户的竣工验收内容有哪些？

第四部分　电能计量管理

第十四章　电能计量装置

知识目标

(1) 掌握电能计量装置的有关概念。
(2) 清楚电能表的分类。
(3) 了解测量互感器的结构、基本工作原理、铭牌参数以及正确使用方法。
(4) 掌握电能表的正确接线。

能力目标

(1) 会正确配置电能计量装置。
(2) 会判断电能表的接线是否正确。

电能表与其配合使用的互感器、二次回路所组成的整体称为电能计量装置。它包括各种类型的电能表、计量用电压互感器（TV）、电流互感器（TA）及其二次回路、电能计量柜（箱）等。电能表是核心不可缺少，其他部分则可根据计量方式或有或无。电能计量装置按照计量电能多少和计量对象的重要程度分五类（Ⅰ、Ⅱ、Ⅲ、Ⅳ、Ⅴ）进行管理。

模块一　电能计量装置简介

🎓【模块描述】本模块包含电能计量装置的定义及分类，各种电能计量方式下计量装置的构成，电能表铭牌含义及常用功能，测量用互感器铭牌含义及使用注意事项。

电能是重要的二次能源。电能的生产与其他产品的生产不同，其特点是发电厂发电、供电部门供电、用户用电，这三个部门连成一个系统不间断地工作，互相缺一不可。它们之间如何销售电能，如何经济计算，需要一个计量器具在三个部门之间进行测量，并计算出电能的数量，这些数量是计收电费、搞好经济核算的依据；是进行生产调度的依据；是制定国民经济发展计划和安排人民生活的依据，所以线路中装设了大量的电能计量装置。有人把电能计量装置比作电力工业销售产品的一杆秤，这杆秤的准确度，不仅关系到电力部门的经济利益，而且也关系到每个电力用户的经济利益。

一、电能计量装置构成

（一）电能计量装置的一般概念

电能表是用来专门测量一段时间内电能累计值的仪表。如单相电能表就是一种最简单的电能计量装置，其作用是计量居民用电。在电压或电流超过一定数值的电路里，一般的测量表计就不能直接接入该电路测量，而需要使用电压互感器和电流互感器，将高电压、大电流变换为低电压、小电流接入表计，测量计算出电能的累积值。我们把电能表和与其配合使用的互感器以及电能表到互感器的二次回路接线统称为电能计量装置。它包括各种类型的电能表、计量用电压互感器（TV）、电流互感器（TA）及其二次回路、电能计量柜（箱）等。电能计量装置的种类很多，实际工作中经常遇到的有以下几种：①大多数的电能计量装置仅有一只电能表；②除电能表外还有电流互感器及其计量二次回路；③包含有电能表，电流、电压互感器及其计量二次回路；④电能计量柜或电能计量箱。

（二）电能计量装置分类与计量器具的配置

1. 电能计量装置分类

电能计量装置按照计量电能多少和计量对象的重要程度分五类（Ⅰ、Ⅱ、Ⅲ、Ⅳ、Ⅴ）进行管理。

（1）Ⅰ类电能计量装置。月平均电量5000MWh及以上或变压器容量为10MVA及以上的高压计费用户；200MW及以上发电机；发电企业上网电量；电网经营企业之间的电量交换点；省级电网经营企业与其他供电企业的关口计量点的电能计量装置。

（2）Ⅱ类电能计量装置。月平均用电量1000MWh及以上或变压器容量为2MVA及以上的高压计费用户；100MW及以上发电机；供电企业之间的电量交换点的电能计量装置。

（3）Ⅲ类电能计量装置。月平均电量100MWh及以上或变压器容量315kVA及以上的计费用户；100MW以下发电机；发电企业；变电所用电；供电企业内部用于承包考核的计量点；考核有功电量平衡的110kV及以上的输电线路电能计量装置。

（4）Ⅳ类电能计量装置。负荷容量为315kVA以下计量用户；发供电企业内部经济技术指标分析和考核的电能计量装置。

（5）Ⅴ类电能计量装置。单相供电的电力用户计费用电能计量装置。

2. 计量器具准确度等级

各类电能计量装置所用电能表互感器准确度等级不应低于表14-1中的要求。

表14-1　　　　　　　　　　　各类电能计量装置的配制表

计量装置类别	准确度等级			
	有功表	无功表	电压互感器	电流互感器
Ⅰ	0.2S或0.5S	2.0	0.2	0.2S（0.2发电机用）
Ⅱ	0.2S或0.5S	2.0	0.2	0.2S（0.2发电机用）
Ⅲ	1.0	2.0	0.5	0.5S
Ⅳ	2.0	3.0	0.5	0.5S
Ⅴ	2.0	—	—	0.5S

注　1.0.2级电流互感器仅指发电机出口电能计量装置中配用。

2.Ⅰ、Ⅱ类用于贸易结算的电能计量装置中，电压互感器二次回路电压降应不大于其额定二次电压的0.2%；其他电能计量装置中二次回路电压降应不大于其额定二次电压的0.5%。

3. 电能计量方式

供、用电的性质及对象不同，被选择的电能计量装置的种类、结构就不同，电能计量方式与供电方式、电价、收费方式密切相关。根据《供电营业规则》的规定，我国目前的电能计量方式有以下几种。

（1）贸易结算用的电能计量装置原则上应设置在供用电设施产权分界处，单相供用电的装设单相电能计量装置，三相供用电的装设三相电能计量装置；若产权分界处不适宜装设计量装置时，对由专线供电的高压用户可在供电变压器出口计量，由公用线路供电的高压用户可在用户受电装置的低压侧计量。

（2）用电用户的每一个受电点都应按不同的电价类别分别装设用电计量装置，一个受电点即是一个电能计量点；用户受电点内难以按电价类别分别装设用电计量装置时，可装设总的用电计量装置，按不同电价类别，用定比或定量的方法进行分算，分别计费。

（3）城镇居民用电均应实行一户一表计量。

（4）同一计量点具有正、反向送受电时，应分别装设计量正向和反向有功电量，以及四象限无功电量的电能表或多功能电能表计量。

（5）任何一个供电点或受电点都应装设电能计量装置，计量其供电量或用电量。

（6）中性点非绝缘系统或三相负荷不平衡场合应采用三相四线计量方式；中性点绝缘系统可采用三相三线计量方式。

（7）地方电网和有自备电厂的企业与电力系统联网者，应在并网点上设置送、受电计量装置计量送、受电量。

二、电能表铭牌含义及常用功能简介

（一）电能表的分类

我国电能表的分类一般根据电能表的用途、结构型式、工作原理、准确度等级、计量对象的不同，以及所接的电源性质和接入方式、付款方式的不同，将电能表分成若干类别。根据其用途，一般将电能表分为两大类，即测量用电能表和标准电能表。测量用电能表又可分成以下不同的类别。

（1）按其结构和工作原理的不同分为：感应式（机械式）、静止式（电子式）和机电一体式（混合式）。感应式电能表的特点是结构简单、工作可靠、维护方便、调整容易，但体积大、制造精度不容易提高；电子式电能表的特点是精度高、频带宽、体积小、适合遥控和遥测等，但结构复杂、可靠性差；机电式电能表具有前面两者的特点，是它们的一种过渡产品。

（2）根据接入电源的性质可分为：交流电能表和直流电能表，常见的是交流型电能表。

（3）按其准确度等级一般分为：3.0、2.0、1.0、0.5 级等不同等级的电能表。随着静止式电能表制造工艺及电子组件质量的提高，近年来又增加了 0.5 S 级和 0.2 S 级静止式电能表。S 级电能表与非 S 级电能表的主要区别在于对轻负荷计量的准确度要求不同。非 S 级电能表在 $5\% I_b$ 以下没有误差要求，而 S 级电能表在 $1\% I_b$ 即有误差要求。

（4）按平均寿命的长短，单相感应式电能表又分为普通型和长寿命技术电能表。长寿命技术电能表是指平均寿命为 20 年及以上，且平均寿命的统计分布服从指数分布规律的测量频率为 50Hz（或 60Hz）的感应式电能表。通常用于装配量大、而用电较小的单相供用电量的计量。

（5）根据付款方式还有预付费电能表，其形式有投币式、磁卡式、电卡式（IC 卡）等。

（6）根据计量对象的不同，不论任何结构的电能表又可分为有功电能表、无功电能表、最大需量表、分时计量表、多功能电能表。

（二）电能表型号各部分的含义

（1）第一部分为类别代号。D—电能表。

（2）第二部分，表示相线时：D—单相；S—三相三线有功；T—三相四线有功；表示用途时：A—安培小时计；B—标准；D—多功能；H—总耗；J—直流；M—脉冲；X—无功；Z—最大需量；Y—预付费；F—复费率。

（3）第三部分。S—全电子式；Z—智能表；D—多功能。

（4）第四部分为阿拉伯数字，表示设计序号。

例如：DD862 型单相电能表，DS862 型三相有功电能表，DB2 型单相标准电能表。

（三）主要标识

（1）标定电压。电能表设计的基本依据，通常感应式电能表设计为只适用于某一个电压值，例如，单相电能表——220V；三相三线电能表——3×380V 或 3×100V；三相四线电能表——3×380V/220V。如果电能表通过测量用互感器接入，并且在常数中已考虑互感器变比时，应标明互感器变比，如 3×6000/100V。

（2）标定电流。电能表设计的基本依据，例如 5（20）A 表示标定电流为 5A，是确定电能表有关特性的电流值，以 I_b 表示；最大额定电流 20A，即允许过载 4 倍，在这个电流范围内，电能表的误差在规定限值之内，以 I_{max} 表示。对于三相电能表还应在前面乘以相数，如 3×5（20）A；对于经电流互感器接入式电能表则标明互感器二次侧电流，以 5A 表示，电能表的标定电流和最大额定电流可以包括在型式符号中，如 FL246 - 1.5 - 6 或 FL246 - 1.5（6），若电能表常数中已考虑互感器变比时，应标明互感器变比，如 3×1000/5A。

（3）准确度等级。用置于圆圈内的数字表示，通常分 2.0、1.0、0.5、0.2 级，国家标准规定了各个等级的误差限值。S 级电能表最大额定电流一般为标定电流的 2 倍，同时对 1%标定电流的误差也有规定限值。

（4）运行条件。额定频率 50Hz，参比温度 23℃，年平均湿度≤75%，绝缘：符号"回"表示属绝缘封闭Ⅱ类防护仪表。

（5）电能表常数。感应式电能表常数标明为有功电能表，1kWh＝……盘转数，例如 1200r/kWh；无功电能表，1kvarh＝……盘转数，例如 1500r/kvarh。

电子式电能表的常数单位为 imp/kWh。例如：型号为 DDSY42 的单相电子式复费率电能表常数 $C=1200$imp/kWh，其含义是用电设备每消耗 1kWh 电能，电子式电能表的脉冲灯就闪动 1200 次；而型号为 DTS660 的三相四线电子式电能表常数 $C=400$imp/kWh，其含义是用电设备每消耗 1kWh 电能，电子式电能表的脉冲灯就闪动 400 次。

（四）电子式电能表的多种功能

三相电子式电能表基本上均采用采样原理利用专用模数转换器对电流、电压进行数字化处理；输入专用微处理器 CPU，利用软硬件可实现多种功能；具有计量和显示正、反向和各不同时段，不同费率的有功、无功电量功能；测量和显示所接入电压、电流功率因数及最大需量等数值；同时可实现失压、失流、电压不合格记录，逆相序监视、超功率限额监视，窃电倒表等异常运行情况；当使用预付费功能时，在剩余电费低于限额时的报警等。各种功能可以进行任意组合，在管理中主要通过数据通信接口，可与电力负荷控制系统或远程抄表系统接口，实现自动抄表，并可随时监视表计运行情况等，以及按日统计数据。

上述这些功能在感应式电能表中是无法实现的，这就可看出电子式电能表的确有不少优势，而且电子电能表的许多功能将对电力系统自动化有着深远的意义。用电数据采集和处理、自动抄表和遥测等功能实际上是作为一个计量管理和用电管理的终端，它所提供的各种功能是实现电力系统自动化管理所必不可少的。电能表的电子化和微机化相结合是电能管理智能化的世界性发展趋势，适应了管理现代化发展的需要，因此也代表了 21 世纪电能仪表的发展方向，有着巨大的发展前景。

1. 分时计量功能

分时计量电能表是配合电价改革的重要计量设备之一。它可以分别计量、记录一天中不同时间段发出或消耗的有功电能和无功电能。科学、灵活地运用分时计量电能表，能够方便地记录电力负荷的峰谷时间、不同季节以及超计划使用的电能量等。

分时计量电能表又称为复费率电能表，其功能就是测量各分段时间内电能的消耗量（发电量）、供电量（包括有功、无功电量），并将它们分别记录在不同的计量器上，目的在于统计出各个时间段内的分电量和总电量。分时计量电能表的作用主要有两个：一是用来作为按多部电价收费的依据；二是为技术、经济管理决策提供数据。

2. 最大需量计量功能

在电力系统运行过程中，电力负荷随时间的改变而变化，当电力负荷高峰和低谷差别过大时，将不能充分利用发、供电设备的容量，使电网运行效率大打折扣。为了平抑电网负荷曲线，提高电网的负荷率，除对用户用电量实施分时计量，引导其避开高峰期用电外，还应把需量作为对大中型电力用户的一项重要的考核指标，采用计量最大需量的方法，引导用户均衡用电，避免使电网出现负荷尖峰。所谓最大需量的计量方法，就是限定了用户用电的最大需量，利用电能表测量用户各时段的用电需量，比较取出最大值，并与限定的最大需量进行比较，若超过了这一限定值，电能表将自动报警，警告用户降低用电需量，否则将自动切断电源，停止供电。目前，最大需量计量作为电能管理的一个重要手段已被广泛采用。

所谓电能需量，是指在某一指定时间间隔内电能用户消耗功率的平均值，这一时间间隔通常称为需量积算周期，我国电力部门一般将需量积算周期规定为 15min。

最大需量，就是在一个电费结算周期（如一个月）内每 15min 用户负荷的平均功率最大值。

3. 预付费功能

预付费电能表体现着"先购电、后用电"的管理模式，装设它后，用户须预先到供电部门购买一定的用电量，预付费电能表则能控制用户的用电数不超过其购买的用电量。因此可以说，预付费电能表是一种控制型计量仪表。预付费的控制方式有投币式和插卡式，而卡又有磁卡与 IC 卡（又称电卡、电子钥匙）之分，其区别在于数据存储方式和使用的记忆材料不同。IC 卡式电能表是供电部门将用户预先购买的用电量写入用户的 IC 卡，并将卡置为有效。当用户将有效的 IC 卡插入电能表的 IC 卡插槽中，电能表将 IC 卡的购电量读进，与以前的剩余电量相加后，经电能表面板上的显示器显示出来，同时将 IC 卡置为无效，此时 IC 卡即可拔走。当将一无效的 IC 卡插入时，电能表会自动识别，不产生允许用电动作。IC 卡式电能表采用倒计数的方式进行计量，显示器显示出的是用户可用的剩余电量，对新的剩余电量进行判断，当剩余电量少到一定数量时，发出报警，提醒用户及时购电；从购电量用完前的某一时刻起，连续报警，提醒用户做好断电前准备，然后电能表自动切断电源。电能表内的备用电池可在停电情况下使电能表所记各种数据信息保存几个月而不丢失。

4. 事件记录功能

电子式多功能电能表能够在表的参数出现异常时，记录异常时间、表的状态，供分析和追补电量用。它能记录失压、失流、需量清零、时段设置等故障的次数、时间，近 10 次故障的持续时间、对应电量等。如可以记录一相、二相、三相的失压时间及一相、二相失压时电能表计量的有功电能，为追补电量提供依据。

电子式电能表能够至少记录上月的最大需量复零次数、上次复零时间、编程总次数、上次改编程序的时间以及有无窃电等。若辅助电源失电后，所有数据的保存时间应不小于180 天。

5. 查询及显示功能

电子式多功能电能表能够显示尖、峰、平、谷、总时段及本月、上月的正反向有功、四象限无功的分时电量和总电量用户，抄表人员、用电检查人员等可以利用外部手动"按钮"，通过电能表的显示器查询有关数据；还能显示功率、实施时间、失压记录；显示最大需量、分时最大需量出现的时间等；能选择固定显示或自动循环显示所有的预置数据。电子式多功能电能表工作时无死机现象。

6. 停电抄表功能

电子式多功能电能表工作时需要电源，一般由外部供电电源提供。一旦电能表的三相都失电后，电能表的 CPU 即停止工作，此时显示器会持续显示 20s，然后关屏进入睡眠方式，这时电能表处于停电抄表模式。用户如需抄表：一是按动任意按键将电能表唤醒进入显示方式，通过按键操作来抄收电量，当持续 20s 无按键时，电能表又进入低功耗睡眠方式；二是将停电抄表器（即外部电池）接于表的停电抄表外置接口处，待电能表显示正常后，抄得电能表读数，此时显示的电压、电流等数据是停电前最近一刻的数据。

7. 监督控制功能

电子式多功能电能表能够对内部运行状态进行监视、控制和自检。如电能表备用电池，在市电正常时不耗电，表内一般有两块。一块供停电抄表用，耗完后可更换；另一块供时钟芯片用，直接焊接在电路板上，该电池带负荷时的寿命可达十几年，这使得在整个使用期内，不大可能更换电池，但是若是时钟电池电压低于 3V 时，显示屏下方的"电池"两字会闪烁，提醒用户及时更换电池。

三、测量用互感器铭牌含义及使用注意事项

测量用互感器又称为表用互感器。在高电压和大电流的电能计量中，要直接接入电能表或其他的测量表计，往往是很困难甚至是不可能的，这就需要按一定的比例将高电压和大电流转化为既安全又便于测量的低电压或小电流，然后再接入表计。表用互感器是一种变换交流电压或电流使之便于测量的设备，实际上是一种特殊用途的变压器。其中变换交流电压的称为电压互感器（TV）；变换交流电流的称为电流互感器（TA）。采用测量互感器具有以下好处。

（1）由于互感器具有对变换前后电路隔离的结构，以及良好的绝缘性能，能够保证测量仪表与测试人员的安全。

（2）互感器采用统一的标准化输出量，如电压互感器为 100V、（100/3）V，电流互感器为 5A、1A 等。从而使从数十伏到数百千伏的电压、数十毫安到上万安的电流经过互感器变换后，进行测量的仪表量程统一为简单的几种，大大简化了仪表系列的生产和使用。

（3）当电力线路发生故障出现过电压或过电流时，由于互感器铁芯趋于饱和，其输出不

会呈正比增加，能够起到对测量仪表设备的保护作用。

因此，测量互感器在电力系统的应用非常广泛。

1. 电压互感器

(1) 电压互感器的基本原理。电压互感器和电力变压器的构造基本一样，也就是由一次绕组和二次绕组相互绝缘绕在公共铁芯上所构成，铁芯用硅钢片叠成。一次绕组接在电源

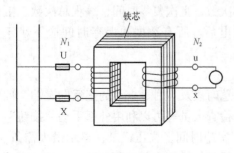

图 14-1　电压互感器结构图

侧，是从电源侧吸收电能量；二次绕组接上测量仪表，又称表用互感器的二次绕组，它是输出能量。铁芯是一个导磁回路，它使一次绕组和二次绕组之间建立起紧密的电磁耦合。电压互感器和降压电力变压器相似，它的一次绕组的匝数 N_1 多于二次绕组的匝数 N_2。通常，电压互感器的一次绕组额定电压采用不同的电压等级，而二次绕组的额定电压为 100V，绕组一、二次接线标记如图 14-1 所示。一次绕组的匝数多，导线直径小，进线端柱常用大写字母 U、X 标记，而二次绕组的匝数少，导线直径较一次绕组粗得多，其出线端柱常用小写字母 u、x 标记。

在理想情况下，电压比等于绕组的匝数比，即

$$K_U = \frac{U_1}{U_2} = \frac{N_1}{N_2} \tag{14-1}$$

式中　K_U——额定变比；

U_1——一次侧电压；

U_2——二次侧电压；

N_1——一次绕组匝数；

N_2——二次绕组匝数。

式 (14-1) 表示在理想情况下绕组感应电动势与其匝数成正比。实际上，由于电压互感器在工作时有损耗（铜损耗和铁损耗），绕组中有阻抗压降，这使得电压互感器的二次电压 $\dot{U}_2$ 折算到一次侧电压 $(\dot{U}_2')$ 与一次电压 $\dot{U}_1$ 大小不等，且有相位差，这就是说电压互感器存在比差（变比误差）和角差（相位差），我们把电压转换过程中出现的比差和角差叫做电压互感器的误差，它主要受二次负荷的大小、功率因数的高低以及电压和频率的变化等多种因素的影响。

(2) 电压互感器的极性。极性的问题在直流电路中很容易了解，直流电路两端，一端为正极，另一端为负极，而且还规定了电流是在外电路经过负荷由正极流向负极，故一端标正极符号，另一端则标负极符号。而在交流电路里，由于交流电流的方向是随时间做周期性变化的，这样凡是利用交流电工作的仪表如电流表、电压表是没有正负极性区别的。如果两个绕组通过交流电产生的磁路联系在一起时，在同一瞬间，两个绕组中感应电流方向是相反的，在外部很难看出其方向。因此在外部端钮用一些标志加以标明，如图 14-2 所示。用 U、X 标示一次绕组，u、x 标示二次绕组。电压互感器就是有极性的，

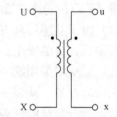

图 14-2　电压互感器极性图

接线时必须按照其极性进行接线，否则就会造成接错线，引起计量故障。

（3）电压互感器的接线方式。电压互感器 Yy 接法如图 14-3 所示，其常用变比：$\dfrac{220\text{kV}}{\sqrt{3}}\Big/\dfrac{100\text{V}}{\sqrt{3}}$，$\dfrac{10\text{kV}}{\sqrt{3}}\Big/\dfrac{100\text{V}}{\sqrt{3}}$。

此接线方法在各种电压等级电网中都有采用，高压侧可采用半绝缘结构，相电压是线电压的 $\dfrac{1}{\sqrt{3}}$ 倍。

电压互感器 Vv 接法，如图 14-4 所示，常用变比：35kV/100V，10kV/100V。

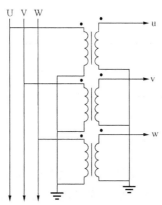

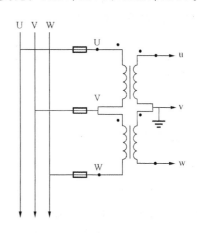

图 14-3　电压互感器 Yy 接法　　　　　图 14-4　电压互感器 Vv 接法

此接线方法大多使用于 35kV 及以下电压等级电力用户的电能计量，其一次侧中性点不接地，二次侧只能测量线间电压，不能监视高压电网的绝缘情况，二次侧的 v 相接地。

（4）电压互感器的铭牌参数。电压互感器的型号含义如下。

第一个字母：类别代号，J—电压互感器。

第二个字母：组别代号，D—单相；S—三相；C—串级式。

第三个字母：绝缘型式，G—干式；J—油浸式；C—磁绝缘；Z—树脂浇注式；R—电容式。

第四个字母：结构型式，W—五芯柱绕组；B—带补偿角差绕组；J—接地保护。

例如：JDJ—10 表示单相电压互感器，额定电压 10kV。

电压互感器的参数包括：

1）额定一次电压。作为互感器性能基准的一次电压值。其额定值应与我国电力系统规定的"额定电压"系列一致。

2）额定二次电压。作为互感器基准的二次电压值。我国规定接在三相系统中相与相之间的单相电压互感器 U_{2N} 为 100V；接在三相系统中相与地之间的单相电压互感器，其额定值为 $100/\sqrt{3}\text{V}$。

3）额定变比。额定一次电压与额定二次电压之比。

4）准确度等级。由互感器所规定的等级，其误差在规定使用条件下应在规定的限值之内。

5）额定二次负荷。为确定准确度等级所依据的二次负荷阻抗，额定输出电压下所输出的容量，通常以视在功率（VA）表示。

6）额定二次负荷的功率因数。电压互感器二次回路所带负荷的额定功率因数即为额定二次负荷的功率因数。

（5）准确度与负荷的关系。电压互感器的准确度等级，和电压互感器接入的二次负荷有关，而且是决定其准确度等级的主要因素，随着二次负荷电流的增大。比差从正值变成负值，当负荷电流为中间某数值时误差可能为最小，表 14-2 是电压互感器负荷大小和准确度等级的关系。当二次负荷选定为 300VA，准确度等级对应为 3 级；二次负荷选定为 80VA，准确度等级可以提高至 0.5 级。

表 14-2　　　　　　　　　　　　　　电压互感器准确度等级

准确度等级	3.0	1.0	0.5
二次侧负荷/VA	300	150	80

（6）电压互感器使用时要注意的事项。

1）选择二次额定容量 $\frac{1}{4}S_{2N} \leqslant S_2 \leqslant S_{2N}$（$S_{2N}$ 为额定二次容量）。

2）在投入接线连接时，要注意端子的极性，否则极性接错，电能表会反转。

3）电压互感器二次侧必须有一端接地，以保证工作人员的安全和防止设备损坏。

4）电压互感器在使用时二次绕组在任何情况下都严禁短路，否则会产生很大的短路电流，以造成熔丝熔断，引起计量的很大误差，还可能烧毁电压互感器，甚至影响一次侧电路的安全运行。

2. 电流互感器

（1）电流互感器的工作原理。电流互感器的工作原理和电压互感器基本相同都是电磁感应，也即和变压器相似，但其不同点是：电力变压器、电压互感器的接线是一次绕组并接在电源上，而电流互感器的接线是一次绕组串接在电源上。

电流互感器的工作原理是安匝平衡。

如图 14-5（a）所示，在理想情况下一次安匝等于二次安匝，$I_1 N_1 = I_2 N_2$，即

$$K_I = \frac{I_1}{I_2} = \frac{N_2}{N_1} \qquad (14-2)$$

式（14-2）表示一次电流、二次电流与一次、二次绕组匝数成反比，我国规定额定二次电流为 5A 或 1A，常用的为 5A。

由于电流互感器在传递电流信号的同时，自身必然要消耗能量，因此使得 $\dot{I}_1$ 与 $K_{IN} \dot{I}_2$ 在大小和相位上必定有差

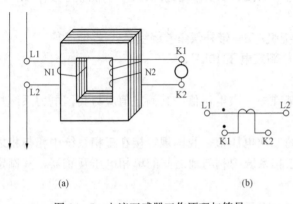

图 14-5　电流互感器工作原理与符号

（a）电流互感器的工作原理；（b）电流互感器符号

异，我们把它们分别称为比差和角差。

电流互感器的符号一般如图 14-5（b）所示，由于 N1 比 N2 匝数少，一次绕组用一根直线表示，N1 两端为 L1、L2，N2 两端为 K1、K2。

（2）电流互感器接线方式。计量电流互感器的接线方式如图 14-6（a）、（b）、（c）所示。用一台电流互感器测量三相负荷不平衡度小的三相仪表中的一相电流，其接线如图 14-6（a）所示。

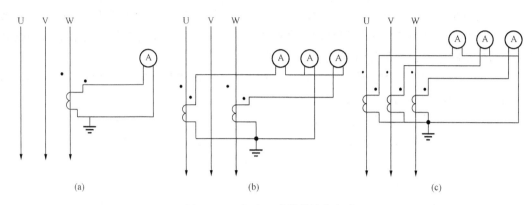

图 14-6 电流互感器的接线方式

（a）一相接线；（b）两相式不完全星形接线；（c）三相完全星形接线

在三相三线电路里一般除了发电机的测量外，基本上都采用两台单相电流互感器按不完全星形接线，由于三相电流是 $I_u + I_v + I_w = 0$，则 $I_v = -(I_u + I_w)$，通过公共导线上的电流等于 u 和 w 两相电流的相量和，也叫做人工 v 相电流，其接线如图 14-6（b）所示。

在三相四线电路里，因为三相电流相量之和不等于零，所以都采用将三台单相电流互感器按星形接线，其接线如图 14-6（c）所示。

（3）电流互感器的铭牌参数。电流互感器的型号含义如下。

第一个字母：L—电流互感器。

第二个字母：A—穿墙式；F—多匝式；R—装入式；B—支持式；J—接地保护；Y—低压；C—瓷箱式；M—母线式；Z—支柱式；D—单匝式；Q—绕组式。

第三个字母：C—瓷绝缘；S—速饱和；G—改进过的；K—塑料外壳式；W—户外式；L—电缆电容型；M—母线式；Z—浇注式；P—中频。

第四个字母：B—保护级；D—差动保护；Q—加强式；J—加大容量。

例如，LFC—10 表示瓷箱式电流互感器，额定电压 10kV。

电流互感器的参数有：

1）额定工作电压。互感器允许长期运行的最高电压有效值。通常用线电压算出，并注在型号的后面。如 LCW—35，是指该电压互感器允许装在 35kV 线路上。

2）额定一次电流。作为互感器性能基准的一次侧电流值。

3）额定二次电流。作为互感器性能基准的二次侧电流值，通常为 5A 或 1A。1A 主要用于高压系统的互感器。

4）额定电流比。额定一次电流与额定二次电流之比。

5）额定负荷，确定互感器准确度等级所依据的负荷值。电流互感器二次侧 K1、K2 端子以外的回路阻抗都是电流互感器的负荷。通常以视在功率伏安或以阻抗欧姆表示。

6）额定功率因数。二次额定负荷阻抗的有功部分与额定阻抗之比。

7）准确度等级。在规定使用条件下，互感器的误差在该等级规定的限值之内。电力工程中计量常用的等级有 0.2、0.5、0.2S、0.5S 等。

（4）电流互感器计量准确度与二次负荷阻抗的关系。电流互感器出厂质检及计量检定，要求在额定阻抗 Z_N 及 $Z_N/4$ 下，误差符合等级规定。负荷阻抗小于 $Z_N/4$，可能正超差，如果负荷阻抗大于 Z_N，可能负超差，负荷阻抗在 Z_N 与 $Z_N/4$ 之间某一个数值时，电流互感器误差可达到最小，故 Z_N 是确定电流互感器准确度等级的依据。电能计量装置在设计、安装过程中，应有计量人员参加审核和验收。合理选择二次导线截面积使电流互感器二次回路阻抗在合适的范围中，以保障计量精度。

（5）电流互感器的使用。使用电流互感器时，除一次电流和额定电压需满足要求外，为了达到安全和准确测量的目标，必须注意以下事项。

1）运行中的电流互感器，任何时候其二次侧都不允许开路。运行中二次绕组开路后造成的后果是：①二次侧出现高电压，危及人身和仪表安全；②出现不应有的过热，可能烧坏绕组；③误差增大，因为磁密增加后使铁芯中的剩磁增加。

2）为防止电流互感器一、二次绕组击穿时危及人身和设备安全，电流互感器二次侧应该有一个接地点。

3）接线时要注意极性的正确性，即同名端的对应关系。接线时如果极性连接不正确，不仅会造成计量错误，而且当同一线路有多个电流互感器并联时，还可能造成短路事故。

4）用于电能计量的电流互感器的二次回路，不应再接入继电保护装置和自动装置等，以防止互相影响。

【思考与练习】
（1）电能计量装置包括哪些仪表设备？
（2）在使用电压互感器时，接线要注意哪些问题？
（3）在使用电流互感器时，接线要注意哪些问题？
（4）选择电流互感器时，应主要依据哪几个参数？

模块二　电能表的正确接线

【模块描述】 本模块主要描述了单相电能表和三相电能表的各种接线形式。

一、单相有功电能表的正确接线

根据《供电营业规则》的规定"用户单相用电设备总容量不足 10kW 的可采用低压220V 供电"，因此对于单相用电的用户必须装设单相电能计量装置。

1. 单相电能表直接接入式

单相电能表主要用于 220V 单相交流用户的电能计量，只有一个电流线圈、一个电压线圈，接线时电流线圈与负荷串联，电压线圈与负荷并联。其接入电路的方式主要有直接接入和经互感器接入两种。直接接入式接线，就是将电能表端子盒内的接线端子直接接入被测电路。根据单相电能表端子盒内电压、电流接线端子排列方式不同，又可将直接进入式接线分为一进一出（单进单出）和两进两出（双进双出）两种接线排列方式。实际工作中具体采用哪种接线方式，可查看生产厂家的安装说明书，切不可随意接线，否则将烧毁电能表。

直接接入式接法如图 14-7（a）所示，电表的测量功率为 $P = U_{\varphi}I_{\varphi}\cos\varphi$。

2. 单相电能表经互感器接入式

当电能表电流或电压量限不能满足被测电路要求时，需经互感器接入。电流量限不够，就采用电流互感器；电压量限不够，就采用电压互感器。图 14-8（a）所示为经电流互感器的电流、电压共用方式接线，这种接线电流互感器二次侧不可接地。图 14-8（b）所示为经电流互感器的电流、电压分开方式接线，这种接线电流互感器二次侧可以接地。

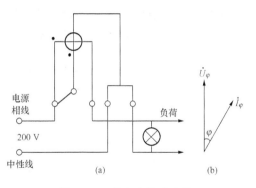

图 14-7 单相电能表直接
接入式接线图及相量图

（a）接线图；（b）相量图

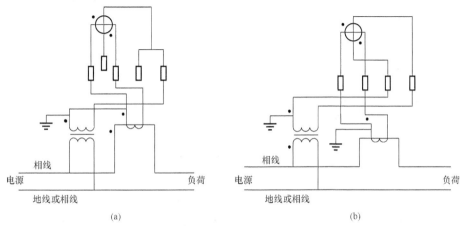

图 14-8 共用和分用电压线和电流线的接线图

（a）共用电压和电流线的接线方式；（b）分用电压和电流线的接线方式

二、三相四线有功电能表的正确接线

三相四线电路中有功电能的测量一般采用三相四线有功电能表，因三相四线电路可看成是三个单相电路组成的，其总功率为各相功率之和，即

$$P = P_1 + P_2 + P_3 = U_UI_U\cos\varphi + U_VI_V\cos\varphi + U_WI_W\cos\varphi$$

三相四线电路也可以用三只相同规格的单相电能表计量，其计量结果为三只单相电能表计量值的代数和，它们的规范化接线原则都是相同的，即将电能表的三个电流线圈分别串入三相电路中，电压线圈分别接入相应的相电压，且其同名端应与相应电流线圈的同名端一起接在电源侧。此种接线方式最适合于中性点直接接地的三相四线电路中有功电能的计量。且不论三相电压、电流是否对称，都能正确计量。

图 14-9 所示是三元件三相四线有功电能表的接线图，在农村三相电力系统中，宜采用三只单相电能表，而不宜采用一只三相电能表测量电能。因为农村不经常抄表，也很少有完整的负荷记录，一旦发生计量故障，三相电能表可能只表现为圆盘转慢些，而很难区别是负荷小了还是电能表接线有了故障。当采用三只单相电能表，只要其中一只电能表圆盘不转，

便可迅速准确发现是哪相有了故障，而且抄表员还可以根据以往正常情况下三只电能表示数的比例，估算故障发生以后，故障相的用电量。

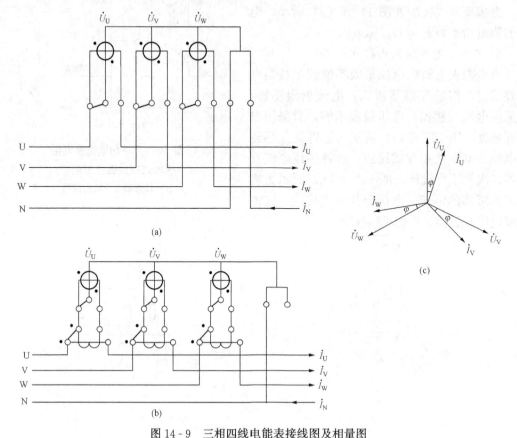

图 14-9　三相四线电能表接线图及相量图

(a) 三相四线直接接入式电能表接线图；(b) 三相四线电能表经电流互感器接入式接线图；

(c) 三相四线电能表接线相量图

在三相四线有功电能表的接线中，应注意以下几点。

（1）应按正相序接线。因为三相电能表都是按正相序校验的，若实际使用时候接相序与校验时的顺序不一致，便会产生附加误差。

（2）中性线（N 线）与相线不能接错位置，否则电压元件将承受比规定值大 $\sqrt{3}$ 倍的线电压，可能使电压线圈烧坏。

（3）与中性线对应的端钮一定要接牢固，否则可能因接触不良或断线产生电压差，引起较大的计量误差。

三、三相三线有功电能表的正确接线

1. 直接接入方式

图 14-10 所示是两元件三相三线有功电能表的接线图和相量图，此种接线方式适用于没有中性线的三相三线系统有功电能计量。而且不论负荷是感性、容性或者是电阻性，也不论负荷是否三相对称，均能正确计量。

设 P_1 为元件 1 的测量功率，P_2 为元件 2 的测量功率，$P = P_1 + P_2$ 为三相两元件电能表的测量功率，为便于分析推导，假设三相对称，则

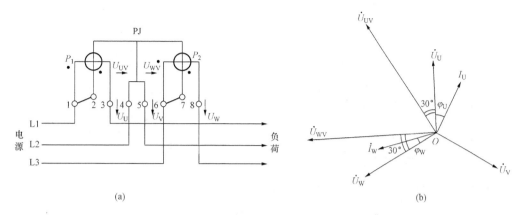

图 14 - 10　测量三相三线电路有功电能表的接线图和相量图

(a) 接线图；(b) 相量图

$$P_1 = U_{UV}I_U\cos(30° + \varphi_u) = UI\cos(30° + \varphi)$$
$$P_2 = U_{WV}I_W\cos(30° - \varphi_w) = UI\cos(30° - \varphi)$$
$$P = P_1 + P_2 = UI\cos(30° + \varphi) + UI\cos(30° - \varphi) = \sqrt{3}UI\cos\varphi$$

2. 经电压和电流互感器接入方式

三相三线有功电能表经互感器接入三相三线电路时，其接线也可分为电流、电压线共用和分开方式两种。图 14 - 11 为三相三线有功电能表只经电流互感器接入时的接线图。图 14 - 12 为三相三线有功电能表经电流互感器和电压互感器计量没有中性点直接接地的高压三相三线系统中的有功电能的接线图。

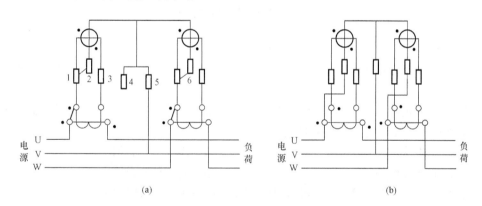

图 14 - 11　三相三线有功电能表经电流互感器接入

(a) 共用电压和电流线的接线方式；(b) 分用电压和电流线的接入方式

在高压三相三线系统中，电压互感器一般是采用 V 形接线，且在二次侧 V 相接地，这种接线的优点是可少用一台单相电压互感器，同时也便于检查电压二次回路的接线。也可以采用 Y 形接线，这时在二次侧中性点接地。电流互感器二次侧必须有一点接地。

电能表的测量功率表达式与低压计量时相同。不同的是，前者的实际电量等于电能表读数乘以电流互感器的额定变比，而后者的实际电量等于电能表读数乘以电流互感器的额定变比及电压互感器的额定变比。

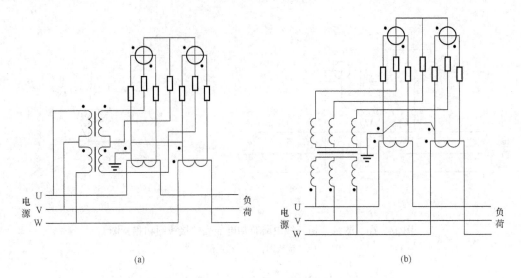

图 14-12　三相三线有功电能表经电流、电压互感器接入
(a) 电压互感器采用 V 形接线接入方式；
(b) 电压互感器采用 Y 形接线接入方式

【思考与练习】

(1) 何种情况下电能计量装置应采用互感器？

(2) 三相四线电能表接线时应注意哪些事项？

【能力训练】

一、选择题

1. 我们通常所说的一只 5（20）A、220V 单相电能表，这里的 5A 是指这只电能表的（　　）。

　　(A) 标定电流　　　　(B) 额定电流　　　　(C) 瞬时电流　　　　(D) 最大额定电流

2. 下列设备不是电能计量装置的是（　　）。

　　(A) 电能表　　　　　　　　　　　(B) 计量用互感器

　　(C) 电能计量箱　　　　　　　　　(D) 失压计时器

3. 最大需量表测得的最大值是指电力用户在某一段时间内负荷功率的（　　）。

　　(A) 最大值　　　　　　　　　　　(B) 平均值

　　(C) 按规定时限平均功率的最大值　(D) 最大峰值

4. "S" 级电流互感器，能够正确计量的电流范围是（　　）I_b。

　　(A) 10%～120%　　　　　　　　(B) 5%～120%

　　(C) 2%～120%　　　　　　　　　(D) 1%～120%

5. Ⅳ类电能计量装置配置的有功电能表的准确度等级应不低于（　　）。

　　(A) 3.0 级　　　　(B) 2.0 级　　　　(C) 1.0 级　　　　(D) 0.5 级

6. 用电计量装置原则上应装在供电设备的（　　）。

　　(A) 装设地点　　　　　　　　　　(B) 附近

（C）区域内　　　　　　　　　　（D）产权分界处

7. DSSD331 型电能表是（　　）。

（A）三相三线全电子式多功能电能表　　（B）三相四线全电子式多功能电能表

（C）三相三线机电式多功能电能表　　　（D）三相三线机电式多功能电能表

8. 最大需量就是在一个电费结算周期（如一个月）内每（　　）用户负荷的平均功率最大值。

（A）35min　　　　（B）30min　　　　（C）15min　　　　（D）10min

二、问答题

1. 供电企业对用户如何安装电能计量装置？

2. 电压互感器在运行中为什么不允许二次侧短路运行？

3. 简述电能表 DTS72、DSSD51 - J、DTZY532 型号中，各个字母和数字的含义是什么？

4. 为什么对动力用户要加装无功电能表？

三、计算题

1. 某一型号的单相电能表铭牌上标明 $C=2500r/kWh$，试求该表转一转为多少瓦时？

2. 某 10kV 用户在高压侧用三相电能表计量收费，已知该户装配的电流互感器变比为 30/5，电压互感器变比为 10 000/100，求该户的计费总倍率为多少？

3. 某工厂有功负荷 $P=1000kW$，功率因数 $\cos\varphi=0.8$，10kV 供电，高压计量。求需配置多大的电流互感器？

4. 某居民单相设备为 3kW，功率因数为 0.85，求需配置多大的电能表？

5. 有一低压动力用户，装有一台三相异步电动机，功率为 48kW，功率因数为 0.85，效率以 100% 计，供电电压 380V，电能计量装置采用经电流互感器接入式，变比为 $K=100/5$，通过计算，在标定电流分别为 1、5A 的两块电能表中选择一块。

第十五章　电能表的错误接线及退补电量的计算

知识目标

(1) 清楚单相电能表常见故障及异常。

(2) 清楚三相电能表常见故障及异常。

(3) 掌握电量的正确抄读方法。

(4) 掌握电费计算规则、有关退补电费计算的规定。

能力目标

(1) 会判断电能表的接线错误类别。

(2) 发现运行中电能表发生异常情况时，会正确计算退补电量。

电能计量装置的错误接线的主要类型有：

(1) 电压回路和电流回路发生短路或断路。

(2) 电压互感器和电流互感器一、二次侧极性接反。

(3) 电能表元件中没有接入规定相别的电压和电流。

电能计量装置接线发生错误后，电能表的圆盘转动现象一般可分为正转、反转、不转和转向不定四种情况，直接影响正确计量。

模块一　电能表的错误接线

🎓 **【模块描述】** 本模块主要描述了单相有功电能表的常见故障及异常、三相有功电能表的常见故障及异常，检查的重点等内容。

一、单相有功电能表的错误接线

（一）错误接线的形式

(1) 电压小钩断开或接触不良造成开路。其接线如图 15-1 所示，电压线圈上无电压，此时电能表的测量功率 $P = UI\cos\varphi = 0$，电能表不转。

(2) 相线和中性线互换。其接线如图 15-2 所示，电能表的测量功率为

$$P = (-U) \times (-I)\cos\varphi = UI\cos\varphi$$

这种接法在正常情况下仍能正确计量，但当负荷侧存在接地漏电时会少计电量，同时也会给用户造成便于窃电的条件。

(3) 电流互感器二次侧开路。其接线如图 15-3 所示，此时电能表的测量功率为 $P = U(0)\cos\varphi = 0$，电能表不转。

(4) 电流互感器二次侧（或一次侧）短路。其接线如图 15-4 所示，电能表的测量功率为 $P = U(0)\cos\varphi = 0$，电能表不转。

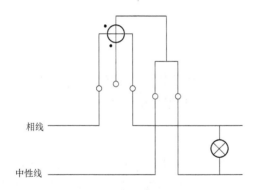

图 15-1　电压小钩断开或未接通

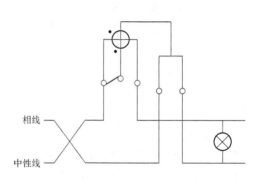

图 15-2　相线与中性线互换

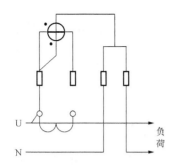

图 15-3　电流互感器二次侧开路

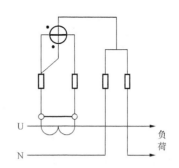

图 15-4　电流互感器二次侧短路

（5）电流互感器二次侧极性接反。其接线图如图 15-5 所示，电能表的测量功率为 $P = -UI\cos\varphi$，电能表反转。

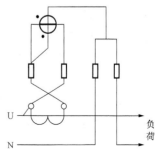

图 15-5　电流互感器
二次侧极性接反

（二）常见故障及异常

（1）相线与中性线对调。正常情况下运行没有问题，但用户若将用电设备接到相线与大地之间时（如经暖气管道等），将造成电能表不计或少计电量，带来窃电的隐患。

（2）电源线的进出线接反。此时，由于电流线圈同名端接反，故电能表要反转。

（3）电压连接片没接上。此时电压线圈上无电压，电能表不计量。

（4）电能表发生"串户"。电能表的用户号与用户房号不对应，易造成电费纠纷。

（5）电能表可能发生擦盘、卡字、死机、潜动等，影响正确计量。

（三）检查的重点

（1）检查计量箱、表计的锁头、铅封、铅印是否完好。

（2）检查电能表运行声音是否正常。

（3）核对表号、户号、资产号是否正确。

（4）注意观察电能表转动情况或信号灯的闪动是否正常。

（5）检查表计的导线是否有破皮、松动、脱落、短接、短路等现象。

（6）带有电流互感器的计量装置应注意检查互感器的铭牌，接线，一、二次侧是否有短路，断路情况。

二、三相四线有功电能表的错误接线

(一) 电流互感器二次回路的开路故障

1. 一相开路

一相开路错误接线如图 15-6 所示，当电流互感器二次回路一相开路时，电能表内的一组驱动元件的转矩为零，电能表转速（或发脉冲的时间）变慢，电能表只计量了另两相的电量。

2. 两相开路

两相开路错误接线如图 15-7 所示，当电流互感器二次回路两相开路时，电能表内的两组驱动元件的转矩为零，电能表转速（或发脉冲的时间）变得很慢，电能表仅计量了一相的电量。

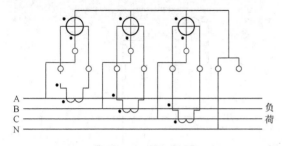

图 15-6　一相开路错误接线

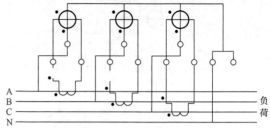

图 15-7　两相开路错误接线

3. 三相开路

三相开路错误接线如图 15-8 所示，当电流互感器二次回路三相都开路时，电能表内的三组驱动元件的转矩都为零，电能表停转。

(二) 电流互感器二次回路的短路故障

1. 一相短路

一相短路错误接线如图 15-9 所示，当电流互感器二次回路一相短路时，电能表内的一组驱动元件的转矩为零，电能表转速（或发脉冲的时间）变慢，电能表只计量了另两相的电量。

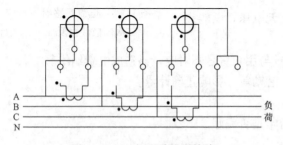

图 15-8　三相开路错误接线

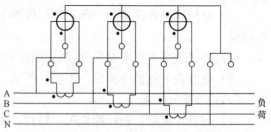

图 15-9　一相短路错误接线

2. 两相短路

两相短路错误接线如图 15-10 所示，当电流互感器二次回路两相短路时，电能表内的两组驱动元件的转矩为零，电能表转速（或发脉冲的时间）变得很慢，电能表仅计量了一相的电量。

3. 三相短路

三相短路错误接线如图 15‑11 所示，当电流互感器二次回路三相都短路时，电能表内的三组驱动元件的转矩都为零，电能表停转。

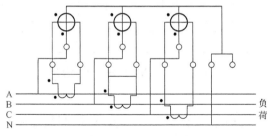

图 15‑10　两相短路错误接线　　　　　图 15‑11　三相短路错误接线

（三）电压回路的失压故障

1. 一相失压

一相失压错误接线如图 15‑12 所示，当电压回路一相失压时，电能表内的一组驱动元件的转矩为零，电能表转速（或发脉冲的时间）变慢，电能表只计量了另两相的电量。

2. 两相失压

两相失压错误接线如图 15‑13 所示，当电压回路两相失压时，电能表内的两组驱动元件的转矩为零，电能表转速（或发脉冲的时间）变慢，电能表仅计量了一相的电量。

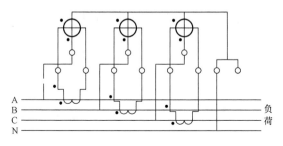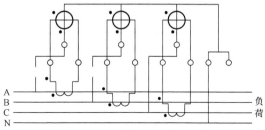

图 15‑12　一相失压错误接线　　　　　图 15‑13　两相失压错误接线

3. 三相失压

三相失压错误接线如图 15‑14 所示，当电压回路三相都失压时，电能表内的三组驱动元件的转矩都为零，电能表停转。

（四）电流互感器二次（或一次）侧极性接反

1. 一相电流接反

一相电流接反错误接线如图 15‑15 所示，当一相电流接反时，电能表内的一组驱动元件的转矩为负值，另两组驱动元件的转矩为正值，此时电能表的转动方向将有以下三种情况。

（1）接反的一相电流小于另两相电流之和时，则电能表正转。

（2）接反的一相电流等于另两相电流之和时，则电能表停转。

（3）接反的一相电流大于另两相电流之和时，则电能表反转。

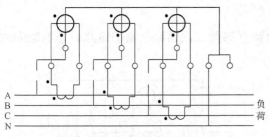

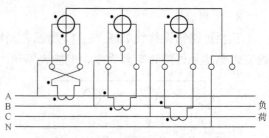

图 15-14 三相失压错误接线   图 15-15 一相电流接反错误接线

2. 两相电流接反

两相电流接反错误接线如图 15-16 所示,当两相电流接反时,电能表内的两组驱动元件的转矩为负值,另一组驱动元件的转矩为正值,此时电能表的转动方向也将有以下三种情况。

(1) 接反的两相电流之和小于另一相电流时,则电能表正转。

(2) 接反的两相电流之和等于另一相电流时,则电能表停转。

(3) 接反的两相电流之和大于另一相电流时,则电能表反转。

3. 三相电流接反

三相电流接反错误接线如图 15-17 所示,当三相电流全接反时,电能表内的三组驱动元件的转矩都为负值,电能表反转。

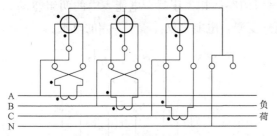

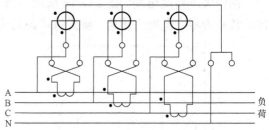

图 15-16 两相电流接反错误接线   图 15-17 三相电流接反错误接线

(五) 电压电流不同相

1. A、B 两相电流电压不同相 (如图 15-18 所示)

当三相负荷平衡时,电能表停转。

2. 三相电流电压不同相 (如图 15-19 所示)

当三相负荷平衡时,计量产生误差。

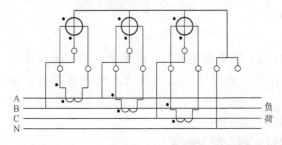

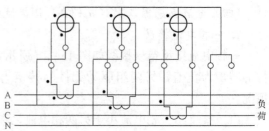

图 15-18 A、B 两相电流电压不同相接线图   图 15-19 三相电流电压不同相接线图

（六）电流互感器实际变比与铭牌不符

低压三相四线电能计量装置的倍率就是电流互感器一次电流与二次电流的比值。一套正常的低压三相四线电能计量装置的倍率应与电流互感器铭牌上的变比值相等，如果电流互感器实际变比与铭牌不符，也就是计量装置的倍率与实际不符。当电流互感器实际变比比铭牌变比大时，造成少计电量；当电流互感器实际变比比铭牌变比小时，造成多计电量。

（七）检查的重点

（1）外观检查：主要检查计量装置的铅封、铅印，计量柜（屏）的封闭性，电能表的铭牌、电能计量装置的参数配置，电流、电压互感器的运行情况。注意观察表盘的转向、转速或电子式电能表的脉冲指示灯的闪速，初步判断计量装置的运行状态是否正常。

（2）接线检查：主要检查电流、电压连接导线是否有破皮、松动、脱落、线径是否符合技术标准，是否有短路、断路、接线错接等现象。

（3）互感器的检查。主要检查电流、电压互感器运行的声音是否正常，铭牌倍率与实际倍率是否相符，一、二次接线是否连接完好，二次侧是否有开路和短路情况，一、二次极性是否正确。

（4）电能采集系统的检查。按照国家电网公司要求，容量大于 $50kV \cdot A$ 的用户应在计量点安装电能信息采集系统。因此为了保证电能采集系统正常工作，应检查电能表 RS - 485 接口与电能采集系统的连接是否正常，采集系统的通道是否畅通，采集系统供电电源是否正常。

三、三相三线有功电能表的错误接线

高压大工业用户所使用的经互感器接入的三相三线电能表比较容易发生错误接线，因为是电流、电压二次回路两者组合，再加上极性接反和断线等就有几百种可能的错误接线方式，下面介绍配电网中广泛应用的电流互感器和电压互感器较为常见的错误接线。

（一）电流回路错误接线

（1）电流互感器二次侧 u 相反接，其接线图及相量图如图 15 - 20 所示。则有

$$P_1 = U_{uv}I_u\cos(150° - \varphi_u) = -UI\cos(30° + \varphi) \tag{15-1}$$

$$P_2 = U_{wv}I_w\cos(30° - \varphi_w) = UI\cos(30° - \varphi) \tag{15-2}$$

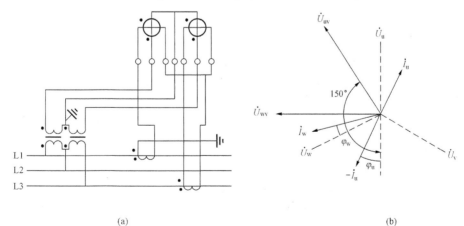

(a) (b)

图 15 - 20　电流互感器二次侧 u 相反接

（a）接线图；（b）相量图

$$P' = P_1 + P_2 = UI\sin\varphi \qquad (15-3)$$

$$K = P/P' = \sqrt{3}UI\cos\varphi/UI\sin\varphi = \sqrt{3}/\tan\varphi \qquad (15-4)$$

（2）电流互感器二次侧 w 相反接，其接线图及相量图如图 15-21 所示。

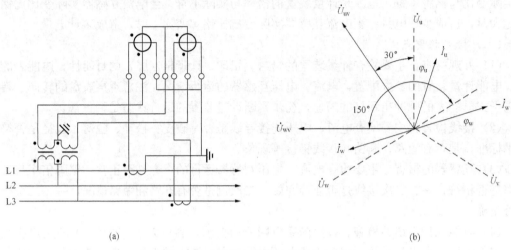

(a)　　　　　　　　　　　　　　　　(b)

图 15-21　电流互感器二次侧 w 相反接

(a) 接线图；(b) 相量图

$$P_1 = U_{uv}I_u\cos(30° + \varphi) = UI\cos(30° + \varphi) \qquad (15-5)$$

$$P_2 = U_{wv}I_w\cos(150° + \varphi) = -UI\cos(30° - \varphi) \qquad (15-6)$$

$$P = P_1 + P_2 = -UI\sin\varphi \qquad (15-7)$$

$$K = -\sqrt{3}/\tan\varphi \qquad (15-8)$$

（3）电流互感器二次侧 u 相和 w 相均反接，其接线图及相量图如图 15-22 所示。则有

$$P_1 = U_{uv}I_u\cos(150° - \varphi_u) = -UI\cos(30° + \varphi) \qquad (15-9)$$

$$P_2 = U_{wv}I_w\cos(150° + \varphi_w) = -UI\cos(30° - \varphi) \qquad (15-10)$$

$$P' = P_1 + P_2 = -\sqrt{3}UI\cos\varphi \qquad (15-11)$$

$$K = -1 \qquad (15-12)$$

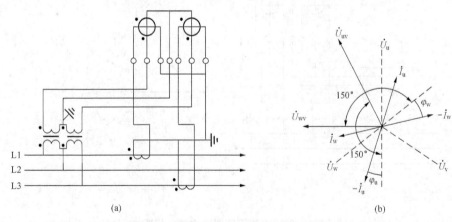

(a)　　　　　　　　　　　　　　　　(b)

图 15-22　电流互感器二次侧 u 相和 w 相均反接

(a) 接线图；(b) 相量图

（二）检查的重点

（1）主要检查计量装置的铅封、铅印，计量柜（屏）的封闭性，电能表的铭牌、电能计量装置的参数配置，电流、电压互感器的运行是否正常，一、二次接线是否完好，注意观察表盘的转向、转速或电子式电能表的脉冲指示灯的闪速，初步判断计量装置的运行状态是否正常。

（2）检查计量方式的正确性与合理性。

（3）检查电流、电压互感器一次侧与二次侧接线的正确性。

（4）检查二次回路中间触点、熔断器、实验接线盒的接触情况。

（5）核对电流、电压互感器的铭牌倍率。

（6）检查电能计量装置的接地系统。

（7）测量一、二次回路绝缘电阻。采用 500V 绝缘电阻表进行测量，其绝缘电阻不应小于 5MΩ。

（8）在现场实际接线状态下检查互感器的极性（或接线组别），并测定互感器的实际二次负荷以及该负荷下互感器的误差。

（9）测量互感器二次回路的电压降。

【思考与练习】

（1）单相电能表相线与中性线接反对计量有何影响？

（2）三相四线制有功电能表第三相断压或断流时，少计电量是多少？

模块二　退补电量的计算

【模块描述】 本模块主要描述了电量的正确抄读，《供电营业规则》的有关规定、直接表和间接表计量回路异常时退补电量的计算方法等内容。通过概念描述、计算举例，掌握退补电量的计算方法。

一、电量的抄读

现场运行的电能表，由于实际用的互感器的额定变比可能与电能表铭牌上要求的额定变比不同，这样电能表的实用倍率必须重新计算。实用倍率计算式为

$$B_{\mathrm{L}} = \frac{K'_{\mathrm{I}} K'_{\mathrm{U}}}{K_{\mathrm{I}} K_{\mathrm{U}}} b \tag{15-13}$$

式中　K'_{I}、K'_{U}——电能表实际用电流、电压互感器额定变比；

　　　K_{I}、K_{U}——电能表铭牌上要求的电流、电压互感器额定变比；

　　　B_{L}——电能表的实用倍率，又称乘率；

　　　b——电能表计度器倍率。

直接接入的电能表，或经互感器接入式的电能表，因铭牌上没有标明电流、电压互感器的额定变比，则 $K_{\mathrm{I}} = K_{\mathrm{U}} = 1$，没有标示计度器倍率的电能表，$b=1$。

国产机械式电能表多采用字轮式计度器，有的采用指针式计度器，小数位常用红色窗口表示，经互感器接入的电能表由于一个数字代表的电量非常大，因此抄读电量时，应读数正确并应精确读到最小位数。某时段（如一个月）内电能计量装置测得的电量的计算式为

$$W = (W_2 - W_1)B_L \qquad (15 - 14)$$

式中　W——电能计量装置测得的电量；

　　　W_1——前一次抄表读数；

　　　W_2——后一次抄表读数。

若电能表始终正转，发现后一次抄见读数小于前一次抄见读数，则说明计度器的字轮数字都过了 9，这时测得的电量的计算式为

$$W = [(10^m + W_2) - W_1]B_L \qquad (15 - 15)$$

式中　m——黑色窗口的整数位数。

若电能表反转，则后一次的抄见读数 W_2 可能小于前一次的抄见读数 W_1，可用式 (15-14) 计算电量，则电能表的测得电量应记为负值。

【例 15 - 1】　某三相三线有功电能表，其计度器整数位窗口为四位，小数位数为两位，铭牌上标有 $\times 100$，$3 \times \frac{3000}{100}$V，$3 \times \frac{100}{5}$A。该表实际是经额定变比为 $\frac{6000}{100}$ 和 $\frac{200}{5}$ 的电压、电流互感器接入电路的，电能表始终正转，前次抄表读数是 9710.36，后次抄表读数是 0034.86，求此间电能表测得的计费电量是多少？

解　由题意知 $b = 100$，$K_I = \frac{100}{5} = 20$，$K_U = \frac{3000}{100} = 30$，$K'_I = \frac{200}{5} = 40$，$K'_U = \frac{6000}{100} = 60$，所以实用倍率为

$$B_L = \frac{K'_I K'_U}{K_I K_U}b = \frac{40 \times 60}{20 \times 30} \times 100 = 400$$

由于电能表正转，又由题意知计度器的字轮已翻转，所以电能表测得的计费电量应为

$$\begin{aligned} W &= [(10^m + W_2) - W_1]B_L \\ &= [(10^4 + 34.86) - 9710.36] \times 400 \\ &= 129\,800 \text{kWh} \end{aligned}$$

答：电能表测得的计费电量应为 129 800kWh。

二、电能表的误差及更正系数

电能表接线有错误时，它所计量的电能是不准确的。而电费的结算关系到供用电双方的经济利益，所以除了改正接线外，还应该进行电量更正，即根据错误的抄见电量，求出实际的用电量，并进行电量的退补。也就是将多计的电量退还给用户，少计的电量由用户补交出来，确保供用电双方的公平交易。

电量的更正是基于对错误接线和相量图的分析，更正系数 G_X 是在同一功率因数下，电能表正确接线应计量的电能值 W_0 与错误接线时计量的电能值 W_X 之比，即

$$G_X = \frac{W_0}{W_X} \qquad (15 - 16)$$

更正系数 G_X 乘以错误接线时电能表所计量的电量即为实际电能值。可见，只要能求出更正系数 G_X，便可根据错误的抄见电量求出正确电量。可以用以下两种方法求出更正系数 G_X。

(1) 实测法。这种方法是将标准电能表，或误差合格的普通电能表，按正确的接线方式接入被测电路，使之与错误接线下的电能表处于同一电路中，并在相同的负荷下运行一段时

间，然后记录标准表和被试表指示的电量数 W_0 和 W_x，那么 $G_x = \dfrac{W_0}{W_x}$。应用此法可以不考虑错误接线电能表的相对误差。

（2）错误接线分析法。设正确计量时功率为 P_0，错误计量时功率为 P_x，发生错误接线的时间为 t，则 $W_0 = P_0 t$，$W_x = P_x t$。代入式（15 - 16）得

$$G_x = \frac{P_0 t}{P_x t} = \frac{P_0}{P_x} \qquad (15 - 17)$$

P_x 可通过六角图法求出接线方式，再写出功率表达式。

三、退补电量的计算

（一）直接表回路异常时退补电量的计算

1.《供电营业规则》对退补电量的有关规定

所谓直接表计量装置是未通过电流、电压互感器，电能表直接接入被测电路中，因此在计算差错电量时，无需考虑电流、电压互感器的影响。

电能计量装置发生差错，概括起来有两类原因，一类是非人为原因，一类是人为原因。这两种情况引起的差错电量，《供电营业规则》中都有明确的规定。

（1）电能表误差超出允许范围时，以"0"误差为基准，按验证后的误差值退补电量。退补时间从上次校验或换装后投入之日起至误差更正之日止的 1/2 时间计算。

（2）计费计量装置接线错误的，以其实际记录的电量为基数，按正确与错误接线的差额率退补电量，退补时间从上次校验或换装后投入之日起至接线错误更正之日止。

（3）其他非人为原因致使计量记录不准时，以用户正常月份的用电量为基准，退补电量，退补时间按抄表记录确定。

退补期间，用户先按抄见电量如期交纳电费，误差确定后，再行退补。

2. 退补电量计算

（1）电能表超差时退补电量的计算。在进行退补电量计算时一定要分清楚到底是哪一类差错，若是电能计量装置超差出现的差错电量，应该按《供电营业规则》第八十一条进行处理。

【例 15 - 2】　一用户电能表，经计量检定部门现场校验，发现慢 10%（非人为因素所致），已知该电能表自换装之日起至发现之日止，表计电量为 900 000kWh，应补收多少电量？

解　假设该用户正确计量电能为 W，则有

$$(1 - 10\%) \times W = 900\,000$$

$$W = 900\,000/(1 - 10\%) = 1\,000\,000\text{kWh}$$

根据《供电营业规则》第八十条第一款规定：电能表超差或非人为因素致计量不准，按投入之日起至误差更正之日止的 1/2 时间计算退补电量，则应补电量

$$\Delta W = \frac{1}{2} \times (1\,000\,000 - 900\,000) = 50\,000\text{kWh}$$

（2）发生错误接线时退补电量的计算。计量装置发生接线错误时的差错电量计算，应按《供电营业规则》第八十一条进行处理。常见的方法是更正系数法。

根据前述的更正系数法计算方法，可以看出 $W_0 = G_x W_x$，它表示更正系数 G_x 乘以错误接线时电能表所计量电能即为实际电能值。应退、补的电量 ΔW 就是实际电能值与错误接

线时电能表所计电能值之差，即

$$\Delta W = W_x - W_0$$

由计算结果知，当 ΔW 为正值，表示电能表少计了电量，其值为用户应补交的电量；当 ΔW 为负值，表示电能表多计了电量，其值为应退还用户的电量。

【例 15 - 3】 某低压电力用户，采用低压 380/220V 计量，在运行中电流互感器 U 相断线，后经检查发现，断线期间抄见电能为 10 万 kWh，试求应向该用户追补多少用电量？

解 三相电能表的正确接线计量功率为

$$P_0 = 3UI\cos\varphi$$

三相电能表的错误接线计量功率为

$$P_x = 2UI\cos\varphi$$

计算更正系数

$$G_x = \frac{P_0}{P_x} = \frac{3UI\cos\varphi}{2UI\cos\varphi} = \frac{3}{2}$$

以三相对称为条件，$G_x = \frac{3}{2}$，则

实际电量　$W_0 = G_x W_x = \frac{3}{2} \times 10 = 15$ 万 kWh

应补电量　$\Delta W = 15 - 10 = 5$ 万 kWh

（二）间接表回路异常时退补电量的计算

1.《供电营业规则》对退补电量的有关规定

所谓间接表计量装置是指在高电压、大电流电路中，电能表通过电流、电压互感器接入被测电路中，因此，在计算差错电量时，不但要考虑电能表的误差，还要考虑电流、电压互感器的影响。

《供电营业规则》中将电能计量装置的异常造成的误差分为非人为原因和人为原因两大类。这两种情况引起的差错电量，《供电营业规则》中都有明确的规定。

第八十条　由于计费计量的互感器、电能表的误差及其连接线电压降超出允许范围或其他非人为原因致使计量记录不准时，供电企业应按下列规定退补相应电量的电费。

（1）互感器或电能表误差超出允许范围时，以"0"误差为基准，按验证后的误差值退补电量。退补时间从上次校验或换装后投入之日起至误差更正之日止的 1/2 时间计算。

（2）连接线的电压降超出允许范围时，以允许电压降为基准，按验证后实际值与允许值之差补收电量。补收时间从连接线投入或负荷增加之日起至电压降更正之日止。

（3）其他非人为原因致使计量记录不准时，以用户正常月份的用电量为基准，退补电量，退补时间按抄表记录确定。

第八十一条　用电计量装置接线错误、熔丝熔断、倍率不符等原因，使电能计量或计算出现差错时，供电企业应按下列规定退补相应电量的电费。

（1）计费计量装置接线错误的，以其实际记录的电量为基数，按正确与错误接线的差额率退补电量，退补时间从上次校验或换装投入之日起至接线错误更正之日止。

（2）电压互感器熔断器熔断的，按规定计算方法计算值补收相应电量的电费；无法计算的，以用户正常月份用电量为基准，按正常月与故障月的差额补收相应电量的电费，补收时间按抄表记录或按失压自动记录仪记录确定。

（3）计算电量的倍率或铭牌倍率与实际不符的，以实际倍率为基准，按正确与错误倍率的差值退补电量，退补时间以抄表记录为准确定。

退补电量未正式确定前，用户先按正常月电量交付电费。

2. 退补电量计算方法

若计量装置的异常为非人为原因造成的，则应按《供电营业规则》第八十条处理。若为人为原因造成的，则应按《供电营业规则》第八十一条处理。

计量装置错接造成的差错电量的计算方法一般可以用更正系数法来计算。

【例 15 - 4】　经查，三相四线电能计算装置 U、V、W 三相所配电流互感器变比分别为 150/5、100/5、200/5，且 W 相电流互感器极性反接。计量期间，供电企业按 150/5 计收其电量 210 000kWh。问该计量装置应退补电量是多少？

解　从计量装置二次侧功率来看

正确接线时功率　$P_1 = 3UI\cos\varphi \times 5/150 = (1/10)UI\cos\varphi$

错误接线时功率　$P_2 = UI\cos\varphi \times 5/150 + UI\cos\varphi \times 5/100 - UI\cos\varphi \times 5/200 = (7/120) \times UI\cos\varphi$

更正系数　$\begin{aligned}G_X &= \left[(P_1 - P_2)/P_2\right] \times 100\% \\ &= \{[(1/10) - (7/120)]/(7/120)\} \times 100\% \\ &= 5/7\end{aligned}$

因 G_X 为正，所以实际电量为

$$W_0 = G_X W_X = 5/7 \times 210\,000$$

应补电量为　$\Delta W = W_X - W_0 = 210\,000 - 5/7 \times 210\,000 = 60\,000\text{kWh}$

【例 15 - 5】　某三相低压动力用户安装的是三相四线计量表，应配置 400/5 的电流互感器（TA），可装表人员误将 U 相 TA 安装成 800/5，若已抄回的电量为 20 万 kWh，试计算应追补的电量。

解　由于三相负荷平衡，设正确情况下每相的电量为 X（kWh），则三相电量为 $3X$（kWh），列方程

$$400/5 \times \left(\frac{X}{400/5} + \frac{X}{400/5} + \frac{X}{800/5}\right) = 200\,000$$

$$X = 8 \text{ 万 kWh}$$

因此应追补的电量为　$3 \times 8 - 20 = 4$ 万 kWh

【思考与练习】

（1）何谓间接表计量装置？

（2）什么是更正系数？

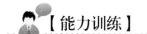【能力训练】

一、选择题

1. 在三相三线两元件有功电能表中，当三相电路完全对称，且 $\varphi = 1.0$ 时，C 组元件的电压相量（　　）。

（A）超前于电流　　（B）滞后于电流　　（C）与电流同相　　（D）与电流反相

2. 两台单相电压互感器按 Vv 形连接，二次侧 B 相接地。若电压互感器额定变比为 10 000/100V，一次侧接入线电压为 10 000V 的三相对称电压。带电检查二次回路电压时，电压表一端接地，另一端接 U 相，此时电压表的指示值为（　　）V 左右。

（A）58　　　　　（B）100　　　　　（C）172　　　　　（D）0

3. 低压三相四线制线路中，在三相负荷对称情况下，U、W 相电压接线互换，则电能表（　　）。

（A）停转　　　　（B）反转　　　　（C）正常　　　　（D）烧表

4. 高压 10kV 供电，电能表配置 50/5 的高压电流互感器，其电能表的倍率应为（　　）倍。

（A）500　　　　　（B）1000　　　　（C）1500　　　　（D）2000

5. 三相三元件有功电能表在测量平衡负荷的三相四线电能时，若有 U、W 两相电流进出线接反，则电能表将（　　）。

（A）停转　　　（B）慢走 2/3　　　（C）倒走 1/3　　　（D）正常

6. 现场测得三相三线电能表第一元件接 I_a、U_{cb}，第二元件接 I_c、U_{ab}，则更正系数为（　　）。

（A）$\dfrac{-2\sqrt{3}}{\sqrt{3}+\tan\varphi}$　　（B）$\dfrac{2\sqrt{3}}{\sqrt{3}+\tan\varphi}$　　（C）$\dfrac{-2}{1-\sqrt{3}\tan\varphi}$　　（D）无法确定

7. 电压互感器二次回路应只有一处可靠接地，Vv 接线电压互感器应在（　　）接地。

（A）U 相　　　　（B）V 相　　　　（C）W 相　　　　（D）任意相

二、问答题

1. 电能表的错误接线可分哪几类？发生错误接线后电能表会出现哪些运行情况？
2. 若计量装置的异常为非人为原因造成的，则应如何处理？
3. 若是电能计量装置超差出现差错电量，应该如何处理？

三、计算题

1. 某居民用户反映电能表不准，检查人员查明这块电能表准确度等级为 2.0，电能表常数为 3600r/（kWh），当用户点一盏 60W 灯泡时，用秒表测得电表转 6r 用电时间为 1min。试求该表的相对误差为多少，并判断该表是否不准？如不准是快了还是慢了？

2. 某低压电力用户，采用低压 380/220V 计量，在运行中电流互感器 U 相断线，后经检查发现，断线期间抄见电能为 10 万 kWh，试求应向该用户追补多少用电量？

3. 经查，三相四线电能计算装置 U、V、W 三相所配电流互感器变比分别为 150/5、100/5、200/5，且 W 相电流互感器极性反接。计量期间，供电企业按 150/5 计收其电量 210 000kWh。问该计量装置应退补电量是多少？

第十六章　电　能　计　量　管　理

知识目标

(1) 掌握计量装置配置、装设、检验要求。
(2) 了解计量运行管理。
(3) 清楚计量印证管理。
(4) 掌握防治窃电的技术和组织措施。

能力目标

会在实际工作中使用防窃电措施。

模块一　计量装置配置、装设和检验要求

🎓 **【模块描述】** 本模块主要描述了电能计量装置的配置、装设和检验要求等内容。

由于电能在国民经济中的重要地位，电能计量历来受到社会的重视，电能计量器具也因而列入国家重点管理的计量器具。所以在国务院公布的实行强制检定的工作计量器具目录中，就包含了电能表和互感器。国家制定了包括《中华人民共和国计量法》等一系列法律、法规，加强电能计量工作的监督管理，各级电能计量监督管理机构的任务，主要是负责贯彻执行国家计量法及电力企业的有关规定；建立相应的计量标准；组织量值传递工作和测试工作，保证电能计量装置的可靠性和准确性；审查新装供电的电能计量方式和电能计量装置的设计及竣工后的验收等。

一、计量装置配置要求

电能计量装置的配置应满足《电能计量装置技术管理规程》及国家相关标准的要求。应能按统计区域、计量点分类、关口分类（用电属性）、投运时间等维度对电能计量接线方式、电能表、计量用互感器和二次回路的配置情况、合格率进行分类汇总统计。各项现场检验工作应设立统计指标（阈值），当检验统计指标超过阈值时应自动进行警示。设定内容如下。

(1) Ⅰ、Ⅱ类电能表现场检验合格率应不小于 98%。Ⅲ类电能表现场检验合格率应不小于 95%。

(2) Ⅰ、Ⅱ类电能表的修调前检验合格率为 100%，Ⅲ类电能表的修调前检验合格率应不低于 98%。Ⅳ类电能表的修调前检验合格率应不低于 95%。

(3) 监督抽检合格率应不小于 98%。

应按统计区域、关口分类、计量点分类、检验类型、设备类别、生产厂家、设备型号、投运时间段等维度对故障数量及故障率进行汇总统计。计量故障差错率大于设定值（如 0.5%）时应自动进行警示。

二、电能计量装置装设

(一) 电能计量装置装设要求

电能计量装置的装设应符合部颁《供电营业规则》和《电能计量装置管理规程》、《电气测量仪表装置设计技术规程》、《工业与民用电测仪表设计技术规范》的规定。

供电部门的计量管理机构应根据国家规定的电价分类，对不同用电类别的电能用户在不同的受电点安装计费用电能计量装置。这些电能计量装置包括有功、无功电能表；最大需量电能表、复费率电能表；电压、电流互感器；专用的二次回路。其计量方式、电压等级、准确度等级、量限、二次回路的电缆长度及截面积均应符合上述规程和规范的规定。

一般情况下电能计量装置应装设在供电电压侧，且装表接电必须规范。具体做法如下。

(1) 单相电能表相线、中性线应采用不同颜色的导线并对号入座，不得对调。

(2) 单相用户的中性线要经电能表接线孔穿越电能表，不得在主线上单独引接一条中性线进入电能表。这样可防止欠压窃电。

(3) 三相四线电能表或三块单相表的中性点、中性线不得与其他单相用户的电表中性线共用，以免一旦中性线开路时引起中性点位移，造成单相用户少计。

(4) 电能表及接线安装要牢固，进出电能表的导线也要尽量减少预留长度，目的是防止用户使电能表倾斜卡盘而窃电。

(5) 接入电能表的导线截面积太小造成与电能表接线孔不配套的应采用封、堵措施，以防窃电者短接电流进出线端子而窃电。

(6) 三相用户电能表要严格按照安装接线图施工，并注意核对相线，以免由于安装接线错误被窃电者利用。

(二) 电能计量装置在安装中须注意的事项

(1) 有互感器的计量装置，应注意互感器极性不能接反。电能表内端子连片应拆除。电流互感器的二次侧应可靠接地。

(2) 检查流经电能表电流线圈的电流是否小于或等于电能表的标定电流；接入电能表电压线圈的电压是否为电能表的额定电压。

(3) 电流和电压回路的接线端子要拧紧。特别是电流回路电流较大，端子松动使回路阻值增加，影响测量精度；容易发热烧坏端子，引起电流互感器二次开路，产生二次高电压。

(4) 为保证测量精度及方便定期校表，电能计量装置的电流回路须经过试验端子，不允许串接过多的电流元件，以免二次回路的总负荷超过互感器所规定准确度等级的允许值。特别注意不要将继电保护的电流回路串入。电能计量装置的电压回路直接从电压端子或电压互感器上引接。电能计量装置的电流、电压回路应采用铜线，电流回路导线截面积应不小于$2.5mm^2$。电压回路导线截面积的确定应满足以下要求：0.5 级电能表其线路压降应小于电压互感器二次额定电压的 0.25%，1.0、2.0 级电能表，线路压降应小于电压互感器二次侧额定电压的 0.5%。

(5) 安装完毕，要检查电能表是否正转。若反转，则接线有错，须反复检查，找出原因。

(三) 电能计量装置安装后的验收

电能计量装置安装后也是由供电企业的计量机构依据上述规程和规范的技术要求来进行，验收的项目及内容是：技术资料、现场核查、验收试验、验收结果的处理。

（1）电网经营企业之间贸易结算用电能计量装置和省级电网经营企业与其供电企业的供电关口电能计量装置的验收由当地省级电网经营企业负责组织，以省级电网经营企业的电能计量技术机构为主，当地供电企业配合，涉及发电企业的还应有发电企业电能计量管理人员配合。其他投运后由供电企业管理的电能计量装置应由供电企业电能计量技术机构负责验收；发电企业管理的用于内部考核的电能计量装置由发电企业的计量管理机构负责组织验收。

（2）验收的技术资料如下。

1）电能计量装置计量方式原理接线图，一、二次接线图，施工设计图和施工变更资料及竣工图。

2）电压、电流互感器安装使用说明书、出厂检验报告、法定计量检定机构的检定证书。

3）计量柜（箱）的出厂检验报告、说明书。

4）二次回路导线或电缆的型号、规格及长度。

5）电压互感器二次回路中的熔断器、接线端子的说明书等。

6）高压电气设备的接地电阻及绝缘试验报告。

7）施工过程中需要说明的其他技术资料。

（3）现场核查内容如下。

1）计量器具型号、规格、计量法制标志、出厂编号应与计量检定证书和技术资料的内容相符。

2）产品外观质量应无明显瑕疵和受损。

3）安装工艺质量应符合有关标准要求。

4）电能表、互感器及其二次回路接线情况应和竣工图一致。

（4）验收试验。

1）检查二次回路中间触点、熔断器、试验接线盒的接触情况。

2）电流、电压互感器实际二次负荷及电压互感器二次回路压降的测量。

3）接线正确性检查。

4）电流、电压互感器现场检验。

（5）验收结果的处理。

1）经验收的电能计量装置应由验收人员及时实施封印。封印的位置为互感器二次回路的各接线端子、电能表接线端子、计量柜（箱）门等；实施铅封后应由运行人员或用户对铅封的完好签字认可。

2）经验收的电能计量装置应由验收人员填写验收报告，注明"计量装置验收合格"或者"计量装置验收不合格"及整改意见，整改后再行验收。

3）验收不合格的电能计量装置禁止投入使用。

4）验收报告及验收资料应归档。

三、电能计量器具检定与检验

电能计量器具的室内检定是依据计量检定规程的要求，在规定的环境温度、相对湿度、防振、防尘、防腐、接地、防静电、防电磁干扰等条件的试验室内，使用合格的电能计量标准装置，确定电能计量器具的性能是否符合法定要求，能否安装使用。

电能计量装置的现场检验一般是用专用仪器仪表或标准设备，在安装地点定期对电能表或互感器实际运行状况的检验，并检查计量二次回路接线的正确性，其目的是考核电能计量装置实际运行状况下的计量性能，以保证在用电能计量装置准确、可靠地运行。

1. 现场检验

现场检验是电力企业为了保证电能计量装置准确、可靠运行，在电能计量器具检定周期内增加的一项现场监督与检验工作。现场检验周期及检验项目有：

（1）新投运或改造后的Ⅰ、Ⅱ、Ⅲ、Ⅳ类高压电能计量装置应在一个月内进行首次现场检验。检验项目主要有：①检测电能计量器具的产品质量；②检查电能计量装置的运行状况，及时发现用电异常（报装容量、变比大小，端子接触、窃电迹象等）；③检查二次侧负荷有无变化，二次回路接线的正确性等。

（2）Ⅰ类电能表至少每 3 个月现场检验一次，Ⅱ类电能表至少每 6 个月现场检验一次，Ⅲ类电能表至少每年现场检验一次。

（3）高压互感器每 10 年现场检验一次，当现场检验互感器误差超差时，应查明原因，制订更换或改造计划，尽快解决，时间不得超过最近一次主设备的检修完成日期。

（4）运行中的 35kV 及以上电压互感器二次回路压降负荷或二次回路电压降超差时应及时查明原因，并在一个月内处理。

（5）运行中的低压电流互感器可在电能表轮换时检查其变比、二次回路及其负荷。

2. 周期检定

电能表、互感器的周期检定不同于现场检验，它是定期将运行中的电能表、互感器轮换拆回后在试验室进行的检定，电力行业约定俗成的专用语为周期轮换。

（1）电能表检定周期：运行中的Ⅰ、Ⅱ、Ⅲ类电能表的轮换周期一般为 3～4 年；运行中的Ⅳ类电能表的轮换周期为 4～6 年；对同一厂家、型号的静止式电能表，可按上述轮换周期，到期抽检 10% 做修调前检验。若满足修调前检验合格率的要求，则其他运行表计允许延长一年使用，待第二年再抽检，直到不满足规定要求时全部轮换；Ⅴ类双宝石电能表的轮换周期为 10 年；运行中的Ⅴ类电能表，从装出第六年起，按年度分批抽样，做修调前检验，以确定整批表是否继续运行。

（2）所有的电能表都必须按规定的周期进行抽检、轮换。电能表的检定项目一般有：工频耐压试验、直观检查（功能测试）、潜动试验、启动试验、常数校核、基本误差测定等。

（3）互感器检定周期：《电能计量装置技术管理规程》（DL/T 448—2000）规定，高压互感器每 10 年现场检验一次，也即允许用现场检验替代互感器的周期轮换（即室内检定）；低压电流互感器从运行的第 20 年起，每年应抽取 10% 进行轮换和检定，统计合格率应不低于 98%。否则，应加倍抽取再检定，并统计其合格率，直至全部轮换。

（4）互感器检定项目及程序是：外观检查、绝缘电阻的测定、工频电压试验、绕组极性检查、TA 退磁、误差检测等。

3. 临时检定

临时检定有两种情况，一种是电力用户对电能计量装置的准确性有怀疑时，根据一定的理由向供电部门的计量机构申请检验；另一种是供电部门根据用电量的变化或其他原因对电能计量的正确性有怀疑时，进行检验。电力营销部门及电能计量技术机构在受理用户要求对有异议的电能计量装置进行检验的申请后，应积极主动地了解情况、登记实情，及时安排检定。一般低压和照明用户，应在 7 个工作日内将电能表和低压电流互感器检定完毕；高压用户，应在 7 个工作日内先进行现场检验。现场检验时负荷电流应为正常情况下的实际负荷。如测定的误差超差时，再进行试验室检定。

一般在未得到计量管理部门许可之前，供电的其他部门如营抄、监查等，不能拆开电能计量装置的封印或变动接线。用户更不能私自打开封印或变动接线，否则作窃电处理。检定后的电能表、互感器，暂封存 1 个月，并将检定结果及时通知用户，以备用户查询。若为现场检验时，应通知用户到场，检定结果经用户确认、签字后，转有关部门处理。

【思考与练习】
(1) 什么是电能计量器具的室内检定？
(2) 什么是电能计量装置的现场检验？

模 块 二 计 量 管 理 工 作

【模块描述】 本模块主要描述了电能计量装置运行管理、封印管理，以及窃电防范管理等内容。

一、运行管理

电能计量的运行管理的主要内容是：安排制定电能计量装置的周期轮换和检验计划，监督和检查其执行情况；及时处理电能计量装置的故障差错；接受并安排非定期检验；向资产管理部门提供周期轮换的电能表和互感器的规格、型号和数量要求；及时向电费管理部门通知电能表的计费倍率的变更情况。

电能计量装置运行管理维护的职责有明确的划分：安装在发、供电企业生产运行场所的电能计量装置，由运行人员负责监护，以保证其封印完好，不受人为损坏；安装在用电用户处的电能计量装置，不论是用户资产或供电企业资产，用户都有保护其封印完好、装置不受损坏或丢失的责任；用户不应在电能计量装置前堆放影响抄表或计量准确、安全的物品，如发现电能表丢失、损坏等情况，应及时告知供电企业采取应急措施；因供电企业责任或不可抗力致使贸易结算用电能计量装置故障，由供电企业负责更换；其他原因，由用户负责承担修理费用或赔偿。

当发现电能计量装置故障时，变电运行人员或用户应及时通知电能计量部门处理贸易结算用电能计量装置故障，应由供电企业的电能计量技术机构依照《中华人民共和国电力法》及其配套法规的有关规定处理。

现在电能计量装置的运行管理已使用计算机，应用计算机建立已投运的电能计量装置档案。运行档案还要有可靠的备份以利用于长期保存，并能方便地按用户、类别和计量方式，以及计量器具的分类进行查询和统计。

电能计量装置运行档案的内容包括用户基本信息及其电能计量装置的原始资料等，主要有用户的名称、地址、负荷大小和性质、历次装表的规格、形式、编号、装表日期、计度器的起止数及非周期检验的原因等。高压用户有电能计量装置的原理接线图和工程竣工图以及投运的时间及历次改造的内容、时间；安装、轮换的电能计量器具型号、规格及轮换时间；历次现场检验的误差数据；故障情况记录等。

二、电能计量封印管理

1. 封印标记的管理

（1）按使用部门确定不同工种互不相同的印钳、印模标记。

（2）因工作需要需新添置印钳、印模的由使用部门提出书面申请，经审核备案后，统一计划采购。

（3）当封印标记变更、报废时更新台账相关信息。

2. 封印购置

（1）计量印、证、铅封定点监制，统一购置和管理。

（2）根据上年度使用情况及使用部门的需求核准购置数量，统一报物资采购部门采购。

（3）购置后进行封印入库，记录入库人、入库时间。

3. 封印的发放和领用

（1）发放部门和领用部门指定专人负责封印的发放和领用。

（2）发放部门向领用部门发放各自所需的封印，办理领封手续，记录经手人、发放日期和发放数量。

（3）封印在发放后，领用部门因为其他原因而需要退回封印，则履行一级退回手续，将新封印实物退回发放部门。

（4）领用部门的使用人员向各自班组负责人领用各自所需的封印，办理领封手续，记录领用时间及领用明细。

（5）使用人员封印领用后，因没用完或其他原因（人事变动），要执行二级回退手续，将封印退回。

（6）定期对库存封印进行盘点。

4. 封印的在用

（1）检定封印使用：在抽样检定/校准、装用前检定/校准、委托检定、检定质量核查、库存复检、监督抽检工作中，对被检设备加封检定封印，并记录检定封印跟设备的对应关系。

（2）编程封印使用：在实验室编程和现场编程后，要对表计加封编程封印，并记录编程封印跟表计的对应关系。

（3）安装封印使用：对计量二次回路接线端子、计量柜（箱）及电能表表尾实施封印后，记录安装封印跟设备的对应关系。

（4）现校封印使用：从事现场检验的人员进行现场校验工作后，施加现校封印，记录现校封印跟设备的对应关系。

（5）抄表封印使用：对必须开启柜（箱）才能进行抄表的人员，抄表后对电能计量柜（箱）门和电能表的抄读装置进行加封后，记录抄表封印跟设备的对应关系。

（6）对于封印钳、印模及锁具使用后，记录与使用表计及相关设备对应信息，并建立、更新相关管理台账。

（7）日常运行维护人员现场工作时，检查封印情况，如发现计量装置失封、漏封、错封时，做好现场记录，并通报计量装置所属部门领导，责成人员现场调查和核定。如属违章私开，则会同稽查部门按有关规定进行查处。记录并更新相关管理台账。

（8）注销印使用：对淘汰的电能计量器具实施封印，记录注销封印跟设备的对应关系。

5. 封印的更换和报废

（1）封印领用后，出现残缺、磨损时立即停止使用，并登记收回和作废、封存。

（2）需要更换的印模按规定重新制作更换。更换后应重新办理领取手续。

（3）如有遗失或被盗时，组织有关部门进行追查确认，通报声明作废，进行补发更换。

（4）回收无法使用的封印，按相关管理办法进行报废并销毁。

6. 印、证使用要求

（1）电能计量印、证的领用发放只限于电能计量技术机构内从事电能计量管理、检定、安装、轮换、检修的人员，领取的计量印证应与其所从事的工作相适应。严禁其他人员领用。

（2）从事电能检定工作的人员仅限于使用检定合格印；从事安装和轮换的人员仅限于使用安装封印，安装封印只准对计量二次回路接线端子、计量柜（箱）及电能表表尾实施封印；从事现场检验的人员，仅限于使用现检封印；抄表封印，仅适用于必须开启计量柜（箱）才能进行抄袭的人员，且只允许对电能计量柜（箱）门和电能表的抄表装置进行加封。注销印适用于对已淘汰的电能计量器具施加封印。电能计量技术机构的主管和专责工程师（技术员）有权使用管理封印。

（3）经检定合格的工作计量器具，由检定人员加封检定合格印，出具《检定合格证》；若对计量器具检定结论有特殊要求时，由检定人员出具《检定证书》；检定不合格的，出具《检定结果通知书》。

（4）现场工作结束后应立即施加封印，并应由用户或运行维护人员在工作票上签注"封印完好"。施加各类封印的人员应对其工作负责，日常运行维护人员应对检定合格印和各类封印的完好负责。

（5）安装封印只准对计量二次回路接线端子、计量柜（箱）及电能表表尾实行封印。

三、窃电防范管理

1. 防止窃电的技术措施

（1）充分利用电能量采集与负荷管理系统监控在线负荷。窃电行为具有随机性、间断性的特点，而供电企业的用电检查具有周期性和偶然性，这就使得常规用电检查很难恰好查获窃电。电能量采集与负荷管理系统可以对终端用户实现负荷控制、远程抄表、用电监测和实时用电分析。用电检查人员如果能充分利用该系统，在了解用户用电规律和生产工艺的基础上，分析对比其正常月份用电量，对异常用电情况（如 U、W 相电流不平衡）实施在线负荷监测，可以有效查获窃电行为。

（2）封闭变压器低压侧出线端至计量装置的导体。该项措施适用于高供低计专变用户。主要用于防止无表窃电，同时对通过二次线采用欠压法、欠流法、移相法窃电也具有一定的防范作用。

对于配电变压器容量较大采用低压计量柜计量的用户，由于计量 TV、TA 和电能表全部装于柜内，需封闭的导体是配电变压器的低压出线端子和配电变压器至计量柜的一次导体。变压器低压侧出线端子至计量柜的距离应尽量缩短；其连接导体宜用电缆，并用塑料管或金属管套住。当配电变压器容量较大需用铜排或铝排作为连接导体时，可用金属线槽将其密封于槽内；变压器低压出线端子和引出线的接头可用一个特制的铁箱封闭，并注意封前仔细检查接头的压接情况，以确保接触良好；另外，铁箱应设置箱门，并在门上留有玻璃窗以便观察箱内情况。

对于配电变压器容量较小采用计量箱的用户，当计量互感器和电能表在同一箱体内，可参照上述采用计量柜时的做法进行；当计量互感器和电能表不同箱时，计量用互感器可与变压器低压侧出线端子合用一个铁箱加封，而互感器至电能表的二次线可采用铠装电缆，或采用普通塑料、橡胶绝缘电缆并穿管加套。

（3）规范电能表安装接线。单相电能表相线、中性线应采用不同颜色的导线并对号入座，不得对调。主要目的是防止一线一地制或外借中性线的欠流法窃电，同时还可防止跨相用电时造成的电量少计。

单相供电用户的中性线要经电能表接线孔穿越电能表，不得在主线上单独引接中性线。目的主要是防止欠压法窃电。

三相供电用户的三元件电能表或三个单相电能表中性点中性线要在计量箱内引接，绝对不能从计量箱外接入，以防窃电者利用中性线外接相线造成某相欠压或接入反相电压使某相电能表反转。

电能表及接线安装要牢固，进出电能表的导线也要尽量减少预留长度，目的是防止利用改变电能表安装角度的扩差法窃电。

接入电能表的导线截面积太小造成与电能表接线孔不配套的应采用封、堵措施，以防窃电者利用 U 型短接线短接电流进出线端子。

三相供电用户的三元件电能表或三个单相电能表的中性点中性线不得与其他单相用户的电能表中性线公用，以免一旦中性线开路时引起中性点位移，造成单相用户少计。

认真做好电能表铅封、漆封，尤其是表尾接线安装完毕要及时封好接线盒盖，以免给窃电者以可乘之机。电能表的铅封和漆封用于防止窃电者私自拆开电能表，并为侦查窃电提供证据。

三相供电用户电能表要有安装接线图，并严格按图施工和注意核相，以免由于安装接线错误被窃电者利用。

（4）三相三线供电用户改用三元件电能表计量。采用这一措施目的是防止欠流法和移相法窃电，适用于低压三相三线用户。对于低压三相三线用户的电能计量，习惯上通常采用一只三相两元件电能表。从原理上讲，无论三相负荷是否对称，这种计量方式都是无可非议的。但是，这种计量方式却给窃电者提供了可乘之机。

1）由于三相两元件电能表只有 U 相元件和 W 相元件，V 相负荷电流没有经过电能表，因此，窃电者如果在 V 相与地之间接入单相负荷，电能表对单相负荷的电流就无法计量。

2）三相两元件电能表 U 相的测量功率为 $P_u = U_{uv}I_u\cos(30° + \varphi)$，当 U 相与地之间接入电感负荷，此时 U_{uv} 与 I_u 的相角度差就可能大于 90°，电能表出现慢转或倒转导致无法正确计量。

3）三相两元件电能表 W 相元件的测量功率 $P_w = U_{wv}I_w\cos(30° - \varphi)$，当 W 相与地之间接入电容时，$I_w$ 超前 U_{wv} 的角度就可能大于 90°，即电能表也可能慢转、停转甚至倒转。因此，和 U 相接入电感的原理类似，窃电者也可以用 W 相接入电容的手法进行作案。

（5）计量 TV 回路配置失压计时仪或失压保护。此举目的主要是防止高供高计用户采用欠压法窃电。现今，大多电子技术产品厂家生产的失压计时仪均具有失压及断相时间记录功能，窃电分子在实施欠压法或断相法窃电的过程中，失压计时仪就会自动工作，记录本次累计失压时间及断相时间，工作人员可以此为依据，追补其窃电电量。同时对于多次窃电且主回路开关配置电控操作的用户，可以考虑安装失压保护，当计量回路失压时，时间断电器延时闭合接触点接通跳闸线圈电路，断路器动作，一次系统停电，使窃电分子无机可乘。

（6）禁止私接乱接和非法计量。所谓私接乱接，就是未经报装入户就私自在供电部门的线路上随意接线用电，这种行为实质上属于一种无表窃电；所谓非法计量，就是通过非正常渠道采用未经法定计量检定机构检验合格的电能表，这种行为表面上与无表窃电有所不同，而实质上也是一种变相窃电。因此，对线损较大的供电线路和台区，用电检查要加强对此窃电现象的打击力度，坚决制止违法用电行为。

（7）改进电能表外部结构使之利于防窃电。此举目的主要是防止私拆电能表的扩差法窃电，其次是防止在表尾进线处下手的欠流法、移相法窃电。主要做法有如下几个。

1）取消电能表接线盒的电压连接片，改为在表内连接，使在外面接线盒处无法解开。

2）电能表盖的螺钉改由底部向盖部上紧，使窃电者难以打开表盖。

3）加装防窃电能表尾盖将表尾封住，使窃电者无法触及表尾导体。表尾盖的固定螺钉应采用铅封等防止私自开启。

2. 防止窃电的组织措施

从电力公司电能计量管理方面，防窃电管理的组织措施有：

（1）供电方式的确定。根据用户报装容量，尽量采用高供高计，对三相供电的用户来讲，为防止用户表前接线，供电线路尽可能采用电缆暗敷，提高防窃电能力。计量点尽可能设在产权分界点，或用户工程电源接入点，综合考虑是否方便抄表和用电检查，防止用户表前接线或改接进表线。

（2）工程的中间检查。注意用户隐蔽工程是否按工程图施工，是否存在安全隐患，防止用户私自改接线方式实施窃电。

（3）竣工验收和装表接电。在按规程验收的同时，综合考虑装表位置，计量装置外围防护是否完善，如表箱、封印等是否还存在窃电可能，必要时采取补救措施，如贴封条、加焊等。装表后工作负责人检查复核，对经互感器接入的计量装置，变比、极性、相序不能接错。送电检查计量设备运行情况，做好记录，同时请用户现场签字认可，树立市场意识和法律意识。

（4）日常计量营业管理。用户送电基础资料归档移交后，不能忽略营业管理中部门的衔接和协调，把用户每月用电能量和日平均用电能量、负荷利用率归入档案，为日后分析用户用电变化，判断用户是否存在窃电行为提供参考依据。

（5）抄表监督、抄表卡审核制度。实行用户监督，由用户核对电费单的当前电能量，互相监督，确保抄表的真实性、准确性和及时性。

（6）封印管理制度。电能计量装置的封印管理是防窃电的一项重要措施。现在推广使用新式铅封，铅封上印有编号，有关人员领用必须登记，校验人员、安装人员使用自己专用印钳编号，并做好记录。

（7）建立线损管理制度。根据各条线路的导线型号、负荷情况、月用电能量，按有关方法计算出各条线路、各台区的理论线损，考虑适当误差，确定考核指标。营销部、供电所、责任电工每月分别跟踪线损变化情况，召开线损分析会，确定需进行重点检查的线路及台区用户。从线损分析中虽然可发现各条线路及各台区用户的用电能量是否正常，寻找窃电线索，但还需注意掌握抄表电能量的真实性、准确性，防止抄表不到位、不同步，防止内外勾结的窃电行为。因此，应注意采用抄表人员轮换抄表或抽查抄表等方式进行监督。

（8）收集窃电证据。对一般窃电能量较小的用户主要采取自行取证的方法，即现场拍照，提取损坏的计量装置，提取封印，提取窃电装置、工具以及其他窃电痕迹的提取和保全，经当事人签名的询问笔录，违章用电、窃电通知等。对于窃电能量可能较大的用户，应立即向警方报案，同时配合警方的取证工作，发挥警企协作机制的作用，加大对窃电违法犯罪的打击力度。

【思考与练习】
（1）试简述电能计量装置的封印管理重要性。
（2）电能计量装置运行管理维护的职责如何划分？

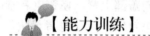
【能力训练】

一、选择题

1. 改变电能计量装置接线，致使电能表计量不准，称为（　　）。
　（A）窃电　　　　　（B）违章用电　　　　（C）正常增容　　　　（D）更正接线

2. 经验收的电能计量装置应由（　　）及时实施封印。
　（A）抄表人员　　　（B）验收人员　　　　（C）装表人员　　　　（D）计量人员

3. 新投运或改造后的Ⅰ、Ⅱ、Ⅲ、Ⅳ类高压电能计量装置应在（　　）内进行首次现场检验。
　（A）一个月　　　　（B）两个月　　　　　（C）半个月　　　　　（D）三个月

4. （　　）是定期将运行中的电能表、互感器轮换拆回后在试验室进行的检定。
　（A）现场检定　　　（B）现场检验　　　　（C）临时检定　　　　（D）周期检定

5. 运行中的Ⅳ类电能表的轮换周期为（　　）。
　（A）1～2年　　　　（B）7～8年　　　　　（C）4～6年　　　　　（D）2～3年

6. 从事电能检定工作的人员仅限于使用（　　）。
　（A）抄表封印　　　（B）检定合格印　　　（C）安装封印　　　　（D）现检封印

7. 防止窃电的技术措施中封闭变压器低压侧出线端至计量装置的导体，适用于（　　）专变用户。
　（A）高供高计　　　（B）高供低计　　　　（C）低供低计　　　　（D）任意一种

二、问答题

1. 在哪两种情况下对计量装置进行临时检定？
2. 常见的反窃电技术措施有哪些？
3. 反窃电组织措施有哪些？

第五部分　安　全　用　电　管　理

第十七章　电　气　安　全　用　具

知识目标

（1）掌握绝缘安全用具的基本知识。

（2）掌握一般防护安全用具的基本知识。

能力目标

（1）会正确使用绝缘安全用具。

（2）掌握使用绝缘安全用具的注意事项。

（3）会正确使用一般防护安全用具。

（4）掌握使用一般防护安全用具的注意事项。

模块一　绝　缘　安　全　用　具

🎓 【模块描述】本模块介绍了绝缘杆、绝缘钳、绝缘手套、绝缘鞋（靴）、绝缘垫和绝缘站台等绝缘安全用具。

绝缘安全用具是用来防止工作人员直接触电的安全用具。它分为基本绝缘安全用具和辅助绝缘安全用具两种。

基本绝缘安全用具：是指其绝缘强度能长时间承受电气设备运行电压，并直接接触电源的安全用具。用于高压的有绝缘杆、绝缘夹钳、高压验电器；用于低压的有绝缘手套、有绝缘柄的工具、低压验电器。

辅助绝缘安全用具：是指其绝缘强度不能长时间承受电气设备的运行电压，并不直接接触电源的安全用具。用于高压的有绝缘靴、手套和绝缘垫、绝缘台等；用于低压的有绝缘鞋、靴和绝缘垫、绝缘台等。

辅助绝缘安全用具的绝缘强度比较低，不能承受高电压带电设备或线路的工作电压，只能加强基本绝缘安全用具的保护作用。因此，辅助绝缘安全用具配合基本绝缘安全用具使用时，能起到防止工作人员遭受接触电压、跨步电压、电弧灼伤等伤害。但是，在低压带电设备上，辅助绝缘安全工具可作为基本绝缘安全用具使用。

一、绝缘杆

绝缘杆又称绝缘棒，它由工作部分、绝缘部分和握手部分组成。工作部分为金属钩，绝缘部分和握手部分用浸过漆的硬木、硬塑料、玻璃钢制成，中间用护环分开，如图17-1所示。

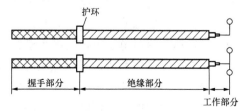

图17-1　绝缘杆

　　绝缘杆主要用于操作高压隔离开关、跌落式熔断器的分合、临时接地线的安装、拆除，以及测量、试验等项工作。

　　为保证操作时有足够的绝缘安全距离，绝缘杆的绝缘部分长度不得小于 0.7m，材料要求耐压强度高、耐腐蚀、耐潮湿、机械强度大、质量轻、便于携带，节与节之间的连接牢固可靠，不得在操作中脱落。

　　使用绝缘杆时应注意以下几点。

　　（1）使用绝缘杆前应选择与电气设备电压等级相匹配的操作杆，应检查绝缘杆的堵头，如发现破损，应禁止使用。

　　（2）用毛巾擦净灰尘和污垢，检查绝缘操作杆外表，绝缘部分不能有裂纹、划痕、绝缘漆脱落等外部损伤，绝缘杆连接部分完好可靠，绝缘杆上标记是否明确，制造厂家、生产日期、适用额定电压等标记是否准确完整。

　　（3）检查绝缘杆试验合格证是否在有效试验合格期内，超过试验周期严禁使用。

　　（4）在连接绝缘杆的节与节的丝扣时，要离开地面，以防杂草、土进入丝扣中或黏在杆体的表面上，拧紧丝扣。

　　（5）使用绝缘杆应穿上相应电压等级的绝缘靴和戴上相应电压等级的绝缘手套，必要时还应站在绝缘垫上进行操作。雨雪天气在户外操作电气设备时，操作杆的绝缘部分应有防雨罩。罩的防雨部分应与绝缘部分紧密结合，无渗漏现象，使用时要尽量减少对杆体的弯曲力，以防损坏杆体。使用绝缘杆时人体应与带电设备保持足够的安全距离，并注意防止绝缘杆被设备接地部分或外壳短接，以保持有效的绝缘长度。

　　（6）使用后要及时将杆体表面的污迹擦拭干净，并把各节分解后装入一个专用的工具袋内。

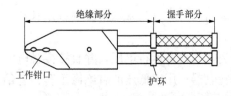

图 17-2　绝缘钳

二、绝缘钳

　　绝缘钳由工作部分、绝缘部分和握手部分构成，它由绝缘材料如电木、胶木或浸过漆的硬木制成，如图 17-2 所示。

　　绝缘钳主要用于装拆高压熔断器的熔管。使用绝缘钳要穿绝缘靴、戴绝缘手套。

三、绝缘手套和绝缘靴（鞋）

　　绝缘靴、鞋可以使人体与地面绝缘，又可作为防止跨步电压的基本绝缘安全用具，而其他作业，只能作为辅助绝缘安全用具。

　　在操作高压隔离开关、高压熔断器或装卸携带型接地线时，除了使用绝缘棒或绝缘夹钳外，还需要使用绝缘手套和绝缘靴，如图 17-3 所示。绝缘手套和绝缘靴由特种橡胶制成。在低压带电设备上工作时，绝缘手套可作为基本绝缘安全用具使用。在任何电压等级的电气设备上工作时，绝缘靴（鞋）作为与地保持绝缘的辅助绝缘安全用具。当系统发生接地故障出现接触电压和跨步电压时，绝缘手套又对接触电压起一定的防护作用。而绝缘靴（鞋）在任何电压等级下可作为防护跨步电压的基本绝缘安全用具。

　　绝缘手套应有足够的长度，长度应以超过手腕 10cm 为准。绝缘手套、绝缘靴不得作其他用；同时，普通的或医疗的、化学的手套和胶靴不能代替绝缘手套和绝缘靴使用。

　　目前，在各工作现场不使用和不正确使用绝缘手套的违章现象仍然重复发生。比如，操

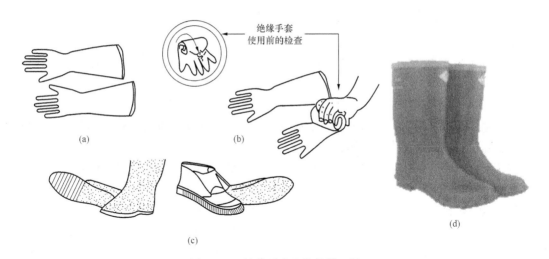

图 17-3　绝缘手套和绝缘靴（鞋）
（a）绝缘手套式样；（b）手套使用前的检查；
（c）绝缘靴（鞋）的式样；（d）绝缘靴实物图

作电气设备不戴绝缘手套，或是将绝缘手套像毛巾一样包裹在操作杆、隔离开关操作把手上进行操作都是错误的。必须加大反习惯性违章的力度，提高员工自保能力和现场安全意识。

1. 技术要求

绝缘手套应满足以下技术规范。

（1）绝缘手套必须具有良好的电气绝缘特性，能满足《电力安全工器具预防性试验规程》规定的耐压水平。其试验电压波形、试验条件和试验程序应符合《高电压试验技术　第一部分：一般试验要求》（GB/T 16927.1—2011）的规定。

（2）绝缘手套受平均拉伸强度应不低于 14MPa，平均扯断伸长率应不低于 600%，拉伸永久变形不应超过 15%，抗机械刺穿力应不小于 18N/mm，并具有耐老化、耐燃性能、耐低温性能，绝缘试验合格。

2. 绝缘手套检查

（1）绝缘手套使用前应进行外观检查，用干毛巾擦净绝缘手套表面污垢和灰尘，检查绝缘手套外表无划伤，用手将绝缘手套拽紧，检查绝缘橡胶无老化粘连，如发现有发黏、裂纹、破口（漏气）、气泡、发脆等损坏时禁止使用。

（2）佩戴前，对绝缘手套进行气密性检查，具体方法是将手套从口部向上卷，稍用力将空气压至手掌及指头部分检查上述部位有无漏气，如有则不能使用。如有条件可用专用绝缘手套充气检查设备进行气密性试验。

3. 使用及注意事项

使用绝缘手套时应将上衣袖口套入手套筒口内，衣服袖口不得暴露覆盖于绝缘手套之外，使用时要防止尖锐利物刺破损伤绝缘手套。

四、绝缘垫

绝缘垫是由特种橡胶制成的，用于加强工作人员对地的绝缘，如图 17-4 所示。绝缘垫主要使用于发电厂、变电所、电气高压柜、低压开关柜之间的地面铺设，以保护作业人员免遭设备外壳带电时的触电伤害。它可加强操作人员对地绝缘，防止接触电压和跨步电压对人员的伤害，可作为辅助绝缘安全用具。

1. 绝缘垫规格

常见的绝缘垫厚度有 5、6、8、10mm 和 12mm；耐压等级分别为 10、25、30kV 和 35kV 等规格。

2. 使用及注意事项

使用时地面应平整，无锐利硬物。铺设绝缘垫时，绝缘垫接缝要平整不卷曲，防止操作人员在巡视设备或倒闸操作时跌倒。

绝缘胶垫应保持完好，出现割裂、破损、厚度减薄，不足以保证绝缘性能等情况时，应及时更换。

五、绝缘站台

绝缘站台（见图 17-5）台面用木条制成，相邻木条之间距离不大于 25mm，台面用高度不小于 100mm 的支持绝缘子支持，考虑搬运方便，台面积在 800mm×800mm 至 1500mm×1000mm 之间。绝缘站台可用于室内外的一切电气设备。室外使用绝缘站台时，站台应放在坚硬的地面上，防止绝缘子陷入泥中或草中，降低绝缘性能。

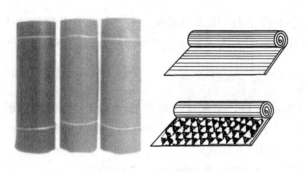

图 17-4　绝缘垫

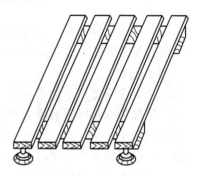

图 17-5　绝缘站台

【思考与练习】

（1）绝缘安全用具包括哪些？

（2）简述绝缘杆的组成及其作用。

（3）如何对绝缘手套进行检查？

模块二　一般防护安全用具

【模块描述】 本模块介绍了接地线、验电器、安全带、安全帽、脚扣、标示牌和遮栏等一般防护安全用具。

一、接地线

家用电器由于绝缘性能不好或使用环境潮湿，会导致其外壳带有一定静电，严重时会发生触电事故。为了避免出现事故可在电器的金属外壳上面连接一根电线，将电线的另一端接入大地，一旦电器发生漏电时接地线会把静电带入到大地释放掉。电器中，接地线就是接在电气设备外壳等部位及时地将因各种原因产生的不安全的电荷或者漏电电流导出的线路。

在电力系统中，接地线是为了在已停电的设备和线路上意外地出现电压时保证工作人员安全的重要工具。它是用于防止电气设备、输电线路突然来电，消除感应电压，放尽剩余电荷的临时接地装置。图 17-6 所示为携带型接地线。

图 17-6　携带型接地线

装设接地线是防止工作地点突然来电的唯一可靠安全措施，同时也是消除停电设备残存电荷或感应电荷的有效措施。

为防止工作地点突然来电造成伤害，对于可能送电至停电设备的各方面都应装设接地线或合上接地开关（装置）。同时，已停电的线路或设备因装设接地线后，剩余电荷也因接地而放尽，接地线是保护检修人员的生命线。

装挂接地线是一项重要的电气安全技术措施，是保证工作人员生命安全的最后屏障，千万不可马虎大意。实际工作中，接地线使用频繁且操作简单，往往容易使人产生麻痹思想，忽视正确使用接地线的重要性，以致降低甚至有时失去了接地线的安全保护作用，必须引起足够重视。

对于可能送电至停电设备的各方面都应装设接地线或合上接地开关（装置），所装接地线与带电部分应考虑接地线摆动时仍符合安全距离的规定。因此，要正确使用接地线，必须规范装挂和拆除接地线的行为，自觉遵守《电力安全生产规程》，严格执行标准化作业，才能避免由于接地线装设错误而引起的人身伤害事故。

1. 使用要求

成套接地线应用有透明护套的多股软铜线组成，其截面积不得小于 $25mm^2$，同时应满足装设地点短路电流的要求，严禁使用其他金属线代替接地线或短路线。接地线透明外护层厚度大于 1mm。

接地线的两端线夹应保证接地线与导体和接地装置接触良好、拆装方便，有足够的机械强度，并在大短路电流通过时不致松动。

接地线使用前，应进行外观检查，如发现绞线松股、断股、护套严重破损、夹具断裂松动等不得使用。

接地线应使用专用的线夹固定在导体上，禁止用缠绕的方法进行接地或短路。

2. 检查使用及注意事项

（1）检查接地线。

1）使用前，必须检查软铜线是否断股、断头，外护套完好，各部分连接处螺栓紧固无松动，线钩的弹力是否正常，不符合要求的应及时调换或修好后再使用。

2）检查接地线绝缘杆外表无脏污、无划伤，绝缘漆无脱落。

3）检查接地线试验合格证是否在有效试验合格期内。

（2）装、拆接地线注意事项。

1）装挂接地线前必须先验电，严禁习惯性违章行为。

2）装设接地线时，应戴绝缘手套，穿绝缘靴或站在绝缘垫上，人体不得碰触接地线或未接地的导线，以防止触电伤害。

3）装设接地线，应先装设接地线接地端，后接导线端。接地点应保证接触良好，其他连接点连接可靠，严禁用缠绕的方法进行连接。

4）拆接地线的顺序与装设时相反。

5）装、拆接地线应做好记录，交接班时应交代清楚。

二、验电器

验电器又称携带式电压指示器，有高、低压两种，一般用氖管发光或音响指示。使用高压验电器时，宜将验电器工作触头逐步接近带电体，注意灯光发光或音响鸣叫。低压验电器的工作触头可直接接触带电体，操作人员手指握住握柄顶端，观察验电器是否发光来判断设备是否带电。

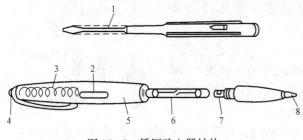

图 17-7　低压验电器结构

1—绝缘套管；2—小窗；3—弹簧；4—笔尾的金属体；5—笔身；6—氖管；7—电阻；8—笔尖的金属体

低压验电器结构如图 17-7 所示。

普通低压验电笔的工作原理是：当测试带电体时，金属探头触及带电导体，并用手触及验电笔后端的金属挂钩或金属片，此时电流路径是通过验电笔端、氖管、电阻、人体和大地形成回路而使氖管发光。只要带电体与大地之间存在一定的电位差（通常在 60V 以上），验电笔就会发出辉光。如果氖管不亮，则表明该物体不带电。若是交流电，氖管两极发光；若是直流电，则只有一极发光。

三、安全带、安全帽、脚扣

1. 安全带

安全带是高空作业人员预防高空坠落伤亡事故的防护用具，在高空从事安装、检修、施工等作业时，为预防作业人员从高空坠落，必须使用安全带进行保护。安全带使用期一般为 3~5 年，发现异常应提前报废。安全带示意图如图 17-8 所示。

使用安全带时应注意以下几点：

（1）安全带在使用时，保险带、绳使用长度在 3m 以上的应加缓冲器。

（2）使用前，应分别将安全带、后备保护绳系于电杆上，用力向后对安全带进行冲击试验，检查腰带和保险带、绳应有足够的机械强度。

（3）工作时，安全带应系在牢固可靠的构件上，禁止系挂在移动或不牢固的物件上。不得系在棱角锋利处，安全带要高挂和平行拴挂，严禁低挂高用。

图 17-8　安全带

（4）在杆塔上工作时，应将安全带后备保护绳系在牢固的构件上（带电作业视其具体任务决定是否系后备保护绳），工作中不得失去后备保护。

2. 安全帽

安全帽是用来保护使用者头部，减缓外来物体冲击伤害的个人防护用品。在工作现场佩戴安全帽可以预防或减缓高空坠落物体对人员头部的伤害。在高空作业现场的人员为防止工作时与工具器材及构架相互碰撞而头部受伤，在地面的人员为防止被杆塔、构架上工作人员失落的工具、材料击伤，都应戴安全帽。

安全帽分为通用型、操作型、带电型三种。通用型安全帽由帽壳、帽衬、标志组成；操作型安全帽由帽壳、帽衬、标志和内藏式防电弧面罩组成；带电型安全帽是取消透气孔的通用型安全帽，专用于带电作业。安全帽底面和帽衬结构如图 17-9 所示。

3. 脚扣

脚扣是用钢或合金材料制作的攀登电杆的工具，如图 17-10 所示。脚扣分为木杆型和水泥杆型两种，是配网检修人员常用的登杆工器具，它具有使用简单、操作方便的特点，在我国大部分地区普及使用。

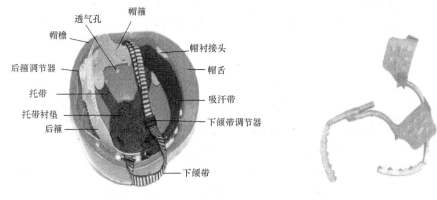

图 17-9　安全帽底面和帽衬结构　　　　　　图 17-10　脚扣

脚扣的使用注意事项如下。

（1）使用前，必须对脚扣进行单腿冲击试验，登杆前在杆根处用力试登，判断脚扣是否有变形和损伤。方法是将脚扣挂于离地高约 300mm 处，单脚站立于脚扣上，用自身重量向下冲击，检查脚扣的机械强度是否完好可靠，防滑胶皮是否可靠。

（2）攀登时，必须全过程系安全带。

（3）登杆前应将脚扣登板的皮带系牢，登杆过程中应根据杆径粗细随时调整脚扣尺寸。在攀登锥形杆时，要根据杆径调整脚扣至合适位置，使用脚扣防滑胶皮可靠地紧贴于电杆表面。

（4）特殊天气使用脚扣和登高板应采取防滑措施，严禁从高处往下扔摔脚扣。

四、标示牌、遮栏

标示牌是以安全、禁止、警告、指令、提示、消防、限速等文字和图形符号来告知现场工作人员，在工作中引起注意的一种安全信号警示标志，是保证工作人员安全生产的主要技术措施之一。

国家电网公司《电力安全规程》中明确规定了在电气设备上工作，保证安全的技术措施为：停电、验电、装设接地线、悬挂标示牌和装设遮栏（围栏）。

1. 安全标志

安全标志主要设置在容易发生事故或危险性较大的工作场所，主要分为禁止标志、警告标志、指令标志、提示标志和其他标志五大类型，如图 17-11 所示。

禁止标志   警告标志   指令标志   提示标志   其他标志

图 17-11 安全标志

2. 警告标志牌

　　警告标志牌主要设置在容易发生事故或危险性较大的工作场所，主要分为禁止标志、警告标志、指令标志、提示标志和其他标志五大类型，如图 17-12 所示。

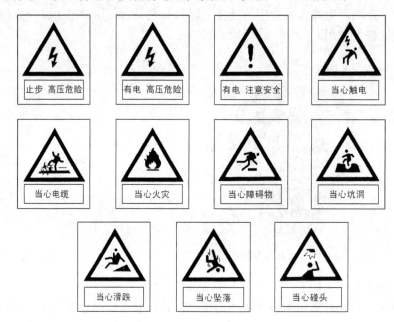

止步 高压危险	有电 高压危险	有电 注意安全	当心触电
当心电缆	当心火灾	当心障碍物	当心坑洞
当心滑跌	当心坠落	当心碰头	

图 17-12 警告标志牌

3. 指令标志牌

　　指令标志是强制人们必须做出某种动作或采用防范措施的图形标志。其基本形式是圆形及相应文字，其中文字采用黑体，如图 17-13 所示。

| 注意通风 | 必须戴安全帽 | 必须戴防护手套 | 必须系安全带 |
| 必须穿防护鞋 | 必须戴防毒面具 | 必须戴防护眼镜 | 必须拔出插头 |

图 17-13 指令标志牌

4. 提示标志牌

提示标志是向人们提供某种信息（如标明安全设施或场所旁）的图形标志。其基本形式是正方形边框及相应文字，其中文字采用黑体，如图 17-14 所示。

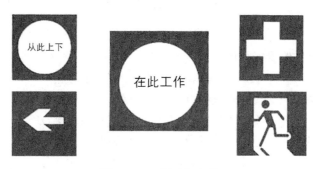

图 17-14 提示标志牌

常用电气安全用具试验一览表见表 17-1。

表 17-1　　　　　　　　　　　常用电气安全用具试验一览表

顺序	名称	电压等级/kV	周期	交流耐压/kV	时间/min	泄漏电流/mA	备注
1	绝缘棒	6～10	每年 1 次	44	5		
		35～154		4 倍相电压			
2	绝缘挡板	6～10	每年 1 次	30	5		
		35		80			
3	绝缘罩	35	每年 1 次	80	5		
4	绝缘夹钳	35 及以下	每年 1 次	3 倍线电压	5		
		110		200			
5	验电器	6～10	每 6 个月 1 次				发光电压不超过额定电压的 25%
		20～35					
6	绝缘手套	高压	每 6 个月 1 次		1	≤9	
		低压				≥2.5	
7	橡胶绝缘靴	高压	每 6 个月 1 次	15	1	≤7.5	
8	核相器电阻器	6	每 6 个月 1 次	6	1	1.7～2.4	
		10		10		1.4～1.7	
9	绝缘绳	高压	每 6 个月 1 次	10.5	5		

【思考与练习】

（1）接地线使用有哪些要求？

（2）简述普通低压验电笔的工作原理。

（3）使用安全带的注意事项有哪些？

（4）使用脚扣的注意事项有哪些？

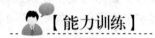 【能力训练】

一、选择题

1. 用于高压的基本绝缘安全用具有（　　）。
  （A）绝缘杆　　　　　（B）绝缘柄的工具　　　（C）绝缘靴　　　　　（D）绝缘台

2. 用于低压的辅助绝缘安全用具有（　　）。
  （A）绝缘杆　　　　　（B）绝缘柄的工具　　　（C）绝缘靴　　　　　（D）绝缘台

3. 绝缘杆又称绝缘棒，它由工作部分、（　　）和握手部分组成。
  （A）金属钩　　　　　（B）绝缘工具　　　　　（C）绝缘部分　　　　（D）绝缘台

4. 常见的绝缘垫厚度有（　　）。
  （A）5、6、8、6mm 和 12mm　　　　　　　（B）6、5、8、10mm 和 12mm
  （C）8、6、5、10mm 和 12mm　　　　　　　（D）5、6、8、10mm 和 12mm

5. 成套接地线应用有透明护套的多股软铜线组成，其截面积不得小于（　　）。
  （A）20mm^2　　　　（B）25mm^2　　　　（C）30mm^2　　　　（D）15mm^2

6. 只要带电体与大地之间存在一定的电位差（通常在 60V 以上），验电笔就会出现
（　　）。
  （A）两极发光　　　　（B）一极发光　　　　　（C）辉光　　　　　　（D）发光

7. 安全标志主要设置在容易发生事故或危险性较大的工作场所，主要分为禁止标志、
警告标志、（　　）、提示标志和其他标志五大类型。
  （A）指令标志　　　　（B）指示标志　　　　　（C）告之　　　　　　（D）危险

二、判断题（括号里正确的打√，错误的打×）

1. 在低压带电设备上，辅助绝缘安全工具可作为基本绝缘安全用具使用。　　　（　　）

2. 为保证操作时有足够的绝缘安全距离，绝缘杆的绝缘部分长度不得小于0.8m。（　　）

3. 绝缘钳由工作部分、绝缘部分和握手部分构成，它由绝缘材料如电木、胶木或浸过
漆的硬木制成。　　　　　　　　　　　　　　　　　　　　　　　　　　　　（　　）

4. 绝缘靴、鞋只能作为辅助绝缘安全用具。　　　　　　　　　　　　　　　（　　）

5. 接地线是为了在已停电的设备和线路上意外地出现电压时保证工作人员安全的重要
工具。　　　　　　　　　　　　　　　　　　　　　　　　　　　　　　　　（　　）

6. 指令标志是强制人们必须做出某种动作或采用防范措施的图形标志。其基本形式是
圆形及相应文字，其中文字采用红体。　　　　　　　　　　　　　　　　　　（　　）

7. 提示标志是向人们提供某种信息（如标明在安全设施或场所旁）的图形标志。其基
本形式是正方形边框及相应文字，其中文字采用黄体。　　　　　　　　　　　（　　）

三、问答题

1. 使用绝缘杆操作时注意事项有哪些？
2. 使用绝缘手套时应注意什么？
3. 标示牌有何作用？警告标志牌有哪几种类型？

第十八章　人身触电及防护

知识目标
--------------------○

（1）了解电流对人体的伤害。

（2）掌握人体触电的种类。

（3）掌握使触电者迅速脱离电源的方法。

能力目标
--------------------○

（1）掌握电流对人体危害的相关因素及其影响。

（2）掌握预防触电的措施。

（3）掌握现场就地急救方法。

（4）掌握心肺复苏法。

模块一　人体触电的种类

【模块描述】 本模块介绍了电流对人体的伤害、危害程度，以及人体触电的类别。

一、电流对人体的伤害（电伤、电击）

触电是指人体触及带电体，电流通过人体，对人体造成伤害。当电流通过人体时，对人体内部器官造成伤害，如呼吸中枢麻痹、肌肉痉挛、心室颤动、呼吸停止等，称为电击；而由于电流的热效应、化学效应、机械效应等对人体外部造成的伤害，如电灼伤、电烙印、皮肤金属化等，称为电伤。

1. 电击

电击伤害程度一般可分为以下四级。

（1）Ⅰ级。触电者肌肉产生痉挛，但未失去知觉。

（2）Ⅱ级。触电者肌肉产生痉挛，失去知觉，但心脏仍然跳动，呼吸也未停止。

（3）Ⅲ级。触电者失去知觉，心脏停止跳动或者肺部停止呼吸（或者心脏跳动和肺部呼吸都停止）。

（4）Ⅳ级。临床死亡，即呼吸和血液循环都停止。

2. 电伤

电伤一般发生在肌体外部，并在肌体上留下伤痕。最常见的电伤有电灼伤、电烙印和皮肤金属化三种。

（1）电灼伤。在电力生产及基建中，因各种原因导致电热灼伤的事故常有发生。肌体软组织大块被电灼伤后，其远端组织常出现缺血和坏死，而坏死范围常大大超过灼伤范围。

1）电灼伤的种类。

①电接触灼伤：即人体直接与带电导体接触的烧伤，可造成皮肤及其深部组织，如肌肉、神经、血管、骨骼等严重灼伤。

②电弧烧伤。当人体接近高压电时，在电源与人体间会发生电弧放电。虽然放电时间短，但电弧温度很高，会深度烧伤人体，甚至将人体躯干或四肢烧断。电弧灼伤一般分为三度：一度为灼伤部位轻度变红，表皮受伤；二度为皮肤大面积烫伤，烫伤部位出现水泡；三度为肌肉组织深度灼伤，皮下组织坏死，皮肤烧焦。

③火焰烧伤。电弧或电火花使衣服燃烧，从而烧伤人体，这种烧伤较浅，但烧伤面积较大。

2）电灼伤的创面特点。

①常有一个或数个电流入口和出口。入口处创面大而深，出口处创面较小。

②外表皮肤损害面积不大，但内部损害严重，组织会发生凝固性坏死，即具有"口小底大、外浅内深"的特点。灼伤皮肤呈灰色或灰黄色，甚至焦黄色或黑褐色，中心部位低陷，周围有肿痛等炎症反应。深部组织烧焦、炭化，可深达骨骼。一般伤口面积小、边缘规则、整齐，与正常组织界限清楚，偶可见水泡。

③肉组织常呈跳跃式坏死，即夹心性坏死。

④电流可造成血管壁内膜，即肌层变性坏死和发生血管栓塞，从而引起继发性出血和组织的继发性坏死。

⑤致残率高，平均截肢率为 30％左右。

（2）电烙印。电烙印发生在人体与带电体之间有良好的接触部位处。在人体不被电击的情况下，在皮肤表面留下与带电接触体形状相似的肿块痕迹。电烙印边缘明显，颜色呈灰黄色，有时在触电后，电烙印并不立即出现，而在相隔一段时间后才出现。电烙印一般不发炎或化脓，但往往造成局部麻木和失去知觉。

（3）皮肤金属化。皮肤金属化是由于高温电弧使周围金属熔化、蒸发并飞溅渗透到皮肤表面形成的伤害。皮肤金属化以后，表面粗糙、坚硬。金属化后的皮肤经过一段时间后方能自行脱落，对人身体不会造成不良的后果。

3. 电流对人体的危害程度

电流对人体的危害程度与通过人体电流强弱、电压高低、持续时间、电流通过人体途径及人体健康状况有关。

（1）通过人体的电流强弱。当不同大小的电流流经人体时，往往有各种不同的感觉，通过的电流越大，人体的生理反应越明显，感觉也越强烈。按电流通过人体时的生理机能反应和对人体的伤害程度，可将电流分成以下三级。

1）感知电流：使人体能够感觉，但不遭受伤害的电流。感知电流的最小值为感知阈值。感知电流通过时，人体有麻酥、灼热感。人对交、直流电流的感知阈值分别约为 0.5mA 和 2mA。

2）摆脱电流：人体触电后能够自主摆脱的电流。摆脱电流的最大值是摆脱阈值。摆脱电流通过时，人体除麻酥、灼热感外，主要是疼痛、心律障碍感。

3）致命电流：人触电后危及生命的电流。由于导致触电死亡的主要原因是发生"心室纤维性颤动"，故将致命电流的最小值称为致颤阈值。

电流对人体的伤害与流过人体电流的持续时间有着密切的关系。电流持续时间越长，其对应的致颤阈值越小，电流对人体的危害越严重。这是因为，一方面，时间越长，体内积累的外能量越多，人体电阻因出汗及电流对人体组织的电解作用而变小，使伤害程度进一步增加；另一方面，人的心脏每收缩、舒张一次，中间约有 0.1s 的间隙，在这 0.1s 的时间内，心脏对电流最敏感，若电流在这一瞬间通过心脏，即使电流很小（几十毫安），也会引起心室颤动。显然，电流持续时间越长，重合这段危险期的几率越大，危险性也越大。一般认为，工频电流 15～20mA 以下及直流 50mA 以下，对人体是安全的，但如果持续时间很长，即使电流小到 8～10mA，也可能使人致命。

通过人体的电流越大，人体的生理反应越明显，电流通过人体时的不同生理反应见表 18-1。

表 18-1　　　　　　　　　　　　　电流通过人体时的不同生理反应

名称	定义	工频/mA		直流 /mA
		男	女	
感知电流	使人有感觉但不遭受伤害的最小电流	1.1	0.7	5
摆脱电流	人体触电后能自主摆脱电源的最大电流	＜16	＜10	50
致命电流	在较短时间内，危及生命的最小电流	＞50 心跳停止 ＜100 使人致死		

（2）人体自身的电阻大小。人体触电时，流过人体的电流在接触电压一定时由人体的电阻决定，人体电阻越小，流过的电流则越大，人体所遭受的伤害也越大。

人体的不同部分（如皮肤、血液、肌肉及关节等）对电流呈现出一定的阻抗，即人体电阻。其大小不是固定不变的，它取决于许多因素，如接触电压、电流途径、持续时间、接触面积、温度、压力、皮肤厚薄及完好程度、潮湿、脏污程度等。总的来讲，人体电阻由体内电阻和表皮电阻组成。

体内电阻是指电流流过人体时，人体内部器官呈现的电阻。它的数值主要取决于电流的通路。当电流流过人体内不同部位时，体内电阻呈现的数值不同。电阻最大的通路是从一只手到另一只手，或从一只手到另一只脚或双脚，这两种电阻基本相同；电流流过人体其他部位时，呈现的体内电阻都小于此两种电阻。一般认为，人体的体内电阻为 500Ω 左右。

表皮电阻是指电流流过人体时，两个不同触电部位皮肤上的电极和皮下导电细胞之间的电阻之和。表皮电阻随外界条件不同而在较大范围内变化。当电流、电压、电流频率及持续时间、接触压力、接触面积、温度增加时，表皮电阻会下降，当皮肤受伤甚至破裂时，表皮电阻会随之下降，甚至降为零。可见，人体电阻是一个变化范围较大，且决定于许多因素的变量，只有在特定条件下才能测定。不同条件下的人体电阻见表 18-2，一般情况下，人体电阻可按 $1000～2000\Omega$ 考虑，在安全程度要求较高的场合，人体电阻可按不受外界因素影响的体内电阻（500Ω）来考虑。

（3）作用于人体的电压高低。当人体电阻一定时，作用于人体的高压越高，通过人体的电流越大，对人体伤害越严重。事实上当加在人体的电压升高时，人体的电阻急剧下降，从而使通过人体的电流猛然增加，随电流增加人体电阻变小，见表 18-3。

表 18 - 2　　　　　　　　　　　　　　不同条件下的人体电阻

加于人体的电压/V	人体电阻/Ω			
	皮肤干燥	皮肤潮湿	皮肤湿润	皮肤浸入水中
10	7000	3500	1200	600
25	5000	2500	1000	500
50	4000	2000	875	440
100	3000	1500	770	375
250	2000	1000	650	325

注　1. 表内值的前提：电流为基本通路，接触面积较大。

2. 皮肤潮湿相当于有水或汗痕。

3. 皮肤湿润相当于有水蒸气或特别潮湿的场合。

4. 皮肤浸入水中相当于游泳池内或浴池中，基本上是体内电阻。

5. 此表数值为大多数人的平均值。

表 18 - 3　　　　　　　　　　　　　不同电流强度对人体的影响

电流强度/mA	电流对人体的影响	
	交流电	直流电
0.6～1.5	手指开始感觉麻刺	无感觉
2～3	手指强烈麻刺、颤抖	无感觉
5～7	手部痉挛	热感
8～10	手部剧痛、还能摆脱电源	热感增加
20～35	手迅速麻痹、不能摆脱带电体、呼吸困难	手部开始痉挛
50～80	心室开始颤动	手部痉挛、呼吸困难
90～100	呼吸麻痹、心室经 3s 后发生麻痹而停止跳动	呼吸麻痹

（4）电流持续时间。电流通过人体的时间越长，后果越严重，将电流与时间的乘积称为电击能量，它更能反映触电的本质，即

$$Q = IT \tag{18 - 1}$$

式中　Q——电击能量，mA·s；

　　　I——通过人体的电流，mA；

　　　T——电流通过人体的时间，s。

实验表明，电击能量 $Q \leqslant 50\text{mA·s}$，人体还比较安全，由此也证明，即使在安全电流下，如果通电时间太长，同样会有一定的危险。

通电时间一长，由于人体发热和人体组织的电解作用，使人体电阻降低，在电压一定的情况下，电流迅速增大，对人体的危害相应加大。

（5）电流通过人体的不同途径。电流通过心脏会引起心室颤动，较大的电流会使心脏停止跳动，从手到脚，从一只手到另一只手，电流通过心脏，但从左手到前胸的途径是经过心脏最短途径，是最危险的电流途径，从左脚到右脚的电流途径，相对心脏而言，是危险性较小的途径。不同通电途径的心脏电流系数见表 18 - 4。

表 18-4 电流路径与通过人体心脏电流的比例关系

电流路径	左手至脚	右手至脚	左手至右手	左脚至右脚
流经心脏的电流与通过人体总电流的比例（%）	6.4	3.7	3.3	0.4

电流通过人体的路径不同，使人体出现的生理反应及对人体的伤害程度是不同的。电流通过人体头部会使人立即昏迷，严重时，使人死亡；电流通过脊髓，会使人肢体瘫痪；电流通过呼吸系统，会使人窒息死亡；电流通过中枢神经，会引起中枢神经系统的严重失调而导致死亡；电流通过心脏会引起心室颤动，较大的电流会使心脏停止跳动。研究表明，电流通过人体的各种路径中，哪种电流路径通过心脏的电流分量大，其触电伤害程度就大。电流路径与流径心脏的电流比例关系见表 18-4。左手至脚的电流路径，心脏直接处于电流通路内，因而是最危险的；右手左脚的电流路径的危险性相对较小。电流从左脚至右脚这一电流路径，危险性小，但人体可能因痉挛而摔倒，导致电流通过全身或发生二次事故而产生严重后果。

（6）人体的健康情况。电流对人体的作用与人的年龄、性别、身体及精神状态有很大关系。一般情况下，女性比男性对电流敏感，小孩比成人敏感。在同等触电情况下，妇女和小孩更容易受到伤害。此外，患有心脏病、精神病、结核病、内分泌器官疾病或酒醉的人，因触电造成的伤害都将比正常人严重；相反，一个身体健康、经常从事体力劳动和体育锻炼的人，由触电引起的后果相对会轻一些。

（7）流过人体的电流种类。电流种类不同，对人体的伤害程度不一样。当电压在 250～300V 以内时，触及频率为 50Hz 的交流电，比触及相同电压的直流电的危险性大 3～4 倍。不同频率的交流电流对人体的影响也不相同。通常，50～60Hz 的交流电，对人体危险性最大。低于或高于此频率的电流对人体的伤害程度要显著减轻。但高频率的电流通常以电弧的形式出现，因此有灼伤人体的危险。频率在 20kHz 以上的交流小电流，对人体已无危害，所以在医学上用于理疗。

二、人体触电的种类

当人体触及带电体时，电流流过人体，产生电流对人体的伤害称为触电。人体与带电体直接接触形成的触电，称为直接接触触电，分为单相触电和两相触电。人体触及正常不带电而由故障原因造成的意外带电体而发生的电击，称为间接触电，如接触电压触电、跨步电压触电。

1. 直接接触触电

（1）单相触电。人体在地面或接地的导体上，触及带电体时，称为单相触电。在 380V 三相四线制中，人触及一根火线，则加在人身体上的电压为 220V，电流途径是：相线→人体→中性点，如图 18-1 所示。此类事故常发生在家庭中使用电器时。在 380V 三相三线制不接地系统中，电气设备对地绝缘电阻较大，当人体触及一根相线时，通过人体的电流很小，不至于造成对人体的伤害。但在高压中性点不接地系统中，若是电缆线路，则相线与地间有电容电流，对触电人体将造成严重危害。

（2）两相触电。人体同时接触带电线路或设备的两相时，称为两相触电。如图 18-2 所示。在 380V 三相三线制中，人体两相接触时，加在人体上的电压为线电压 380V，它是相电压的 $\sqrt{3}$ 倍。电流通过的途径是：一相电源→人体→另一相电源，电流可达 260～270mA，这将给人以致命的危险。通过人体的电流与系统中性点运行方式无关，其大小只取决于人体电阻和人体与相接触的两相导体的接触电阻之和。因此，它比单相触电的危险性更大，例如，380/220V 低压系统线电压为 380V，设人体电阻 R_r 为 1000Ω，则通过人体的电流约 I_r 为 380mA，大大超过人的致颤阈值，足以致人死亡。电气工作中两相触电多在带电作业时发生，由于相间距离小，安全措施不周全，使人体直接或通过作业工具同时触及两相导体，造成两相触电。

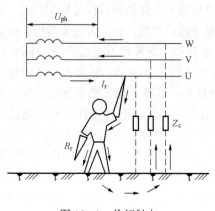

图 18-1　单相触电

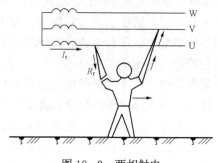

图 18-2　两相触电

2. 间接触电

（1）跨步电压触电。当带电电线掉在地上时，以接地点为圆心，半径为 20m 的圆面积内形成分布电位，在此范围内，人两脚间（0.8m）的电位差，称为跨步电压，若这时触电，电流从人的一只脚到另一只脚，这种触电称为跨步电压触电。

（2）接触电压触电。在正常情况下，电气设备的金属外壳是不带电的，由于绝缘损坏，设备漏电，设备的金属外壳将带电。电气设备在运行中，因为绝缘损坏漏电时，电流将通过接地点向大地流散，此时，若有人触及由于漏电而带电的设备外壳时，电流将通过人体造成触电，这叫做接触电压触电。如果设备没有安装接地线或接地线断落，此时，人所承受的电压即为相电压，相当于单相触电；如果设备安装了接地装置，接触电压将为设备外壳上的相电压减去人体站立点的地面电位。人体站立点离地越近，人体所承受的电压也越小。当人需要接近漏电设备时，为防止接触电压触电，应戴绝缘手套、穿绝缘鞋。

（3）与带电体的距离小于安全距离的触电。前述几类触电事故，都是人体与带电体直接接触（或间接接触）时发生的。实际上，当人体与带电体（特别是高压带电体）的空气间隙小于一定的距离时，虽然人体没有接触带电体，也可能发生触电事故。这是因为空气间隙的绝缘强度是有限度的，当人体与带电体的距离足够近时，人体与带电体间的电场强度将大于空气的击穿场强，空气将被击穿，带电体对人体放电，并在人体与带电体间产生电弧，此时人体将受到电弧灼伤及电击的双重伤害。这种与带电体的距离小于安全距离的弧光放电触电事故多发生在高压系统中。此类事故的发生，大多是工作人员误入带电间隔，误接近高压带电设备所造成的。因此，为防止这类事故的发生，国家有关标准规定了不同电压等级的最小安全距离，工作人员距带电体的距离不允许小于此距离值。

【思考与练习】

（1）简述电伤与电击。

（2）电击伤害程度如何划分？

（3）电流对人体的危害程度与哪些因素有关？

（4）人体触电有哪些种类？

（5）间接触电有哪些？

模块二 预防触电的措施

🎓【模块描述】本模块主要介绍了预防触电的技术及其他措施。

触电事故一旦发生，不仅给人民生命财产带来极大损失，甚至还会使电力供应中断。

发生触电的一般原因有：设备质量差，如设备绝缘损坏漏电，设备没有外罩；安装不合规格，设备和线路安装高度不够，带电的裸露导体没包扎好，设备没接地；违章操作，非电工人员承担安装操作，私拉乱接、私设电网、约时停送电；维修检查不及时，发生倒杆断线，树枝触及线路导线，在线路下建房、打井、堆草、拴牲口；缺乏用电知识和安全意识，随意搬动电气设备、小孩玩弄电器等。

一、预防触电的技术措施

预防触电的技术措施包括采用保护接地、保护接零、绝缘、屏护、间隔、漏电保护装置、使用安全电压等。

（一）安全接地

安全接地是防止接触电压触电和跨步电压触电的根本方法。安全接地包括电气设备外壳（或构架）保护接地、保护接零或中性线的重复接地。

1. 保护接地

保护接地是将一切正常时不带电而在绝缘损坏时可能带电的金属部分（如各种电气设备的金属外壳、配电装置的金属构架等）与独立的接地装置相连接，从而防止工作人员触及时发生触电事故。它是防止接触电压触电的一种技术措施。

保护接地是利用接地装置足够小的接地电阻值，降低故障设备外壳可导电部分对地电压，减小人体触及时流过人体的电流，达到防止接触电压触电的目的。

（1）中性点不接地系统的保护接地。在中性点不接地系统中，用电设备一相绝缘损坏，外壳带电。如果设备外壳没有接地，如图 18-3（a）所示，则设备外壳上将长期存在着电压（接近于相电压），当人体触及到电气设备外壳时，就有电流流过人体，其值为

$$I_r = \frac{3U_{ph}}{3R_r + Z_c} \tag{18-2}$$

接触电压

$$U_{jc} = \frac{3U_{ph}R_r}{3R_r + Z_c} \tag{18-3}$$

式中 I_r——流过人体电流；

U_{jc}——作用于人体的接触电压；

R_r——人体电阻；

Z_c——电网对地绝缘阻抗；

U_{ph}——系统运行相电压。

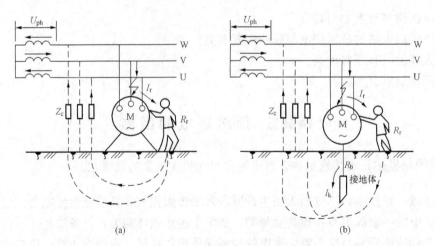

图 18-3　中性点不接地系统的保护接地原理

(a) 没采用保护接地时；(b) 采用保护接地时

但若采用保护接地，如图 18-3 (b) 所示，保护接地电阻 R_b 与人体电阻 R_r 并联，由于 $R_b \ll R_r$，设备对地电压及流过人体的电流可近似为

$$U_{jc} = \frac{3U_{ph}R_b}{3R_b /\!/ R_r + Z_c} \approx \frac{3U_{ph}R_b}{3R_b + Z_c} \tag{18-4}$$

$$I_r = \frac{U_{jc}}{R_r} = \frac{3U_{ph}R_b}{|3R_b + Z_c|R_r} \tag{18-5}$$

式中　R_b——保护接地电阻。

比较式 (18-3) 与式 (18-4)，由于 $Z_c \gg R_r$、R_b，所以其分母近似相等；而分子因 $R_b \ll R_r$，使得接地后对地电压大大降低。同样由式 (18-2) 与式 (18-5) 比较得知，保护接地后，人体触及设备外壳时流过的电流也大大降低。由此可见，只要适当地选择 R_b 即可避免人体触电。

例如，220/380V 中性点不接地系统，对地阻抗 Z_c 取绝缘电阻 7000Ω，有设备发生单相碰壳。若没有保护接地，有人触及该设备外壳，人体电阻 R_r 为 1000Ω，则流过人体电流约为 66mA；但如果该设备有保护接地，接地电阻为 $R_b = 4Ω$，则流过人体电流约为 0.26mA，显然，该电流不会危及人身安全。

同样，在 6～10kV 中性点不接地系统中，若采用保护接地，尽管其电压等级较高，也能减小设备发生碰壳时人体触及设备流过人体的电流，减小触电的危险性，如果进一步采取相应的防范措施，增大人体回路的电阻，例如人脚穿胶鞋，也能将人体电流限制在 50mA 之内，保证人身安全。

(2) 中性点直接接地系统的保护接地。中性点直接接地系统中，若不采用保护接地，当人体接触一相碰壳的电气设备时，人体相当于发生单相触电，如图 18-4 (a) 所示，流过人体的电流及接触电压为

$$I_r = \frac{U_{ph}}{R_r + R_0} \tag{18-6}$$

$$U_{jc} = \frac{U_{ph}}{R_r + R_0}R_r \tag{18-7}$$

式中　R_0——中性点接地电阻；

　　　　U_{ph}——电源相电压。

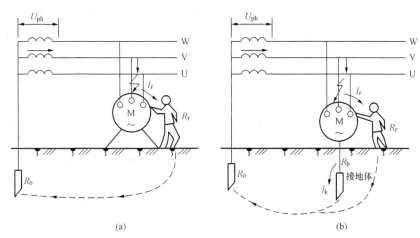

图 18-4　中性点直接接地系统的保护接地

（a）无保护接地时；（b）有保护接地时

以 380/220V 低压系统为例，若人体电阻 $R_r = 1000\Omega$，$R_0 = 4\Omega$，则流过人体电流 $I_r = 220mA$，作用于人体电压 $U_{jc} = 220V$，足以使人致命。

若采用保护接地，如图 18-4（b）所示，电流将经人体电阻 R_r 和设备接地电阻 R_b 的并联支路、电源中性点接地电阻、电源形成回路，设保护接地电阻 $R_b = 4\Omega$，流过人体的电流及接触电压为

$$U_{jc} = I_k R_b = U_{ph} \frac{R_b}{R_0 + R_b \ /\!/ \ R_r} \approx U_{ph} \frac{R_b}{R_0 + R_b} = 110V \tag{18-8}$$

$$I_r = \frac{U_{jc}}{R_r} = \frac{U_{ph}}{R_r} \frac{R_b}{R_0 + R_b} \approx 110mA \tag{18-9}$$

110mA 的电流虽比未装保护接地时的小，但对人身安全仍有致命的危险。所以，在中性点直接接地的低压系统中，电气设备的外壳采用保护接地，仅能减轻触电的危险程度，并不能保证人身安全；在高压系统中，其作用就更小。

2. 保护接零及中性线的重复接地

（1）保护接零。在中性点直接接地的低压供电网络，一般采用的是三相四线制的供电方式。将电气设备的金属外壳与电源（发电机或变压器）接地中性线作金属性连接，这种方式称为保护接零，如图 18-5 所示。

采用保护接零时，当电气设备某相绝缘损坏碰壳，接地短路电流流经短路

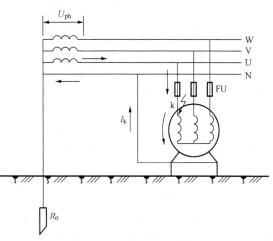

图 18-5　保护接零

线和接地中性线构成回路。由于接地中性线阻抗很小，接地短路电流 I_k 较大，足以使线路上（或电源处）的低压断路器或熔断器以很短的时限将设备从电网中切除，使故障设备停电。另外，人体电阻远大于接零回路中的电阻，即使在故障未切除前，人体触到故障设备外壳，接地短路电流几乎全部通过接零回路，也使流过人体的电流接近于零，确保人身的安全。

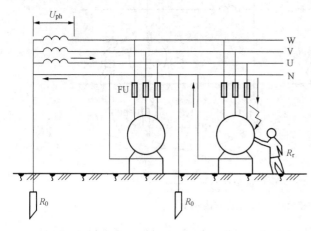

图 18-6　中性线的重复接地

（2）中性线的重复接地。运行经验表明，在保护接零的系统中，只在电源的中性点处接地还是不够安全的，为了防止接地中性线的断线而失去保护接零的作用，还应在中性线的一处或多处通过接地装置与大地连接，即中性线重复接地，如图 18-6 所示。

在保护接零的系统中，若中性线不重复接地，当中性线断线时，只有断线处之前的电气设备的保护接零才有作用，人身安全得以保护；在断线处之后，当设备某相绝缘损坏碰壳时，设备外壳带有相电压，仍有触电的危险。即使相线不碰壳，在断线处之后的负荷群中，如果出现三相负荷不平衡（如一相或两相断开），也会使设备外壳出现危险的对地电压，危及人身安全。

采用了中性线的重复接地后，若中性线断线，断线处之后的电气设备相当于进行了保护接地，其危险性相对减小。

（3）安全接地的注意事项。电气设备的保护接地、保护接零及中性线的重复接地都是为了保证人身安全的，故统称为安全接地。为了使安全接地切实发挥作用，应注意以下问题。

1）同一系统（同一台变压器或同一台发电机供电的系统）中，只能采用一种安全接地的保护方式，即不可一部分设备采用保护接地，一部分设备采用保护接零，否则当保护接地的设备一相漏电碰壳时，接地电流经保护接地体、电源中性点接地体构成回路，使中性线上带上危险电压，危及人身安全。

2）应将接地电阻控制在允许范围之内。例如，3～10kV 高压电气设备单独使用的接地装置的接地电阻一般不超过 10Ω；低压电气设备及变压器的接地电阻不大于 4Ω；当变压器总容量不大于 100kVA 时，接地电阻不大于 10Ω；重复接地的接地电阻每处不大于 10Ω；对变压器总容量不大于 100kVA 的电网，每处重复接地的电阻不大于 30Ω，且重复接地不应少于 3 处；高压和低压电气设备共用同一接地装置时，接地电阻不大于 4Ω 等。

3）中性线的主干线不允许装设开关或熔断器。

4）各设备的保护接零线不允许串接，应各自与中性线的干线直接相连。

5）在低压配电系统中，不准将三眼插座上接电源中性线的孔同接地线的孔串接，否则中性线松掉或折断，就会使设备金属外壳带电；若中性线和相线接反，也会使外壳带上危险电压。

（二）绝缘

绝缘是由绝缘材料将导电部分封闭、遮盖、隔离开来，这样可以防止人体触及带电体。电工绝缘材料的电阻率一般在 $10^9\Omega\cdot cm$ 以上。

绝缘材料主要用绝缘电阻、耐压强度、泄漏电流、介质损耗等指标来衡量，不同设备所处场合不同，要求的绝缘电阻值不同，高压要求比低压要求高，新设备比旧设备要求高，室外比室内要求高，移动的比固定的要求高。如新的低压电动机，相与相、相与机壳间的绝缘电阻应大于 $1M\Omega$，低于 $0.5\ M\Omega$ 者应进行干燥处理。高压电动机，运行温度时的绝缘电阻，定子不低于 $1M\Omega/kV$，转子不低于 $0.5\ M\Omega/kV$。低压线路，绝缘电阻应不低于 $0.5\ M\Omega$，运行中 380V 线路应大于 $0.38\ M\Omega$，220V 线路应大于 $0.22\ M\Omega$。

（三）屏护

若电气设备和线路的带电部分，不便以绝缘或绝缘不足以保证安全，则采用屏护装置，它可进一步将带电体与外界隔绝开来，常用的屏护装置有遮栏、护罩、护网、隔板、箱匣等。被屏护的带电体应按规定涂上红、蓝、黄、绿四种颜色，分别表示禁止、指令、警告、提示标志。

（四）间距

为了确保安全，在带电体与地面之间，带电体与带电体之间，带电体与其他设备之间，均需保证一定的安全距离，即为间距。间距与高压高低、设备类型、安装方式等因素有关。变配电设备各项安全距离不应小于表 18-5 所示数值。

表 18-5　　　　　　　　　变配电设备间最小允许距离　　　　　　　单位：cm

项目		额定电压/kV							
		<1	1~3	6	10	15	20	35	60
带电体与接地体不同相间	户内	1.5~3.0	7.5	10	12.5	15	18	30	65
	户外	—	20	20	20	30	30	40	55
带电体至网状遮栏	户内	10	17.5	20	22.5	25	28	40	65
	户外	—	30	30	30	40	40	50	70
带电体至无孔遮栏	户内	5	10.5	13	15.5	18	21	33	28
带电体至栅栏	户内	10	82.5	85	87.5	90	93	105	130
	户外	—	95	95	95	105	405	115	135
裸导体至地面	户内		283	240	243	245	245	260	280
	户外		270	270	270	280	280	290	310
裸导体间水平净距	户内		185	190	193	198	210	210	235
	户外	—	220	220	230	230	240	240	260

室内配电装置的操作通道最小净距，单列布置时为 1.5m；双列布置时为 2m。

低压配电装置的背面维修通道应符合下列要求：通道净宽不应小于 1.0m，通道裸导体的高度小于 2.3m 时，应加遮栏，遮栏高度应不低于 1.9m。无遮栏裸导体与墙和其他设备之间的距离不小于 1m。

车间低压配电盘底口离地面的高度，暗装可取 1.2m，明装可取 1.4m，明装的电能表板底离地面的高度可取 1.8m。

常用开关设备的安装高度为 1.3～1.5m。为了操作方便，开关手柄与建筑物之间应保持 0.15m 的距离，板把开关离地面高度可取 1.4m，拉线开关离地面高度可取 3m，明装插座离地面的高度可取 1.3～1.5m，暗装可取 0.2～0.3m。

在低压操作中，人体与其携带工具等与带电体的距离不应小于 0.1m。

在高压不遮栏操作中，人体与其携带工具等与带电体之间的距离不应小于下列数值：10kV 及以下为 0.7m；20～35kV 为 1.0m。

在线路上工作时，人体及其携带工具与邻近带电线路的安全距离，不应小于下列数值：10kV 及以下为 1.0m；35kV 为 2.5m。

如果工作中使用喷灯或气焊时，其火焰不得碰到带电体，火焰与带电体的最小距离不得小于下列数值：10kV 及以下为 1.5m；35kV 为 3.0m。

在架空线路附近进行起重工作时，起重机具与线路导线之间最小距离不得小于下列数值：1kV 及以下为 1.5m；10kV 为 2.0m；35kV 为 4.0m。

电缆线路对地面和建筑物的最小距离为：直埋电缆的埋置深度，从电缆外皮至地面为 0.7m，穿钢管保护的埋置深度为 0.5m，穿越农田时不应小于 1m。

电缆外皮至建筑物地下基础的水平距离为 0.6m，与管道交叉为 0.5m，与热力管道接近时为 2m，电缆在电缆沟或隧道内的最小距离见表 18-6。

表 18-6　　　　电缆在沟、道最小距离　　　　单位：cm

项目			电缆隧道	电缆沟
高度			180	—
电缆架间水平净距			100	30
电缆架间与壁净距			90	30
电缆层间净距	电缆外径	≤7.5	20	15
		>7.5	25	20
	控制与通信电缆		10	10
电力电缆水平净距			3.5（但不小于）	3.5（但不小于）

（五）安全电压

安全电压是指人体较长时间接触而不致发生触电危险的电压。我国规定安全电压为 42、36、24、12V 和 6V。42V 用于有触电危险的场所使用手提或电动工具等；24、12V 和 6V 则可供某些具有人体可能偶然触及带电体的设备时用；在金属容器和特别潮湿地点，安全电压不超过 12V。

二、预防触电的其他措施

（1）争取各级政府支持，建立健全管电安全机构。

（2）抓好乡镇电工队伍建设，安全、劳动和电力部门对电工的技术、业务、安规等实行年检、年审制度。

（3）推行乡镇电工安全工作责任制，实行严格考核。

（4）大力开展用电安全宣传教育，普及用电安全知识。

（5）按时进行安全用电大检查，并抓好落实整改工作。

（6）认真做好事故分析，坚持对事故三不放过的原则：事故原因没查清不放过；责任人没受到教育不放过；防范措施不落实不放过。

【思考与练习】

（1）发生触电的一般原因有哪些？
（2）预防触电的技术措施有哪些？
（3）预防触电的其他措施有哪些？

模块三　触　电　急　救

【模块描述】 本模块主要介绍了触电急救的基本方法。

在电力生产和电器使用的过程中，人身触电事故时有发生，但触电并不等于死亡。实践证明，触电急救的关键是迅速脱离电源及正确的现场急救。只要伤者抢救及时，多数都可以"起死回生"。触电后切断电源，立刻上前抢救，患者可能需要心肺复苏、电除颤以及抗休克和烧伤治疗。所有的电休克患者都需要医学鉴定，因为损伤的程度可能不仅是表面看到的。如果是掉落的高压电线引起触电，立即通知有关部门，如电力或消防部门等。

一、脱离电源

触电急救，首先是使触电者迅速脱离电源。因为电流作用时间越长，伤害越严重。脱离电源就是将触电者与带电设备脱离，把接触的部分带电设备的断路器、隔离开关或其他断路设备断开。在脱离电源过程中，救护人员既要救人，又要注意保护自己。在触电者未脱离电源前，任何人员都不准直接用手触及触电者，以防连带触电危险。

1. 低压触电脱离电源的方法

（1）触电者触及低压设备时，救护人员应迅速切断电源，拔除电源插头等。

（2）如果电源开关、瓷插熔断器或电源插座距离较远，可用有绝缘手柄的电工钳或干燥木柄的斧头、铁锤等利器切断电源。切断点应选择导线在电源侧有支持物处，防止带电导线断落触及其他人员。剪断电线要一根一根地分相剪断，并尽可能站在绝缘物体或木板上。

（3）如果导线搭落在触电者身上或压在身下，可用干燥的木棒、竹竿等绝缘物品使触电者脱离电源。如果触电者衣服是干燥的，电线没有紧缠在身，不便救护人员直接触及触电者的身体时，救护人员可直接用一只手抓住触电者不贴身的衣服，将触电者拉脱电源。也可站在干燥的木板、木桌椅或橡胶垫等绝缘物品上，用一只手把触电者拉脱电源。

（4）如果电流通过触电者入地，并且触电者紧握导线，可设法用干燥的木板塞进触电者身下，使其与地绝缘而切断电流，或者采取其他方法切断电流。

2. 高压触电脱离电源的方法

抢救高压触电者脱离电源与低压触电者脱离电源的方法不同，因为电压等级高，一般绝缘物对抢救者不能保证安全，电源开关距离远、不易切断电源，电源保护装置比低压灵敏度高。为使高压触电者脱离电源，可用以下方法。

（1）尽快与有关部门联系停电。

（2）戴上绝缘手套，穿上绝缘鞋，拉开高压断路器或用相应电压等级的绝缘工具拉开高压跌落式熔断器，切断电源。

（3）如触电者触及高压带电线路，又不能迅速切断电源开关时，可用抛挂金属短路线的方法，迫使电源开关跳闸。抛挂前，将短路线的一端固定在铁塔或接地引下线。但抛掷短路线时，应注意防止电弧伤人或断线危及人员安全。

（4）如果触电者触及断落在地上的带电高压导线，救护人员应穿绝缘鞋或临时双脚并紧跳跃接近触电者，否则不能接近断线点8m以内，以防跨步电压伤人。

3. 注意事项

电源未切断时不要冒险去接触触电伤者。电压足够高的话所有的物质都会导电，所以不要靠近受害者或试图用任何物体（包括木头）来移开电线或其他物体，需要等到内行的人切断电源。

（1）救护人员不得用金属和潮湿的物品作为救护工具。

（2）未采取绝缘措施前，任何人不得直接触及触电者的皮肤和潮湿衣服。

（3）在触电者脱离电源的过程中，救护人员最好使用一只手操作，以防触电。

（4）当触电者站立或位于高处时，应采取措施防止脱离电源后摔跌。

（5）夜晚发生触电事故时，应考虑切断电源后的临时照明，以便急救。

二、现场急救

1. 触电者伤情判断

（1）判断触电者有无意识。

1）若触电者神志清醒，只是感到心慌、四肢发麻、全身无力，或者虽然曾一度昏迷，但未失去知觉，应在其休息中注意观察其呼吸和脉搏的变化，这期间暂时不要让触电者站立或走动，以减轻心脏负担。

2）若触电伤员神志不清，则应用5s时间进行意识判断，呼叫或轻拍其肩部，以判定伤员是否丧失意志，但禁止摇动伤员头部呼叫伤员。如果对方无反应，表示已失去知觉，应立即呼救。请其他在场或附近的人协助抢救和打120急救电话或通知就近的医疗单位。通话时应说明以下内容：事故发生地点、人数、时间；简单的情况；接应方法；通报人姓名及电话号码，待对方复述准确后才挂电话。

（2）呼吸、心跳的判断。若触电伤员意识的确丧失，则应在10s内，用看、听、试的方法，判定伤员呼吸心跳情况。

1）看：看伤员的胸部、腹部有无起伏动作。

2）听：用耳朵贴近伤员的口鼻处，听有无呼气声音。

3）试：试测口鼻有无呼气的气流。

再用两手指试一侧（左或右）喉结旁凹陷处的颈动脉有无搏动。基于看、听、试的结果，既无呼吸又无颈动脉搏动者，可判定其呼吸心跳停止。

（3）检查瞳孔状态。如果瞳孔扩大，表明大脑供血严重不足。

2. 现场就地急救

在所有各种触电情况下，无论触电者的状况如何，都必须立即请医生前来诊治。在医生到来之前，应迅速实施下面的急救措施。

（1）如果触电者尚有知觉，但在此之前曾处于昏迷状态或者长时间触电，应使其舒适地躺在木板上，并盖好衣服。在医生到来之前，应保持安静，不断观察其呼吸状况和测试脉搏。

（2）如果触电者的皮肤严重灼伤时，必须先将其身上的衣服和鞋袜特别小心地脱下，最好用剪刀一块块剪下。由于灼伤部位一般都很脏，容易化脓溃烂，长期不能治愈，所以救护人员的手不得接触触电者的灼伤部位，不得在灼伤部位上涂抹油膏、油脂或其他护肤油。灼伤的皮肤表面必须包扎好。包扎时如同包扎其他伤口一样，应在灼伤部位覆盖消毒的无菌纱布或消毒的洁净亚麻布。包扎前既不得刺破水泡，也不得随便擦去粘在灼伤部位的烧焦衣服碎片，如果需要除去，则应使用锋利的剪刀剪下。

（3）如果触电者已失去知觉，但仍有平稳的呼吸及脉搏，也应使其舒适地躺在木板上，并解开他的腰带和衣服，保持空气流通和安静，有可能时可让他闻氨水或往他脸上洒些水。

（4）如果触电者呼吸困难（呼吸微弱、发生痉挛、发现唏嘘声），则应立即进行人工呼吸和心脏按压。

（5）如果触电者已无生命的特征（呼吸和心脏跳动均停止，没有脉搏），也不应认为他已死亡，因为触电者往往有假死现象，在这种情况下，应立即采用心肺复苏法进行抢救。

急救一般应在现场就地进行。只有当现场继续威胁着触电者，或者在现场施行急救存在很大困难（如黑暗、拥挤、大风、下雨、下雪等）时，才考虑把触电者抬到其他安全地点。

3. 心肺复苏法

心肺复苏法广泛适用于因各种原因所造成的循环骤停（包括心搏骤停、心室纤颤及心搏极弱）。

（1）禁忌症。其中包括：①胸壁开放性损伤；②肋骨骨折；③胸廓畸形或心包填塞；④凡已明确心、肺、脑等重要器官功能衰竭而无法逆转者，可不必进行复苏术，如晚期癌症。

（2）操作方法。心肺复苏法是一个连贯、系统的急救技术，各个环节应紧密结合不断地进行，心肺复苏法的程序如下：迅速用各种方法刺激伤者，确定是否意识丧失、心跳、呼吸停止，主要采取的方法是一看形态、面色、瞳孔；二摸股动脉、颈动脉搏动；三听心音。

（3）体位。一般要去枕平卧，将伤者安置在平硬的地面上或在伤者背后垫一块硬板，尽量减少搬动。

（4）畅通气道。通气目的在于保持足够的氧合，并使二氧化碳充分排出体外。为了改善氧合功能，只要具备供氧条件，在基础生命支持和高级心脏循环生命支持过程中给予伤者100％的吸入氧浓度。高吸入氧浓度往往会使伤者动脉血氧饱和度达到最大值，从而达到最佳的动脉血氧含量，但应防止氧中毒。

非专业急救者遇到呼吸停止的无意识伤者时，先进行两次人工呼吸后立即开始胸外按压，所有人工呼吸（无论是口对口、口对鼻等）均应持续吹气 1s 以上，保证有足够量的气体进入并使胸廓有明显抬高。

畅通气道采取仰额举颌法，如图 18-7 所示。一手置于伤者前额使头部后仰，另一手的食指与中指置于伤者下颌骨或下颌角处，抬起下颏（颌），并取出口内异物（假牙托等），防止将异物推到咽喉深部。

（5）人工呼吸。一般可采用口对口呼吸、口对鼻呼吸、口对口鼻呼吸（婴幼儿）。

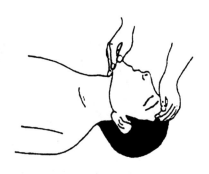

图 18-7　仰额举颌法畅通气道

人工呼吸方法如下。

1）在保持呼吸道通畅的位置下进行。

2）用按于前额之手的拇指和食指，捏住病人的鼻翼下端。

3）急救人员深吸一口气后，张开口贴紧伤者的嘴，深而快地向伤者口内用力吹气，然后快速把伤者的口部完全包住；直至伤者胸廓向上抬起、颈动脉搏动为止；对触电的小孩，只能小口吹气。

4）一次吹气完毕后，立即与伤者口部脱离，抬起头部，面向伤者胸部，吸入新鲜空气，以便准备做下一次人工呼吸。同时使伤者的口张开，捏鼻的手也应放松，以便伤者从鼻孔通气。观察伤者胸廓向下恢复，并有气流从伤者口内排出。

5）吹气量。一般正常人的吹气量为 $500\sim600$ mL，日前比较公认的是 $800\sim1200$ mL/次，绝对不能超过 1200mL/次，以免引起肺泡破裂。急救人员换气时，放松伤者的嘴和鼻，使其自动呼气，吹气时如有较大阻力，可能是头部后仰不够，应及时纠正，触电者如牙关紧闭，可采用口对鼻人工呼吸。采用口对鼻人工呼吸时，要将伤者嘴唇紧闭防止漏气。

6）胸外（心脏）按压。胸外（心脏）按压是现场急救中使触电者恢复心跳的唯一手段。在人工呼吸的同时，进行人工心脏按压，通过有效胸外按压的心肺复苏将血液输送到冠脉及脑部。急救人员在尝试置入辅助气道或者检查心脏节律时，人工通气和胸外按压是同等重要的。

按压部位：救助者仅需按压胸骨下半部分，即双乳头连线的中央作为按压点。正确的胸外按压位置如图 18-8 所示。

胸外按压方法：该方法包括：①使触电者仰面平躺在硬板的地方，救护人员站立或半跪姿势在伤者一侧，救助者一手掌根部紧放在已确定的按压部位，另一手掌放在手背上，两手掌平行交叉重叠且互握抬起，使手掌脱离胸壁；②两臂伸直，两肩中点垂直于按压部位，利用上半身体重和肩、臀部肌肉力量向下按压，使胸骨下陷 $4\sim5$cm（$5\sim13$ 岁儿童下陷 3cm、婴幼儿下陷 2cm），用力按压、快速按压，保证胸廓充分回弹和胸外按压间歇最短化；③按压应平稳有规律地进行，不能间断；下压与向上放松的时间相等；按压至最低点处应有明显的停顿；不能冲击式的猛压或跳跃式按压；放松时定位的手掌根部不要离开胸骨定位点，但应尽量放松，使胸骨不受任何压力；④按压频率：胸外按压的频率为 100 次/min，在施救时均统一采用 30：2 的按压—通气比。胸外心脏按压姿势如图 18-9 所示。

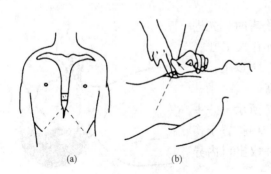

图 18-8　正确的胸外按压位置

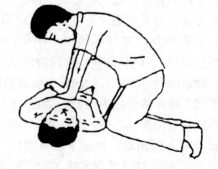

图 18-9　胸外心脏按压姿势

按压有效的主要指标包括：①按压时能扪及大动脉搏动，收缩压＞8.0kPa；②患者面色、口唇、指甲及皮肤等色泽再度转红；③扩大的瞳孔再度缩小；④出现自主呼吸；⑤神志逐渐恢复，可有眼球活动、睫毛反射与对光反射出现，甚至手脚抽动、肌张力增加。

在胸外按压的同时要进行人工呼吸，一般不要为观察脉搏和心率而频频中断心肺复苏，按压间歇时间一般不要超过 10s，以免干扰复苏成功，目的在于提供更长时间不间断胸外按压。

急救者不应在电击后立即检查心跳或脉搏，而是应该重新进行心肺复苏，先行胸外按压，而心跳检查应在进行心肺复苏约 2min 后进行。急救人员通过用力和快速地按压来提高胸外心脏按压的质量，使按压深度达到 4～5cm、频率为 100 次/min，在按压放松时让胸壁充分回弹，并尽可能减少按压中断。另外，为赢得抢救时间还应尽量简化操作步骤。

【思考与练习】

（1）简述低压触电脱离电源的方法。

（2）简述高压触电脱离电源的方法。

（3）如何实施现场就地急救？

（4）简述心肺复苏法。

【能力训练】

一、选择题

1. 触电是指人体触及带电体，（　　）通过人体，对人体造成伤害。

　　（A）带电体　　　　（B）电流、电压　　　　（C）电流　　　　（D）电压

2. 最常见的电伤有电灼伤、（　　）和皮肤金属化三种。

　　（A）电烙印　　　　（B）电烧伤　　　　（C）热灼伤　　　　（D）电烫印

3. 一般认为，人体的体内电阻为（　　）Ω 左右。

　　（A）400　　　　（B）500　　　　（C）550　　　　（D）600

4. 若触电伤员意识的确丧失，则应在（　　）s 内，用看、听、试的方法，判定伤员呼吸心跳情况。

　　（A）5　　　　（B）6　　　　（C）8　　　　（D）10

二、判断题（括号里正确的打√，错误的打×）

1. 电击伤害程度一般可分为三级。　　　　　　　　　　　　　　　　（　　）

2. 电灼伤包括电接触灼伤、电弧烧伤。　　　　　　　　　　　　　　（　　）

3. 一般情况下，人体电阻可按 1000～2000Ω 考虑。　　　　　　　　（　　）

4. 触电急救，首先是使触电者迅速脱离电源。　　　　　　　　　　（　　）

三、问答题

1. 什么叫跨步电压触电？

2. 什么叫接触电压触电？

3. 如何进行呼吸、心跳的判断？

第十九章　电气防火防爆

模块一　电气火灾与爆炸

📖 **【模块描述】**本模块主要讲述了电气火灾与爆炸及其诱导原因。

一般火灾是由热源和易燃物导致的，而电气火灾是由电热源和易燃物导致的，根据电流热效应原理：电流通过导体时，会使导体发热，持续的发热、高温，可能引起火灾或电气设备爆炸，这将造成重大的人身伤害和设备损坏，甚至出现电力供应中断事故。

一、电气火灾与爆炸

电气火灾一般是指由于电气线路、用电设备、器具以及供配电设备出现故障性释放的热能；如高温、电弧、电火花以及非故障性释放的能量；电热器具的炽热表面，在具备燃烧条件下引燃本体或其他可燃物而造成的火灾，也包括由雷电和静电引起的火灾。变压器等带油电气设备除了可能发生火灾，还有爆炸的危险。在有爆炸危险的场所，电火花和电弧是引起火灾和爆炸的一个十分危险的因素。

电气火灾多发生在夏、冬季。一是因夏季风雨多，当风雨侵袭，架空线路发生断线、短路、倒杆等事故，引起火灾；露天安装的电气设备（如电动机、闸刀开关、电灯等）淋雨进水，使绝缘受损，在运行中发生短路起火；夏季气温较高，对电气设备发热有很大影响，一些电气设备，如变压器、电动机、电容器、导线及接头等在运行中发热温度升高就会引起火灾。二是因冬季天气寒冷，如架空线受风力影响，发生导线相碰放电起火，大雪、大风造成倒杆、断线等事故；使用电炉或大灯泡取暖，使用不当，烤燃可燃物引起火灾；冬季空气干燥，易产生静电而引起火灾。

许多火灾往往发生在节日、假日或夜间。由于有的电气操作人员思想不集中，疏忽大意，在节、假日或下班之前，对电气设备及电源不进行妥善处理，便仓促离去；也有因临时停电不切断电源，待供电正常后引起失火，节、假日或夜间现场无人值班，难以及时发现，进而蔓延扩大成灾。

二、电气火灾与爆炸的诱导原因

电气设备正常运转发热是允许的，但正常运行条件遭到破坏后，发热量增加，温度升高，在一定条件下便可引起火灾和爆炸。造成电气火灾与爆炸的原因很多，除设备缺陷、安装不当等设计和施工方面的原因外，电流产生的热量和火花或电弧是引发火灾和爆炸事故的直接原因。

1. 易燃易爆环境

（1）变电所存在易燃易爆物质，许多地方潜在着火灾和爆炸的可能性。其主要电气设备变压器、油开关等都要大量用油，因此其油库都容易发生火灾事故。

（2）变电所及用户使用了大量电缆，电缆是由易燃的绝缘材料制成的，电缆夹层和电缆隧道容易发生电缆火灾。

2. 电气设备过热

（1）线路或电气设备发生短路，短路时电流可超过正常值的几倍甚至几十倍，使温度急剧增加，如果温度达到周围可燃物的自燃点，则引起燃烧，导致火灾和爆炸。

造成短路的可能有：设备年久陈旧，绝缘老化；设备不合规格，位置安装不当，检修疏忽等，也可能使设备绝缘损坏；导电粉尘或小动物进入电气设备，使设备绝缘水平降低或短路；设备使用不当，如电炉、电烙铁等长期通电；设备遭受雷击，使绝缘击穿；缺乏用电知识，老人或小孩人为地将电源短路，如用火钳夹带电的取暖电炉丝，用导体插入插座中使两极短路等。

（2）线路或电气设备过负荷。设备故障如三相电动机的单相运行，三相变压器不对称运行，使某相中电流过大；线路或设备负荷过重，如导线截面过小，设备容量不足，私拉乱接等。

（3）电气设备或导线连接点接触不良而发热。如电气设备接线桩头连接不牢，接触不平，焊接不良，开关的活动触头没有足够的压力和良好的接触面，铜铝接头处因电解作用而腐蚀，使接头发热。

（4）电气设备的铁芯发热。变压器、电动机、接触器、继电器等设备的铁芯，由于绝缘损坏，长期过电压，磁滞、涡流损耗增加。

（5）设备散热不良。设备所处环境散热条件受到破坏，如油管堵塞，水冷却系统堵塞，通风道堵塞，致使设备和设备所处环境温度升高。

3. 电火花和电弧

电气设备正常运行时，如开关的分合、熔断器熔断、继电器触点动作均产生电弧；绝缘损坏时发生短路故障、绝缘闪络、电晕放电时产生电弧或电火花。另外，电焊产生的电弧、使用喷灯产生的火苗等都为火灾和爆炸提供了引燃条件。电火花是电极间微量击穿放电，电弧是大量电火花汇集而成，两者温度都很高，如电弧温度可达 $3000\sim6000℃$，它们不仅能引起可燃物燃烧，还能使金属熔化、飞溅，构成危险的火源。

4. 静电

两个不同性质的物体相互摩擦，可使两个物体带上异号电荷；处在静电场内的金属物体上会感应静电；施加电压后的绝缘体上会残留静电。带上静电的导体或绝缘体等当其具有较高的电位时，会使周围的空气游离而产生火花放电。静电放电产生的电火花可能引燃易燃易爆物质，发生火灾或爆炸。

变电所和用户是容易发生火灾和爆炸的危险场所，因此必须采取有效的防范措施，防止火灾和爆炸的发生。

【思考与练习】

电气火灾与爆炸的诱导原因有哪些？

模块二　电气防火防爆

【模块描述】本模块讲述了电气设备防火防爆的措施、扑灭电气火灾的方法、变压器和电力电缆的防火防爆。

一、电气设备防火防爆的措施

1. 合理选择电气设备

正确选择保护、信号装置，确保电气设备和线路在严重过负荷或发生故障时，准确、及时切断故障；开关、熔断器、导线等与设备容量要匹配，考虑负荷增加，选用设备应留有备用容量；设备材料要选用合格产品；在有严重腐蚀、尘埃环境中，要选用防爆产品。

2. 保证电气设备安装工程质量

各种电气设备安装要稳固，高度、间隔要符合规程要求，特别要保持标准的防火间距；导线、开关等各连接要紧固。

3. 保证电气设备的正常维护与运行

经常巡视坚持电气设备绝缘是否良好，胶木是否烧焦，连接部件是否松动，绝缘子有无损伤，充油设备是否漏油，油位是否正常，旋转机械有无机械碰撞，电气设备的电压、电流等各种监视仪表指示值是否正常，常用电热器具如电炉、电水壶等在人离开时是否断电。

4. 保持良好的散热通风

设备所处位置要注意通风，要经常检查油管、水冷却系统、通风道是否畅通，电动机等发热设备上不能覆盖杂物。

5. 改善环境条件，排除易燃易爆物质

（1）加强密封，防止易燃易爆物质的泄漏。

（2）打扫环境卫生，保护良好通风。既美化和净化了环境，又是防火防爆安全的重要措施之一。经常对油污及易燃物进行清理、对爆炸性混合物进行清除，加强通风，能达到有火不燃烧、有火不爆炸的效果。

（3）加强对易燃易爆物质的管理，防患于未然。如油库、化学药品库、木材库等应管理严格，严禁带进火种，实行严格的出入制度。

6. 强化安全管理，排除电气火源

（1）在易燃易爆区域的电气设备应采用防爆型设备。例如：采用防爆开关、防爆电缆头等。

（2）在易燃易爆区域内，线路采用绝缘合格的导线，导线的连接应良好可靠，严禁明敷设。

（3）加强对设备的运行管理，防止设备过热过负荷，定期检修、试验，防止机械损伤，绝缘破坏等造成短路。

（4）易燃易爆场所内的电气设备，其金属外壳应可靠接地（或接零），以便发生碰壳接地短路时迅速切除火源。

（5）突然停电有可能引起火灾和爆炸的场所应有两路能自动切换的电源。

二、电气火灾的扑灭

发生电气火灾时，应采取正确、果断有力的措施扑灭火灾，在抢救过程中，要特别注意避免人身触及带电体造成人身触电伤亡事故。要及时与公安消防及电力部门联系，取得有关部门的支持、配合。

1. 切断电源

发生火灾后，应尽快拉开隔离开关，切断电源，但要注意的是在火灾中，电气设备可能受潮、烟熏、高温烘烤，使其绝缘水平降低，因此，操作隔离开关时应使用绝缘工具。操作时，应先断开断路器或接触器，再断开隔离开关，装有总开关、分开关线路，应先断开分开关，然后切断总开关；切断三相电源时，三相导线应在不同位置剪断；切断两相电源时，应先断相线，后断中性线；切断导线地点应选择在电源方向的支持物附近，并要防止切断电源后而影响灭火工作。

2. 带电灭火

发生电气火灾时，若无法切断电源，只能带电灭火。在带电灭火中，严禁使用水和泡沫灭火机进行电气火灾灭火。可用于电器火灾灭火的灭火器有二氧化碳灭火器，1211（二氟一氯一溴甲烷）灭火器和干粉灭火器。

（1）二氧化碳灭火器为气体灭火剂，液态简装，当液态二氧化碳喷射时，体积扩大400～700倍，冷却凝结为霜状干冰，干冰在燃烧区直接变为气体，吸热降温并使燃烧物与空气隔离，从而达到灭火目的。

（2）1211灭火器，它的学名为二氟一氯一溴甲烷灭火器，是一种不导电、高效、低毒、腐蚀性小的灭火器，其灭火原理是抑制火焰的连锁反应，使火熄灭，另外，1211灭火器靠喷射时的蒸发、吸热而产生适量的冷却作用，灭火后没有灭火剂痕迹。1211灭火器是储存期长的优良灭火剂，特别适用于油类电气设备及有机溶剂火灾。

（3）干粉灭火剂。由钾或钠的碳酸盐类加入滑石粉、硅藻土等掺合而成。干粉灭火剂在火区覆盖燃烧物并受热产生二氧化碳和水蒸气，因而有隔热、吸热和冲淡空气中含氧量及中断燃烧连锁反应的作用。

3. 断电灭火

在着火电气设备的电源切断后，扑灭电气火灾的注意事项如下。

（1）灭火人员应尽可能站在上风侧进行灭火。

（2）灭火时若发现有毒烟气（如电缆燃烧时），应戴防毒面具。

（3）若灭火过程中，灭火人员身上着火，应就地打滚或撕脱衣服，不得用灭火器直接向灭火人员身上喷射，可用湿麻袋或湿棉被覆盖在灭火人员身上。

（4）灭火过程中应防止全厂（所）停电，以免给灭火带来困难。

（5）灭火过程中，应防止上部空间可燃物着火落下危害人身和设备安全，在屋顶上灭火时，要防止坠落及坠入附近"火海"中。

（6）室内着火时，切勿急于打开门窗，以防空气对流而加重火势。

4. 补救注意事项

（1）补救人员及所携带的灭火器材与带电体应保持的安全距离：低压不小于0.1m，10kV不小于1m，110kV及以上不小于2m。

（2）使用二氧化碳灭火器时，在距火源5m处，将喇叭状喷筒对准火源，拔出保险销、压开或拧开阀门，即可喷射二氧化碳灭火，使用时应防止冻伤手部和窒息。

使用112灭火器使用时，可距火源5m，将喷嘴对准火源，拔出保险销，压开阀门即可喷射灭火剂灭火。

使用干粉灭火器灭火时，将喷嘴对准火源，提起拉环或压下压把，即可喷射灭火剂灭火。

（3）对架空线路或高空电气设备灭火时，人应站在线路外侧，人与带电体之间的仰角不应超过45°，以防断线造成触电。

（4）高压线路落地时，室内人员与故障点的安全距离不小于4m，室外不小于8m。

（5）电气装置发生火灾时，充油设备受热后，可能发生喷油或爆炸，此时应根据起火现场做一些特殊规定。

三、变压器的防火防爆

电力变压器一般为油浸变压器，变压器油箱内充满变压器油，变压器油是一种闪点在140℃以上的可燃液体。变压器的绕组一般采用A级绝缘，用棉纱、棉布、天然丝、纸及其他类似的有机物作绕组的绝缘材料，变压器的铁芯用木块、纸板作为支架和衬垫，这些材料都是可燃物质。如果变压器油浸部位发生电气故障，电弧将变压器油分解产生乙炔，往往会引起燃烧，以致爆炸。油浸电力变压器内部充有大量绝缘油，同时还有一定数量的可燃物，如果遇到高温、火花和电弧，容易引起火灾和爆炸事故，从而导致变压器发生火灾。

1. 变压器发生火灾和爆炸的基本原因

（1）绕组绝缘老化或损坏产生短路。由于变压器绕组的绝缘老化或损坏，可能引起绕组匝间、层间短路，短路产生的电弧使绕组燃烧。同时，电弧分解变压器油产生的可燃气体与空气混合达到一定浓度，便形成爆炸混合物，遇火花便发生燃烧或爆炸。

（2）线圈接触不良产生高温或电火花。在变压器绕组的线圈与线圈之间，线圈端部与分接头之间、露出油面的接线头等处，如果连接不好，可能松动或断开而产生电火花或电弧；当分接头转换开关位置不正，接触不良，都可能使接触电阻过大，发生局部过热而产生高温，使变压器油分解产生油气引起燃烧和爆炸。

（3）套管损坏爆裂起火。变压器引线套管漏水、渗油或长期积满油垢而发生闪络，电容套管制造不良运行维护不当或运行年久，都会使套管内的绝缘损坏、老化，产生绝缘击穿，产生高温使套管爆炸起火。

（4）变压器油老化变质引起闪络。变压器常年处于高温状态下运行，如果油中渗入水分、氧气、铁锈、灰尘和纤维等杂质时，会使变压器油逐渐老化变质，降低绝缘性能，当变压器绕组的绝缘也损坏变质时，便形成内部的电火花闪络或击穿绝缘，造成变压器爆炸起火。

（5）其他原因引起火灾和爆炸。变压器铁芯硅钢片之间的绝缘损坏；变压器周围堆积易燃物品出现外界火源；动物接近带电部分引起短路，以上诸多因素均能引起变压器起火或爆炸。

2. 变压器防火防爆的主要措施

（1）防火防爆的技术措施。变压器防火（防爆）的技术措施有：

1）预防变压器绝缘击穿。预防绝缘击穿的措施有：①安装前的绝缘检查。变压器安装之前，必须检查绝缘，核对使用条件是否符合制造厂的规定；②加强变压器的密封。不论变压器运输、存放运行，其密封均应良好。结合检修，检查各部密封情况，必要时做检漏试验，防止潮气及水分进入；③彻底清理变压器内杂物。变压器安装、检修时，要防止焊渣、铜丝、铁等杂物进入变压器内，并彻底清除变压器内的焊渣、铜丝、铁、油泥等杂物，用合格的变压器油彻底冲洗；④防止绝缘受损。变压器检修吊置、吊芯时，应防止绝缘受损伤，特别是内部绝缘距离较为紧凑的变压器，勿使引线、线圈和支架受伤。

2）预防铁芯多点接地及短路。为防止铁芯多点接地及短路，检查变压器时应测试下列项目：①测试铁芯绝缘。通过测试，确定铁芯是否有多点接地，如有多点接地，应查明原因，清除后才能投入运行；②测试穿芯螺丝绝缘。穿芯螺丝绝缘应良好，各部螺丝应紧固，防止螺丝掉下造成铁芯短路。

3）预防套管闪络爆炸。套管应保持清洁，防止积垢闪络，检查套管引出线端子发热情况，防止因接触不良或引线开焊过热引起套管爆炸。

4）预防引线及分接开关事故。引线绝缘应完整无损，各引线焊接良好；对套管及分接开关的引线接头，若发现有缺陷应及时处理；要去掉裸露引线上的毛刺和尖角，防止运行中发生放电；安装、检修分接开关时，应认真检查，分接开关应清洁，触头弹簧应良好，接触紧密，分接开关引线螺丝应紧固无断裂。

5）加强油务管理和监督。对油应定期做预防性试验和色谱分析，防止变压器油劣化变质；变压器油尽可能避免与空气接触。

（2）防火防爆的其他措施。

除了从技术角度防止变压器发生火灾和爆炸外，还应做好变压器常规防火防爆工作，主要措施有：

1）加强变压器的运行监视。运行中应特别注意引线、套管、油位、油色的检查和油温、音响的监视，发现异常，要认真分析，正确处理。

2）保证变压器的保护装置可靠投入。变压器运行时，全套保护装置应能可靠投入，所配保护装置应动作准确无误，保护用直流电源应完好可靠，确保故障时，保护正确动作跳闸，防止事故扩大。

3）保持变压器的良好通风。变压器的冷却通风装置应能可靠的投入和保持正常运行，以便保持运行温度不超过规定值。

4）加强事故排油坑的管理。室内、室外变压器应设置事故排油坑，蓄油坑应保持良好状态，蓄油坑有足够厚度和符合要求的卵石层。蓄油坑的排油管道应通畅，应能迅速将油排出（如排入事故总储油池），不得将油排入电缆沟。变压器的事故排油坑管理是常被人疏忽、不易看重的安全问题，有的单位多年不检查，卵石不清理，甚至排油管道被脏物堵塞，排油坑积满了水，事故时起不到排油的作用。

5）建防火墙或防火防爆建筑。室外变压器周围应设围墙或栅栏，若相邻间距太小，应建防火隔墙，以防火灾蔓延；室内变压器应安装在有耐火防爆的建筑物内，并设有防爆铁门。

6）设置消防设备。大型变压器周围应设置适当的消防设备。如水雾灭火装置和"1211"灭火器，室内可采用自动或遥控水雾灭火装置。

四、电力电缆的防火防爆

电力电缆是电气工程的重要组成部分，其作用是用来传输和分配电能。电力电缆是由绝缘芯线、绝缘护套及保护层等部分组成，为了能适应各种复杂的敷设环境，电力电缆都被设计成具有良好的绝缘性能、防水性能和机械性能。但是，当电缆回路内发生过电流而导致电缆过热时，电缆的各项性能发生变化，继而产生火灾。一旦电缆起火爆炸，将会引起严重火灾和停电事故，此外，电缆燃烧时产生大量浓烟和毒气，不仅污染环境，而且危及人的生命安全。为此，应注意电力电缆的防火。

1. 电力电缆爆炸起火的原因

电力电缆的绝缘层是由纸、油、麻、橡胶、塑料、沥青等各种可燃物质组成，因此，电缆具有起火爆炸的可能性。导致电力电缆起火爆炸的原因有以下几个方面。

（1）绝缘损坏引起短路故障。电力电缆的保护铅皮在敷设时被损坏或在运行中电缆绝缘受机械损伤，引起电缆相间或铅皮间的绝缘击穿，产生的电弧使绝缘材料及电缆外保护层材料燃烧起火。

（2）电力电缆长时间过负荷运行。长时间的过负荷运行，电缆绝缘材料的运行温度超过正常发热的最高允许温度，使电缆的绝缘老化干枯，这种绝缘老化干枯的现象，通常发生在整个电缆线路上。由于电缆绝缘老化干枯，使绝缘材料失去或降低绝缘性能和机械性能，因而容易发生击穿着火燃烧，甚至沿电缆整个长度多处同时发生燃烧起火。

（3）中间接头盒绝缘击穿。电缆接头盒的中间接头因压接不紧、焊接不牢或接头材料选择不当，运行中接头氧化、发热、流胶；在做电缆中间接头时，灌注在中间接头盒内的绝缘剂质量不符合要求，灌注绝缘剂时，盒内存有气孔及电缆盒密封不良、损坏而漏入潮气，以上因素均能引起绝缘击穿，形成短路，使电缆爆炸起火。

（4）电缆头燃烧。由于电缆头表面受潮积污，电缆头瓷套管破裂及引出线相间距离过小，导致闪络着火，引起电缆头表层绝缘和引出线绝缘燃烧。

（5）外界火源和热源导致电缆火灾。如油系统的火灾蔓延，油断路器爆炸火灾的蔓延，锅炉制粉系统或输煤系统煤粉自燃、高温蒸汽管道的烘烤，酸碱的化学腐蚀，电焊火花及其他火种，都可使电缆产生火灾。

2. 电力电缆火灾的扑救方法

电力电缆一旦着火，应采用下列方法扑灭。

（1）切断起火电缆电源。电缆着火燃烧，无论何原因引起，都应立即切断电源，然后，根据电缆所经过的路径和特征，认真检查，找出电缆的故障点，同时应迅速组织人员进行扑救。

（2）电缆沟内起火非故障电缆电源的切断。当电缆沟中的电缆起火燃烧时，如果与其同沟并排敷设的电缆有明显的着火可能性，则应将这些电缆的电源切断。电缆若是分层排列，则首先将起火电缆上面的受热电缆电源切断，然后将与起火电缆并排的电缆电源切断，最后将起火电缆下面的电缆电源切断。

（3）关闭电缆沟隔火门或堵死电缆沟两端。当电缆沟内的电缆起火时，为了避免空气流通，以利迅速灭火，应将电缆沟的隔火门关闭或将两端堵死，采用窒息的方法灭火。

（4）做好扑灭电缆火灾时的人身防护。由于电缆起火燃烧会产生大量的浓烟和毒气，扑灭电缆火灾时，扑救人员应戴防毒面具。为防止扑救过程中的人身触电，扑救人员还应戴橡皮手套和穿上绝缘靴，若发现高压电缆一相接地，扑救人员应遵守：室内不得进入距故障点4m以内，室外不得进入距故障点8m以内，以免跨步电压及接触电压伤人。救护受伤人员不在此限，但应采取防护措施。

（5）扑灭电缆火灾采用的灭火器材。扑灭电缆火灾应采用灭火机灭火，如干粉灭火机、"1211"灭火机、二氧化碳灭火机等；也可使用干砂或黄土覆盖；如果用水灭火，最好使用喷雾水枪；若火势猛烈，又不可能采用其他方式扑救，待电源切断后，可向电缆沟内灌水，用水将故障封住灭火。

（6）扑救电缆火灾时，禁止用手直接触摸电缆钢铠和移动电缆。

3. 电力电缆防火措施

为了防止电力电缆火灾事故的发生，应采取以下预防措施。

（1）选用满足热稳定要求的电缆。选用的电缆，在正常情况下，能满足长期额定负荷的发热要求，在短路情况下，能满足短时热稳定，避免电缆过热起火。

（2）防止运行过负荷。电缆带负荷运行时，一般不超过额定负荷运行，若过负荷运行，应严格控制电缆的过负荷运行时间，以免过负荷发热使电缆起火。

（3）遵守电缆敷设的有关规定。电缆敷设时应尽量远离热源，避免与蒸汽管道平行或交叉布置，若平行或交叉，应保持规定的距离，并采取隔热措施，禁止电缆全线平行敷设在热管道的上边或下边；在有些管道的隧道或沟内，一般避免敷设电缆，如需敷设，应采取隔热措施；架空敷设的电缆，尤其是塑料、橡胶电缆，应有防止热管道等热影响的隔热措施；电缆敷设时，电缆之间、电缆与热力管道及其他管道之间、电缆与道路、铁路、建筑物等之间平行或交叉的距离应满足规程的规定；此外，电缆敷设应留有波形余度，以防冬季电缆停止运行收缩产生过大拉力而损坏电缆绝缘。电缆转弯应保证最小的曲率半径，以防过度弯曲而损坏电缆绝缘；电缆隧道中应避免有接头，因电缆接头是电缆中绝缘最薄弱的地方，接头处容易发生电缆短路故障，当必须在隧道中安装中间接头时，应用耐火隔板将其与其他电缆隔开。以上电缆敷设有关规定对防止电缆过热、绝缘损伤起火均起有效作用。

（4）定期巡视检查。对电力电缆应定期巡视检查，定期测量电缆沟中的空气温度和电缆温度，特别是应做好大容量电力电缆和电缆接头盒温度的记录。通过检查及时发现并处理缺陷。

（5）严密封闭电缆孔、洞和设置防火门及隔墙。为了防止电缆火灾，必须将所有穿越墙壁、楼板、竖井、电缆沟而进入控制室、电缆夹层、控制柜、仪表柜、开关柜等处的电缆孔洞进行严密封闭（封闭严密、平整、美观、电缆勿受损伤）。对较长的电缆隧道及其分叉道口应设置防火隔墙及隔火门。在正常情况下，电缆沟或洞上的门应关闭，这样，电缆一旦起火，可以隔离或限制燃烧范围，防止火势蔓延。

（6）剥去非直埋电缆外表黄麻外护层。直埋电缆外表有一层浸沥青之类的黄麻保护层，对直埋地中的电缆有保护作用，当直埋电缆进入电缆沟、隧道、竖井中时，其外表浸沥青之类的黄麻保护层应剥去，以减小火灾扩大的危险。同时，电缆沟上面的盖板应盖好，且盖板完整、坚固、电焊火渣不易掉入，减少发生电缆火灾的可能性。

（7）保持电缆隧道的清洁和适当通风。电缆隧道或沟道内应保持清洁，不许堆放垃圾和杂物，隧道及沟内的积水和积油应及时清除；在正常运行的情况下，电缆隧道和沟道应有适当的通风。

（8）保持电缆隧道或沟道有良好照明。电缆层、电缆隧道或沟道内的照明经常保持良好状态，并对需要上下的隧道和沟道口备有专用的梯子，以便于运行检查和电缆火灾的扑救。

（9）防止火种进入电缆沟内。在电缆附近进行明火作业时，应采取措施，防止火种进入沟内。

（10）定期进行检修和试验。按规程规定及电缆运行实际情况，应对电缆定期进行检修和试验，以便及时处理缺陷和发现潜伏故障，保证电缆安全运行和避免电缆火灾的发生。当进入电缆隧道或沟道内进行检修、试验工作时，应遵守《电业安全工作规程》的有关规定。

【思考与练习】

（1）电气设备防火防爆的措施有哪些？

（2）简述变压器发生火灾和爆炸的基本原因。

（3）简述变压器防火防爆的技术措施。

（4）简述电力电缆爆炸起火的原因。

（5）电力电缆的防火措施有哪些？

【能力训练】

一、选择题

1.电气火灾是由（   ）和易燃物导致的。

（A）导体发热   （B）持续的发热   （C）电热源   （D）持续的高温

2.电气火灾多发生（   ）季。

（A）春   （B）夏   （C）秋   （D）冬

3.可用于电器火灾灭火的灭火器有二氧化碳灭火器，1211（二氟一氯一溴甲烷）灭火器和（   ）灭火器。

（A）水   （B）干粉   （C）泡沫   （D）二氧化硫

4.使用112灭火器时，可距火源（   ），将喷嘴对准火源，拔出保险销，压开阀门即可喷射灭火剂灭火。

（A）5m   （B）3m   （C）4m   （D）2m

二、判断题

1.电气火灾也包括由雷电和静电引起的火灾。   （   ）

2.在带电灭火中，可以使用水和泡沫灭火机进行电气火灾灭火。   （   ）

3.补救人员及所携带的灭火器材与带电体应保持的安全距离：低压不小于0.1m，10kV不小于1m，110kV及以上不小于2m。   （   ）

4.对架空线路或高空电气设备灭火时，人应站在线路外侧，人与带电体之间的仰角不应超过30°，以防断线造成触电。   （   ）

三、问答题

1.扑灭电缆火灾应采用什么样的灭火机灭火？

2.发生电气火灾时应如何切断电源？

第六部分　电价与电费

第二十章　电　　价

知识目标

----------------◎

（1）清楚电价的基本概念和制定电价的基本原则。

（2）清楚我国现行销售电价分类及实施范围。

（3）清楚我国现行电价制度。

（4）了解电价的制定程序与步骤、影响电价的因素及电价管理。

能力目标

----------------◎

（1）能运用所学的电价理论知识分析各类用户的电价构成及执行的电价制度。

（2）会分析电能成本。

模块一　电价的基本知识

🎓 **【模块描述】** 本模块主要描述电价的定义、基本模式及制定电价的基本原则，电能成本的定义、分类及与电价之间的关系，影响电价的因素和电价的制定程序与步骤。

一、电价的定义的基本概念

1. 价值、价格的基本概念

价值是物化在商品中的社会劳动，价值量的大小决定于消耗的社会必要劳动时间的多少。

商品价格即是商品价值的货币表现。制定商品的价格要以价值为基础，要使价格最大限度地接近价值，也就是接近社会必要劳动消耗。

决定商品价值的社会必要劳动包括两个部分，一部分是社会必要的活劳动消耗，另一部分是物化劳动消耗。

活劳动消耗的价值是指新创造的价值，其中一部分是劳动者为自己的生存所创造的价值，或称工资支出，以 V 代表；另一部分是劳动者为社会的发展所创造的价值，或称盈利，以 M 代表。物化劳动消耗的价值是指已消耗的生产资料价值，叫做转移价值或物质消耗支出，以 C 代表。

价格形成的基本模式为

$$P = C + V + M \tag{20-1}$$

将物质消耗支出和劳动报酬（工资）所形成的特殊经济范畴叫做成本，即成本为 $C+V$，因此，商品价格的模式为

$$P = C + V + M = 商品成本 + 盈利（包括利润和税金） \tag{20-2}$$

2. 电价的定义

电价是电能价值的货币表现，是电力这种特殊商品在电力企业参加市场活动，进行贸易

结算中的货币表现形式，是电力商品价格的总称。它由电能成本、税金和利润构成。

3. 电价的基本模式

电价的基本模式同其他商品价格模式一样，为

$$P = C + V + M = 电能成本 + 盈利（包括利润和税金） \tag{20-3}$$

式中　P——电价；

　　　C——职工工资；

　　　V——物质消耗支出；

　　　M——盈利。

4. 制定电价的基本原则

（1）合理补偿成本。即电价必须能补偿电力生产全过程和电力流通全过程的成本费用支出，以保证电力企业的正常运营。

（2）合理确定收益。即电价既要保证电力企业及其投资者的合理收益，有利于电力事业的发展，又要避免电价中利润过高，损害电力用户的利益。

（3）依法计入税金。即电价中应计入电力企业按照我国税法允许纳入电价的税种和税款，其他税款不应计入电价。

（4）坚持公平负担。即制定电价时，要从电力公用性和发、供、用电的特殊性出发，考虑各类电力用户的不同特性，使各类电力用户公平负担电力成本。

（5）体现国家的能源政策。即当能源充足时，可鼓励用户多用电，采用降低电价的措施；若能源不足时，应鼓励用户节约用电，采取提高电价的措施。我国的能源政策是开发与节约并重。

（6）促进电力发展。即通过科学合理地制定电价，促进电力资源的优化配置，保证电力企业的正常生产，并使电力企业具有一定的自我发展能力，推动电力事业走向良性循环发展的道路。

二、电能成本

成本是商品价格构成中的一项最基本、最重要的因素，成本的变化会直接影响商品价格。因此，准确核算成本，才能够为正确制订价格提供可靠且重要的依据。

1. 电能成本的费用

电能成本费用一般分为九个项目，具体内容如下。

（1）燃料费。指火力发电厂生产电能所耗用的各种燃料费用。

（2）水费。指水电厂、蓄能电站生产电能用的外购水费，不包括非生产用水的水费。

（3）购入电力费。指从外单位购入的有功电量所支付的电费。包括向地方小水电、小火电、自备电厂等单位购入电量的电费和网局内部互相供电的购电费。但网内互相供电的购电费在网局汇总结算时应予以冲消，以免重复计算。

（4）材料费。指电力企业为生产（包括运行、维修、事故处理）而耗用的各种材料、备品和低值易耗品等费用。

（5）基本折旧费。指按照企业应计的固定资产总值和国家核定的分类比例（折旧率），从成本中提取的固定资产折旧基金。

（6）大修理费。指按照上项应计的固定资产总值和规定的比例（提存率），从成本中提取的大修理基金。目前规定的比例为 1.4%。

（7）工资。指生产和管理部门的职工（含学徒工、临时工等）的工资，计入工资总额的奖金和工资津贴等。

（8）职工福利费。指按规定工资总额（扣除奖金和副食品津贴）的一定比例从成本中提取的职工福利基金，目前规定的比例为11%。

（9）其他费用。指不属于以上各项，而应计入成本的费用。一般包括办公费、水电费、差旅费、修缮费、取暖费、工会经费、职教经费及利息等支出。

2. 电能价值、电能成本、销售电价之间的关系

电能成本主要由两部分组成：一部分是以货币表现的物化劳动的转移价值，包括劳动资料消耗支出和燃料、材料等；另一部分是以工资形式表现的电业职工为自己的劳动创造的价值。价值、电能成本、销售电价的关系如图20-1所示。

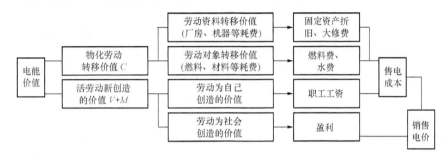

图 20-1　价值、电能成本、销售电价之间的关系图

3. 电能成本的分类

电能成本的分类方式有三种。

（1）从成本的层次分类。电能成本从成本的层次上看，包括总成本和单位成本两个类别。总成本是指企业生产全部产品的生产费用总和；单位成本是指企业生产单位产品的生产费用总和。

（2）从成本的发生环节对成本分类。电能成本从成本发生的生产环节上来看，包括发电成本、供电成本和售电成本三类。

发电成本的核算单位是发电厂，核算本单位发电过程中所发生的所有费用，主要包括燃料费、材料费、水费、工资、职工福利、基本折旧费、大修理费和其他费用等。

供电成本的核算单位是供电公司，核算本单位输电、变电、配电、购电和售电过程中所发生的所有费用。包括购入电力费、材料、工资、职工福利费、基本折旧费、大修理费和其他费用。

售电成本的成本核算单位是电业管理公司、省电力公司或孤立地区电力公司（或发电厂），核算本单位及所发电、供电、购电、售电等环节的所有费用，以及公司本部的管理费用，即全网所发生的所有成本费用。

（3）从成本与产量的关系对成本分类。电能成本从成本同产量的关系上看，包括固定成本和变动成本两个类别。

固定成本是指在一定范围内其总额不受产量变动影响的成本，即与电力企业设备容量有关，而与电力生产量大小无关的费用，如设备折旧费、大修理费、材料费、工资、职工福利、管理及其他费用等。

变动成本是指其总额随产量变动而相应变动的成本，即与电力企业生产量大小有关而与电力企业设备容量无关的费用，如燃料费、水费、购入电力费等。

三、影响电价的因素

影响电价的因素主要有需求、自然资源、时间、季节以及政策性因素。

1. 需求关系对电价的影响

需求是指在一定条件下和一定时期内，消费者在有关的价格下，愿意并有能力购买某一商品或劳务的各种计划数量。

在需求分析中经常引用价格需求弹性系数的概念。

价格需求弹性系数就是需求升降率与价格变化率之比，其计算公式可表述为

$$价格需求弹性 \; E_p = \frac{需求变动量}{原需求量} \Big/ \frac{价格变动量}{原价格}$$

对于不同的产品，价格需求弹性系数不一样。一般情况下，价格需求弹性系数是负值。这是因为大多数需求是朝着与价格相反的方向变化的，即价格与需求成反比。

影响需求的因素很多，其主要的决定因素有：消费者个人收入、其他竞争产品或相关产品的价格，以及消费者的兴趣、爱好等。

2. 自然资源影响

我国的资源丰富，但分布极不平衡，资源最丰富的地区是华北地区，其资源储量约占全国资源总储量的 47%，我国的煤炭资源主要分布在山西；其次是西南地区，资源储量约占全国资源总储量的 27%，其中大部分是水力资源，约占全国资源总储量的 20%；华东、东北和中南三个地区的资源储量之和仅占全国资源总储量的 15%，资源比较贫乏。由于我国的资源分布不均，造成了各地区电网的平均成本参差不齐，差异很大。

3. 时间因素的影响

为保证用户的正常用电，电力生产必须连续进行，但电力负荷是随时都在不断变化的，特别是昼夜的交替变化，必然引起电力负荷波动。峰谷差越大，电网平均成本随时间的波动就越大。按照公平合理的原则，并考虑到调整系统负荷的需要，制定电价时应考虑时间因素的影响，即应制定峰谷电价和其他分时电价。

4. 季节因素的影响

对水电比重较大的电网，应考虑季节变化的影响。为了充分利用水力资源，在丰水季节，电网应尽可能安排水电厂多发电，即让水电带基本负荷，而火电则作为补充电量，进行调峰，这样电网平均成本就会降低；由于枯水季节电网主要靠火电厂发电，因此，电网平均成本相应地会增高；即应制定季节电价。

5. 其他政策性因素的影响

国家在不同时期有着不同的经济政策，这些政策也会影响价格的制定与形成。为贯彻国家对部分工业产品（如电解钴、电石等）生产采取的扶持政策，以及对于农村农业生产的扶持政策，国家还分别制定了各种优待电价，以提高这些生产部门的积极性。

四、电价的制定程序与步骤

目前，世界各国电价的形成主要有政府定价、协议定价和市场定价三种形式。当前我国电价主要采用政府定价的形式。我国电价制定的原则和方法，也就是指政府定价的原则和方法。

1. 制定电价的方法

我国实行统一的电价政策。现行销售电价是省级及以上的政府价格部门制定的，销售电价由政府价格部门本着坚持公平负担、有效调节电力需求、兼顾公共政策目标等原则，结合上网电价联动并充分听取各方意见后制定。

制定电价的基本方法有两种：会计成本定价法和边际成本定价法。

（1）会计成本定价法。会计成本定价法是一种传统的定价方法。它是根据电力企业会计核算的成本费用（包括税金），考虑必要的调整因素，分摊为发电、输电、配电和用户成本，再将它们分解为固定成本和变动成本，然后，根据各类用户的负荷特性、最大需量和用电量等，将固定成本、变动成本和用户成本公平的分摊给各类用户，并加上适当的收益后，形成各类用户的电价。我国现行电价采用的就是这种定价方式。

（2）边际成本定价法。边际成本定价法是根据新增单位用电而引起的系统成本增加值，计算系统长期边际容量成本和边际电量成本，并结合用户负荷特性来制定电价的一种方法。

应用边际成本制定电价，不仅可以使用户合理负担供电成本，还可以指导用户合理使用电力，有利于资源优化配置，并获得最佳的经济效益。

2. 制定电价的依据

制定电价的依据是电能成本，电能成本反映了电力企业再生产过程的价值补偿，制定电价时必须以电能成本为最低界限，这是保证电力企业再生产正常进行的必要条件。

3. 制定电价的步骤

（1）制定电价的准备阶段。制定电价的准备阶段，包括收集各类用户用电量和负荷资料，研究电价政策，研究国家有关价格、税率和利润率的规定，研究有关电价的其他资料。

在制定电价的准备阶段中应做好下列统计分析工作。

1）售电量统计分析。售电量的统计分析，一般以国民经济恢复时期或以解放初期的数字为基数，以一个五年为一单元，在每个单元之间进行比较和分析；或将历年各类别的统计数字逐项、逐年地进行比较分析。对各种不同用电类别的用电量进行比较分析，可以看出用户用电量总的发展趋势，以及各种行业用电量所占比重的变化，为预计将来电网的发展趋势和电价水平提供基础资料。

2）电费统计分析。进行电费统计分析时应当首先掌握 70％左右的大工业用户的电费组成；其次，再掌握非工业、普通工业的电力电费，直供照明电费，农业生产用电电费及趸售电费的组成。从电费组成分析历年电价水平的变动情况，对以不同电压等级供电的用户电费进行综合分析，从而找出电价水平的变动规律。

3）负荷分析。电力系统的负荷随时都在变化，它不仅受各行各业用电及季节变化的影响，而且有时还会受到某个时期中心活动的影响。

掌握不同行业的用电负荷、用电特性、季节与负荷变化的关系，不仅为调整负荷、合理用电提供了线索，同时还可以通过对历年各行、各业负荷曲线的相互比较，掌握某个地区逐年负荷增长的规律和趋势，为制定未来的发展规划和新的电价水平提供比较切实可靠的依据。

4）其他资料分析。掌握了售电量统计分析、电费统计分析和负荷分析的资料后，还应整理并分析主要行业的单位产品耗电量，每万元产值的耗电量以及负荷密度等有关资料。对历年业务扩充的新装或增添的用电容量，也应按不同行业分别统计和分析，求出历年新装或增容用电的增长率与地区售电量和负荷的关系。

（2）分析成本费用。电力在生产和供应过程中较为复杂，其成本分析一般从两方面进行，一方面按照各种费用发生的不同阶段来分析，另一方面依照发生费用的性质来分析。

1）按照费用发生阶段分析成本。电力工业企业的生产与销售过程大致分为发电、输电、变电、配电、用电。按照费用发生阶段分析成本，其成本费用包括以下五项。

发电费用：发电费用包括发电厂内一切与发电有关的费用，为发电厂输出电力而设置的升压设备所耗用的费用也包括在内。

输变电费用：凡是为供电需用的 10kV 以上，不论属于哪一级电压的输电线路，以及分成多级变压的变电所，比如 220、110kV 或 35kV 的输变电设备所发生的费用，均为输、变电费用。

配电费用：配电费用包括 10kV 及以下配电设施如开闭所及小电压配电室等各种费用。

用户费用：用户用电费用包括用户的接户线、电能表箱及附属装置所产生的费用。

管理费用：管理费用包括电力工业企业各项管理费用，如行政管理费、劳动保护开支、利息支付、各种赔偿金、罚金、材料耗损、营业开支、科学研究、税金以及其他各项非生产费用等。

2）按照发电费用的性质分析成本。按照发生费用的性质分析成本，其成本包括以下两项。

固定成本：固定成本代表电力企业中的固定费用部分，它与电力企业设备容量大小有关，而与电力生产量大小无关。

变动成本：变动成本代表电力企业中的变动费用部分，它与电力生产量的大小有关，而与电力企业设备容量大小无关。

电力产品成本结构是根据电力工业企业生产经营的特点、内容及用途相结合的原则设立的，包括：变动成本，如燃料费、购入动力费、水电厂水费；固定成本，如材料费、工资、提取的职工福利基金、基本折旧费、提取的大修理费、利息支出、税金及其他费。

（3）固定费用分配。固定费用的分配方法大致上有两种，一种叫用户最大需量法，另一种叫电力系统高峰负荷分配法。

1）用户最大需量法是直接以用户的绝对最大负荷需量（kW）为依据来分配固定费用，不考虑最大需量发生的时间，对完全不参加系统高峰时间用电的用户，也要负担固定费用。这种方法忽视了构成电力系统综合最大负荷时各类用户的责任，因此不太公平。

2）电力系统高峰负荷分配法是在电力系统高峰负荷时间内，按照各类用电负荷大小分配电力系统的固定费用。这种办法计算简单，比较合理，体现了占用电力系统容量多的用户多分担固定费用；反之，则少分担费用，使电价与调整负荷和压低电力系统最高负荷有机地联系起来。

（4）变动费用分配。根据已确定的电价分类进行变动费用的分配，分配的方法是根据各类用户的用电量加上各级该类用电的线路损失，求得各类用电所需的实用电量，然后按照各类用电的实需用电量所占比例分配变动费用。

（5）求售电成本。各类用电的售电成本等于经以上分配而得的该类用电的固定费用和该类用电的变动费用之和。

（6）确定销售电价。对各类用电的售电成本适当调整以后，加上计划利润和税金，并根据政策的要求以及应考虑的个别因素，就可以确定各类销售电价的电价方案。

【思考与练习】

（1）什么叫电价？

（2）什么叫成本？

（3）电能成本有哪几项费用？

（4）什么叫固定成本？什么叫变动成本？

（5）影响电价的因素有哪几种？

（6）制定电价的依据是什么？

（7）制定电价的步骤有哪几步？

模块二 电价制度与现行电价

【模块描述】 本模块主要介绍了我国现行的七种电价制度及适用范围和优缺点，现行电价的分类，并重点介绍了销售电价的分类电价和实施范围。

一、电价制度

1. 单一制电价制度

单一制电价制度是以在用户处安装的电能表计每月表示出实际用电量为计费依据的一种电价制度。

实行单一制电价的用户，每月应付的电费与其设备和用电时间均不发生关系，仅以实际用电量计算电费，用电多少均是一个单价。

我国销售电价类别中除变压器容量在 315kVA 以上的大工业用户外，其他所有用电均执行单一制电价制度。其中容量在 100kVA（或 kW）及以上的用户还应执行功率因数调整电费办法和丰枯、峰谷电价制度。

单一制电价制度可促使用户节约电能，并且抄表、计费简单，但这种电价对用户用电起不到鼓励或制约的作用。

2. 两部制电价

两部制电价包括基本电价和电度电价两部分，基本电费按用户的最大需量或用户接装设备的最大容量计算，电度电费按用户每月记录的用电量计算的电价制度。

我国一般对大工业生产用电，即受电变压器总容量为 315kVA 及以上的工业生产用电实施两部制电价制度。

两部制电价制度的优越性主要有：

（1）可发挥价格经济杠杆作用，促使用户提高设备的利用率、减少不必要的设备容量，降低电能损耗、压低尖峰负荷、提高负荷率。

（2）可使用户合理负担费用，保证电力企业财政收入。

对执行两部制电价的用户，无论新装、增容、减容、暂停、暂换、改类或终止用电（销户）时，均应根据用电用户实际用电天数（日用电不足 24h 的，按一天计算）计算基本电费，每日按月基本电费的三十分之一计算。若暂停用电不足 15 天者，则不予扣减基本电费。

3. 阶梯电价制度

阶梯电价制度是将用户每月用电量划分成两个或多个级别，各级别之间的电价不同。阶梯电价制度分为递增型阶梯电价制度和递减型阶梯电价制度。递增型阶梯电价制度的后级比前级的电价高；递减型阶梯电价制度的后级比前级的电价低。

2011 年，国家发改委发布了"关于居民生活用电试行阶梯电价的指导意见的通知"，于 2012 年对居民用户全面实行居民阶梯电价。居民阶梯电价是指将现行单一形式的居民电价，改为按照用户消费的电量分段定价，用电价格随用电量增加呈阶梯状逐级递增的一种电价定价机制。

阶梯电价制度的初步实行起到了价格经济杠杆作用，但没有考虑用户的用电时间，因此，对用户用电起不到鼓励和制约作用。

4. 季节性电价制度

季节性电价制度是为了充分利用水电资源、鼓励丰水期多用电的一项措施。即将一年十二个月分成丰水期、平水期、枯水期三个或平水期、枯水期两个时期，丰水期电价可在平水期电价的基础上向上浮动 30%～50%；枯水期电价可在平水期电价的基础上向下浮动 30%～50%。

季节性电价制度执行范围主要是：用电容量在 100kVA 及以上的非普工业用电、商业用电和大工业用电用户。

季节性电价制度既起到了价格经济杠杆作用，又考虑了用户的用电时间，因此，对用户用电起到了鼓励和制约作用，是世界各国普遍采用的一种电价制度。

5. 峰谷分时电价制度

峰谷电价制度是指按电网日负荷的峰、谷、平三个时段规定不同的电价，峰时段电价可比平段电价高 30%～50%，谷段电价可比平段电价低 30%～50%或更多。

高峰、低谷分时电价执行范围主要是：用电容量在 100kVA 及以上的非普工业用电、商业用电和大工业用电用户。

峰谷电价制度同季节性电价制度一样，既起到了价格经济杠杆作用，又考虑了用户的用电时间，因此，对用户用电起到了鼓励和制约作用，是世界各国普遍采用的一种电价制度。

6. 功率因数调整电费的办法

功率因数调整电费的办法已在"功率因数管理"章节中介绍，在本模块不再介绍。

7. 临时用电电价制度

我国对拍电影、电视剧，基建工地、农田水利、市政建设、抢险救灾、举办大型展览等临时用电实行临时用电电价制度，电费收取可装表计量电量，也可按其用电设备容量或用电时间收取。对未装用电计量装置的用户，供电企业应根据其用电容量，按双方约定的每日使用时数和使用期限预收全部电费。用电终止时，如实际使用时间不足约定期限 1/2 的，可退还预收电费的 1/2；超过约定期限 1/2 的，预收电费不退；到约定期限时，得终止供电。

二、我国现行电价

1. 电价的分类

现行电价可作如下分类。

（1）按照生产和流通环节划分。电价按照生产和流通环节划分，可分为上网电价、互供电价、销售电价。

1）上网电价。上网电价指发电厂向电网输送电力商品的结算价格，对电网经营企业而言，上网电价也称为电网的购入电价。

上网电价是调整独立经营发电厂与电网经营企业利益关系的重要手段，是协调发、供电企业两者经济关系，促进发、供电企业协调发展的主要经济杠杆之一，目前我国执行的上网电价均执行单一制电价制度。

2）互供电价。互供电价是指电网与电网之间相互销售的电力价格，售电与购电双方均为电网独立经营企业。互供电价包括跨省、自治区、直辖市电网和独立电网之间；省级电网和独立电网之间；独立电网与独立电网之间的互供电量结算价格。

3）销售电价。销售电价是指电网经营企业向电力用户销售电能的价格，是最敏感最复杂的电价。

销售电价是电网电力价格的主体，每一种销售电价按照供电电压等级高低不同由不同的目录电价和其他的附加费用构成。

销售电价中的目录电价及其他加价由各独立网、省网及省级以上电网根据本电网企业发供电成本不同而形成不同的价格。

为使电价公平合理，目前我国销售电价还实行分类电价和分时电价两种电价制度。

销售电价的构成如图 20-2 所示。

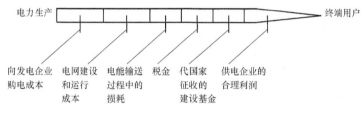

图 20-2　销售电价的构成

（2）按照销售方式划分。电价按照销售方式划分，可分为直供电价、趸售电价。

直供电价是指电网经营企业直接向用户销售电能的价格。

趸售电价是指国家电网公司以趸售（批发）方式将电能销售给地方供电公司，再由地方供电公司以终端销售电价将电能销售给终端电力用户。趸售区域电力用户的供电服务由趸售区域的地方供电公司具体负责。

（3）按照用电类别划分。电价按照用电类别划分，可分为照明电价、大工业电价、普通工业电价、非工业电价、农业生产电价、贫困县排灌电价。

（4）按照使用时段划分。电价按照使用时段划分，可分为高峰电价、低谷电价、平谷电价、尖峰电价。

2. 电价体系

我国的电价体系包括上网电价、输配电电价、销售电价、电价结构和电价水平等。

输配电电价是指电网经营企业输送电能服务的结算价格，又称输配电费用。确定输配电电价的方法有会计成本法和边际成本法。

上网电价水平加输配电电价水平形成销售电价水平，销售电价结构构成销售电价的主体，它的主要表现形式是销售电价表，由电价分类和电价制度构成。

销售电价的水平高低不仅对广大用户有直接的影响，也关系到电力企业自身的生存和发展。销售电价结构的合理性取决于电能成本在用户间的合理分摊。

3. 我国现行销售电价分类及实施范围

不同的电价类别是根据电力综合成本，按照不同用电性质进行个别成本分摊而形成的。我国现行销售电价共分为照明电价、非工业电价、普通工业电价、大工业电价、农业生产电价、贫困县排灌电价等六大类。

(1) 照明用电电价。照明电价包括居民生活电价和商业及非居民生活电价。

1) 居民生活电价应用范围主要包括：城乡居民生活照明、家用电器等用电设备的用电，高校学生公寓和学生宿舍用电（仅限于学生基本生活用电，不包括在学生公寓、学生宿舍从事经营性质的用电如商店、超市、理发等），国家教育部门批准和备案管理的基础中、小学教学用电（包括教学、试验、学生和教职工生活用电等）。对专供居民小区生活用的蓄热式电锅炉执行居民生活电价并执行居民分时电价。

2) 商业及非居民生活电价。商业及非居民生活电价应用范围主要包括一般照明、学校幼儿园用电、普通电器设备用电、路灯及限额下工业用的单相电动机和单相电热设备、空调设备用电。

一般照明用电是指非工业、普通工业用户的生产照明用电、铁道、航运、市政、环保、公安等部门管理的公共用灯及霓虹灯、荧光灯、弧光灯、水银灯（电影制片厂摄影棚除外）和非对外营业的放映机用电。

普通电器设备包括：家用电器、理发用的吹风、电剪、电烫发以及其他电器（如报时电笛、噪声监测装置、信号装置、警铃）用电，机关、团体、学校、部队等（但不包括商业性）的电炊、电灶、电热取暖、热水器、蒸气浴、吸尘器、健身房设备等用电，属于单位生活福利性质的烘焙设备（包括单位食堂的烘烤食品、油炸制品、肉食加工制品及类似以上用设备）用电执行非居民照明电价。

路灯用电是指政府部门管理的公共道路、桥梁、码头、公共厕所、公共水井用灯、标准钟、报时电笛以及公安部门交通指挥灯、公安指示灯、警亭用电、不收门票的公园内路灯等用电、居民生活小区内的庭院照明。在一定限额下的用电是指总容量不足 1kW 的工业用的单相电动机和总容量不足 2kW 的工业用的单相电热设备用电，以及容量不足 3kW 的非工业用的电热设备（如晒图机、医疗用 X 光机、无影灯、消毒灯）用电。

空调设备用电除大工业用户其生产车间内的各种空调设备用电外，其他用户，凡空调设备（包括窗式、柜式空调机、冷气机组及其配套附属设备）用电，不论相数和容量，不论装在何种场所，不论调冷调热，均按照明电价计收电费。

商业用电是指凡从事商品交换或提供商业性、金融性、服务性的有偿服务所需的电力，不分容量大小，不分动力照明，均实行商业用电电价，包括：①商场、商店、批发中心、超市、加油站、加气站等；②物质供销、仓储业等；③宾馆、饭店、招待所、旅社、酒店、茶座、咖啡厅、餐馆、浴室、美容美发厅、影楼、彩扩、洗染店、收费站以及修理、修配服务业务等用电；④影剧院、录像放映点、游艺机室、网吧、健身房、保龄球馆、游泳池、歌舞厅、卡拉 OK 厅、收费的旅游点、公园等用电；⑤从事商业性的金融、证券、保险等业务的用电；⑥从事服务性咨询服务、信息服务、通信等用电；⑦房地产经营及其他综合技术服务事业等用电。

(2) 非工业用电电价。凡以电为原动力或以电冶炼、烘熔、电解电化的试验和非工业性生产，其总容量在 3kW 及以上者，应按照非工业电价计收电费，而总容量在 3kW 及以下者按照明电价计费。

容量在 3kW 及以上的机关、部队、医院及学术研究、试验等单位的电动机、电热、电解、电化、冷藏等用电；铁道、地下铁道（包括照明）、管道输油、航运、电车、广播、仓库、码头、飞机场及其他处所的加油灯、打气站、充电站、下水道等电力用电；对外营业的电影院、剧院、宣传队演出的剧场照明、通信、放映机、电影制片厂摄影棚水银灯等用电；基建工地施工用电（包括施工照明）、地下防空设施的通风、照明、抽水用电以及有线广播站电力用电（不分设备容量大小），苗圃育苗、现代化养鸡场、渔场等种植业、养殖业中的后续加工、储藏等环节用电，均属于非工业用电电价。

（3）普通工业用电电价。凡以电为原动力，或以电冶炼、烘熔、熔焊、电解、电化的一切工业生产，其受电变压器容量不足 315kVA 或低压受电，以及在上述容量、受电电压以内的下列各项用电。

1）机关、部队、学校及学术研究、试验等单位的附属工厂，有产品生产并纳入国家计划，或对外承受生产、修理业务的生产用电。

2）铁道、地下铁道、航运、电车、电信、下水道、建筑部门及部队等单位所属的修理工厂生产用电。

3）自来水厂、工业试验、照相制版工业水银灯用电。

4）饲料工业用电。

（4）大工业用电电价。执行大工业电价的用户包括受电变压器总容量（含直接接入电网的高压电动机，电动机千瓦数视同千伏安）在 315kVA 及以上的电冶炼、烘焙、电解、电化的一切工业生产用电，机关、部队、学校、学术研究、试验等单位的附属工厂生产产品并纳入国家计划，或对外承受生产及修理业务的用电（不包括学生参加劳动生产实习为主的校办工厂），铁道、地下铁道、航运、电车、电信、下水道、建筑部门及部队等单位所属修理工厂的用电，以及自来水厂、工业试验、照相制版工业水银灯用电等。对于大工业用户的井下、车间、厂房内的生产照明和空调用电，仍执行大工业电价。对于农村符合大工业条件的社、队、乡镇工业，也执行大工业电价。

大工业电价均实行两部制电价，并按功率因数的高低调整（增加或减少）电费。优待工业用电的电能电价范围对东北以外的地区的规定如下。

1）电解铝、电石的电价仅限于生产电解铝、电石的用电，不包括其他产品，如铝制品、乙炔等用电。

2）电炉铁合金、电炉钙镁磷肥和电炉黄磷的电价仅限于电炉铁合金、电炉钙镁磷肥和电炉黄磷用电，不包括高炉生产铁合金、钙镁磷肥和黄磷用电。

3）电解碱的电价仅限于电解法生产的烧碱用电，不包括液氯、压缩氢、盐酸、漂白粉、氯磺酸、聚氯乙烯树脂等用电。

4）合成氨的电价包括合成氨厂内的氨水、硫酸铵、碳酸氢铵等氮肥以及辅助车间的用电。

（5）农业生产用电电价。农村乡、镇、国营农场、牧场、电力排灌站、垦殖场和学校、机关、部队以及其他事业单位举办的农场或农业基地的电犁、打井、打场、脱粒、积肥、育秧、防汛临时照明和黑光灯捕虫用电均按农业生产用电电价计收电费。

农业生产用电中的抽水（如鱼塘抽水）、灌溉（如果林、蔬菜的浇水）用电也执行农业生产用电电价，但要与贫困县农业排灌用电区分开。

种植、养殖的"第一环节"用电，如果林、蔬菜、养鱼、养鸡、养猪用电执行农业生产用电电价，而其后续的用电则不属于农业生产用电范围，通俗的说法就是：种植的作物离开土地后，养殖的水产品离开水之后，饲养的禽、畜离开饲养圈之后，其运输、宰杀、加工、储存、经销等的用电均不属于农业生产用电范围，而应执行对应的非工业、普通工业、大工业、商业电价。

（6）农业排灌用电电价。此电价仅限粮、棉、油（食油）农田排涝灌溉用电，深井、高扬程提灌用电，排涝抗灾用电，排涝泵站排涝设施的维修及试运行用电。

【思考与练习】

（1）什么叫单一制电价制度？

（2）什么叫两部制电价制度？

（3）什么叫季节性电价制度？其实施范围是什么？

（4）什么叫峰谷电价制度？其实施范围是什么？

（5）什么叫电价？什么叫上网电价？什么叫销售电价？

（6）我国现行销售电价有哪几类？

模块三 电价管理

【模块描述】 本模块主要介绍了国家对电价管理的有关规定和国家允许的代收费用。

一、国家对电价管理的有关规定

电价管理是国家根据经济规律的要求和国家的经济政策，结合电力的特点对电价原则、审批程序、电价水平的确定实施组织监督、考核、检查等工作的总称。

我国电价管理实行统一政策、统一定价、分级管理的原则。

电价政策是国家制定和管理电力价格的行为准则，是国家物价政策的一个重要组成部分。不同经济制度的国家有不同的电价政策；在同一个国家，同一个地区，不同的时期有不同的电价政策；不同的用电目的也有不同的电价政策，其目的是为了协调不同地区、不同利益集团的利益分配关系。但是，随着社会主义市场经济体制的逐步建立和完善，同一个地区、同一电网、同一类型的发电、供电、用电的电力价格应当相对统一。有权制定、核准电价的主管部门在确定某一个地区、某一个电网的电价时都应按统一定价原则给予核准确定。决不允许在一个电网内同一个地区出现不同的定价原则。执行统一定价的原则，有利于电力市场的公平竞争，调动各方面的积极性。电价的分级管理是指国务院统一领导全国价格工作，制定电价工作方针、政策，各级物价行政主管部门依照法定的权限对各种电价进行核准、审批和实施。

任何单位不得超越电价管理权限制定电价，供电企业不得擅自变更电价。

电力用户新装或增加用电，在供电方案确定后，应按国家的有关规定向供电企业交纳新装增容的有关费用。

二、电价管理

1. 上网电价的管理

上网电价实行同网同质同价。同网同质同价是指在同一个电网范围内对质量相同的上网电力电量实行相同的电力价格。上网电能质量直接影响到电网的安全稳定运行和电网的经济效益。对上网电价按质论价有利于提高上网电能质量。上网电价实行同网同质同价把比质比价引入了电价竞争机制，在保证电能质量的同时把电力生产成本下降到最低限度，节约了一次能源，减轻了社会负担。

2. 销售电价的管理

对同一电网内的同一电压等级、同一类别的用户，执行相同的电价标准。销售电价直接关系到电力用户的经济负担，是电力价值的具体体现。销售电价的种类有分类电价和分时电价两大类。

（1）分类电价。分类电价指按照用户用电的性质以及用电特征而实行用户类型用电差别电价的制度。这种电价制度是我国长期以来实行的一种电价制度，只是存在分类的标准、分类的形式的变化。一般的分类方法有：按用电负荷率分类、按用户设备容量和用电量分类、按电压等级分类、按电能的用途分类、按用电行业分类等。

（2）分时电价。分时电价是指按照发电丰枯季节用电、日负荷情况划分为丰枯季节差别电价和用电时段差别电价的一种电价制度。

三、代收费用

根据政府或有关主管部门的规定，电力营业部门在向用户收取电费的同时，还代收或代征其他费用。目前，代收、代征的费用有以下几项。

1. 国家后扶资金

国家后扶资金是指大中型水库移民后期扶持资金。扶持农村移民改善生产生活条件，促进库区和移民安置区经济社会和谐发展。

2. 省级后扶资金

省级后扶资金是指地方水库、水电站移民后期扶持资金。

3. 农网改造还贷基金

将原电力建设基金"两分钱"取消后并入电价收取，建立农网还贷基金，专项用于解决农村电网改造还贷问题。

4. 城市公用事业附加费

公用事业附加费、路灯费都属于随电费代为加收的地方性费用。

公用事业附加费是作为城市公用道路、桥梁、给水与排水等公用设施的费用。除农业生产用电以外，其他所有用电均应征收。征收标准由各省（直辖市、自治区）人民政府确定。

5. 农村电网低压维护费

农网维护费是实现城乡用电同价后，各供电企业维护管理农村低压电网的合理费用。主要是为了加强农村低压电网的财务管理工作，规范农村低压电网维护费的核算。

6. 可再生能源电价附加费

发展可再生能源，是增加能源供应，改善能源结构，保障能源安全，保护环境，实现经济社会可持续发展的重要途径，也是全社会的义务。受技术条件等因素影响，一般情况下可再生能源发电价格要高于常规能源。因此，在可再生能源发展初期，世界各国普遍采取财政、税收以及价格等方面扶持政策，促进可再生能源发展。《可再生能源法》明确规定，可再生能源发电价格高出常规能源发电价格部分，在全国范围内分摊。

【思考与练习】

（1）国家规定的代收（征）费用有哪几项？

（2）什么叫国家后扶资金？什么叫省级后扶资金？

（3）城市公用事业附加费是作什么用途的费用？

（4）为什么要征收可再生能源电价附加费？

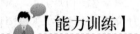

【能力训练】

一、选择题

1. 两部制电价是把电价分成两个部分，一是以用户用电的容量或需量计算的基本电价，一是以用户耗用的电量计算的（　　）。

　　（A）有功电价　　　　（B）无功电价　　　　（C）电度电价　　　　（D）调整电价

2. 大工业电价适用范围是工业生产用户设备容量在（　　）kVA 及以上的用户，均实行大工业电价。

　　（A）100　　　　　　（B）160　　　　　　（C）315　　　　　　（D）320

3. 电价是电力这个特殊商品在电力企业参加市场经济活动，进行贸易结算中的货币表现形式，是电力商品（　　）的总称。

　　（A）价格　　　　　　（B）价值　　　　　　（C）资产　　　　　　（D）资本

4. 铁道、航运等信号灯用电应按（　　）电价计费。

　　（A）普通工业　　　　（B）照明　　　　　　（C）非工业　　　　　（D）大工业

5. 某自来水厂 10kV 200kVA 用电应按（　　）电价计算电费。

　　（A）非工业　　　　　（B）普通工业　　　　（C）大工业　　　　　（D）照明

6. 工业用单相电热，其总容量不足 2kW 而又无其他工业用电者，其计费电价应按（　　）计费。

　　（A）普通工业　　　　（B）非工业　　　　　（C）非居民照明　　　（D）大工业

7. 地下防空设施通风、照明等用电应执行（　　）电价。

　　（A）居民　　　　　　（B）非居民　　　　　（C）农业生产　　　　（D）非工业

8. 学校的附属工厂 200kVA 变压器生产用电应执行（　　）电价。

　　（A）居民　　　　　　（B）非居民　　　　　（C）非工业　　　　　（D）普通工业

二、判断题

1. 两部制电价中基本电价最大需量的计算是以用户在 15min 内月平均最大负荷为依据。

　　　　　　　　　　　　　　　　　　　　　　　　　　　　　　　　　　　　（　　）

2. 基本电费不实行峰、非峰谷、谷时段分时电价。　　　　　　　　　　　　　（　　）

3. 动力用电，不论高压或低压容量大小，一律执行分时电价。　　　　　　　　（　　）

4. 基建工地施工用电（包括施工照明）可供给临时电源，执行非工业电价。　　（　　）

5. 广告用电属于路灯用电。　　　　　　　　　　　　　　　　　　　　　　　（　　）

6. 平地、造田、修渠、打井等农田基本建设用电执行农业生产电价。　　（　　）

7. 银行企业用电，执行商业电价。　　（　　）

8. 房地产交易所执行商业电价。　　（　　）

三、问答题

1. 决定商品价值的社会必要劳动包括哪几部分？

2. 电能成本如何分类？

3. 电价如何分类？

4. 我国制定电价时在考虑时间因素和季节因素上有何举措？

5. 按费用的发生阶段分析成本其成本费用包括哪几项？

6. 固定费用的分配方法有哪几种？

7. 如何进行变动费用的分摊？

8. 单一制电价制度有何优缺点？

9. 两部制电价制度有何优越性？

10. 照明电价包括哪些用电？

11. 城镇商业及非居民生活电价应用范围有哪些？

12. 大工业电价的实施范围是什么？

13. 种植、养殖的"第一环节"用电应执行什么电价？

14. 农业排灌用电电价的实施范围是什么？

15. 什么叫阶梯电价制度？

第二十一章　电　费　管　理

知识目标

（1）掌握抄表段管理、抄表机管理、抄表计划管理的内容。
（2）清楚抄表员应掌握的基本知识。
（3）了解电费核算中动态信息处理。
（4）掌握各类用户的电费计算方法。
（5）了解收费的意义及方式。

能力目标

（1）在抄表过程中能准确判断用户用电异常情况。
（2）能正确计算各类用户的应交电费。
（3）能正确处理和计算新增、变更用户的电费。

模块一　电费的抄收管理

【模块描述】 本模块包含抄表的定义、方式和抄表段管理、抄表机管理、抄表计划管理，抄表员应掌握的基本知识、抄表异常处理等，收费方式、电费催缴及用户欠费停电等内容。

一、抄表管理

供电企业抄表人员定期抄录用户电能计量表计的数据简称抄表，它是电费管理中的首要环节。抄表工作系电费管理工作的龙头，按时准确抄表关系到电量的正确统计，对电力企业的经济效益、线损统计、行业分类电量、用户用电情况分析及考核起着举足轻重的作用，也是进行用电检查的重要环节，对电力产品成本核算及价格也起着十分重要的作用。

抄表管理工作包括抄表段管理、抄表机管理、抄表计划管理及抄表方式等内容。

（一）抄表段管理

1. 基本概念

抄表段是对用户和考核计量点进行抄表的一个管理单元，是由地理位置上相邻、相近或同一供电台区、同一供电线路的若干用户组成，也称为抄表区、抄表册、抄表本。

将用户按抄表段进行分组，确定抄表段抄表例日、抄表周期、抄表方式等抄表段属性。根据均衡工作量、抄表路径合理、分变分线、方便线损考核的原则确定和调整抄表段。编排与实际抄表路线一致的抄表顺序，并及时根据抄表执行的反馈情况调整抄表例日、抄表周期、所属抄表段。

（1）抄表例日：是指定抄表段在一个抄表周期内的抄表日。

（2）抄表周期：连续两次抄表间隔的时间。一般为每月一次，有的为每两个月一次，对用电量较大的用户每月可多次抄表。

2. 抄表段维护

抄表段维护是指建立抄表段名称、编号、管理单位等抄表段基本信息；建立和调整抄表方式、抄表周期、抄表例日等抄表段属性；对空抄表段进行注销等管理。

（1）新建抄表段。当现有的抄表段不能满足新装用户管理的要求时，需要增加新的抄表段。新建抄表段应定义抄表段名称、编号、管理单位等基本信息及抄表方式、抄表例日、抄表周期、配电台区等属性，提出新建要求，待审批后确认新建抄表段基本信息和属性。

新建抄表段应符合实际工作要求，需要进行台区线损考核的，同一台区下的多个抄表段的抄表例日必须相同，采用手工抄表、抄表机抄表、自动抄表不同抄表方式的用户不可混编在一个抄表段，执行两部制电价的用户抄表周期不能大于一个月，执行功率因数调整电费的用户抄表周期不能大于一个月。

（2）调整抄表段信息。调整抄表段信息即根据工作需要，对抄表例日、抄表周期、配电台区提出调整要求，待审批后调整抄表段属性，例如某抄表段由于计量改造，抄表方式由原来的抄表机抄表改为集中抄表，则应及时在电力营销业务应用系统中调整相应的抄表方式；抄表员现场抄表时发现，某用户位置在 1 号台区，由于台区号设置错误，该用户被编到了相邻的 2 号台区，则经批准后应在系统中调整该用户所属的配电台区，同时建立包括原抄表例日、调整后抄表例日、调整原因、调整日期、调整人员等内容的调整日志。

注意：不能调整已生成抄表计划的抄表段信息，需要调整时，在电力营销业务应用系统的抄表计划管理中进行修改。

（3）注销抄表段。对没有抄表用户的抄表段，提出注销要求，待审批后注销抄表段。

3. 新户分配抄表段

根据新装用户计量装置安装地点所在管理单位、抄表区域、线路、配电台区以及抄表周期、抄表方式、抄表段的分布范围等资料，为新装用户分配抄表段，及时开始新用户抄表。采用自动化方式抄表的用户也必须分配抄表段。一般新装用户的抄表段信息在方案勘测阶段已经收集了，在验收阶段确定。

（1）产生建议的抄表段。根据新装用户所在管理单位、抄表区域、线路、配电台区、抄表方式等条件对在新装流程中没有预定抄表段的用户产生建议的抄表段。首先要考虑系统中是否有合适的抄表段，如果有，选择适当的位置插进新用户；如果没有合适的抄表段，则应新增抄表段。

（2）确定新装用户抄表段。参考建议的抄表段，经现场勘查复核无误后对新装用户抄表段进行确认。

注意事项：应加强对新装用户抄表段的管理，杜绝因未及时分配抄表段造成现场电量积压的情况发生。

4. 调整抄表段

根据抄表执行反馈的实际抄表路线、抄表工作量及抄表区域重新划分、抄表方式变更、线路、配电台区变更等情况，对用户所属抄表段进行调整，使得用户所属抄表段更合理。

注意事项：调整抄表段应在同一个台区内。

5. 抄表顺序调整

抄表顺序是指一个抄表段内所有用户抄表时的先后顺序号，现场抄表时要求按抄表顺序抄表，目的是防止漏抄。抄表员可根据实际地理环境对抄表工作的影响，自己设计合理抄表路线及抄表顺序，以减少往返的路程，提高工作效率。抄表员在工作中发现抄表路线设计不够合理，应经过审批后，在系统中调整抄表顺序。

6. 抄表派工

抄表派工是确定抄表段的抄表人员。本着合理分配抄表人员工作量的原则，根据抄表的难易程度等因素为抄表段分配现场抄表人员和抄表数据操作人员，并根据抄表执行情况以及抄表人员轮换要求进行调整。

（二）抄表机管理

抄表机又称抄表器、掌上计算机、手持终端、数据采集器等。使用抄表机能加强抄表管理，提高抄表质量和提高工作效率。它除代替抄表册外，还能存储大量用户信息，同时在现场可对简单用户进行电费测算，判断用户用电有无异常。抄表工作结束后，可通过接口与计算机连接将抄表数据传入计算机。

抄表机应由专人集中管理，妥善保管，设专用橱柜放置，避免损坏。并建立健全抄表机领用制度及设备档案，对抄表机发放、返还及故障维护等工作进行规范管理。

1. 抄表机的发放

对新购入的抄表机应进行入库管理。对抄表机进行编号，在电力营销业务应用系统中设置状态为"入库"。发放抄表机时，将入库状态的抄表机分配给抄表员，则该抄表器的状态即变为"领用"。

（1）抄表员按抄表例日领取抄表器，检查抄表机能否正常开关，检查电池是否正常，电量是否充足。

（2）抄表机管理人员将抄表机发放给抄表员，记录抄表机编号、抄表机管理单位、领用人、领用数量、领用时间、抄表机型号等发放信息。

（3）抄表员对领用的抄表机必须妥善保管，防止丢失或损坏。

2. 抄表机的返还

（1）抄表员完成工作后，按照规定的时间把抄表机送交抄表机管理人员。填写抄表机交接签收记录表。同时在系统中将非入库状态的抄表机修改为"入库"状态。

（2）抄表机应防止抄表数据丢失，要求有硬盘、软盘或其他方式备份。

（3）在抄表员工作调整、人员转出、抄表机返修时，应返还抄表机，记录返还原因、返还人员、返还时间等信息。

3. 抄表机的故障维护

（1）对抄表机进行定期检查，发现有故障或损坏的抄表器应及时鉴定，委托修复或进行更换，记录抄表机故障信息及修理结果。

（2）如抄表时抄表机发生损坏，应立即中断抄表，返回单位由专人对抄表机进行检查，同时填写抄表机损坏报告，并领用备用抄表机继续完成当日抄表定额。在系统中，应将需要修理的抄表器设置为"返修"状态。

（3）抄表机损坏无法修复时，向资产管理部门提出报废申请，在系统中将已经不能继续使用的抄表器设为"报废"状态，记录抄表机编号、报废原因、申请人员、申请日期等信息。

（4）使用抄表机应注意如下事项。

1）必须及时给电池充电，防止抄表时电力不足。

2）抄表时若发现电力不足，应及时更新电池以防数据丢失。

3）抄表时，若光线太暗，请打开背光显示。

4）不要自行拆装维修抄表机，当抄表机处于颠簸运输状态下应采取减振措施。

5）长时间不用应将电池取出，防止电池漏液腐蚀抄表机。

6）液晶显示器较脆弱，使用时注意防止暴晒，禁止敲打、划伤、碰摔。

7）不要用手、有机溶剂或其他非柔性物品擦拭镜面，以保护显示区的整洁。

8）抄表机应避免接近高温、高湿和腐蚀的环境。

9）当外界温度有较大变化时，需调节显示器对比度，使抄表机处于最佳状态。

10）雨天中使用抄表机时，要采取防雨措施。抄表机若不慎进水，应及时取出电池，用电吹风的冷风或其他去湿设备清除机器内的积水，再送交维修。

（三）抄表计划管理

抄表计划是为了如期完成抄表工作，制定的各抄表段的抄表例日、抄表周期、抄表方式以及抄表人员等信息的计划。抄表计划的重点是抄表周期和抄表时间的设置。

1. 抄表周期

抄表周期是连续两次抄表间隔的时间。根据《国家电网公司营业抄核收工作管理规定》的规定，抄表周期按以下原则确定。

（1）对电力用户的抄表一般为每月一次。各地可根据实际情况，对居民用户实行双月抄表。

（2）对用电量较大的用电用户每月可多次抄表。

（3）对临时用电用户、租赁经营用电用户以及交纳电费信用等级较差的用户，应视其电费收缴风险程度，实行每月多次抄表并按国家有关规定或约定，预收或结算电费。

2. 抄表例日

根据《国家电网公司营业抄核收工作管理规定》的规定，抄表例日按以下原则确定。

（1）每月 25 日以后的抄表电量不得少于月售电量的 70%，其中，月末 24 时的抄表电量不得少于月售电量的 35%。

（2）根据营业区范围内用户数量、用户用电量和用户分布情况确定用户抄表例日。

（3）抄表例日应考虑抄表、核算、发行的工作量，确保抄表、核算、发行工作任务能及时完成。

（4）在具体编排过程中，还需考虑许多其他因素：合同约定，对于在供用电合同中明确约定了抄表日期的用户，在确定抄表例日时，一定要遵循供用电合同中的约定；考虑线损统计的准确性，抄表例日应合理安排，防止因抄表例日安排不科学，使供电量、售电量统计区间和统计天数不一致，造成线损率波动。如某配变台区的一低压新装用户，其抄表日期的确定应与该配变台区内其他用户一致；考虑电费回收，抄表例日向月末后移必然增大电费回收考核压力，同时也可能面临抄表力量不够的困难，因此在确定抄表例日时，必须考虑到电费回收的现实要求，合理确定抄表例日。每月多次抄表的用户，抄表日必须安排在应收电费发生的日历月内；其他对多电源供电用户，各电源点应尽量考虑安排在同一天抄表；安装了多功能电能表并按最大需量计算基本电费的用户，抄表时间必须与表内设定的抄表日同步。

3. 制订抄表计划

在每月抄表工作开始前，应由抄表班负责人使用电力营销业务应用系统抄表计划管理功能，根据抄表段的抄表例日、抄表周期以及抄表人员等信息生成抄表计划，经过个别维护后，做好该月的抄表计划。采用负控、集抄方式抄表的用户，应单独设立抄表段，制订抄表计划。

抄表计划生成后，即可按计划进行抄表。对无法完成的，可按规定的流程调整抄表计划。

4. 调整抄表计划

当无法按抄表计划进行抄表时，经过审批在系统中对抄表计划中的抄表方式、抄表日期、抄表员等抄表计划属性进行调整，或终止已经生成的计划。

例如：由于灾害性天气、公共假期等原因，临时调整抄表例日；由于人员临时出差调整抄表员；由于集抄、负控终端故障造成区段抄表数据招测失败，临时将抄表方式改为抄表机抄表等。

注意事项如下。

（1）用户抄表日期一经确定不得擅自变更，如需调整抄表日期的，必须上报审批。

（2）抄表日期变更时，应考虑到用户对阶梯电价的敏感性，抄表责任人员必须事前告知用户。

（3）新装用户的第一次抄表，必须在送电后的一个抄表周期内完成，严禁超周期抄表。

（4）对每月多次抄表的用户，严格按《供用电合同》条款约定的日期进行抄表。

（5）抄表计划的调整只影响本次的抄表计划，下次此抄表段生成抄表计划时，仍然是按照区段的原始数据形成计划。如果想彻底修改，需要到抄表段管理中进行调整。

（四）抄表方式

抄表方式是采集计量的电量信息方式，主要分为手工抄表、普通抄表器抄表、远红外抄表器、远程抄表系统（集抄）抄表、IC卡抄表、远程（负控）遥测抄表等抄表方式。

1. 手工抄表

现场手抄是抄表人员到用户处上门抄录电能表的数据，是一种传统的抄表方式。这种抄表方式主要应用于中小城市的中小用户和居民用户，目前，全国不少省、市、地区都在逐步淘汰这种抄表方式。

2. 普通抄表器抄表

这种抄表方式是将抄表器通过接口与用电营业系统微机接口，将应抄表用电户数据传入抄表器，抄表员携带抄表器赴用电户用电现场，将用电计量表记录数值输入抄表器内，回营业所后将抄表器现场存储的数据通过计算机接口传入营业系统微机进行电费计算。目前，这种抄表方式广泛应用在全国大、中型城市。

3. 远红外抄表器抄表

抄表员使用红外线抄表器就可以不必进入到用电户的实际装表处抄表，只需利用红外线抄表器在路经用户用电处，即可采集到该用电户用电计量装置的读数。

4. 远程抄表系统（集抄）抄表方式

远程自动抄表技术就是利用特定的通信手段和远程通信介质将抄表数据内容实时传送至远端的电力营销计算机网络系统或其他需要抄表数据的系统，也称集中抄表系统。抄表时操作人员可以直接选择抄表段抄表即可以完成自动抄表，并可以采用无人干预方式自动抄表。

（1）远程自动抄表系统的构成。远程自动抄表系统种类很多，基本上由电能表、采集器、信道、集中器、主站组成。

电能表为具有脉冲输出或 RS-485 总线通信接口的表计，如脉冲电能表、电子式电能表、分时电表、多功能电能表。

集中器主要完成与采集器的数据通信工作，向采集器下达电量数据冻结命令，定时循环接收采集器的电量数据，或根据系统要求接收某个电能表或某组电能表的数据。同时根据系统要求完成与主站的通信，将用户用电数据等主站需要的信息传送到主站数据库中。

信道即数据传输的通道。远程自动抄表系统中涉及的各段信道可以相同，也可以完全不一样，因此可以组合出各种不同的远程抄表系统。其中，集中器与主站之间的通信线路称为上行信道，可以采用电话线、无线（GPRS/CDMA/GSM）、专线等通信介质；集中器与采集器或电子式电能表之间的通信线路称为下行信道，主要有 RS-485 总线、电力线载波两种通信方式。

主站即主站管理系统，由抄表主机和数据服务器等设备组成的局域网组成。其中抄表主机负责进行抄表工作，通过网络 TCP/IP 协议与现场集中器进行通信，进行远程集中抄表，并存储到网络数据库，并可对抄表数据分析，检查数据有效性，以进行现场系统维护。

（2）载波式远程抄表。电力线载波是电力系统特有的通信方式。其特点是集中器与载波电能表之间的下行信道采用低压电力线载波通信。载波电能表是由电能表加载波模块组成。每个用户室内装设的载波电能表就近与交流电源线相连接，电能表发出的信号经交流电源线送出，设置在抄表中心站的主机则定时通过低压用电线路以载波通信方式收集各用户电能表测得的用电数据信息。上行信道一般采用公用电话网或无线网络。

（3）GPRS 无线远程抄表。GPRS 无线远程抄表是近年来发展较快的抄表通信方式。其特点是集中器与主站计算机之间的上行信道采用 GPRS 无线通信。集中器安装有 GPRS 通信接口，抄表数据发送到中国移动的 GPRS 数据网络，通过 GPRS 数据网络将数据传送至供电公司的主站，实现抄表数据和主站系统的实时在线连接。CDMA、GSM 与 GPRS 无线远程抄表原理相似。

（4）总线式远程抄表。总线式抄表在集中器与电能表之间的下行信道采用，目前主要采用 RS-485 通信方式，总线式是以一条串行总线连接各分散的采集器或电子式电能表，实行各节点的互联。集中器与主站之间的通信可选电话线、无线网、专线电缆等多种方式。

（5）其他远程抄表。抄表系统有很多种方式，随着通信技术的不断发展，无线蜂窝网、光纤以太网等远程通信方式也逐渐应用于电能表数据的远程抄读。

5. IC 卡抄表

使用 IC 卡作为抄表媒介，自动载入预付费电能表的电量、电费等用电信息，并用 IC 卡将信息输入计算机。

6. 远程（负控）抄表方式

电力负荷管理系统是运用通信技术、计算机技术、自动控制技术对电力负荷进行全面管理的综合系统。该系统能够监视和控制地区和专变用户的用电负荷、电量及用电时间段等。其主要功能是遥控、遥信、遥测。各地供电企业在不断强化电力负荷管理系统基本功能的基础上，不断扩充了电力负荷管理系统的新功能。远方自动抄表功能已成为电力负荷管理系统这个综合系统的众多功能之一。

利用负荷管理系统对大用户进行远方抄表时必须严格按例日抄表，由负控员在负控系统中召测数据，电费抄核收人员通过局域网，登录系统按例日将各抄表段的抄表数据读回到营销系统中，实现自动远程抄读用户的各类用电量、电能表示数等数据，核对后用于电费结算，并及时了解实施预购电费用户的剩余电费情况，以及时提示用户预缴电费。

（五）现场抄表工作要求

1. 抄表工作的要求

抄表员每月抄录的用户电量是电力企业按时将电费收回并上缴的依据，也是考核供电部门的线路损失、供电成本指标、用户的单位产品耗电量、计划分配用电量指标，各行业售电量统计和分析的重要原始资料。因此，保证定期抄表及抄表质量十分重要。由于用户众多、情况复杂、并且经常在变化，要完全保证一户不漏地按期抄表，确有一定的困难。为此，一般作如下规定。

（1）抄表日期必须固定，按编排的抄表日程，按时完成抄表任务，保证抄表质量，做到不漏抄、不错抄、不估抄，严禁电话抄表及代抄。若由于客观原因，抄表日期被迫变动，变动后的抄表日期与既定的抄表日期最多提前或推迟一天进行。对于大工业用户，则不论任何原因，都应保证按期抄表。

（2）对于确有某种原因抄不到电表时，要尽一切努力设法解决。如遇用户周休日，则必须在当天或次日补抄，或允许用户代抄，并要求在三日内通知电费管理单位；对确因"锁门"不能抄表者，则可与用户协商，按前一个月的实用电量或按本月用电情况预收当月电费。但无论由于任何原因当月未抄到电能数时，必须在下次抄表时进行复核。要求居民用户实抄率达 99％以上，非居民用户实抄率达 100％。

（3）现场抄表时，应仔细核对现场电能表编号、表位数、厂家、户名、地址、户号是否与用户档案一致。核对现场电压互感器、电流互感器倍率等相关数据是否与用户档案一致，核对变压器的台数、容量，应注意用户是否擅自将变压器上的铭牌容量进行涂改，是否将变压器上的铭牌去掉或使字迹不清无法辨认。对有多台变压器的大用户，应注意用户变压器运行的启用（停用）情况，与实际结算电费的容量是否相符，对有多台变压器的大用户，应注意用户变压器运行的启用（停用）情况，与实际结算电费的容量是否相符。核对最大需量；核对高压电动机的台数、容量。特别对新增用户第一次抄表或老用户变更后的第一次抄表，应在现场认真核对计量装置与记录是否相符，确保其正确无误。如发现问题，应做好现场记录，待抄表结束后，及时反映并出内部工作单。

（4）抄表人员发现用户用电量变动较大时，应及时向用户了解原因并在账页上注明，应了解用电性质有无变化，用电类别、电价标准、用电结构比例分摊是否与用户档案相符，有无高电价用电接在低电价线路上，用电性质有无变化。

（5）抄表时，如遇卡盘（停转）、卡字、自走（自转）、倒转（倒走）或其他故障，致使电能表记录不准时，当月应收电费，原则上可按上月用电量计数，个别情况可与用户协商解决。

抄表时，应正确判断电能表故障原因。如遇用电量突增、突减等情况，则应进行验电，通知用户开动设备，了解情况；对卡字、卡盘、倒走、自走、跳字以及电能表或其附属设备烧毁等故障，除可预收电费外，并做好记录，填报"用电异常报告单"，待有关部门核查处理。

（6）由于电能表发生故障致使计量不准时，可按有关公式进行追补电量的计算，并办理多退少补的手续。

（7）抄表完毕返回办公地点后，应逐户审核电能数是否正确、电费卡片是否完整，并填写电费核算单，以考核每日工作成果。

（8）到大工业用户处抄表时，应首先对用户的设备容量和生产情况进行了解，起到用电检查作用。要按照电费卡片所列项目抄录，不错抄、漏抄，不漏乘或误乘倍数，经复核无误后，再在现场算出电能数，并与上月比较。如发现用电异常情况，应向用户查询原因，并记在电费卡片上，供计算复核电费时参考。

（9）每位抄表员必须完成自己抄表范围内的欠费用户催收工作，居民用户的催收、停电措施按有关规定处理。

（10）对实行峰谷电价的用户，应注意以下各点。

1）考核用户功率因数时，应分别计算不同时段的有功与无功电量之和，并按三个时段电能电费与基本电费之和调整应收电费。

2）对用户负担的变压器和线路损失电量，可与平段电量合并计费。

3）对有输出电量的用户，应在转供电出口处加装分时电能表，各算各账。

4）如分时电能表发生故障，应参照上月三个时段电量的比例计收电费。

5）生产与生活照明电量应从总有功电量与高峰电量中分别扣除，按照明电价计费。

2. 抄表机抄表要求

抄表人员在计划抄表日持抄表机到用户现场抄表，将电能表示数录入到抄表机，并记录现场发现的抄表异常情况。

注意事项：抄表前应检查确认抄表机电源情况，避免电力不足丢失数据的情况。

（1）首先进行抄表信息核对，核对无误后再开始抄表。

（2）然后进行计量装置的运行状态检查。发现电能表故障，应先按表计示数抄记，并在抄表器的指令栏内注明。

（3）开机进入抄表程序，根据抄表机的提示，按照抄表顺序或通过查询表号或用户快捷码找到待抄的用户，并将抄见示数逐项录入到抄表机内。

1）抄录电能表示数，照明表抄录到整数位，电力用户表应抄录到的小数位按照本单位规定执行。靠前位数是零时，以"0"填充，不得空缺。

2）出现抄录错误时，应使用删除键删除错误，再录入正确数据。

3）对按最大需量计收基本电费的用户，抄录最大需量时，应按冻结数据抄录，必须抄录总需量及各时段的最大需量，需量指示录入，应为整数及后4位小数。抄录机械式最大需量表后，应按双方约定的方式确认，将需量回零并重新加封，以免事后发生争执。

抄录需量示数时除应按正常规定抄表外，还必须核对上月的需量冻结值，若发生冻结值大于上月结算数据时，必须记录上月最大需量，回公司后，填写《补收基本电费申请单》。

4）抄录复费率电能表时，除应抄总电量外，还应同步抄录峰、谷、平的电量，并核对峰、谷、平的电量和与总电量是否相符。同时检查峰、谷、平时段及时钟是否正确。注意分时、分相止码之和应该与总表码相符。当出现分时、分相止码之和大于总表码时，很可能是由于表计接线错误造成的。如有问题，应填写工作单交有关人员处理。

　　5) 对实行力率考核用户的无功电量按照四个象限进行抄录，或按照本单位的规定抄录（如组合无功）。无功表电量必须和相应的有功表电量同步抄表，否则不能准确核算其功率因数和正确执行功率因数调整电费的增收或减收。

　　6) 有显示反向电能时，必须抄录反向有功、无功示数。

　　7) 如电能表有失准的报警或提示，则必须抄录失压记录。

　　8) 对具备有自动冻结电量功能的电能表，还应抄录冻结电量数据。

　　9) 注意总表与分表的电量关系是否正常。

　　(4) 抄表时如对录入的数据有疑问，应及时进行核对并更正。

　　(5) 抄表过程中，遇到表计安装在用户室内，用户锁门无法抄表时，抄表员应设法与用户取得联系入户抄表，或在抄表周期内另行安排时间补抄。对确实无法抄见的一般居民用户，可参照正常用电情况估算用电量，但必须在抄表机上按下抄表"估抄"键予以注明。允许连续估抄的次数按本单位规定执行。如系经常锁门用户，应向公司建议将用户表计移到室外。

　　(6) 使用抄表机的红外抄表功能抄表，通过查询表号或用户号定位后，选择红外抄表功能，近距离对准被抄电能表扫描，即能抄录所有抄表数据。

　　(7) 对具备红外线录入数据功能的抄表机抄表，除发生数据读取异常外，不应采用手工方式录入数据，同时应在现场完成电能表计度器显示数据与红外抄见数据的核对和电能表对时工作。

　　(8) 现场抄表结束时，应使用抄表机查询功能认真查询是否有漏抄用户，如有漏抄应及时进行补抄。

　　3. 现场抄表注意事项

　　(1) 抄表时要特别注意将整数位与小数位分清。字轮式计度器的窗口，整数位和小数位用不同的颜色区分，中间有小数点"·"；若无小数点位，窗口各字轮均有乘系数的标识，如×10 000、×1000、×100、×10、×1、×0.1，个位数字的标注×1，小数位的标注×0.1 等。

　　(2) 沿进户线方向或同一门牌内有两个或两个以上用户电表时，必须先核对电表表号后抄表，防止错抄。

　　(3) 使用红外抄表机抄表应注意避光。

　　(4) 不得操作用户设备。

　　(5) 借用用户物品需征得用户同意。

　　(6) 登高抄表应落实好安全措施。

　　1) 上变压器台抄表时应从变压器低压侧攀登，应戴好安全帽、穿绝缘鞋，抄表工作应由两人进行，一人操作，一人监护，并认真执行工作票制度。

　　2) 应检查登高工具（脚扣、登高板、梯子）是否齐全完好，使用移动梯子应有专人扶持，梯子上端应固定牢靠。

　　3) 抄表人员应使用安全带，防止脚下滑脱造成高空坠落。

　　4) 观察是否有马蜂窝，防止被蜇伤。

　　5) 抄表人员要与高低压带电部位保持安全距离（10kV 及以下，0.7m），防止误触设备带电部位。

6）雷电天气时严禁进行登高抄表。

4. 计量装置异常状态的判断与处理

抄表前应对电能计量装置进行初步检查，看表计有无烧毁和损坏现象、分时表时钟显示情况、封印状态、互感器的二次接线是否正确等。如发现异常需记录下来待抄表结束后，填写工作单报告有关部门。必要时应立即电话汇报，并保护现场。具体检查项目包括：

（1）电能计量装置故障现象检查。应注意观察：感应式电能表有无停走或时走时停，电能表内部是否磨盘、卡盘；计度器卡字、字盘数字有无脱落、表内是否发黄或烧坏、表位漏水或表内有无空蚀（汽蚀）、潜动、漏电；电子式电能表脉冲发送、时钟是否正常，各种指示光标能否显示，分时表的时间、时段、自检信息是否正确；注意电子式电能表液晶故障是否有报警提示，如失压、失流、逆相序、超负荷、电池电量不足、过压等。

常见的电能表故障现象的检查内容如下.

1）卡字：用户正常使用电能，但电能表的计数器停止不再翻转。如果发现电能表计数器中有一个或几个数字（不包括最后一位）始终显示一半，一般也会造成卡字。

2）跳字：用户正常使用电能，但计数器的示数不正常地向上或向F翻转，造成用户电量的突增、突减。

3）烧表：电能表容量选用不当、过负荷、雷击或其他原因导致电能表烧坏。

现场可以通过观察电能表外观有无异常现象来判别表是否烧坏：透过玻璃窗观察内部有无白、黄导斑痕，线圈绝缘是否被烧损，若发现电能表接线处烧焦、塑料表盖变形、铝盘和计数器运转异常，应检查电源是否超压，再检查熔丝是否熔断；若熔丝没有熔断，则说明熔丝容量大于电能表的额定电流值。

4）潜动：又称"无载自动"，也称空走。是指电能表有正常电压且负荷电流等于零时，感应式电能表的转盘仍然缓慢转动、电子式电能表脉冲指示灯还在缓慢闪烁的现象。

现场可以通过以下操作判断电能表是否潜动：在电能表通电的情况下，拉开负荷开关，观察电能表转盘是否连续转动，如转盘超过一转仍在转动，则可以判断该电能表潜动。

5）表停：用户正在使用电能，电子表没有脉冲或机械表转盘不转。失压、失流、接线错以及其他表计故障均可能导致电能表不计量。电子式多功能电能表失压、失流时，应有失压、失流相别的报警或提示。

发现电能表不计量，通常先检查电能表进出线端子有无开路或接触不良，对经电压互感器接入的电能表应检查电压互感器的熔丝是否熔断，二次回路接线有无松脱或断线，特别要注意皮连芯断的现象，检查电能表接线螺钉有无氧化、松动、发热、变色现象。

6）接线错：检查互感器、电能表接线是否正确，如：电流互感器一次导线穿芯方向是否反穿，二次侧的 K1、K2 与电能表的进出线是否接反，三相四线电能表每相的电压线和电流线是否是相同相别。

对于单相机械式电能表，尤其注意接地线与相线的接线是否颠倒。电能表的相线、中性线应采用不同颜色的导线并对号入孔，不得对调。因为这种接线方式在正常情况下也能正确计量电能，但在某些特殊情况下会造成漏记电能和增加不安全因素，如用户将自家的家用电器接到相线和大地相接触的设备（如暖气管、自来水管）之间，则负荷电流可以不流过或很少流过电能表的电流线路造成漏记电量，同时也给用户的用电安全带来了严重威胁。

注意分时、分相止码之和应该与总表码对应。当出现分时、分相止码之和与总表码不一致时可能是由于电能表接线错误造成的；注意逆相序提示，因为三相三线电能表或三相四线电能表逆相序安装接线都会造成计量错误；注意电流反向提示，电流反向有可能存在接线错误。

7）倒走：感应式电能表圆盘反转。单相电能表接线接反、未止逆的无功电能表在用户向系统反送无功时，三相电能表存在接线错误、单相 380V 电焊机用电、电动机作为制动设备使用等都可能造成感应式电能表反转。

8）表损坏：表计受外力损坏。包括外壳的损坏。

9）电子表误发脉冲：用户没有用电或用电量很小时，电子表仍在不停地发脉冲计数。

10）液晶无显示：电子表的液晶显示屏不能正常显示。

11）其他：注意电池电量不足提示，电池电量不足时，显示屏"电池图标"会闪烁。如果电子表没有电池，会造成复费率表时钟飘移，分时计量不准；注意通信提示，当表计通信正常时，"电话图标"会在显示屏显示，安装了负控装置的计量装置通过通信端口，可以实现远程防窃电监控和停送电控制。

（2）违约用电、窃电现象检查。

1）检查封印、锁具等是否正常、完好。应认真检查核对表箱锁、计量装置的封印是否完好，电压互感器熔丝是否熔断，封印和封印线是否正常，有无封印痕迹不清、松动、封印号与原存档工作单登记不符、启动封印、无铅封的现象，防伪装置有无人为动过的痕迹。

2）检查有无私拉乱接现象。

3）检查有无拨码现象，注意核对上月电量与本月电量的变化情况。

4）检查有无卡盘现象。

5）查看接线和端钮，是否有失压和分流现象，重点是检查电压联片，有无摘电压钩现象。

6）检查是否有绕越电表和外接电源，用钳型电流表分别测电源侧电流以及负荷侧电流进行比较，也可以开灯试表、拉闸试表。

7）检查有无相线、中性线反接，表后重复接地的：用钳型电流表分别测相线电流、中性线电流以及两电流的相量和（把相线和中性线同时放入钳型电流表内），正常现象是相线电流与中性线电流值相等，相线、中性线同时放入钳型电流表内应显示电流值为零；反之，如果中性线电流大，相线电流很小，相线、中性线同时放入钳型电流表内电流值显示不为零且数值较大，则可确定异常。

（3）异常情况记录。把发现的异常情况或事项记录在抄表机或异常清单上。

二、收费管理

电费回收工作是供电营业管理中抄、核、收工作环节中最后一个环节，也是电力企业资金周转的一个重要环节。收费时间拖长会直接影响收费的完成率，会造成用户占有电力部门的资金，影响资金的周转速度。因此，收费人员应努力做好各项工作，争得用户的支持，实现及时全部地收回应收电费。

（一）按期回收电费作用

电费是电力企业生产、经营活动中唯一的产品销售收入。电力企业从销售电能到收回电费的全过程，表现在资金运转上就是流动资金周转到最后阶段收回货币资金的全过程。回收的电费既反映了电力企业所生产的电力商品的价值，也是电力企业经营成果的货币表现。电力企业如不能及时、足额地回收电费，将导致电力企业流动资金周转缓慢或停滞，使电力企业生产受阻而影响安全发、供电的正常进行。同时，电力企业还要为用户垫付一大笔流动资金的贷款利息，最终使电力企业的生产经营成果受到很大损失。因此，及时足额回收电费，加速资金周转，是电费管理部门的重要考核指标，也是电力企业的一项重要的经济指标。其作用如下。

（1）可保证电力企业的上缴资金和利润，保证国家的财政收入。因电力企业是国家的重要企业之一，企业应按规定向国家交纳税金和利润。如果电力企业不能按期回收电费则无法向国家按期交纳税金和利润，这就必然影响国家的财政收入，影响国家的国民经济发展所需要的资金。

（2）可维持电力企业再生产及补偿生产资料耗费等开支所需的资金，促进电力企业更好地完成发、供电任务，满足国民经济发展和人民生活的需要。同时，也可为电力企业扩大再生产提供必要的建设资金。

（3）按期回收电费是维护国家利益、维护电力企业和用户利益的需要。欠交的电费如不按期收回，有可能形成呆账（逾期已久，处于呆滞状态，但尚未确定为坏账的应收款，俗称呆账）。欠交电费不仅减少电力企业生产资金，使电力企业经营活力降低，给电力企业和各行各业的生产带来不应有的损失；还会导致浪费能源，甚至给挪用和贪污电费者以可乘之机。所以按期回收电费不但维护了国家的利益，也维护了电力企业和用户的利益。为此，电业营业部门应该使用户占用电力企业货币资金的时间缩短，及时、足额地回收电费，加速资金的周转。

（二）缴费方式及业务处理

电费缴费的方式层出不穷，概括起来可以分为三大类，分别是供电企业、金融机构、非金融机构。电费缴费是供电企业销售电能、获取收入的方式，具体的收费方式有：走收、坐收、委托银行代收、银行托收电费、购电、客户自助交费等。

1. 走收

走收是指收费员带着打印好的电费发票到用户现场或设置的收费点手工收取电费的收费方式，收费结束后，核对所收款项，存入银行，并将相关票据及时交接。走收电费的业务流程如下。

（1）确定走收对象，按台区、抄表段等方式准备单据（包括应收清单、收款凭证、电费发票等）。

（2）走收收费人员领取票据，核对应收。检查领取的发票和应收费清单是否相符，对于一户多笔电费的高压用户，检查发票累计是否与实际要求用户缴款的收款凭证相符。

（3）现场收费。对用户交付的现金、支票按不同资金结算方式的清点要求进行审核、清点，确认无误后将发票提交给用户，做到票款两清，不允许多收少收。

（4）银行解款。核对所收各类资金是否与已收费发票的存根联金额一致，应收、未收票据及实收资金是否相符，不一致应查找原因。核对正确后，将资金及时存入指定电费资金账户。解款后，在收费清单上注明所解款电费的解款日期。.

（5）票据交接与销账。收费人员在规定时间内返回单位，将已收发票存根、未收发票、资金进账凭据交相关人员审核，确认无误后相关人员在营销系统内登记销账。

（6）日终清点。相关人员统计生成实收报表，再次与应收清单、资金进账凭据、已收费发票存根、未收发票等凭据进行平账，做到应、实、未收相符，确认无误后，交接双方应签字确认，出现差错的，配合收费人员及时查找原因并处理。

（7）用户未交电费的发票处理。重新走收时，电费违约金发生变化的，将原发票作废，重新打印发票。没有发生变化的，可以使用原先的发票。

走收方式需逐户上门，效率较低，且资金在途风险较大，主要适用于以下两类用户：①农村或偏远地区的低压用户，缴纳的电费资金多为现金；②部分不方便柜面缴费且未开通银行代扣的高压用户，在走收人员上门时，多以支票形式结算电费。

开展走收电费工作时，应注意以下事项。

（1）电费收取应做到日清月结，并编制实收电费日报表、日累计报表、月报表，不得将未收到或预计收到的电费计入电费实收（《营业抄核收工作管理规定》第二十四条）。

（2）按收费片区固定上门收费时间，需要调整的应提前通知用户。

（3）开展走收的单位，应事先明确每个走收人员负责的用户范围。走收电费的应收清单和发票打印、实收销账等工作应由专人负责，并与走收人员核对确认，保障对走收工作质量的有效监督。

（4）收取的电费资金应及时全额存入银行账户，不得存放他处，严禁挪用电费资金。

（5）收费人员在预定的返回日期内应及时交接现金解款回单、票据进账单、已收费发票存根、未收费发票等凭据，及时进行销账处理。

2. 坐收

坐收是指收费人员在设置的收费柜台使用本单位收费系统以现金、POS刷卡、支票、汇票等结算方式，收取用户电费、违约金或预缴费用，并出具收费凭证的一种收费方式。

坐收的场所大多在供电营业窗口，供电企业在本单位以外的区域通过 VPN 虚拟专网、无线通信等通信技术与内部系统通信，还可实现"移动坐收"，如在人流量大的社区、超市租用场地指派工作人员开展坐收，或通过改装车、无线通信便携计算机组合，设立移动收费车坐收电费。坐收业务流程如下。

（1）受理缴费申请。根据用户编号查询用户应缴电费、违约金，确认缴费或预收电费。

（2）票据核查及费用收取。收取费用，根据用户交纳资金的不同形式，审验资金，确认资金的有效性。

（3）确认收费并开具收费凭证。根据用户缴款性质（结清电费、部分缴费、预付电费），为用户开具电费发票或收据。

（4）日终清点。一日收费终止，统计生成当日各类坐收资金的实收报表，将收款笔数、金额与开具的电费发票、收据及实际资金进行盘点，不相符查找原因，处理收费差错，直至报表、票据、资金三账完全相符。最后，清点各类票据、发票存根联、作废发票、未用发票等。

（5）解款。根据不同资金形式解款的方法将资金进账到指定的电费收入账户。

（6）票据交接。将资金解款的原始凭据以及"日实收电费交接报表"等上交相关人员，票据交接需双方签字确认。

坐收电费成本较高，自然收费的实收率较低，但却是知晓度最高且必不可少的一种方式。

坐收电费面对的用户群体，通常是时间充裕、周转资金少的低端低压用户或未办理自动划拨电费的高压用户群体，当一个区域内坐收用户比例较高时，说明该区域内开通的缴费方式不够丰富，应努力创新收费渠道。

供电企业窗口收费人员在开展坐收电费时，应注意以下事项。

（1）电费收取应做到日清月结，及时解款，票款相符，按期统计实收报表，财务资金实收与业务账相符（《营业抄核收工作管理规定》第二十四条）。

（2）不得将未收到或预计收到的电费计入电费实收。

（3）为提高收费效率，可以对用户电费进行调尾处理。调尾的额度可以是角或元，采用取整或舍去尾数的方式。

（4）当允许坐收在途电费时，对于处在走收或代扣等方式在途状态的应收电费，坐收收费人员应主动询问用户是否继续收费，尽可能避免引起重复收费，减少用户不满。

（5）因卡纸等原因造成发票未完整打印，需重新补打印时，应注意作废原发票，保障发票不被重复发放。

3. 代扣

代扣是指用户与供电企业或银行签订委托自动扣划电费的协议，银行按期从供电企业获取用户待缴电费信息，从用户账户扣款，并将扣款结果返回给供电企业的一种销账收费方式。

委托代扣缴费方式又分为两种。

（1）文件批扣模式。用户与供电企业签约，指定扣款账户，应收电费产生后，供电企业生成批量扣款文件，向指定银行申请扣款，银行返回扣款结果，供电企业依据扣款结果批量销账，未成功划款的形成欠费。

（2）实时请求模式。用户与银行签约，委托银行不定期向供电企业查询欠费，发现有未结清电费，则通过代收方式从用户指定账户扣划电费，缴纳到供电企业账户中。

实时请求模式的收费业务处理与供电企业无关，这类用户在供电企业被视为柜台缴费用户，供电企业只需负责用户对应收电费疑问的答复及欠费催收工作，当抄核收人员查出有超期未缴电费时，可直接对其进行催费。

文件批扣模式的收费处理涉及多个部门和岗位，其流程如下。

1）签约。用户到供电营业窗口或银行柜面，填写委托代扣协议，柜面人员登记协议，并将协议资料记录到供电企业的系统中。

2）代扣处理。供电企业查询出所有代扣用户的未结清电费，按银行生成批量扣款文件，发送到银行（或由银行按约定时间提取），银行进行批量扣款，生成扣款结果文件，返回给供电企业进行批量销账，不成功户还原为欠费。

3）收费整理。供电企业汇总每批扣款文件的应收、实收、欠费是否相符，查收银行实际到账资金是否与系统登记实收相符，对不符账项查明原因，及时处理，并在系统内登记实收资金。

4）欠费催收。责任催收人员对扣款不成功用户进行分析，对于账户错误的，与用户联系核实账户，另行扣款；对于资金不足的通知用户及时存款再扣，仍不能解决的，由催费人员上门催收。

5）用户取票。确认电费缴纳成功后，用户到供电营业窗口或约定银行网点索取电费发票，也可由供电企业主动邮寄或银行直接送达用户，具体方式由各地区供电企业与当地合作银行协商确认业务流程，并通过业务系统实施。

代扣方式扣款效率高，大大减轻了手工收款工作量，服务成本低，并能为银行带来资金沉淀，但要求供电企业在用户的开户银行设立电费资金账户。

目前，几乎国内所有商业银行都有与供电企业开通代扣电费业务的实例，邮局也因其网点广泛、服务于低端用户群体的特性，在代收电费业务中占有一定比例。近年来，随着供电企业与银联的合作，具有银联标识银行卡用户，在任何银行签订代扣协议，供电企业都可通过银联扣划电费，这将使代扣业务发展更为迅速、广泛。

4. 代收

代收是指供电企业以外的金融、非金融机构或个人与供电企业签订委托协议，代为收取电费的一种收费方式。代收电费可以采取脱机方式（买票收费，独立于供电企业之外），也可以采取联网方式。目前最常用的是供电企业与代收机构间中间业务平台互联，实现实时联网收取电费的联网方式。

代收电费模式的推出与应用日趋成熟，使供电企业的营业窗口得到了无限拓展，营业时间从一天 8h 发展到了 24h，窗口形式从固定柜台发展到自助柜台、电话服务站、网上商户、移动服务终端、空中充值平台等各种形式。代收电费给代收机构带来宣传效应，为供电企业延伸了柜面，只要代收电费资金安全且手续费成本合理，这种方式是值得大力推广的。

5. 银行托收电费

托收电费也称结算、划拨电费，是电力企业与用户之间通过银行拨付电费的方法，它适用于机关、企业、商店、工厂、军队等单位，手续简便、资金周转快、便利用户、账务清楚。电力企业的电费收入有 90％ 左右是通过银行托收入账的。银行托收分"托收承付"和"托收无承付"两种方法。

"托收无承付"就是由收款单位将托收无承付结算凭证交给银行，不经过付款单位同意，而由银行直接拨入收款单位的账户。

"托收承付"就是将托收承付结算凭证送交银行，由银行通知付款单位，经付款单位同意后，再由银行拨入收款单位的账户。因托收手续涉及收款单位、付款单位和银行三个部门，并涉及财经制度，因此，电力企业必须建立相应的管理办法以及必要的联系制度。

6. 购电

为防范电费风险，采取"先付后用"的方式支付电费的一种收费方式。

采用购电方式结算电费的用户主要包括以下类别。

（1）卡表用户。使用 IC 卡表计量计费的用户。用户持卡在营业网点或具备购电条件的银行网点购电，通过读写卡器将用户购买的电量电费信息写入电卡，卡表电量近零时报警，若未及时续购电，电表自动断电。

在办理卡表购电业务时，还应注意对以下特殊问题的处理。

1）办理卡表新转、换表，读写异常换卡、读入异常换卡、卡表清零等业务后，需要分别处理预置电量、剩余电量、购电信息。预置电量是指在新装、换表或对卡表做清零时给电表预置一定量的电量，使得用户能正常用电。供电单位需要对预置电量额度进行严格控制和管理。剩余电量是指卡表换表时旧表剩余电量或电表清零时电表的剩余电量。

2）对于卡表换普通表和卡表用户销户的情况，卡表的剩余电量形成负应收，相应的金额转为预收。

3）购电当日，在电量未输入电表的情况下，用户可以申请取消最后一次售电，并将电卡信息还原。

（2）负控购电。用户在营业网点购买电量，供电企业通过电能量采集控制功能传送给电能采集系统，管理用户用电的缴费方式。用户在收到"购电余额不足"提示时，通过各种方式购买电量，计入电能采集系统，待供电企业抄表计费后再如实计算电费，结清电费后，为用户出具发票。

购电方式在收取用户电费资金环节与其他柜面收费方式类似，与其他收费方式不同的是，购电方式在正常收取了电费资金后，还需向卡表或负控系统写入用户缴费折算的电量电费信息。

供电企业可以对交纳电费信誉等级较差等电费风险较大的电力用户，采取以合同方式约定实行预购电制度。

7. 自助缴费

用户通过电话、公共网站、自助型终端设备等各种媒介可自主缴纳电费。

各类自主缴费收取的电费资金均与对应渠道柜面实时收费、预约社区坐收等其他缴费形式一起归集到供电企业指定的电费资金账户中，供电企业每日按不同渠道进行代收电费的对账。

自助缴费的形式主要有以下几类。

（1）自助终端机：用户通过银行、银联、非银行机构、供电公司的自助终端机按照界面提示步骤缴纳电费。

（2）电话银行：拨打持卡银行的电话，根据语音提示缴纳电费。

（3）网上缴费：登录持卡银行或银联的网上银行、代收机构网上商铺、供电企业网上营业厅等网站，根据提示缴纳电费。

（4）手机短信：用户将移动、联通等手机与银行卡绑定，开通"手机钱包"，同时银联等代收机构的公共支付平台将电力用户编号与银行卡绑定，实现手机短信指令缴纳电费。

（5）电费充值卡：供电企业自建"95598"充值平台，或借助移动、联通、电信充值平台，开通充值业务后，用户购买充值卡，拨打指定充值电话，根据语音提示缴纳电费。

（6）固网支付：购买具有刷卡功能的电话，开通固定电话公共支付功能，实现"足不出户，轻松缴费"。

8. 分次划拨电费

分次划拨电费是指根据加强电费风险控制与管理要求，对月用电量较大的电力用户实行分月分次划拨电费，月末抄表后结清当月电费的收费方式，业务处理流量如下。

（1）供电企业与用户签订分次划拨协议，在协议中约定每月电费划拨次数，每次缴费的金额、缴款所采用的方式等。在划拨协议中，一般每月划拨次数不少于3次，每次划拨金额计算方式有定额（固定金额）、系数（按上月电量的一定比例）两种方式。

（2）根据用户分次划拨协议，按日或按月生成分次划拨计划并形成应收，划拨计划包括：用户编号、年月、期数、金额、划拨违约金计算日期等。

（3）用户根据分次划拨协议按时缴纳每期的划拨金额，记入预存电费中，供电企业为用户出具收据。对于逾期未缴的，供电企业采用各种策略开展催费。

（4）记录分次划拨实收信息，在月末抄表电费发行后根据前期缴费情况计算尾款，生成缴费明细清单，请用户补交剩余部分电费，如有溢收，可以作为预收，在下月分次划拨时扣除本部分预收，或者直接退还给用户。结清电费后，为用户开具全额电费发票。

在办理分次划拨电费业务时，应注意以下问题。

1）在签订分次划拨电费协议期间，具体划拨期数、额度的确定要与用户充分协商，即期中缴费金额不能太小，不足以控制风险，又不能定得太大，占用用户资金。

2）供电企业收费人员应注意检查分次划拨情况，对于没有按计划执行的，查明原因及时处理。

3）月底统计本期分次划拨计划应收及实收，对分次划拨用户数量增减进行分析，保障电量较大的用户电费资金的安全回收。

（三）电费催收管理

在规定的缴费期限内，用户未按约定的缴费方式交纳电费，则形成欠费。供电企业必须通过各种催收手段开展电费催缴，才能保证电费顺利、足额回收。

依据《电力供应与使用条例》第二十七条、第三十九条，对于逾期不缴纳电费的用户，供电企业可以采取两种催收手段：加收违约金或终止供电。通过这两种手段，绝大部分欠费能及时回收。为充分利用好电费回收手段，以下分别介绍与电费催收相关的法规、基本概念及方法。

1. 电费的交费期限

根据《供电营业规则》第八十二条中的描述，用户应按供电企业规定的期限和交费方式交清电费，不得拖延或拒交电费。

法规中对供电企业规定的用户缴纳电费的期限未作明确说明，通常该期限以与用户签订的《供用电合同》为准。因此，在与用户签订《供用电合同》时，应充分考虑不同用户类型、区域抄表日程因素，使确定的期限既合理又能保障电费在较短周期内回收，降低资金风险，提高回收效率。

2. 电费违约金的计算

电费违约金是用户在未能履行供用电双方签订的《供用电合同》、未在供电企业规定的电费缴纳期限内交清电费时，应承担电费滞纳的违约责任，向供电企业交付延期付费的经济补偿费用，又称为电费滞纳金。电费违约金是法定违约金，是维护供用电双方合法权益的措施之一。

依据《供电营业规则》第九十八条，电费违约金从逾期之日起计算至交纳日止。每日电费违约金按下列规定计算。

（1）居民用户每日按欠费总额的1‰计算。

（2）其他用户：

1）当年欠费部分，每日按欠费总额的2‰计算；

2）跨年度欠费部分，每日按欠费总额的3‰计算。

（3）电费违约金收取总额按日累加计收，总额不足1元者按1元收取。

在违约金计算时还应注意以下事项。

（1）欠费金额为当笔电费的实欠金额，当用户有预存电费或采取分期结算已收部分电费时，应将当笔应收电费扣减已收部分后作为欠费，计算违约金。

（2）计算应以每笔电费为依据，按当笔电费执行电价为判断标准，不足1元取1元。

（3）电费违约金只能计算一次，不得将已计算的违约金数额纳入欠费基数再次计算违约金。

（4）经催交仍未交付电费者，供电企业可依照规定程序停止供电，但电费违约金应继续按规定计收。

【例 21-1】 居民用户王某，与供电公司签订供用电合同，条款中约定"抄表例日为每月 15 日，用户方应在供电方抄表计费后当月内结清电费，否则按相关规定加收违约金。经催交仍未交付电费达 30 天及以上者，依照规定程序停止供电。"2010 年 5、6 月期间，用户因工作原因未能按期缴纳电费，两个月电费金额分别为 108.26 元及 156.32 元，7 月 5 日，该用户到附近供电营业厅缴纳电费，请计算应缴纳多少违约金？

分析：用户欠两个月电费，将超过免交违约金的合同约定日期，其中 5 月电费迟交 35 天（合同约定当月内结清电费，从次月 1 日起收取，共 30+5＝35 天），6 月电费迟交 5 天（从 7 月 1 日算起），因其为居民用户，按 1‰收取，因此，分别计算两个月的违约金如下：

5 月：$108.26×35×0.001＝3.79$ 元

6 月：$156.32×5×0.001＝0.78$ 元

不足 1 元取整到 1 元，两月违约金累计 4.79 元。

（四）欠费停（限）电

根据《电力供应与使用条例》第三十九条，自逾期之日起计算超过 30 日，经催交仍未交付电费的，供电企业可以按照国家规定的程序停止供电。停电催费的程序应遵守相关法规。

1. 停（限）电催费工作标准

（1）在停（限）电催费工作中，必须严格按照"一通知，二警告，三停电"的原则执行，禁止随意停（限）电。

（2）建立《停（限）电催费工作日志》，停（限）电催费人员应严格按照日志上记载的需停（限）电的用户名称、地址等内容执《停（限）电工作单》进行，工作完成之后，必须在《停（限）电催费工作日志》上签字确认。

（3）严禁发生对同一用户下发催缴（存）电费通知单的同时采取停电措施［如将"催缴（存）电费通知单"放在拉下的闸刀下］。

（4）按照《供电营业规则》的规定，停（限）电工作必须是针对发生电费超过 30 日，并经多次催缴后，仍未缴付电费的用户。

（5）一般用户逾期不能交付电费的，三天内应向用户送达催存通知书或催费通知书。在规定限期内仍不能交付电费的，应下达催费停电通知书，通知用户交费期限、应付电费违约金的金额以及将采取停电措施的期限（提前七天送达）。

（6）一般居民用户采取停电不拆表的方式，即在表箱内，将用户出线退出，并贴上"欠费停电，交款后恢复，严禁私自接电"的标示。

（7）对欠费大户催收电费时，要填写《电费催收记录》。第一次，下达欠费金额；第二次下达停电警告、欠费金额及电费违约金额；第三次，下达停电期限（提前七天）；逾期仍不交付电费的，应按照停、限电文件规定的停电时限，必须分三次（七天之前、一天之前及停电之前）通知用户，采取停电措施。

（8）重要用户除按上述规定进行一通知、二警告外，在下达停电通知书时，仍须以便函的形式（必要时以文件的形式）抄报市政府、市经委或主管部门备案。送达时间必须要提前七天。

（9）用户结清电费后，24h内恢复供电（节假日同样）。

（10）发现用户有违约或窃电行为时，用电检查等人员应依据有关法规礼貌地向用户指出。遇到态度蛮横、拒不讲理的用户，要及时报告有关部门，不要与其吵闹，防止出现过激行为。

（11）对违章、窃电已中止供电的用户，接受处理后，若在当天恢复供电有困难的，在次日上午必须恢复供电。

2. 欠费停（限）电通知书的发送

停（限）电通知书的送达主要有三种方式：直接送达、留置送达、公证送达。

直接送达指将停（限）电通知书直接送交用户的方式。用户是居民的，应当由用户本人签收。如果用户本人不在，交由用户的同住成年家属签收；用户是法人或者其他组织，应当由法人的法定代表人、其他组织的主要负责人或者该法人、组织负责收件的人签收。在签收时请签收人在停（限）电通知书中的签收人、签收地点、签收时间处签字。停（限）电通知书如果不是用户本人签收，应当注意的是其他人员签收不能等同于用户签收，其中可能涉及举证责任，因此必须对签收人的身份和在停（限）电通知书上的签名进行审核。

留置送达指用户拒绝签收停（限）电通知书时，把所送达的停（限）电通知书留放在用户处的送达方式。采取留置送达的方式发送停（限）电通知书时，必须要有见证人。供电部门应邀请第三人如当地派出所、司法部门、社区、居委会等部门人员，对停（限）电通知书进行留置送达见证，并请见证人在留置送达见证人处签字，将欠费停（限）电通知书留放在用户处。

公正送达是当用户拒绝签收停（限）电通知书时，由公证机构证明供电部门将停（限）电通知书送达于用户的一种送达方式。当送达停（限）电通知书用户无故拒绝签收时供电部门即可申请公证机构派人员现场监督，记录有关情况。从供电部门送达通知书开始至送达到用户的用电地址，公证员参与其中，对送达全过程实施法律监督。当用户拒绝签收或无人时，由公证员制作现场笔录，证明用户拒收的事实或现场情况，而后将停（限）电通知书留置用户处，并出具送达公证书。供电部门拿到送达通知书，就达到了停（限）电通知书送达的目的。

【思考与练习】

（1）如何利用集中抄表系统进行抄表？

（2）用户拒收停（限）电通知书时，应如何处理？

（3）简述用户缴纳电费的渠道。

模块二　电费核算与账务处理

【模块描述】本模块主要描述了电费核算的要求、程序和内容以及分期结算电费、变更用户电费计算信息复核，电费应收、实收、未收账务核对。

一、电费核算管理

电费核算是电费管理工作的中枢。电费能否按照规定及时、准确地收回，账务是否清楚，统计数据是否准确，关键在于电费核算质量。

（一）电费核算工作程序

（1）严肃认真，一丝不苟，逐项审核。

审核内容大致包括以下几项。

1）新装用户立户是在用户提出用电需求，经柜台受理、现场勘查设计、用户缴费、装表接电后，正式成为供电企业的用户进入抄表计费的过程。对新装用户认真审核微机中的用户户名、用电地址、容量、电压等级、电能表厂名、电能表表号、电能表位数、TA、TV、倍率等是否与资料一致，计费参数是否正确。

2）负责抄表机的发放与回收，以及电费发票的领取与管理，根据抄表员交回的电费卡片，首先核对卡片户数是否与电费卡片户数明细表相符，然后分户复核抄表卡。

3）抄表机上装后对计费清单的户名、地址、电量、电费、电价逐项审核，重点审核各类异常情况，如电量突增、突减、零度、动态信息等。对日报中各项进行审核，并核对日报与计费清单是否相符，以保证统计数据的准确性。

4）如发现抄表有差错，除应改正电费卡片及核算单外，还应更换电费单据。"电费交费通知单"应由抄表人员当日到用户处更换，并做好差错记录。

5）由于电能表发生故障或其他原因必须推算电费，应按规定审核。在处理低压用户动态信息时包括表烧、表停、表无显示、卡字、反转等，用户电量应分日计，按下列公式计算电量：新表抄见电量／新表装表日期×表坏天数－暂计电量。

6）按规定期限完成核算任务。微机核算电费，执行微机应用管理标准。核算正确率应达100％。

（2）账务处理。在客户发生减容、暂停、暂换、暂拆、过户、迁址、移表、分户、并户、改压、改类、销户等业务变更时的处理工作。要求如下：

1）工作认真负责，具有高度的责任心。

2）熟悉《供电营业规则》及相关政策规定，熟悉电价政策及电价分类。

3）熟练掌握各类客户的电量电费计算。

4）对专变客户变压器的暂停、减容、暂换政策及时限规定要熟悉。

5）针对业务变更的内容，认真核对客户的用电性质、表计参数、计费参数。若同时有换表，要认真核对新表起码、旧表止码，并做好动态调整电量。

6）要在抄表前将各类变更业务单处理完，保证抄表机内信息及时准确。

（二）对计算机核算员和复核员的要求

1. 对计算机核算员的要求

（1）计算机核算员负责准备抄表数据，并打印抄表通知单。在抄表前负责将待抄用电户的抄表信息经数据转化后从数据库中装入抄表器，抄表器中每户（表卡）信息齐全。

（2）计算机核算员必须严格把好工作质量关。在发送数据前处理完新装、变更、换表、拆表等用电工作票，保证次日抄表器发送数据工作及每日抄表器接收数据工作的及时与准确，保证抄表员按时领取抄表器。负责抄表器的日常维护保管工作，保证抄表器正常工作。

（3）准确发送数据。

（4）负责抄表器已抄数据的接收工作。抄表员每日抄表完毕将抄表器交计算机核算员，由计算机核算员将抄表器中的数据通过通信口，经数据转化装入计算机数据库中。

（5）转化完毕提供（打印）抄表指示数清单。

（6）进行电费核算工作。负责对抄表异常情况进行处理；负责核算前的电量审核工作；负责打印用电户清单和收据、应收日报表，并负责其他用电户的电费预发行，转交复核员进行审核，并与抄表器交接签收记录表核对；负责根据抄表异常情况报告、交接签收记录表等对抄表员实抄率进行考核；负责将当月发生的新装、增容、变更、换表、拆表等工作票移交给复核员。

2. 对复核员的要求

（1）电费复核员工作认真负责，要具有高度的责任心，对用电户清单的户名、地址、本月指数、上月指数、本月电量、电费、电价逐项审核。重点审核由计算机提供（打印）出的各种异常情况，包括用电户（每表卡）本月电量与去年同期及与上月电量的异常情况；用电户（表卡）本月均价与去年同期及与上月均价的异常情况；用电户本月变压器利用率与去年同期及与上月利用率的异常情况。对出现的异常情况要进行分析，及时发现问题，防止出现差错。用电户清单必须与应收日报单相符。

（2）熟悉《供电营业规则》及相关政策规定，熟悉电价政策及电价分类。审核无误后，及时备份，防止数据丢失，并进行正式的电费发行。

（3）熟练掌握各类用户的电量电费计算及动态处理，各类业务工作流程及审批程序。负责审核计算机核算员处理的新装、增容、变更、换表、拆表等用电工作票，保证抄表、核算的工作质量。

（三）分期结算电费

1. 分期结算的概念

对月用电量较大或存在电费回收风险的用户，供电企业可按用户月电费情况确定每月若干次抄表计收电费。也称分次结算。

2. 分期结算用户电费计算的特殊规定

对于分期结算用户，除月末最后一次计算，其余各期按抄见电量计算电度电费和代征电费。

对于分期结算用户，每月最后一次结算时，计算其全月基本电费。

对于分期结算用户，在最后一次抄表时按全月用电量计算功率因数，以全月目录电度电费和全月基本电费作为基数计算功率因数调整电费。

3. 分期结算注意事项

分期结算应与用户签订分期结算协议，并根据协议的时间、期数进行抄表计收电费。

供电企业应按协议的约定给分期结算的用户提供电费发票。

按协议约定对逾期未交清分期结算电费的用户计算相应的电费违约金。

（四）变更用户电费计算

基本电费以月计算，但新装、增容、变更与终止用电当月的基本电费，可按实用天数（日用电不足 24h 的，按一天计算）每日按全月基本电费 1/30 计算。事故停电、检修停电、计划限电不扣减基本电费。

（1）增加容量时的基本电费计算式为

基本电费＝原有容量的基本电费＋新增容量×$\dfrac{基本电价}{30}$×增加容量后变压器实际运行天数

对于新装客户，式中"原有容量的基本电费"为零。

【例 21 - 2】 某化工厂原有容量 320kVA，因生产规模扩大，于 3 月 8 日增容到 560kVA，求 3 月份供电企业应收取多少基本电费？[基本电价为 28 元/（kVA·月）]

解 3 月份基本电费＝320×28＋（560－320）×28/30×23＝14 112 元

（2）变更时的基本电费计算式为

基本电费＝原容量×$\dfrac{基本电价}{30}$×变更前变压器实际运行天数＋变更后容量×

$\dfrac{基本电价}{30}$×变更后变压器实际运行天数

对于终止用电用户，式中"变更后容量"为零。

其中变更时的基本电费按每台变压器进行计算。

按变压器实际运行天数进行容量计算时，如有小数，计算基本电费时将变压器容量保留到小数点后两位。

需要说明的是：《国家电网公司信息化建设工程全书八大业务应用典型设计卷营销业务应用篇》中还有关于基本电费的计算公式，这里推荐其中两个。

【例 21 - 3】 某大工业用户，2009 年 2 月新装投运受电变压器 400kVA 两台，合同约定基本电费按变压器容量计收，基本电价为 26 元/（kVA·月），抄表例日为每月 17 日。该用户 2011 年 7 月 5 日暂停一台变压器 400kVA，请问该用户 2011 年 7 月基本电费是多少？

解 按变压器实际运行天数计算
$$基本电费＝400×26＋400×26/30×18＝16 640 元$$

（3）其他相关规定。减容期满后以及新装、增容的用户，两年内不得申办减容或暂停。如确需要办理减容或暂停的，减少或暂停部分容量的基本电费应按 50％计算收取。

暂停期满或每一个日历年内累计暂停用电时间超过六个月者，不论用户是否申请恢复用电，供电企业须从期满之日起，按合同约定的容量计收其基本电费。

暂停时间少于 15 天的，暂停期间基本电费照收。

对两部制电价的用户若暂换变压器，则应从暂换之日起，按替换后的变压器容量计收基本电费。

对于影响基本电费计算的业务变更（如增容、减容、减容恢复、暂停、暂停恢复等），如计算方式发生变化（如容量变需量或者需量变容量），变更前后分别按各自计算方式以实际使用天数进行计算。

（五）各类错误计算信息修改

根据要求，电费复核人员应对涉及电费计算的电价类别、计算方式、电压、定量比、综合倍率、功率因数标准、峰谷考核等计费参数和退补、违约用电、窃电等电量电费处理方式的正确性进行检查，并对平均电价过高和过低、功率因数异常、零电量用户、新装用电用户、用电变更用户、电能计量装置参数变化等用户进行重点复核，旨在发现电费计算中存在的问题，找出原因进行相应的处理。

各种错误计算信息的判断与处理方式如下。

（1）容量类的错误计算信息。计算起止日与实际不符、变压器用户计算容量与档案容量不一致等。

当用户的容量计算发生错误时，主要影响用户的基本电费、功率因数调整电费。结合实际情况计算需要退补的基本电费、功率因数调整电费。

（2）计量类的错误计算信息。综合倍率错误、计量故障造成错误、表计失窃、接线错误、计量装置质量等。

计量错误主要影响用户的电度电费、功率因数调整电费。根据不同的计量错误类型，按照《供电营业规则》相关条款的规定，确定需要退补的电量、电度电费、功率因数调整电费，经审核、审批确认后在营销业务应用系统中完成电量电费的退补工作。

（3）电价类的错误计算信息。执行电价错误、行业分类错、功率因数标准错、电价与行业分类不对应等。

电价错误会影响用户的基本电费、电度电费、功率因数调整电费。针对不同的错误类型，经调查、审批、确认后更正错误信息，计算需要退补的电费，在营销业务应用系统中完成电量电费的退补工作，必要的时候可以全减另发。

（4）其他原因。档案信息与现场信息不一致、由于换表等原因造成变压器使用天数重复、营销业务应用系统中信息错误、抄表错误等。

对档案信息错误的情况可以经调查、审批、确认后更正信息，并在营销业务应用系统中进行电量电费的退补。对抄表错误的情况可以在营销业务应用系统中进行工单拆分，按要求进行数据更正的工作。其他的情况经审核、审批确认后计算需要退补的电量电费，在营销业务应用系统中进行电量电费的退补。

无论是什么差错，对发现的问题应每日记录相关的信息，如差错类型、发生时间、责任部门和责任人；各类电费计算特殊事件、处理时间、工作人员、事件发起联系人、批准人、发起原因等；根据现场的实际情况纠正和处理差错，并按月汇总形成复核报告并上交。

（六）应收电费的核对与汇总

每个抄表段的电费计算审核完毕后进行电费发行，产生应收电费。通过应收日报、应收月报相关对应汇总信息的核对，确认应收电费的正确。

1. 应收日报

（1）编制目的。用于统计每日电费发行情况。

（2）内容简述。统计各单位每个电价类别的本日售电量、本日应收电费、本日到户单价等信息。

（3）应用层次。地市公司、区县公司、供电所。

（4）统计说明。

$$售电量 = 当日或当月累计发行电费的计费电量之和$$

$$到户单价 = \frac{应收电费}{售电量}$$

$$应收电费 = 电费发行后的电费总额$$

2. 应收月报

（1）编制目的。用于统计每月和当年累计的电费发行情况。

（2）内容简述。统计各单位每个电价类别的本月售电量、本月应收电费、本月到户单价等信息。

（3）应用层次。地市公司、区县公司、供电所。

（4）统计说明。

$$售电量 = 当月累计发行电费的计费电量之和$$

$$到户单价 = \frac{应收电费}{售电量}$$

$$应收电费 = 电费发行后的电费总额$$

3. 应收电费的核对

（1）编制应收日报。应收电费工作人员检查每天各抄表段的电费发行情况，如发现未按期发行电费的，反馈给所属的电费核算人员及时处理。

（2）编制应收月报。应收电费工作人员在应收月报生成之前，必须确认当月电费已全部按期结束发行，形成应收电费。否则必须及时反馈给单位处理，以免造成应收电费信息不准确。

（3）应收电费的核对。应收日报中本日的售电量、应收电费之和与当月累计值应相符。应收月报中本日的售电量、应收电费之和与当月累计值应相符。

每天的应收日报汇总与应收月报、电量电费汇总清单等信息进行核对，确保应收月报与应收日报汇总以及相应的应收业务之间的数据关系正确。若发现相关信息不符，一定要进行分析找出原因，并通知相关部门，采取必要的措施纠正错误。

二、电费账务管理

日常营销账务处理指营销会计事务中的日常业务记录工作，主要涉及应收管理、实收管理、预收管理及对账管理工作，一般由电费管理中心的业务人员处理。

日常业务的会计分录均可在营销业务应用系统应、实收电费产生时自动生成，也可在某时间段内按照会计事务分类，以电费汇总报表为依据手工填制。一个会计期间内凭证可选择在期间内按业务量多少分多次制作，也可选择在会计期末统一生成。

电费账务应准确清晰。按财务制度建立电费明细账，编制实收电费日报表、日累计报表、月报表，严格审核，稽查到位。

每月应审查各类日报表，确保实收电费明细与银行进账单数据一致、实收电费与进账金额一致、实收电费与财务账目一致、各类发票及凭证与报表数据一致。不得将未收到或预计收到的电费计入电费实收。

用户同时采用现金、支票与汇票支付一笔应收电费的，应分别进行账务处理。

（一）应收管理

与电费核算人员交接并审核应收日报。检查每天电费发行情况，如发现未按期发行电费的，反馈给所属的电费核算人员及时处理；检查报表是否平衡，并根据营销业务应用系统的提示错误，查明原因，通知相关人员纠正错误。

需要在会计期间内分次制作应收电费的记账凭证，依据系统内相应数据自动生成或手工编制会计分录，形成记账凭证。

（二）实收管理

1. 收费交接

接收并核对各种收费方式的实收日报表、银行进账单、现金解款单、发票收据存根联、作废发票收据、未用发票收据、支票、本票、汇票等。对发现不平衡的，查明原因，通知相关人员，纠正错误。

2. 代收实收统计

开展银行或其他代收机构的对账、代扣入账，依据代扣机构提供的对账文件处理代收单边账。对账完成后，按代收机构统计代收、代扣实收日报单。

3. 制作实收电费的记账凭证

根据实收日报及相关附件制作审核各类实收凭证。凭证可选择每日或一个时间段内查收资金后合并制作或月末一次性汇总制作等多种方式。

4. 凭证传递

根据实际业务需要，将核对后的电费实收资金分类汇总报表传递至财务部门进行会计核算。

（三）预收管理

监控预收款的收取和冲抵。按日统计并审核预收款冲抵报表。

如果有预收款，应增加相应的预收会计分录，并应定期按单位制作预收款冲抵报表，制作预收款冲抵的转账凭证。

（四）账目核对

1. 接收到账资金

获得银行提供的纸质文档或电子文档格式的对账单，录入或导入对账单。或根据双方约定的规则，直接通过银行系统获取对账单。

2. 账目核对

根据单号、金融、借贷、结算方式等核对银行日记账与银行提供的对账单的关联关系，对不符账项与银行核对后人工调整一致。

核对到账资金与营销业务应用系统销账及实收日报单是否一致，对于已到账未在营销业务应用系统销账的，及时登记销账，记录到账金额和到账时间，重新统计审核实收日报单；对于营销业务应用系统销账与银行到账资金不符的，查明原因，通知相关人员纠正错误。

账目核对一致的在营销业务应用系统内确认平账；对系统未确认关联关系的部分，由人工进行处理。同时，清理相关原始凭证，提供给营销会计制作记账凭证。

3. 未到账处理

出现未按期到账的银行存款即未达账时，协调催费人员、用户付款银行、供电公司收方银行共同查明原因，及时追回当笔电费资金。对于确认无法到账的，可采用退票和换票两种方式进行处理。

三、票据管理

开展电费票据管理的意义在于真实、准确记录电费票据使用情况，确保供电企业的电费票据开具过程的正确、严谨且符合税法政策，防止重复出票产生的经济纠纷；确保电费票据能被无遗漏地管理监控，防范票据流失，杜绝因电费票据遗失造成供电企业的经济风险；合理规划电费票据的用量及印制计划，降低废票比例，避免过量印制、使用及存储造成的不必要的浪费。

（一）电费票据的作用

（1）记录经营活动的证明。电费发票、预缴电费收据等票据完整说明了电能销售经济行为，盖有供电企业印章，载有经办人信息，还具有监制机关、字轨号码、发票代码等，具有法律证明效力，是确认电能销售或预售真实性及有效性的重要依据。

（2）税务稽查依据。发票一经开具，票面载明的征税对象名称、数量、金额为计税提供了原始可靠依据；也为计算应税所得额、应税财产提供了必备资料，是税务稽查的入口和重心。

（3）加强财务会计管理的手段。发票是会计核算的原始凭证，正确地填制发票是正确地进行会计核算的基础。供电企业正确填开的电费发票，是电力用户支付电费后进行会计核算的必要凭据。

发票在一定条件下有合同的法律性质，供电企业应管理好电费发票等票据，防止票据丢失。

（二）要求

（1）设置专人负责电费票据的申印、申领及库管工作。

（2）未经税务机关批准，电费发票不得超越范围使用。严禁转借、转让、代开或重复出具电费票据。

（3）增值税电费发票开具须专人负责，并按财务制度规定做好申领、缴销等工作。

（4）票据管理和使用人员变更时，应办理票据交接登记手续。

（5）严格电费印章管理。

（三）票据的使用

1. 电费发票印制

（1）电费发票使用当地税务部门监制的专用发票。供电企业需印制电费发票时，由财务部门向当地税务部门提出申请，经批准后方可印制，并应加印监制章和专用章。

（2）电费票据制作完成后，对印刷厂交货的新票据，认真查验入库。凡遇多印、少印、质量差劣等问题，应及时交涉更正。

（3）对于确认无误的入库票据按票据类别、票据号码范围整批在营销业务应用系统内登记入库，记录入库结果（包括入库人员、入库时间、入库机构、张数、票据类别、票据号码等）。

2. 电费发票交接

（1）建立电费发票交接登记制度，形成发票交接台账，对电费发票的领取、核对、使用、作废、返还及保管进行完备的登记并办理签收手续。

（2）电费发票的交接手续分票据使用部门、票据使用人两级办理。票据使用部门应指定专人按需向财务部门申请印制并领用票据，对份数、发票号码当场验证清楚后办理签收手续，发现有误立即提出并清点无误后签收。票据使用部门再将领用发票分配交接到本部门具体的票据使用人开展日常票据打印业务。两级票据交接工作均需在营销业务应用系统内登记，对领用的电费票据应妥善保管。

（3）票据委托银行、超市等第三方开具的，应执行与票据使用部门同样的领用、开具、核销的管理程序。

（4）票据使用部门或票据使用人可根据需要定期或不定期返还未用票据到上一级票据管理人员，申请返还未用票据应在营销业务应用系统进行登记，记录返还结果（包括返还人员、入库人员、返还时间、入库机构、票据使用部门、张数、票据类别、票据号码等）。返还的未用票据可供其他开票人领用并使用。

3. 电费发票的开具

（1）在收取电费或已缴费用户到柜面索取电费发票时，业务人员应为用户开具电费发票。发票应通过营销信息系统计算机打印，并在系统中如实登记开票时间、开票人、票据类型和票据编号等信息。

严禁手工填开电费发票。不得使用白条、收据或其他替代发票向用户开具电费发票。

（2）计算机打印的电费普通发票均应加盖"财务专用章"或"发票专用章"和填制人签章后有效。

（3）用户申请开具电费增值税发票的，经审核其提供的税务登记证副本及复印件、银行开户名称、开户银行和账号等资料无误后，从申请当月起给予开具电费增值税发票，申请以前月份的电费发票不予调换或补开增值税发票。

（4）销售充值卡与充值卡缴费不能重复开具发票。

（5）已开具的电费发票不允许重复打印。打印当日若出现夹纸等异常情况未正常出票的，查明原因并经专人审批后，可在营销业务应用系统内作废原发票并重新开票。

4. 电费发票的作废

（1）作废发票，须各联齐全，每联均加盖"作废"印章，并与发票存根一起保存完好，不得丢失或私自销毁。

（2）作废发票应在营销业务应用系统内如实登记作废时间、作废人等信息。系统内所登记的作废信息必须与实际作废票据相符。

5. 电费发票的清理检查

（1）票据使用人每日将已用发票、作废发票按发票号码顺序装订成册，整理保管，随时备查。

（2）票据使用人根据票据使用情况按月对票据进行清理，一般以领用批次为单位。清点时，应核对已用发票数量、作废发票数量、未用发票数量是否与当批领用票据数量相符，不相符的检查登记是否正确，追查遗失票据，直至完全相符。

（3）票据管理部门及使用部门应定期编制电费票据使用报表并上报，内容包括电费发票入库数和起讫号码、领取数和起讫号码、已用数和起讫号码、作废数和发票号码、未用数和起讫号码等。

（4）票据管理部门应定期或不定期对票据使用情况进行监督检查，并对票据作废率等关键指标进行考核。票据保管超过规定年限的，按税务部门规定的程序予以核销处理。

（四）其他票据管理工作

（1）设置专人负责电费专用印章管理，严格在规定的范围使用印章。印章领用、停用以及管理人员变更时，应办理交接登记手续。

（2）增值税发票统一由税务部门指定的开票机开具，并定期向税务部门报送开票信息。

（3）托收凭证、收款收据等各类其他票据的保管、领用、核销管理也应建立相应管理制度，按需申报计划并印制，票据交接也应办理登记签收手续。

📖【思考与练习】

（1）对发生用电变更的用户其基本电费应如何计算？

（2）分期结算有哪些注意事项？

（3）日常账目核对工作有哪些？

模块三　电　费　计　算

🎓【模块描述】本模块主要描述了单一制电价用户和两部制电价用户的电费计算等内容。

一、单一制电价用户的电费计算

对于一般单一制电价用户本月用电量＝（本月抄见电能表止码数－上月抄见电能表止码数）×倍率。当有更换电能表时，用电量还应加上新表部分的用电量，即用电量＝（旧表末止码数－上月止码数）×倍率＋（新表末止码数－新表起码数）×新表倍率。这类用户的电费计算比较简单，本月电费＝本月用电量×电度电价。

对于高供低计即用户电能计量装置装设在变压器的低压侧，其损耗未在电能计量装置中记录。根据《供电营业规则》第七十四条规定："用电计量装置原则上应装在供电设施的产权分界处。如产权分界处不适宜装表的，对专线供电的高压用户，可在供电变压器出口装表计量；对公用线路供电的高压用户，可在用户受电装置的低压侧计量。当用电计量装置不安装在产权分界处时，线路与变压器损耗的有功与无功电量均须由产权所有者负担。在计算用户基本电费（按最大需量计收时）、电度电费及功率因数调整电费时，应将上述损耗电量计算在内"。

用户本月用电量＝（本月抄见电能表止码数－上月抄见电能表止码数）×倍率
＋变损电量

本月电费＝本月用电量×电度电价

功率因数调整电费是根据用户本抄表周期内的实际功率因数及该用户所执行的功率因数标准，按功率因数调整电费表的调整系数对用户承担的目录电度电费进行相应调整的电费。

执行功率因数调整电费办法的单一制电价用户，其本月电费＝电度电价×结算电量±功率因数调整电费，其中功率因数调整电费＝电度电价×结算电量×功率因数增减百分数。

【例21-4】　某居民楼380/220V电压供电，抄见电表3具，上月底表底数分别为：6984、8685、4875，本月抄见读数为：7874、0012、6743，试计算当月居民楼应交电费。（电价为0.573元/kWh）

解　当月电量＝（7874－6984）＋（10 012－8685）＋（6743－4875）＝4060kWh

当月应交电费＝0.573×4060＝2326.38元

【例21-5】　某工厂供电电压为10kV，受电变压器容量为200kVA，本月份有功电量为65 000kWh，无功电量为50 000kvar，电度电价为0.464元/kWh，求该厂本月应交电费（不计代征款）。

解　该厂应执行的功率因数标准为0.79<0.9

$$\tan\varphi = 无功电量／有功电量 = 50\,000/65\,000 = 0.769$$

查表得：$\cos\varphi=0.79$

查表：应增收 5.5%

该厂本月应交电费=0.464×65 000+（0.464×65 000×5.5%）

　　　　　　　　=30 160+1658.8=31 818.8 元

二、两部制电价用户的电费计算

（一）执行两部制电价用户电费的构成

按照现行电价制度分类，所有用户可分为执行单一制电价和两部制电价。

两部制电价包含基本电价、电度电价。电度电价包含目录电度电价、各项基金及附加单价的总和。对应的电费有基本电费、目录电度电费、代征电费。

基本电费是根据用户变压器的容量（包括不通过变压器的高压电动机的容量）或最大需量和国家批准的基本电价计收的电费。目录电度电费、代征电费与执行单一制电价用户相同。

执行两部制电价的用户均应包含功率因数调整电费。

（二）执行两部制电价用户电费的计算方法

1. 基本电费的计算

（1）按变压器容量计收。根据用户受电变压器容量加上不通过该变压器的高压电动机容量（此时 kW 或 kVA 等同），按国家批准的基本电价计收。

根据《供电营业规则》的相关规定：以变压器容量计算基本电费的用户，对备用的变压器（含不通过变压器的高压电动机），属于冷备用状态并经供电企业加封的，不收基本电费；属于热备用状态或未经加封的，不论使用与否都计收基本电费。

用户专门为调整功率因数的设备，如电容器、调相机等，不计收基本电费。

在受电装置一次侧装有连锁装置互为备用的变压器（含高压电动机），按可能同时使用的变压器（含高压电动机）容量之和的最大值计算其基本电费。

如转供户为按容量计算基本电费，应按合同约定的方式进行扣减。

（2）按最大需量收取。根据用户与供电部门协商的最大需量核准值，从最大需量表中抄录本抄表周期的最大需量读数，经过计算得到实际的最大需量值，按相关规定及国家批准的基本电价计收。

抄见最大需量的计算式为

$$抄见最大需量\ i = 本次示数\ i × 综合倍率$$

结算最大需量的计算

$$结算最大需量 = \max(抄见最大需量\ i)$$

其中，i 表示不同的时段。如用户变更用电时变更前后的时间段。

按最大需量计收基本电费时应遵循下列规定。

对有两路及以上供电的用户，各路进线应分别计算最大需量。在分别计算需量时，如因供电部门有计划的检修或其他原因而造成用户倒用线路而增加的最大需量，其增大部分可在计算用户当月最大需量时合理扣除。

双路电源情况下，按照需量计算基本电费的，如果是双路常供，基本电费需要按照两个需量表分别计算，各路按照单路供电需量计算基本电费的原则计算，用户上报两路各自的核准值。如果是一路常用一路备用，基本电费需要按照需量值大的一路计算。

在计算转供户用电量、最大需量及功率因数调整电费时，应扣除被转供户、公用线路与变压器消耗的有功、无功电量。但是被转供户如果不执行功率因数调整电费时，其有功无功电量都不扣除。

最大需量按下列规定折算。

1）照明及一班制：每月用电量 180kWh，折合为 1kW。

2）两班制：每月用电量 360kWh，折合为 1kW。

3）三班制：每月用电量 540kWh，折合为 1kW。

4）四班制：每月用电量 720kWh，折合为 1kW。

如转供户为按最大需量计算基本电费，需将被转供户电量折算成最大需量扣除。

按最大需量计算基本电费的用户，凡有不通过专用变压器接用的高压电动机，其最大需量应包括该高压电动机的容量。用户申请最大需量，也应包括不通过变压器接用的高压电动机容量。

实际计收时按下列不同的情况进行处理。

1）实际抄见最大需量少于或等于核定值或大于但没超过核定值 5% 的，按实际最大需量计收基本电费。

2）用户实际最大需量超过核定值 5%，超过 5% 部分的基本电费加一倍收取。

3）低于变压器容量（kVA 视同 kW）和高压电动机容量总和的 40% 时，则按容量总和的 40% 核定最大需量。由于电网负荷紧张，供电部门限制用户的最大需量低于容量的 40% 时，可以按低于 40% 数核定最大需量。并按此计算基本电费。

2. 两部制电价计算应用举例

【例 21-6】 某工厂供电电压为 10kV，受电变压器容量为 3200kVA，本月份有功电量为 18 500kWh，无功电量为 18 840kvarh，最大需量为 1200kW，基本电价为 24 元/kWh，电度电价为 0.34 元/kWh，求该厂本月应交电费（不考虑丰枯、峰谷电价制度，不计代征款）。

解 $3200 \times 40\% = 1280 > 1200$

该厂的最大需量应为 1280kW。

$$基本电费 = 24 \times 1280 = 30720 \ 元$$
$$电度电费 = 0.34 \times 18\,500 = 6290 \ 元$$

功率因数调整电费的计算：该工厂应执行的标准功率因数为 0.9，计算实际功率因数

$$\tan\varphi = 无功电量 / 有功电量 = 18\,840/18\,500 = 1.018$$
$$\cos\varphi = 0.70 < 0.9$$

查表：应增收电费 10%

$$调整电费 = (30\,720 + 6290) \times 10\% = 3701 \ 元$$
$$该厂本月应交电费 = 30\,720 + 6290 + 3701 = 40\,711 \ 元$$

【例 21-7】 某大工业用户，高压 10kV 供电，受电变压器 S11，容量为 500kVA，计量方式为高供低计。该用户执行分时电价，合同约定按最大需量收取基本电费，基本电价为 39 元/（kW·月）。抄表例日为每月 18 日。2 级计量点装表实抄，用电性质为非居民照明用电，线路损耗系数为 0.025 且分摊到分表，无其他变更情况。10kV 大工业销售电价 0.605 元/kWh，代征电价 0.061 6 元/kWh，10kV 非居民照明销售电价 0.945 元/kWh，代征电价 0.061 6 元/kWh，已知该用户 2011 年 7 月的相关信息见表 21-1，试计算该户 2011 年 7 月电费。

表 21 - 1　　　　　　　　　　　　**例 21 - 7 用户 2011 年 7 月相关信息**

			起码	止码	倍率
抄见电量	总表	总	25 010. 44	26 873. 02	120
		峰	6102. 52	6513. 25	120
		谷	8006. 81	8657. 67	120

解　（1）计算抄见电量。

总表有功总抄见电量＝120×（26 873. 02－25 010. 44）＝223 510kWh

总表有功峰抄见电量＝120×（6513. 25－6102. 52）＝49 288kWh

总表有功谷抄见电量＝120×（8657. 67－8006. 81）＝78 103kWh

总表有功平抄见电量＝223 510－49 288－78 103＝96 119kWh

总表无功抄见电量＝120×（4990. 52－4345. 07）＝77 454kvarh

总表需量的抄见电量＝3. 05×120＝366kW，大于变压器容量的 40%

分表非居民有功抄见电量＝3288. 33－2597. 14×30＝20 736kWh

根据变压器型号查表可知，变压器为有功变损 2608kWh，无功变损 11 432kvarh。

（2）计算变损和线损。

计算总线损＝（223 510＋2608）×0. 025＝5653kWh

变损分摊到非居民分表＝2608×20 736/223 510＝242kWh

变损分摊到大工业＝2608－242＝2366kWh

线损分摊到非居民分表＝5653×20 736/223 510＝524kWh

线损分摊到大工业＝5653－524＝5129kWh

按比例峰 6/24、谷 8/24、平 10/24，分摊剩余变线损，及扣除分表电量。

扣除分表有功峰分摊电量＝20 736×6/24＝5184kWh

扣除分表有功谷分摊电量＝20 736×8/24＝6912kWh

扣除分表有功平分摊电量＝20 736－5184－6912＝8640kWh

变损有功峰分摊电量＝2366×6/24＝592kWh

变损有功谷分摊电量＝2366×8/24＝789kWh

变损有功平分摊电量＝2366－592－789＝985kWh

线损有功峰分摊电量＝5129×6/24＝1282kWh

线损有功谷分摊电量＝5129×8/24＝1710kWh

线损有功平分摊电量＝5129－1282－1710＝2137kWh

（3）计算结算电量及功率因数调整率。

大工业有功峰结算电量＝49 288－5184＋592＋1282＝45 978kWh

大工业有功谷结算电量＝78 103－6912＋789＋1710＝73 690kWh

大工业有功平结算电量＝96 119－8640＋985＋2137＝90 601kWh

大工业有功总结算电量＝45 978＋73 690＋90 601＝210 269kWh

非居民有功结算电量＝20 736＋242＋524＝21 502kWh

根据表 4 - 2 可知：$\tan\varphi$＝总无功电量/总有功电量＝（77 454＋11 432）/（223 510＋2608＋5653）＝0. 383 507，查表得 $\cos\varphi$＝0. 93，因该户为大工业，容量 500kVA，功率因

数标准应执行 0.90，功率因数调整电费比例为−0.45%。

（4）计算总电费。

基本电费＝366×39＝14 274 元

大工业有功峰结算目录电费＝45 978×（0.605−0.061 6）×1.8＝44 972 元

大工业有功谷结算目录电费＝73 690×（0.605−0.061 6）×0.48＝19 220.71 元

大工业有功平结算目录电费＝90 601×（0.605−0.061 6）＝49 232.58 元

功率因数调整电费＝（14 274＋44 972＋19 220.71＋49 232.58）×（−0.45%）＝−574.65 元

大工业代征电费＝210 269×0.061 6＝12 952.57 元

大工业合计电费＝14 274＋44 972＋19 220.71＋49 232.58−574.65＋12 952.57＝140 077.21 元

非居民结算目录电费＝21 502×（0.945−0.061 6）＝18 994.87 元

非居民代征电费＝21 502×0.061 6＝1324.52 元

非居民合计电费＝18 994.87＋1324.52＝20 319.39 元

答：该用户大工业电费为 140 077.21 元，非居民照明电费为 20 319.39 元。

【思考与练习】

（1）执行单一制电价用户的电费由哪几部分组成？

（2）执行两部制电价用户的电费由哪几部分组成？

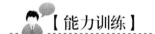

【能力训练】

一、选择题

1. 不同抄表方式、抄表周期、（　　）的用户表或计量表不宜编排在一个抄表段内。

（A）抄表例日　　（B）执行电价　　（C）用户分类　　（D）计量用途

2. 抄表人员到现场抄表前，应认真检查（　　）是否正确，防止因准备工作不充分引起的误工现象。

（A）抄表机、抄表清单　　　　　　（B）抄表本、抄表清单

（C）抄表机、抄表本　　　　　　　（D）抄表机、手工抄表清单

3. 卡表购电是指用电用户持（　　）至供电企业营业网点通过读写卡设备将用电用户购买的电量或电费等信息写入卡片上的收费方式。

（A）银行卡　　（B）购电卡　　（C）充值卡　　（D）现金

4. 按（　　）规定，对于月用电量较大的用电用户，供电企业可按用电用户月电费确定每月分若干次收费，并于抄表后结清当月电费，称之为分期结算电费。

（A）《电力法》　　　　　　　　　（B）《供电营业规则》

（C）《电力供应与使用条例》　　　　（D）《用电检查管理办法》

5. 发票专用章实行统一管理、（　　）的原则。

（A）分级负责　　（B）综合管理　　（C）专人负责　　（D）部门负责

6. 走收是指供电企业的收费人员赴（　　）收取电费。

（A）银行　　（B）社区　　（C）街道办事处　　（D）用户处

7. 电费回收是电费管理工作的最后一个环节，关系到国家电费的及时上缴、供电企业经济效益和电力工业再生产的（　　）。

    （A）生产发展　　　（B）正常管理　　　（C）资金周转　　　（D）利润指标

8. 低压居民用电用户违约金从逾期之日起每日按欠费总额的（　　）收取。

    （A）千分之三　　　（B）万分之五　　　（C）千分之五　　　（D）千分之一

9. （　　）是供电企业向用户收费时提供的凭证，也是专为销售电能产品后直接开给消费者的账单。

    （A）电费发票　　　（B）电费收据　　　（C）计算清单　　　（D）结算凭证

10. 电费回收完成情况表是（　　）应收实收电费的回收率及欠费的报表。

    （A）统计　　　　（B）反映　　　　（C）汇总　　　　（D）分析

二、问答题

1. 抄表例日的确定应遵循什么原则？还应考虑哪些因素？

2. 新建抄表段应注意哪些事项？

3. 现场抄表有哪些具体要求？

4. 简述电费票据的作用和开展票据管理的意义。

5. 计量方式与变压器损耗有什么关系？

三、计算题

1. 某三相有功电能表，计度器有四位整数，有两位小数。该表实际用电压、电流互感器的额定变比为，$3 \times \frac{10kV}{100V}$，$3 \times \frac{150A}{5A}$，电能表始终正转，前次抄表读数为 9888.64，后次抄表读数为 0010.23，问此间这套电能计量装置测得的电量是多少？

2. 某低压居民用户 2012 年 1 月发生电费 240 元，供电营业所催费人员按正常程序送达催缴（存）电费通知单通知该用电用户在次月 5 日前结清电费，该用电用户在规定的时间内未及时交费，直到 2012 年 3 月 6 日才结清电费，问应收多少电费违约金？

3. 某非居民用电用户 2011 年 12 月发行电费 1.2 万元，2012 年 1 月发行电费 1.5 万元，2012 年 2 月发行电费 2 万元，2012 年 3 月发行电费 2.5 万元，以上发行的电费于 2012 年 3 月 31 日一次性全部结清（供用电双方签订的交费协议是每月最后一日全额结清），该用电用户应收取多少电费违约金？

4. 某大工业用户，2011 年 2 月新装投运受电变压器 400kVA 两台，合同约定基本电费按变压器容量计收，基本电价为 26 元/（kVA·月），抄表例日为每月 17 日。2011 年 7 月 5 日该用户减容一台变压器 400kVA，请问该用户 2011 年 7 月基本电费是多少？

5. 某工业用户装有 SL7-50/10 型变压器一台，采用高供低计方式进行计量，根据供用电合同，该户用电比例为工业 95%，居民生活 5%，已知 4 月份抄见有功电量为 10 000kWh，试求该户 4 月份的工业电费和居民生活电费各为多少？总电费为多少？（假设工业电价 0.5 元/kWh，居民生活电价为 0.3 元/kWh，SL7-50/10 型变压器的变损为 435kWh）

第七部分　日　常　营　业

第二十二章　日常营业及营业质量管理

知识目标

--------------------------------◎

（1）掌握日常营业的主要工作内容。

（2）清楚营业质量的指标及考核标准。

（3）了解供电优质服务的基本要求。

能力目标

--------------------------------◎

能运用所学的知识对营业质量管理的方法、指标、标准和关键环节进行分析。

模块一　日常营业的主要工作

🎓　**【模块描述】** 本模块主要描述了日常营业工作相关内容，电力营销工作中日常营业的概念和内涵，转供电、临时用电、临时借电的工作处理，换表工作处理以及违章用电和窃电的处理。

一、日常营业的定义及主要工作内容

1. 日常营业的定义

日常营业是指供电营业部门除报装接电工作之外的其他日常处理的用电业务工作，包括用电过程中办理的业务变更事项和服务以及管理等。它是整个营业管理工作的一个重要组成部分。

日常营业工作中的主要对象是已经用电立户的单位、个人。这些用户在用电过程中会发生各种各样的问题，需要和供电企业取得联系，营业部门受理承办，或转达到有关部门研究处理，务求迅速、合理地予以解决。

2. 日常营业的划分

日常营业工作一般包括以下几方面。

（1）处理用户因自身原因造成的用电数量、性质、条件变更而需变更的用电事宜，如暂停、减容、过户、改变用电性质、改变用电类别、改变用电方式，以及修、核、换、移、拆、装表等。

（2）迁移用电地址，对临时用电、用电事故进行处理。

（3）因供电部门本身管理需要而开展的业务，如生产、建卡、翻卡、换卡、定期核查、用电检查、营业普查、修改资料和协议等事宜。

（4）接待用户来信来访，排解用户的用电纠纷，解答用户的咨询，向用户宣传、解释供电部门的有关方针政策。

（5）供电部门应用户要求提供劳务及费用计收。

3. 日常营业工作的主要内容

日常营业工作的内容可按管理性质和服务性质来进行划分。

(1) 管理性质的工作。日常营业工作中管理性质的工作包括以下内容。

1) 用户容量变动：减容量、暂停用电、暂换变压器等。

2) 用户用电性质、行业或用途变化。

3) 移表、故障换表、拆表复装、进户线移动、变更配电业务类别、迁移改建等。

4) 稽查工作：违章用电、窃电的查处。

5) 临时供电、转供电、临时借电的处理。

(2) 服务性质的工作。根据供电企业为用户提供服务的界面不同，供电服务内容可划分为：柜台服务、现场服务、咨询服务、特别服务和电力急修服务。

1) 柜台服务（营业窗口服务）：指供电服务人员在营业窗口柜台为用户提供办理用电手续或咨询服务。

2) 现场服务：指供电服务人员在用户用电现场为用户提供用电申请、勘查、电力工程施工、接电、抄表、收费、咨询、处理设备缺陷、抢修或宣传服务。

3) 咨询服务：通过公告、电话、传真、网络、柜台、书面、现场等方式为用户提供电力业务和法规的查询服务。

4) 特别服务：主要指实行电话预约服务、无周休日服务、对确有需要的伤残孤寡老人提供上门服务等。

5) 电力急修服务：主要指发生电力故障或紧急情况时为用户提供的服务。

4. 日常营业中的服务工作规范

(1) 基础行为规范。品质、技能、纪律是文明服务行为规范的基础行为规范，是对供电营业职工在职业道德方面提出的总体要求，也是落实文明行为规范必须具备的综合素质。供电营业职工必须养成良好的职业道德，牢固树立"敬岗爱业、诚实守信、办事公道、服务人民、奉献社会"的良好风尚。

品质的基本要求是热爱电业，忠于职守。

技能的基本要求是勤奋学习，精通业务。

纪律的基本要求是遵章守纪，廉洁自律。

(2) 形象行为规范。着装、仪容和举止是供电营业职工的外在表现，它既反映了员工个人修养，又代表企业的形象。

着装的基本要求是统一、整洁、得体。

仪容的基本要求是自然、大方、端庄。

举止的基本要求是文雅、礼貌、精神。

(3) 一般行为规范。接待、会话、服务、沟通属文明服务的一般行为。供电营业职工的一言一行事关工作质量、工作效率和企业形象，必须从用户的需求出发，科学、规范地做好接待和服务工作，赢得用户的满意和信赖。

接待的基本要求是微笑、热情和真诚。

会话的基本要求是亲切、诚恳、谦虚。

服务的基本要求是快捷、周到、满意。

沟通的基本要求是冷静、理智、策略。

（4）具体行为规范。具体行为规范是指与业务工作更直接相关的服务规范。柜台、电话（网络）及现场是我们为用户服务的具体场合，要通过高效、真诚、周到、优质的服务，让用户高兴而来，满意而归，赢得更多用户的信赖，为供电企业开辟更广阔的市场。

柜台服务的基本要求是优质、高效、周全。

电话（网络）服务的基本要求是畅通、方便、高效。

现场服务的基本要求是安全、守信、满意。

二、转供电、临时用电、临时借电的工作处理

1. 转供电工作处理

委托转供电是指在公用供电设施尚未到达的地区，供电企业征得该地区有供电能力的直供用电户的同意，采用委托方式由其向附近的用电户转供电力，但不得委托重要的国防军工用电户转供电。委托转供电应遵守下列规定。

（1）供电企业与委托转供户（以下简称转供户）应就转供范围、转供容量、转供期限、转供费用、转供用电指标、计量方式、电费计算、转供电设施建设、产权划分、运行维护、调度通信、违约责任等事项签订协议。

（2）转供区域内的用电户（以下简称被转供户），视同供电企业的直供户，与直供户享有同样的用电权利，其一切用电事宜按直供户的规定办理。

（3）向被转供户供电的公用线路与变压器的损耗电量应由供电企业负担，不得摊入被转供户用电量中。

（4）在计算转供户用电量、最大需量及功率因数调整电费时，应扣除被转供户、公用线路与变压器消耗的有功、无功电量。最大需量按下列规定折算。

1）照明及一班制：每月用电量180kWh，折合为1kW。

2）二班制：每月用电量260kWh，折合为1kW。

3）三班制：每月用电量540kWh，折合为1kW。

4）农业用电：每月用电量270kWh，折合为1kW。

（5）委托转供的费用按委托的业务项目的多少，由双方协商确定。

（6）转供电应依法及有关规定向被转供户正常供电，不得擅自拉闸停电。

（7）转供户如用电条件变化而无法继续转供电时，应事先向供电企业提出书面申请，供电企业应采取措施，以保证转供户和被转供户的正常供电。

（8）对原有"四合一"供电方式，供电企业应尽快恢复到正常的供电方式。

由于种种历史原因，对原有未受供电企业委托而自行对其他用电单位转供电的用户，应符合以下要求。

（1）在贯彻执行《供电营业规则》对委托转供电的有关规定前提下，应补签转供电协议。

（2）在争取地方政府的支持下，加强管理，进行整顿，积极创造条件改为供电企业直接供电。

（3）对一时不具备条件改为直供的，不得再扩大转供范围。转供户和被转供户均应正确执行国家规定的政策及电价，合理补收电费，不得乱收费，乱加价。

如不按以上要求办理，则按违章（约）用电的有关规定处理。

2. 临时用电工作处理

对基建工地、农田水利、市政建设、抢险救灾等非永久性用电，由供电企业供给临时电源的称为临时用电。对临时用电有以下规定和要求。

(1) 临时用电期限除经供电企业准许外，一般不得超过 6 个月，用户申请临时用电时，必须明确提出使用日期。在批准的期限内，使用结束后应立即拆表销户，并结算电费、贴费。如有特殊情况需延长用电期限者，用电户应在期满前 1 个月向供电企业提出延长期限的书面申请，经批准后方可继续使用。自期满之日起，对其照明用电改按照明电价计收电费，按定比、定量据实合理分算照明用电量。逾期不办理延期或永久性正式用电手续的，供电企业应终止其供电。

(2) 临时用电如超过 3 年，必须拆表销户。如仍需继续用电者，应按新装用电办理。

(3) 临时用电应按国家规定的电价分类，装设计费电能表收取电费。如因任务紧急且用电时间在半个月之内者，也可不装设电能表、按用电时间、设备容量、规定的电价计收电费。

(4) 临时用电不得申请减容、暂停、迁移用电地址、过户、改变用电性质等变更用电事宜。

(5) 临时用电不得将电源自行转供或转让给第三者，否则按违章（约）用电处理。

(6) 临时用电工程结束后，如需要就原表改为正式用电的，当用电容量不变，供电线路具备转为正式供电的条件时，可在用电户补办新装申请手续，按有关规定交纳贴费以及其他有关费用后，方可转为正式用电。

(7) 各地可结合本地区情况，制定临时用电管理办法。

3. 临时借电工作处理

用户急需用电，而该处又无供电企业的供电电源时，向邻近已用电单位协商短期借电，称为临时借电。临时借电期限最多不超过 6 个月。正常的生产、生活、商业等用电，不得采用临时借电方式解决用电问题，如果从居民或其他用电单位中私自引借电源用电者，对借出单位来说，供电企业将按私自改变用电类别的违章（约）条款处理，除按实际日期补交其差额电费外，并处罚违约使用费，还应立即拆除借出的电源。对借用电源单位来说，属于私自借电，除应立即拆除，停止用电外，还应按违章（约）用电的有关条款处理。临时借电应按以下规定办理。

(1) 借电与被借电双方，应事先协商同意并订立书面的借电协议，附两单位厂区平面图，标明借电线路走向及装表计费位置等，报供电企业批准备案。

借电协议一般应包括以下内容：供电容量、时间、用途，明确借电用线路的安装施工及维护管理责任，电费的分摊以及其他有关事宜。

借电协议一式三份，双方各执一份，交供电企业一份备查。

(2) 借电和被借电单位合计使用的容量不得超过供电企业已批准借电单位的原合同容量。供电企业也不增加被借电单位的用电指标。

(3) 借电期满，被借电单位有权停止向借电单位供电，并向供电企业提出销案。

(4) 借电单位不得构成任何形式的双电源。

(5) 用于借电的线路必须符合有关规程要求，并应经供电企业派人检查合格后，方可接电使用。

（6）借电单位的用电类别与执行的电价必须与被借用单位相同。如果不同，应事先申明，并装设专用的用电计量设备，按电价规定交纳电费。

（7）国防军工等重要用电单位、双电源供电户、临时用电户等均不得向外借电。

（8）供电企业只向被借电单位收取电费。借电与被借电户之间的电费自行结算分摊。

（9）凡未按以上规定办理借电手续而自行借电的，按违章（约）用电的私自借电条款处理。

三、换表工作处理

换表，一般有故障换表、容量变更换表、年久换表三种。

1. 故障换表

故障换表是指运行中的计量装置（包括有功、无功电能表，计量用电压、电流互感器等）出现故障，影响计量失准的情况。因此，要认真检查原因，及时消除故障，以保证计量准确，减少不应有的电量损失，这是加强经营管理的重要环节。在处理这类问题时，应注意以下几点。

（1）弄清计量装置的故障原因。对于电能表及互感器烧毁，应采用现场调查和部件鉴定相结合的方法，确定烧毁的原因是属于过负荷引起的，还是接触不良导致的；是因雨水漏进表箱，还是雷击等自然灾害损坏的。原因不同，处理方法也就不同，用户所承担的经济责任也不一样。

对于过负荷烧毁的，必须检查用户有无私自增加用电设备容量。如果是由于用户私增用电设备容量烧毁的，则应由用户减掉私增设备的容量，并赔偿烧毁的计量装置之后，方可安排换表。对于由于雨水漏进表箱损坏的，必须更换表箱，选择适当表位后再行换表。

（2）及时处理，合理退补电费。出现计量失准这类问题时，应及时通知有关部门，如用电检查部门进行检查，电能表室进行校验或鉴定。对计量失准，一般按电能表试验报告的实际误差，作为修正电量的依据。这是解决表计故障的一个重要环节，必须处理及时。否则，问题拖延下去，既不利于计量装置的安全运行和正常的计量，也给合理的追收和退还电费造成困难。

2. 容量变更换表

容量变更换表是指用户用电设备容量变更（增容或减容），需要相应配置和更换电能表或电流互感器。

3. 年久换表

年久换表是指电能表安装运行至规定的轮换周期。按部颁《电能计量装置管理规程》规定，单相电能表每五年轮换一次，一、二类三相电能表每两年轮换一次，三类三相电能表每三年轮换一次。

四、违章用电和窃电的处理

1. 违章用电的处理

违章用电是指危害供用电安全，扰乱供用电秩序的行为。违章用电从国家对供用电关系规范来说，属于违规行为；按国家赋予供电单位的权益以及用电单位签订供电合同条款而言，属于违约行为，因此，一般把因违章用电而追补的电费及处罚称为违约金。

用户有下列危害供用电秩序、扰乱正常供电秩序的行为属于违章用电。

（1）擅自改变用电类别。

（2）擅自超过合同确定的容量用电。

（3）擅自使用已在供电单位办理暂停手续的电力设备，或启用已被供电单位查封的电力设备。

（4）擅自迁移、更动或擅自操作供电单位的电能计量装置、电力负荷管理装置、供电设施以及约定由供电单位调度的用户受电设备。

（5）未经供电单位许可，擅自引入（供出）电源，或将自备电源擅自并网。

《供电营业规则》对违章用电的处理作出了明确的规定。

（1）在电价低的供电线路上，擅自接用电价高的用电设备或私自改变用电类别的，应责令其改正，给予警告，同时按实际使用日期补交其差额的电费，并承担 2 倍差额电费的违约使用电费。如再次发生的，可下达中止供电命令，并处以 10 000 元以下的罚款。

（2）私自超过合同约定的容量用电的，应责令其改正，给予警告，除应拆除私增容、设备外，属于两部制电价的用户，应补交私增设备容量使用月数的基本电费，并承担 3 倍私增容量基本电费的违约使用电费；其他用户应承担私增容量 50 元/kW（kVA）的违约使用电费。对拒绝改正的，可下达中止供电命令，并按私增容量 100 元/kW（kVA），累计总额不超过 50 000 元的罚款。

（3）擅自使用已在供电企业办理暂停手续的电力设备或启用供电企业封存的电力设备的，除应停用违约使用的设备，给予警告外，属于两部制电价的用户，应补交擅自使用或启用封存设备容量和使用月数的基本电费，并承担 2 倍补交基本电费的违约使用电费；其他用户应承担擅自使用或启用封存设备容量 30 元/kW（kVA）的违约使用电费；对启用电力设备危及电网安全的，可下达中止供电命令，并处以每次 20 000 元以下的罚款。

（4）私自迁移、更动和擅自操作供电企业的用电计量装置、电力负荷管理装置、供电设施以及约定由供电企业调度的用户受电设备，且不构成窃电和超指标用电，应责令其改正，给予警告，同时属于居民用户的应承担每次 500 元的违约使用电费；属于其他用户的，应承担每次 5000 元的违约使用电费；对造成他人损害的，还应责令其赔偿，危及电网安全的，可下达中止供电命令，并处以 30 000 元以下的罚款。

（5）未经供电企业同意，擅自引入（供出）电源或将备用电源和其他电源私自并网的，除当即拆除接线，给予警告外，还应承担其引入（供出）或并网电源容量 500 元/kW（kVA）的违约使用电费。对拒绝改正的，可下达中止供电命令，并处以 50 000 元以下的罚款。

2. 窃电的处理

窃电是一种以非法侵占使用电能为形式，实质以盗窃供电企业电费为目的的行为，是一种严重的违法犯罪行为。窃电不仅破坏了正常的供用电秩序，盗窃了电能，还使供电企业蒙受了经济损失。

用户有下列行为的属于窃电。

（1）在供电单位的供电设施上，擅自接线用电。

（2）绕越供电单位安装的电能计量装置用电。

（3）伪造或开启供电单位电能计量装置。

（4）故意损坏供电单位电能计量装置。

（5）故意使供电单位的电能计量装置不准或失效。

（6）采用其他方法窃电。

《供电营业规则》对窃电的处理作出了明确的规定。

供电企业对查获的窃电者，应予制止，并可当场中止供电。窃电者应按所窃电量补交电费并承担补交电费3倍的违约使用电费。拒绝承担窃电责任的，供电企业应报请电力管理部门依法处理。窃电数额较大或情节严重的，供电企业应提请司法机关依法追究刑事责任。窃电量和窃电金额的计算规定如下。

（1）在供电企业的供电设施上，擅自接线用电的，所窃电量按私接设备额定容量（kVA 视同 kW）乘以实际使用时间计算确定。

（2）窃电时间和窃电容量无法查明时，可参照以下方法确定。

1）按同属性单位正常用电的单位产品耗电量和窃电单位的产品产量相乘计算用电量，加上其他辅助用电量后与抄见电量对比的差额。

2）在总表上窃电，按分表电量及正常损耗之和与总表抄见电量的差额计算。

3）按历史上正常月份用电量与窃电后抄见电量的差额，并根据实际用电变化情况确定。

（3）采用以上方法难以确定时，所窃电量按计费电能表标定电流值（对装有限流器的，按限流器整定电流值）所指的容量（kVA 视同 kW）乘以窃用的时间计算确定。

（4）窃电金额＝窃电量×（物价部门核定的电力销售价格＋国家和省政策规定随电量收取的各类合法费用）

【例 22-1】 用电检查人员 2012 年 7 月 30 日检查时，发现某大工业用户将已报停并经供电企业封存的用电设备私自启封投入运行，设备容量为 2000kVA，时间已无法查明，只知道该设备停运时间为 2012 年 5 月 10 日，供电企业应收取多少违约使用电费？［基本电价为 15 元/（kVA·月）］

解 补交基本电费＝2000×15×21/30＋2000×15＋2000×15＝81 000 元

违约使用电费＝81 000×2＝162 000 元

【例 22-2】 某城市有一用户供电电压为 380/220V 的工厂，越表用电锯一台，容量为 10kW，供电企业应收取多少追补电费及违约使用电费？（销售电价为 0.672 元/kWh）

解 追补电量＝10×12×180×0.8＝17 280kWh

追补电费＝17 280×0.672＝11 612.16 元

违约使用电费＝11 612.16×3＝34 836.48 元

合计＝11 612.16＋34 836.48＝46 448.64 元

3. 违章用电和窃电事实的认定及现场取证

认定违章用电和窃电事实的核心与关键在于证据，这两类案件在证据的形式和取证的注意事项等方面是相通的。

证据的形式有以下几种。

（1）物证。指窃电时使用的工具或与窃电有关的，能够证明窃电时存在的物品和留下的痕迹。如窃电时使用的工具，对计量装置、互感器、导线等电力设施和设备的毁坏及留下的痕迹。

（2）书证。是指能够证明窃电案件真实情况的文字材料。如《用电检查结果通知书》、

《违章用电、窃电通知书》，现场调查笔录、检查笔录或询问笔录，抄表卡、用电记录、电费收据、用户生产记录等。

（3）勘验笔录。是指公安机关或电力管理部门、电力企业对窃电现场进行检查、勘验所作的笔录，这些笔录应由勘验人员、见证人签名。

（4）视听资料。是指以录音、录像、照片、磁带所记录的影像，音响以及电子计算机中所储存的数据、资料及其载体等用以证明案件真实情况的资料。

（5）当事人陈述。是指供电、用电双方就案件的有关情况，向电力管理部门和公安机关所作的陈述或供述。

（6）证人证言。是指知道案情的人，就其所了解的情况向电力部门或公安机关的陈述证词。

（7）鉴定结论。是指为查明案件情况，由公安机关、司法机关或聘请有专门知识的人进行鉴定后得出的结论性报告。如公安机关指定或聘请电力科研、技术监督、计量单位对计量装置、互感器、导线的检测鉴定。

取证时应注意手段要合法，物证、书证要提取原件，证人证言、当事人陈述要签字确认，鉴定结论要具有法律效力，视听资料要妥善保管。

窃电的现场调查取证工作包括：

（1）现场封存或提取损坏的电能计量装置，保全窃电痕迹，收集伪造或开启的加封计量装置的封印；收缴窃电工具。

（2）采取现场拍照、摄像、录音等手段。

（3）收集用电用户产品、产量、产值统计和产品单耗数据。

（4）收集专业试验、专项技术检定结论材料。

（5）收集窃电设备容量、窃电时间等相关信息。

（6）填写用电检查现场勘查记录、当事人的调查笔录要经用电用户法人代表或授权代理人签字确认。

【思考与练习】

（1）什么叫日常营业？

（2）日常营业如何划分？

（3）什么是违章用电？哪些行为属于违章用电？

（4）什么是窃电？哪些行为属于窃电？

模块二 营 业 质 量 管 理

【模块描述】 本模块介绍了营业质量管理基本概念，包括营业质量管理的定义，营业质量管理的方法、指标、标准和关键环节的相关要求，营业质量管理体系。

一、营业质量管理的基本概念

营业质量管理是指电力企业在营业部门推行全面质量管理活动，以经济地提供用户满意的电能产品为核心，不断提高营业管理工作质量和服务质量，为社会和企业创造最佳的经济效益。

营业质量管理是电力企业管理中一个重要的组成部分。营业部门作为电力企业的销售环节，作为企业与用户之间的联系纽带，推行全面质量管理具有重要的意义。

营业质量管理的方法有全过程质量管理和全员质量管理两种。

（1）全过程质量管理。开展营业质量管理，同样需要在营业工作的全过程中，在营业工作的主要环节或工序上加强管理和控制。

实行营业全过程的质量管理，首先，要科学地划分营业工作的环节，然后再加强对营业工作各个环节的管理，特别注意要严格把好营业质量的审核关。要做到层层把关，尽量防止和减少各个环节质量差错的发生。

（2）全员质量管理。营业质量管理应是营业部门全体人员共同参与的质量管理，把营业部门的各项工作都纳入质量轨道的质量管理为全员质量管理。

实行全员质量管理，必须落实营业质量管理的目标，而目标的落实可以采取以下做法。

（1）把营业质量目标落实到每个工作岗位。

（2）动员各岗位人员参加质量管理。

（3）建立职工质量管理小组。

二、营业质量管理的指标及标准

全面质量管理要求营业部门设立营业质量目标，并围绕设立的营业质量目标开展管理活动。

营业工作质量主要是指业扩报装、日常营业和电费抄、核、收的质量。其中，业扩报装、日常营业的工作质量称为业务工作质量，电费抄、核、收的工作质量称为电费工作质量。

1. 业务工作质量指标

报装接电率：报装接电率是反映报装接电工作的完成情况的相对指标，其计算公式为

$$报装接电率 = 装表供电容量 / 申请容量 \times 100\%$$

工作票填写质量：在业务工作的各个环节或各道工序之间运转、传递的工作传票，在登记、填写和传递时要求做到清楚、准确、完整、及时。业务工作的各个环节和各工序所办理的事项和结果，都要在工作传票上详细而准确地填写清楚等，都是对各项具体业务工作所提出的质量要求。

供电方案的确定期限：在用电报装工作的供电方案制定时规定了其确定期限。

低压用户的供电方案的确定期限：居民用户最长不超过 5 个工作日；低压电力用户最长不超过 10 个工作日。

高压用户的供电方案的确定期限：10kV 单电源供电用户最长不超过 1 个月；10kV 及以上双（多）电源供电用户最长不超过两个月。

2. 电费工作质量指标及标准

电费工作质量的主要指标有：实抄率、实收率、差错率、均价、线损率等。

（1）实抄率。实抄率是反映抄表工作任务完成情况的相对指标，计算公式为

$$实抄率 = 实抄户数 / 应抄户数 \times 100\%$$

供电企业要求动力户实抄率应达 100%，照明实抄率应达 98% 以上；对居民用户无法抄

录止码的，可作暂收处理，但最多不能超过两次；若特殊情况不能到现场抄录电能表止码的，需打缺抄，7天之内将止码抄回。

（2）实收率。实收率是反映收费工作任务完成情况的相对指标，计算公式为

$$实收率＝应收电费金额／实收电费金额×100\%$$

供电企业要求月实收率达到100%。

（3）差错率。差错率是综合反映电费工作质量的相对指标，计算公式为

$$差错率＝差错件数／实抄户数×100\%$$

供电企业要求月差错率应低于万分之四。

（4）均价。对于供电企业来讲，平均电价水平的高低是影响企业经济效益的一个重要因素。

（5）线损率。线损率是线损电量占供电量的百分数，它反映了电力网中所有元件中产生的电能损耗以及管理不当造成的电能损耗。电力网中所有元件中产生的电能损耗称为技术线损，它可以通过理论计算得出，因此又称理论线损；由于管理上的原因造成的各种损失电量，如各种各样的电能表综合误差、抄表漏抄、错抄、错算所造成的统计数据不准确，带电设备绝缘不良造成的漏电，无表用电、窃电等造成的损失电量，这部分电量损失称为管理线损。

目前，很多大、中型电力公司对线损管理采取了四分管理技术，四分管理技术即分供电区、分电压等级、分线路、分电器元件开展线损的统计分析工作。

采取四分管理技术的线损计算主要计算线路和台区的线损，然后，再计算整个营业所的线损。

线路线损计算公式为

$$统计线损＝关口表1（此条线路的供电量）－（此条线路中所有专变$$
$$的抄录电量＋此条线路中所有公变的抄录电量）$$
$$管理线损＝统计线损－理论线损$$

台区线损计算公式为

$$台区统计线损（公变）＝变压器关口表－\sum 用户的用电量台区管理线损$$
$$＝台区统计线损－台区理论线损$$

供电企业对线损率的要求是根据城区、农村、山区的不同电压等级的电网而分别下达不同的线损率标准。

三、营业质量管理的重点及关键

营业质量管理的重点是大工业用户。大工业用户从户数上来看，只占全部用户的百分之几，但从售电量上来看，约占总售电量的70%以上；从经营业务上来看，大工业用户的业务工作较为复杂，工作量和工作难度也较大，容易发生问题。因此，抓好大工业用户的质量管理，对提高营业质量的整体水平起着决定性的作用。

营业质量管理的关键有以下四个方面。

1. 制定供电方案

供电方案正确与否将直接影响电网的结构与运行是否合理、灵活，用户必需的供电可靠性是否能得到满足，电压质量能否保证，用户变电所的一次投资与年运行费用是否经济，等等，因此，正确制订供电方案是保证安全、经济、合理地供用电的重要环节。

同时，供电方案的正确与否，关系着营业工作中正确执行分类电价、正确选择和安装电能计量装置、合理收取电费、合理建立供用电双方的关系、解决日常用电中的各种问题等，关系着能否创造必要的条件和奠定相应的基础。所以说，在营业质量管理过程中，从用户申请用电开始，就要抓住供电方案这个关键。

2. 建账立卡（含更换账卡）

用户办妥业扩报装手续，装表接电后，电力营业部门应及时搜集、清点、整理各项资料，建立用户户务档案和用户分户账页（即电费卡片），即立户。立户以后，电力企业营业部门就承认用电单位从装表接电之日起成为正式（或临时）用电的用户。如不及时建卡立户，就有可能造成漏户而长期漏收电费。营业管理部门有义务和责任做好用户服务工作和定期向用户收回电费。

3. 电费审核

电费审核是电费管理工作的中枢。电费是否按照规定及时、准确地收回，财务是否清楚，统计数字是否准确，关键在于电费审核。

在电费审核过程中，审核人员必须根据《供用电规则》即当地电业主管机关指定的实施细则，现行电价制度、办法、规定及电费审核方法，对营业（业务）上转入的各项传单与凭证、票据，对抄表人员返转的卡、据、表单，对收费人员返转的单据、凭证、报表等，进行严格审查、核算及认真登记。发现差错应及时更正，并通知（或会同）有关人员处理，保证卡、单、据、票及凭证等正确无误。

此外，电费审核人员尚应定期核对各种账、卡、表，办理电量调整及电费退补事宜，发放和保管各种单据及保管和使用收费专用章，填写及编制有关报表，以保证电费的准确回收和及时反映情况，以确保电力营业质量。

4. 装表接电

装表接电是供电企业将申请用电者的受电装置接入供电网的行为，这是业务扩充工作中的最后一个环节，一般安装电能计量装置与接电同时进行。

用户输、变、配电工程全部竣工，经过竣工检查确定变电所具备送电条件以后，监察人员应做好一系列装表接电前的准备工作，并经电力调度同意后，变电所方可投入运行。

在变电所投入运行后，应检查电能表运转是否正常，相序是否正确，并立即抄录电能表底数，作为计费起端的依据。

营业质量管理若能突出重点，抓住关键，就能产生事半功倍的效果。同时，重点和关键所在之处的质量提高后，又将推动和促进营业质量管理工作的开展，对于提高整体的质量水平是大有裨益的。

【思考与练习】

（1）什么叫营业质量管理？

（2）营业质量管理的指标有哪些？

（3）营业质量管理的关键有哪些？

【能力训练】

一、选择题

1. 电费实抄率、差错率和电费回收率简称（三率）是电费管理的主要（　　）。

　　（A）考核指标　　　　（B）考核标准　　　　（C）考核项目　　　　（D）考核额定

2. 抄表质量十分重要，它是电力企业生产经营最终体现（　　）的重要方面。

　　（A）经济效益　　　　（B）成本核算　　　　（C）统计工作　　　　（D）财会收入

3. 对供电企业一般是以售电量、供电损失及供电单位成本作为主要（　　）进行考核的。

　　（A）电费回收率　　　（B）经济指标　　　　（C）线损率　　　　　（D）售电单价

4. 解答用户有关用电方面的询问工作属于（　　）。

　　（A）用电管理　　　　（B）用户服务　　　　（C）业扩服务　　　　（D）杂项业务

5. 线损分析中，分析各电压等级线损的变化为（　　）。

　　（A）分区分析　　　　（B）分压分析　　　　（C）分线分析　　　　（D）分级分析

6. 线损"四分管理技术"分析是指（　　）。

　　（A）分线　　　　　　（B）分压　　　　　　（C）分区　　　　　　（D）分元件

7. 实收率是反映收费工作任务完成情况的（　　）。

　　（A）指标　　　　　　（B）标准　　　　　　（C）绝对指标　　　　（D）相对指标

8. 对基建工地、农田水利、市政建设、抢险救灾等（　　）用电，由供电企业供给临时电源的称为临时用电。

　　（A）用电　　　　　　　　　　　　　　　　（B）临时用电

　　（C）非永久性用电　　　　　　　　　　　　（D）永久性用电

二、判断题

1. 电费回收率＝$\dfrac{未收电费金额}{实收电费金额}\times100\%$。　　　　　　　　　　　　　　（　　）

2. 用户擅自超过合同约定的容量用电应视为窃电行为。　　　　　　　　　（　　）

3. 处理日常营业工作属于业务扩充工作内容。　　　　　　　　　　　　　（　　）

4. 伪造或者开启供电企业加封的用电计量装置封印的用电属窃电。　　　　（　　）

5. 私自迁移、更改和擅自操作供电企业的用电计量装置按窃电行为处理。　（　　）

6. 对基建工地用电可供给临时电源，临时用电期限除经供电企业准许外，一般不得超过一年。　　　　　　　　　　　　　　　　　　　　　　　　　　　　（　　）

7. 对农田水利、市政建设等非永久性用电，可供给临时电源，临时用电期限除经供电企业准许外，一般不得超过 6 个月。　　　　　　　　　　　　　　　　（　　）

8. 处理用电方面的人民来信、来访，解答用户询问工作属于用电服务工作。（　　）

三、问答题

1. 日常营业工作中管理性质的工作包括哪些？服务性质的工作包括哪些？

2. 什么叫委托转供电？

3. 什么叫临时借电？

4. 什么叫临时用电？

5. 如何处理私自迁移、更动和擅自操作供电企业的用电计量装置、电力负荷管理装置、供电设施以及约定由供电企业调度的用户受电设备的违章行为？

6. 窃电时间和窃电容量无法查明时如何处理？

7. 违章用电和窃电如何认定？

8. 什么叫换表？什么叫年久换表？

9. 日常营业中的服务工作规范有哪些？

《用电管理》部分习题答案

第一部分　供用电常识

第一章　供电质量及影响供电质量的因素

【能力训练】

一、选择题

1.A　2.C　3.B　4.C　5.A　6.CD　7.B　8.A

二、判断题

1.√　2.√　3.×　4.×　5.×

三、问答题

1. 电网中发电机发出的正弦交流电压每秒钟交变的次数，称为频率，或叫供电频率。

2. 电压偏差是指实际电压偏移额定值的大小。

（1）35kV 及以上电压供电的，电压偏差绝对值之和不超过额定电压值的 10%。

（2）10kV 及以下三相供电电压允许偏差为额定电压的 ±7%。

（3）低压 220V 单相供电电压允许偏差为额定电压的 +7%、-10%。

3. 电压波动主要是由于大型设备负荷快速变化引起的冲击性负荷造成。

电压波动是否会引起闪变取决于电压波动的频率、波动量和电光源的类型以及工作场所对照明质量的要求。

四、计算题

1. $$380 \times (1 \pm 7\%) = 353.4 \sim 406.6V$$
因为 409.4＞406.6，则在电力系统正常状况下，没有达到电能质量标准。
$$380 \times (1 \pm 10\%) = 342 \sim 418V$$
因为 342＜409.4＜418，则在电力系统非正常状况下，达到了电能质量标准。

2. $$50 \pm 0.2 = 49.8 \sim 50.2Hz$$
因为 49.5＜49.8，则在电力系统正常状况下，没有达到电能质量标准。
$$50 \pm 1.0 = 49 \sim 51Hz$$
因为 49＜49.5＜51，则在电力系统非正常状况下，达到了电能质量标准。

3. 对赵家，全额赔偿。
赔偿金额＝2500＋2000＝4500 元
李家获赔金额＝1800＋1866.66＝3666.66 元
对王家，没有要求索赔，所以不赔。

第二章　电力平衡

【能力训练】

一、选择题

1.C　2.C　3.A　4.C　5.B　6.B　7.B　8.ACD

二、判断题

1. ×　2. √　3. √　4. ×

第三章　用　电　负　荷

【能力训练】

一、选择题

1. B　2. C　3. B

三、计算题

1. 该用电设备组的有功计算负荷为 10.48kW，无功计算负荷为 18.13kvar，视在计算负荷为 20.94kVA，计算电流为 31.81A。

2. 日平均负荷为 192.4kW，日负荷率为 56.6%，峰谷差为 287kW。

第二部分　用　电　负　荷　管　理

第四章　功率因数管理

【能力训练】

一、选择题

1. C　2. A　3. C　4. B　5. C　6. B　7. D　8. ABC

二、判断题

1. √　2. ×　3. ×　4. √　5. √　6. ×　7. √　8. √

四、计算题

1. 19 个

2. 138kvar

3. 0.70

第五章　供电损耗及降损措施

【能力训练】

一、选择题

1. AB　2. C　3. B

二、判断题

1. √　2. ×　3. √

四、计算题

答：14 612.8kWh。

第六章　用电设备的节约用电

【能力训练】

一、选择题

1. B　2. A　3. CD

二、判断题

1. √　2. ×　3. √　4. √

第七章　企业电能平衡管理及产品定额管理

【能力训练】

一、选择题

1. D　2. B　3. C

三、计算题

答：26.55%。

第八章　电力需求侧管理

【能力训练】

一、选择题

1. C　2. ABCD　3. ABC　4. ABCD

二、判断题

1. √　2. √　3. √　4. ×

第三部分　业　务　扩　充

第九章　业务扩充基本概念及用电受理

【能力训练】

一、选择题

1. C　2. B　3. D　4. B　5. B　6. A　7. C

二、判断题

1. ×　2. √　3. ×　4. √　5. ×

第十章　变　更　用　电

【能力训练】

一、选择题

1. B　2. D　3. C　4. B　5. B　6. B　7. C　8. A　9. D　10. C　11. B　12. C　13. C 14. C　15. C　16. C　17. D　18. C　19. A　20. B　21. C　22. B　23. B　24. C

三、计算题

1. 基本电费金额为

$$315×28＋250×28＝15\ 820\ 元$$

2. 该用户 6 月份的基本电费为

$$1000×28＋630×28－1000×28×（25－10）/60＝38\ 640元$$

3. 基本电费＝$315×18/30×28＋400×12/30×28＝9772\ 元$

第十一章　供电方案的制定

【能力训练】

一、选择题

1. D　2. C　3. B　4. B　5. D　6. B　7. B　8. C

二、判断题

1. √　2. ×　3. ×　4. ×　5. ×　6. ×　7. √　8. ×　9. √　10. ×　11. ×　12. √

第十二章　签订供用电合同

【能力训练】

一、选择题

1. B　2. D　3. A　4. C

二、判断题

1. √　2. ×　3. ×　4. √　5. √　6. √

第十三章　工程检查与装表接电

【能力训练】

一、选择题

1. D　2. B　3. D　4. C

二、判断题

1. √　2. ×　3. √

第四部分　电能计量管理

第十四章　电能计量装置

【能力训练】

一、选择题

1. A　2. D　3. C　4. D　5. B　6. A　7. D　8. A

三、计算题

1. 转一圈的电能为 1/2500＝0.000 4kWh

2. 600 倍

3. 75/5

4. 5（20）A

5. 5A

第十五章　电能表的错误接线及退补电量的计算

【能力训练】

一、选择题

1. B　2. B　3. A　4. B　5. C　6. D　7. B

三、计算题

1. 该表不准，转快了。

2. 用户应补 5 万 kWh 的电量。

3. 该计量装置应补电量 150 000kWh。

第十六章　电能计量管理

【能力训练】

一、选择题

1. A　2. B　3. A　4. D　5. C　6. B　7. B

第五部分　安全用电管理

第十七章　电气安全用具

【能力训练】

一、选择题

1. A　2. B　3. C　4. D　5. B　6. C　7. A

二、判断题

1. √　2. ×　3. √　4. √　5. √　6. ×　7. ×

第十八章　人身触电及防护

【能力训练】

一、选择题

1. C　2. A　3. B　4. D

二、判断题

1. ×　2. √　3. √　4. √

第十九章　电 气 防 火 防 爆

【能力训练】

一、选择题

1. C　2. AD　3. B　4. A

二、判断题

1. √　2. ×　3. √　4. ×

第六部分　电 价 与 电 费

第二十章　电　　价

【能力训练】

一、选择题

1. C　2. C　3. A　4. B　5. B　6. C　7. D　8. D

二、判断题

1. √　2. √　3. ×　4. √　5. ×　6. √　7. √　8. √

第二十一章　电 费 管 理

【能力训练】

一、选择题

1. A　2. A　3. B　4. B　5. A　6. D　7. C　8. D　9. A　10. B

三、计算题

1. $W = 364\,771kWh$

2. 应收 7.20 元电费违约金。

3. 应收取的电费违约金为 6316 元。

4. 基本电费为 18 720 元。

5. 总电费为 5113.10 元。

第七部分 日 常 营 业

第二十二章 日常营业及营业质量管理

【能力训练】

一、选择题

1. A   2. A   3. B   4. B   5. B   6. ABCD   7. D   8. C

二、判断题

1. ×   2. ×   3. ×   4. √   5. ×   6. ×   7. √   8. √

参 考 文 献

[1] 王孔良，李珞新，祝小红，等. 用电管理. 3 版. 北京：中国电力出版社，2007.

[2] 姜侦报. 用电管理. 北京：中国电力出版社，2002.

[3] 李珞新，余建华. 用电管理手册. 北京：中国电力出版社，2006.

[4] 刘运龙. 电力客户服务. 北京：中国电力出版社，2002.

[5] 金德生，金盛. 供电企业电能损耗与无功管理手册. 北京：中国电力出版社，2005.

[6] 姜宁，王春宁，董其国. 线损与节电技术问答. 北京：中国电力出版社，2006.

[7] 姜力维. 人身触电事故防范与处理. 北京：中国电力出版社，2012.

[8] 蔡镇坤，张珍玲，曾小春. 图解触电急救与意外伤害急救. 北京：中国电力出版社，2012.